本书荣获全国高等学校机电类专业优秀教材一等奖

高等学校教材

机械优化设计

第四版

汪 萍 侯慕英 编著

中国地质大学出版社有限责任公司
ZHONGGUO DIZHI DAXUE CHUBANSHE YOUXIAN ZEREN GONGSI

内 容 提 要

本书在前三版的基础上，根据近年来机械优化设计学科的发展和该门课程的教学需要，对部分章节的次序作了一些调整，同时增加了某些很有实用价值的内容。本书一方面阐明机械优化设计的基本概念、基本理论和数学基础，另一方面介绍了各种常用的优化方法。这些方法有：一维优化的格点法、黄金分割法、二次插值法和三次插值法；无约束优化的坐标轮换法、鲍威尔法、梯度法、牛顿法、DFP 变尺度法和 BFGS 变尺度法；约束优化的约束坐标轮换法、约束随机方向法、复合形法、可行方向法、惩罚函数法、拉格朗日乘子法和简约梯度法。此外还介绍了线性规划与单纯形法、多目标函数及离散变量问题的优化方法等。本书列举了一些机械优化设计实例，主要章节均有例题和习题，书后附有常用优化方法的 BASIC 语言程序和 C 语言程序包。

本书主要用作高等工科院校有关专业的教材，也可供有关工程技术人员作自学教材或参考书。

图书在版编目（CIP）数据

机械优化设计/汪萍，侯慕英编著．—四版．—武汉：中国地质大学出版社有限责任公司，2013.1（2016.1 重印）

ISBN 978-7-5625-3038-1

Ⅰ．①机…
Ⅱ．①汪…②侯…
Ⅲ．①机械设计-最优设计-高等学校-教材
Ⅳ．①TH122

中国版本图书馆 CIP 数据核字（2012）第 309572 号

机械优化设计 汪 萍 侯慕英 编著

责任编辑：方 菊 周 华 策划组稿：方 菊 责任校对：戴 莹

出版发行：中国地质大学出版社有限责任公司（武汉市洪山区鲁磨路 388 号） 邮政编码：430074
电 话：(027)67883511 传 真：67883580 E-mail：cbb @ cug.edu.cn
经 销：全国新华书店 http://www.cugp.cug.edu.cn

开本：787 毫米×1 092 毫米 1/16 字数：422 千字 印张：16.5
版次：1986 年 7 月第 1 版 2013 年 1 月第 4 版 印次：2016 年 1 月第 10 次印刷
印刷：武汉市教文印刷厂 印数：38501—40000

ISBN 978-7-5625-3038-1 定价：30.00 元

第 二 版 序

本书自1986年第一版问世以来，受到广大读者，特别是国内许多高等工科院校师生的热情支持和鼓励，并给我们提出了不少宝贵的意见和富有建设性的积极建议。对此，我们表示热忱的欢迎，并借此机会一并向大家表示衷心的感谢。

随着近年来优化方法研究的进展和机械优化设计的日益推广应用，同时根据我们在教学工作中的实践体会和读者所提出的意见，这次修订时主要在以下几方面作了修改：

1. 考虑到目前机械类各专业的教学计划中都已设置了工程数学课程，因此，原第一章优化方法数学基础中关于矩阵和矢量的内容从本书中删去，将多元函数的一些问题移入第四章无约束优化方法中。

2. 线性规划是优化问题中的一个重要分支。它不仅在工程规划和管理方面有明显的实用意义，而且也是某些非线性规划解决需要用到的基础知识，所以本修订版增加了线性规划与单纯形法一章。

3. 近年来，在约束非线性优化方法的实用软件研究方面，拉格朗日乘子法和简约梯度法取得了不少进展，应用也日趋广泛，故修订版中将这两种方法的基本原理作了简要的介绍。

4. 对离散变量优化设计的一些基本概念以及机械优化设计应用实例等方面(适当)有所加强。

此外，对全书的文字、公式、图形作了进一步的推敲，对已发现的一些错误之处作了更正。

诚望各位机械优化设计课程的教师和广大读者继续给我们以支持和帮助，对书中的疏漏和错误之处不吝指正。

作 者

1990年10月

第三版序

本书是在前两版的基础上，根据近年来机械优化设计学科的发展和该门课程的教学需要修订而成的。

此次修订对部分章节的次序作了一些调整。首先，线性规划与单纯形法一章，在内容上相对于其他各章比较独立，且在机械优化设计的实际问题中应用又较少，原第二版把它放在前面的第二章不大相宜，因此本版将它移到非线性优化方法之后的第六章来讲述，作为优化问题及其方法的一种延伸。其次，原第二版将某些优化设计的理论问题与数学基础分散在相关优化方法的叙述中，但它们又是各种优化方法的共同理论基础，为了教学上的需要，本版将这些内容单列在第二章中集中阐述。此外，在某些章内的节次安排上也按教学的方便做了适当的调整。

随着专家学者和科技人员在机械优化设计学科领域内的研究不断深入，以及针对机械优化设计中所遇到的一些实际问题，近年来又陆续提出了一些新的、很有实用价值的优化方法。本书在此版中将其中的一部分研究成果充实进来，例如无约束优化方法中的共轭梯度法等。特别是由于工程优化设计中问题的复杂性以及对优化设计的要求越来越高，人们期望能通过优化达到多方面目标的提高，并且遇到大量的离散参数问题，为此本版增加了第七章的内容，较为详细地介绍了关于优化数学模型的尺度变换、多目标函数的优化求解方法，以及几种常用的离散变量优化方法等，以便读者在这方面获得更为广泛的知识，更好地利用它们解决实际工程中的优化设计问题。

由于我们的水平所限，漏误及不当之处在所难免，热忱欢迎读者不吝指正。

作　者

于呼和浩特

1998 年 7 月

第四版序

本书自1986年7月第一版出版发行至今已越过了26个年头。在此期间，许多专家、学者、教师以及广大读者一直给予此书以热忱的关怀、积极的鼓励和有益的指正，因此使它一直在高等工科院校机械类专业的本科生选修课和研究生学位课教学中发挥着应有的作用。借此再版的机会，作者谨向他们致以深切的谢意。

自1998年7月第三版发行以来也已有14年了。在这14年中，无论是从优化方法的创新和发展的角度，还是从优化方法在机械设计领域中应用的角度，都已有了极大的扩展和开拓。许多成功的机械优化设计实例频频见诸于各种科技刊物和文献中。按理，作者应再收集一些近期的最新资料加以研究整理和编写，充实到这本教材内容中去。但鉴于作者已退休多年，年事已步入高龄阶段，精力和条件都已不允许再做更多的工作。因此，这第四版教材在结构框架和章节内容方面与第三版都没有很大的变动，重点只放在对文字叙述和图形绘制方面作了较多的修改。主要的修改体现在以下几个方面。

1. 对前几版中某些问题阐述不够清晰的段落作了重新编写。例如：第二章共轭矢量几个性质中关于二次收敛性问题的阐述，第五章可行方向法一节中关于步长的确定等。

2. 某些优化方法的算法流程图，在以前几版中出现文字说明与所绘图形不太一致的现象，甚至有些错误，此次再版时给予了必要的修改和更正。例如：第四章中图4.16的DFP法的算法流程图，第五章中图5.23可行方向法的算法流程图和第七章中图7.16离散复合形法的算法流程图等。

3. 其他一些文字、标点符号、图形设计等方面的不妥或错误之处，一并予以修改和更正。在词语文句方面也适当作了些润笔和修饰，使读者阅读起来更为顺畅，以进一步提高该教材的可读性。

在这次再版的过程中，得到了中国地质大学出版社有限责任公司的方菊、周华编辑和其他出版工作者的大力支持。他们以极其认真负责的态度仔细审校，付出了十分艰辛的劳动。在此，作者对他们致以真挚的感谢和崇高的敬意。

希望这次再版工作能对本书的质量起到精益求精的作用，也期望广大读者继续对本教材提出宝贵的意见。

作　者

2012年7月

前　言

机械优化设计是以数学规划为理论基础，以电子计算机为工具，寻求机械最优设计参数的近代先进设计方法之一。采用优化方法，对提高新产品的设计水平和改进现有设备的设计方案是极有价值的。随着电子计算机在我国越来越广泛的应用，机械优化设计方法的推广应用以及进一步的研究发展也就有了可靠的保证。

为了在高等工科院校机械类专业教学内容方面增加一些近代卓见成效的新技术，同时使新的设计方法在工业实践中得到进一步的推广应用，我们曾在 1981 年试编了《机械优化设计》一书，供机械类专业本科生作选修课教材或研究生教材，受到许多单位和同志的鼓励和支持。总结这几年来的教学实践经验，并根据计算机语言的使用民用工业况和优化方法的发展，我们在原书的基础上修订成本书。

此书保持了原教材的特色。编写仍以循序渐进、理论与应用兼顾及工程实用的三原则为出发点。全书内容在组织安排上，力求由浅入深，层层搭梯。在优化方法的论述方面对其优化理论做了适当深度的讨论，并着重于概念的阐述和方法的运用，便于初学者学习。在应用方面反映了作者近年来的部分研究成果。书末所附的 BASIC 语言程序和 C 语言程序，主要用于读者在了解基本原理的基础上完成作业或上机练习。

本书由内蒙古工业大学机械学院汪萍、侯慕英教授分工编写。其中，第一、五、六、七章由侯慕英教授编写，第二、三、四、八章由汪萍教授编写，附录一的 BASIC 语言参考程序由侯慕英、汪萍两教授共同编制调试。附录二的 C 语言参考程序包是第三版时补入的，是由当时的硕士研究生周双林（现为博士）编制和调试，作者在此致以深深的谢意。最后，由汪萍教授对全书进行了校核和整理。

本书承北京邮电学院梁崇高教授、中国地质大学单杏林教授和华中理工大学王惠珍教授进行了极为认真、细致的审阅，为我们的书稿提出了许多宝贵的修改意见，在这里谨向他们致以深切的谢意。

由于优化设计是近年来新兴起的一门学科，我们对它的理解、运用和研究都很不够。作为一本教材，我们在这方面的教学实践经验也还不多。因此，书中难免存在一些不当或错误之处，热忱欢迎读者指正。

作　者

1985 年 7 月于呼和浩特

2012 年 6 月修改

目　录

绪 论

优化设计是近代一支较新的学科。随着计算机技术的发展，在工程设计理论以及设计技术方面出现了某些新的领域和新的设计方法，最优化技术就是一种新的现代设计方法。

人们做任何一件事情都力求收到最好的效果，而所花的时间和所消耗的物质又要最少，这是人们具有的最普遍的广义优化概念。在工程设计中，为得到最优的设计方案，即所设计的产品具有最好的使用性能而消耗的时间和物质又最少，成本最低，总的愿望是要获得最佳的经济效益和社会效益。每一设计工作者必须具有这样的优化意识。在常规的设计中，对一项工程设计一般要提出几种设计方案，经过比较分析后选出其中好的方案作为选定的方案。但在实际工作中，由于受到设计周期及工作量的限制，所提出供选择的方案毕竟是为数不多的，所谓“择优”也只能是在有限的几个方案中选出其中较好的方案，而不可能把所有的一切方案全部提出来供择优，所以在常规设计中所选出来的即使认为最优方案也不一定是真正的最优方案。

最优化技术是在 20 世纪 60 年代发展起来的，它建立在近代数学、最优化方法和计算机程序设计的基础上，已成为解决复杂问题的一种有效工具，并成为计算机辅助设计应用中的一个重要方面。优化设计是属于创新设计，它使设计工作从过去的完全经验设计及类比设计中解放出来，在理论上建立设计对象的优化数学模型，按现代的设计方法进行计算，设计出符合人为要求的新产品。创新的设计可能是零件、部件、整机以及各行业的工程。实践证明，现存的产品中，不论是通过经验设计还是类比设计而产生的，产品大部分存在继续改进提高的余地。优化设计提供了一次设计成功的基础。所谓“一次设计”当然指的是最优方案，而又不需要反复地使用、试验及改进，这样的创新设计，其方案是最优的。在设计上力图一次成功，这是设计上的一次飞跃，具有重要意义，对设计工作者的设计方法及习惯引起了重大的变化。不必说航空、航天等工程设计力求一次成功，即使是各行业的民用产品，一次设计成功也将大大缩短设计周期、降低成本以提高竞争力。因此，为了适应科技发展以及经济建设的需要，采用新的设计方法是很必要的。

在 20 世纪 50 年代及以前，处理优化问题的数学方法是用古典的微分法和变分法。由于工程实际问题中所需要考虑的因素通常很多，往往使问题很复杂，所以上述的数学理论与方法在解决工程优化问题上存在一定的局限性，不能适应工程设计的需要。虽然如此，它仍然给近代的优化方法奠定了坚实的理论基础。特别是在第二次世界大战期间，由于军事上的需要产生了运筹学，其中的数学规划部分，包括线性规划、非线性规划以及动态规划等，从理论和实践上充实和加强了最优化技术的基础与功能。很多场合，优化问题也称线性、非线性规划问题。在 20 世纪 60 年代以后，由于计算机的出现，更加促使优化方法的理论和技术得到蓬勃的发展，使其在许多技术领域中得到广泛的应用。如机械设计、建筑结构、航空航天、交通运输、控制工程、轻工化工、企业管理等均已大量应用，在各部门的设计、制造以及管理中取得了重大成果，收到了显著的社会效益和经济效益。

优化方法在机械设计中有着广泛的应用，构成了机械优化设计体系。机械设计领域涉及的面很宽，如机械结构设计、零件设计、部件设计以及整机等产品设计，所需考虑的方面也很多，如结构组成与分析、机构运动学及动力学等问题。作为一项好的设计，既要使产品具有好的性能，又要满足工艺性要求；既要达到预期的精度要求，又要使用起来安全可靠；特别是当设计的参数很多，各参数之间的关系很复杂的情况下，势必需要采取现代设计手段，使设计者从大量繁琐的计算中解脱出来。因此，优化设计已成为当今机械设计中的一个重要方面，并在大量工作的基础上取得了丰硕的成果。如考虑运动学、精度及成本各因素的机构设计，包括连杆机构、凸轮机构、齿轮机构、间歇运动机构以及各种组合形式机构；考虑动力学方面的设计，如惯性力的平衡，机器力矩波动最小及约束反力最小等问题；各种部件及整机优化设计方面，如各种类型规格的减速装置、机床主轴箱、进给箱以及汽车、飞机和各种起重运输设备等都做了大量的工作。

工程中的最优化设计，是在考虑诸多影响因素的条件下，以得到最佳的设计方案，即最佳设计参数值。其设计原则是欲得到最佳方案，以电子计算机为计算工具，所用设计方法采用最优化设计方法。因此，优化设计工作包含以下三个内容。

第一，建立优化数学模型。将工程实际问题以数学模型表示。为此，要恰当选取设计变量；将设计问题所追求的最佳设计指标与设计变量之间的关系用函数式或其他的方式表示出来，即确立优化问题的目标函数；列出约束条件，即设计问题所受到诸多方面制约的关系式。以上三方面构成了优化问题的数学模型。

第二，选取优化方法。目前可供优化设计工作使用的优化方法很多，其中包括无约束优化方法和约束优化方法，所以要根据不同的设计类型、不同的设计规模选用恰当的优化方法，以获得计算的高效率和具有预期的设计精度。

第三，用计算机进行求解。优化设计是综合有关各方面的因素，按优化原理进行求解，并建立在近代数学及计算机广泛应用基础上的一项新技术。由于其计算过程繁杂而量大，所以必须以计算机为工具，以人机配合的方式进行自动搜寻最优值，从而搜寻出在现有条件下的最佳设计参数，取得最优设计方案。

第一章　机械优化设计的基本问题

1.1　机械优化问题示例

1.1.1　工程结构件优化设计

例题 1.1　图 1.1 为由两根钢管组成的对称桁架。点 A 处垂直载荷 $P=300\ 000$ N，$2L=152$ cm，空心钢管厚度 $T=0.25$ cm，材料弹性模量 $E=2.16\times10^{11}$ Pa，屈服极限 $\sigma_s=7.03\times10^{8}$ Pa。求：在满足强度条件和稳定性条件下，使体积最小的圆管直径 d 和桁架高度 H。

解：为保证桁架可靠地工作，就必须要求杆件具有足够的抗压强度和稳定性。

抗压强度：杆件截面上产生的压应力不超过材料的屈服极限。稳定性：杆件截面上的压应力不超过压杆稳定的临界应力。

杆件由圆管制成，截面面积　$F=\pi dT$

桁架为对称静定，按 A 点的平衡条件得杆内力

$$N=\frac{P}{2\cos\theta}$$

式中，

$$\cos\theta=\frac{H}{\sqrt{L^2+H^2}}$$

杆截面压应力

$$\sigma=\frac{N}{F}=\frac{P\sqrt{L^2+H^2}}{2\pi dTH}$$

具有足够的抗压强度而不发生压缩破坏的条件为

$$\sigma\leqslant\sigma_s$$

满足稳定性不发生屈曲破坏的条件为

$$\sigma\leqslant\sigma_e\ (\sigma_e\text{ 为压杆屈曲极限})$$

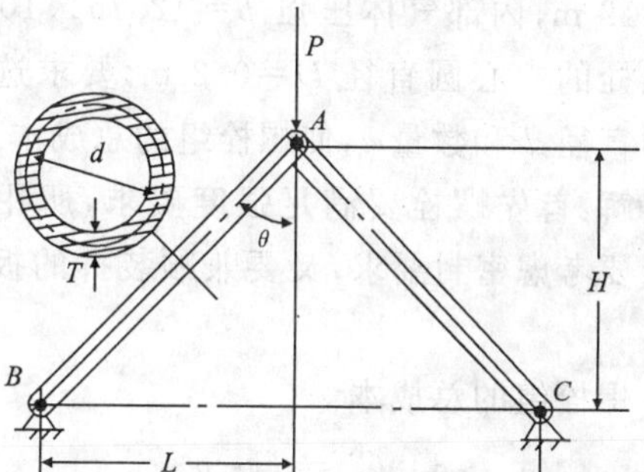

图 1.1　桁架

按欧拉公式

$$\sigma_e=\frac{\pi^2 EI}{F(L^2+H^2)}$$

式中；I 为圆管的剖面惯性矩，

$$I=\frac{\pi dT}{8}(d^2+T^2)$$

要求在具有足够的抗压强度和稳定性的条件下，求总体积最小的杆件尺寸参数 H 和 d，则表达式如下。

结构总体积：$V=2\pi Td\sqrt{L^2+H^2}$

要求满足：

(1)抗压强度：

$$\sigma_s - \frac{P\sqrt{L^2+H^2}}{2\pi TdH} \geqslant 0$$

(2)稳定性强度：

$$\frac{\pi^2 E(d^2+T^2)}{8(L^2+H^2)} - \frac{P\sqrt{L^2+H^2}}{2\pi TdH} \geqslant 0$$

以上所述是以 d, H 为设计变量的具有不等式约束优化问题。该优化问题的解见图1.2。

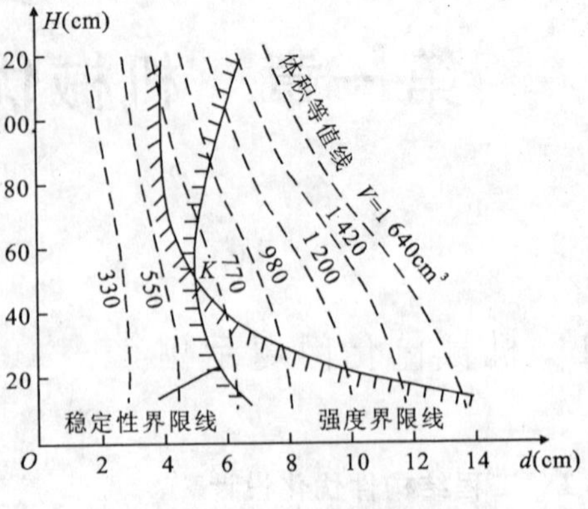

图 1.2 桁架最优解

K 点为最优点：$d=4.77$ cm

$H=51.31$ cm

最优点的桁架体积 $V=686.73\ \mathrm{cm}^3$

1.1.2 机械零件优化设计

螺栓紧固件在机械设计中大量存在，零件虽然不大，但有些产品用量很多。例如波音747飞机，仅钛制螺栓7万个，价值18万美元；还需40万个精密螺栓，价值约25万美元。这些螺栓的尺寸规格及数量，对保证产品的可靠性、提高寿命及降低成本很有意义。

例题 1.2 图1.3所示压力容器，内径 $D_0=0.12$ m，内部气体压强 $p=12.75\times10^6$ Pa，置螺栓的中心圆直径 $D=0.2$ m，要求选择螺栓的直径 d 和数量 n，使螺栓组的总成本最低。

解：首先螺栓要满足强度要求，所用螺栓数量要考虑密封要求，又要兼顾装拆的扳手空间。

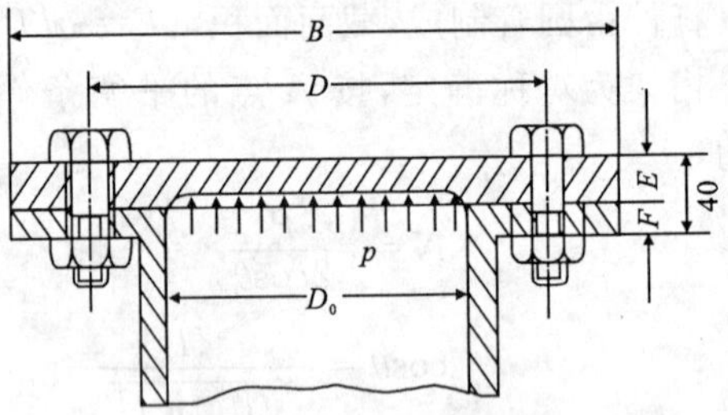

图 1.3 气缸螺栓组

螺栓组的总成本

$$C_n = C \cdot n$$

式中，C 为螺栓单价；n 为螺栓个数。

单价 C 与螺栓材料、直径 d、长度 l 以及加工状况有关。本组螺栓取35[#]钢，长度 $l=$ 50 mm的六角头半精制螺栓，单价见表1.1。

表 1.1 长度为 50 mm，35[#] 钢半精制六角螺栓单价

直径 d(mm)	10	12	14	16	18	20
单价 C(元)	0.052	0.091	0.142	0.174	0.228	0.251

按表1.1数据初步画 $C=f(d)$ 曲线，见图1.4，用线性回归法求得方程为

$$C = 0.020\,2\,d - 0.148$$

于是 $\quad C_n = n(0.020\,2\,d - 0.148)$

所受到的限制为

(1)螺栓强度限制。

单个螺栓的许用载荷为[F],用回归分析法得

$$[F] = 64 \cdot d^{2.13}$$

取安全系数 $\alpha=1.1$,则螺栓强度条件为

$$n[F] - \alpha \frac{\pi D_0^2}{4} p \geqslant 0$$

将已知数据代入得

$$64nd^{2.13} - 158\ 619 \geqslant 0$$

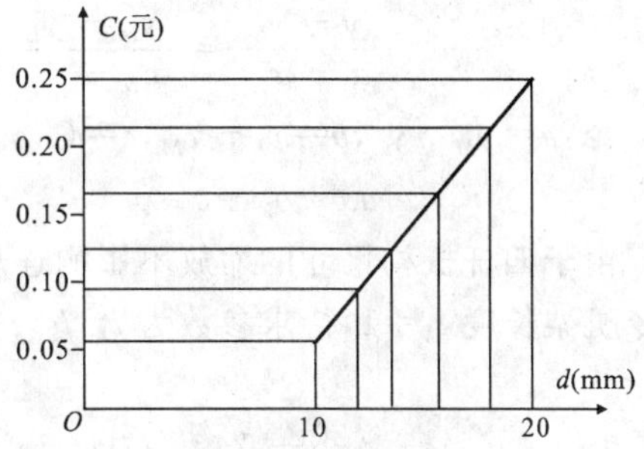

图 1.4　单价图

(2)扳手空间条件。

为保证装拆时有足够的扳手空间,螺栓的周向间距要大于 $5d$,则有条件

$$\frac{\pi D}{n} - 5d \geqslant 0 \quad 或 \quad \frac{0.628\ 318\ 5}{n} - 5d \geqslant 0$$

(3)密封条件。

为保证容器密封,压力均匀且不漏气,据经验,螺栓周向间距要小于 $10d$,则约束函数为

$$10d - \frac{\pi D}{n} \geqslant 0 \quad 或 \quad 10d - \frac{0.628\ 318\ 5}{n} \geqslant 0$$

该问题属于二维约束优化问题。

1.1.3　连杆机构优化设计

例题 1.3　图 1.5 所示为六杆机构。它是铰链四杆机构 $ABCD$ 和带有滑块 5 的摆杆 6 由连杆 BE 连接而成的。原动件 AB 逆时针转动使从动件 6 绕 F 点往复摆动。机架 AD 水平置放,F 点已选定。要求当原动件 AB 转角 φ_0 在 180°～300°范围内,摆杆 6 处于 LM 位置不动,即从动件摆杆产生间歇运动。试设计六杆机构尺寸参数 l_1,l_2,l_3,l_4,l_5 及 α。

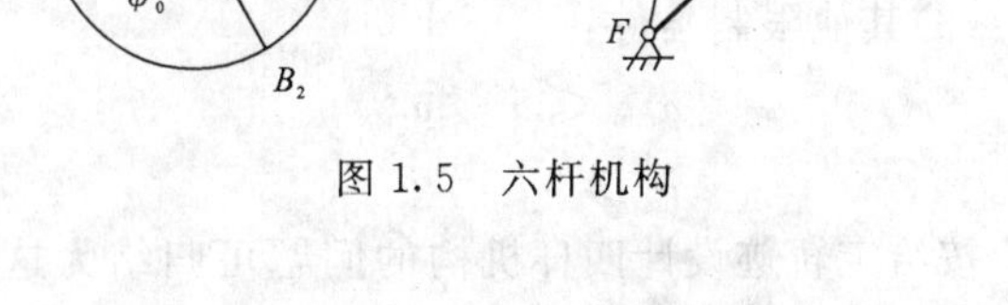

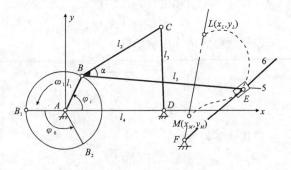

图 1.5　六杆机构

分析:原动件 AB 逆时针转动,连杆上 E 点通过滑块 5 使摆杆 6 实现往复摆动。只有当连杆上 E 点的轨迹是定点 L 与 M 所连的直线通过 F 时,摆杆 6 才在直线轨迹段 $\overline{LM}$ 上停歇,即实现从动件的间歇运动。显见,本问题的实质是连杆点 E 的轨迹问题。

解决此类问题可以采用实验法,但这种方法要反复实验、试凑,不仅繁琐费时,且很难得到一个较理想的方案;还可以借助四连杆图谱试图得到近似解的方案;如采用解析法,则需解高阶非线性方程组,但求解又十分困难。因此,用以上各方法,不能全面满足多方面的限制。此类问题用优化方法设计将是十分有效的。

解:见图 1.5,以点 A 为坐标原点建立 xAy 直角坐标系。

期望的 LM 直线轨迹用两点 $M(x_M,y_M)$、$L(x_L,y_L)$ 写出，方程为

$$\frac{y-y_L}{x-x_L}=\frac{y_M-y_L}{x_M-x_L}$$

令：$a=y_M-y_L$，$b=x_L-x_M$，$c=(x_M-x_L)y_L-(y_M-y_L)x_L$，则 LM 直线方程为

$$ax+by+c=0$$

由于四杆机构尺寸的缩放不影响连杆 E 点轨迹的形状，只取决于机构的相对尺寸，因此可令机架长度 $l_4=1$，待求参数为 l_1,l_2,l_3,l_5 及 α，于是连杆上 E_i 点的坐标 (x_i,y_i) 以下面函数表示

$$\begin{cases}x_i=X(l_1,l_2,l_3,l_5,\alpha,\varphi_i)\\ y_i=Y(l_1,l_2,l_3,l_5,\alpha,\varphi_i)\end{cases}$$

机构上 E 点所能实现上述的函数关系的具体表达式应按图 1.5 的几何关系推导，此处从略。

为提高设计精度，应使机构欲实现 L 至 M 段落的轨迹点 $E_i(x_i,y_i)$ 到给定直线 ML 的垂直距离 d_i 最小，d_i 为设计偏差，有数学公式

$$d_i=\left|\frac{ax_i+by_i+c}{\sqrt{a^2+b^2}}\right|$$

为使机构连杆点 E 所实现的一段轨迹以最高的精度接近期望的线段 $\overline{LM}$，所以要求曲柄转角 φ_i 在 180°～300°范围内，分点数 $i=1\sim n$ 的 n 个点上的偏差平方和达到最小，即

$$\min\Delta=\min\sum_{i=1}^{n}d_i^2$$

为保证曲柄 AB 能整周转动、传动角满足许用值等要求，提出以下限制条件：

(1)AB 成为曲柄的条件：

$$\begin{cases}l_1\leqslant 1,\quad l_1\leqslant l_2,\quad l_1\leqslant l_3\\ l_1+1\leqslant l_2+l_3\\ l_1+l_2\leqslant 1+l_3\\ l_1+l_3\leqslant 1+l_2\end{cases}$$

(2)传动角满足许用值条件：

$$\cos\gamma_1=\frac{l_2^2+l_3^2-(1-l_1)^2}{2l_2l_3}\leqslant\cos[\gamma_1]$$

$$\cos\gamma_2=\frac{(1+l_1)^2-l_2^2-l_3^2}{2l_2l_3}\leqslant\cos[\gamma_2]$$

(3)其他限制条件：

$$\alpha_{\min}\leqslant\alpha\leqslant\alpha_{\max}$$

$$l_1\geqslant 0$$

按给定轨迹设计四杆机构的问题可归结为这样一个优化设计问题：求一组机构参数 l_1，l_2，l_3，l_5 及 α，在满足曲柄条件、传动角条件以及其他限制条件下，当曲柄转角 φ_i 在 180°～300°给定范围内，连杆上 E 点的轨迹偏差平方和 Δ 达到最小。

1.1.4 生产管理优化

例题 1.4 某车间有四台机器，每台拟生产相同的三种类型零件，但它们每小时生产各类零件所获利润不同，见表 1.2；生产不同零件之速率示于表 1.3；本月对 1、2、3 三种零件的需求量分别为 700，500，400 个；四台机器可提供的工作时间分别为 90 h，75 h，90 h，80 h。如何安

排生产方可月获利最大？

表 1.2 每小时生产各零件利润额 (元/件)

零件种类	机器序号			
	1	2	3	4
1	5	6	4	3
2	5	4	5	4
3	6	7	2	8

表 1.3 各机器生产零件速率 (件/h)

零件种类	机器序号			
	1	2	3	4
1	8	2	4	9
2	7	6	6	3
3	4	8	5	2

解:为获利润最大,需合理确定每台机器生产某种零件若干。设 x_{ij} 表示第 j 台机器生产第 i 种零件的件数。

一个月内获总利润为

$$W = 5x_{11} + 6x_{12} + 4x_{13} + 3x_{14} + 5x_{21} + 4x_{22} + 5x_{23} + 4x_{24} + 6x_{31} + 7x_{32} + 2x_{33} + 8x_{34}$$

且要满足以下约束条件:

(1)数量需求限制:

$$x_{11} + x_{12} + x_{13} + x_{14} = 700$$
$$x_{21} + x_{22} + x_{23} + x_{24} = 500$$
$$x_{31} + x_{32} + x_{33} + x_{34} = 400$$

(2)工时需求限制:

$$\frac{x_{11}}{8} + \frac{x_{21}}{7} + \frac{x_{31}}{4} \leqslant 90$$

$$\frac{x_{12}}{2} + \frac{x_{22}}{6} + \frac{x_{32}}{8} \leqslant 75$$

$$\frac{x_{13}}{4} + \frac{x_{23}}{6} + \frac{x_{33}}{5} \leqslant 90$$

$$\frac{x_{14}}{9} + \frac{x_{24}}{3} + \frac{x_{34}}{2} \leqslant 80$$

(3)非负条件:

$$x_{11}, x_{12}, x_{13}, x_{14}, x_{21}, x_{22}, x_{23}, x_{24}, x_{31}, x_{32}, x_{33}, x_{34} \geqslant 0$$

本题是以 $x_{ij}(i=1,2,3;j=1,2,3,4)$ 为设计变量的线性约束优化问题。

1.2 优化设计的数学模型

由 1.1 中的示例可以看出,把一般的机械设计描述为一个优化设计问题时,有下面三部分内容:一是需求解的一组参数,这组参数在设计中作为变量来处理,称为设计变量;二是有一个明确的追求目标,这个目标以设计变量的函数来体现,称为目标函数;三是有若干必须的限制条件,设计变量的取值必须满足这些限制条件,它们称为设计约束。按照具体机械设计问题拟定的设计变量、目标函数及约束条件的总体组成了优化设计的数学模型。下面对它们分别作介绍。

1.2.1 设计变量

机械优化设计是欲对某机械设计项目取得一个最优方案。所谓一个设计方案一般是用一组参数来表示。设计参数在优化设计中分成两种类型:一类参数是可以根据设计的具体情况或成熟的经验预先给定,这些参数称为设计常量,例如在零件结构设计中材料的弹性模量、许用应力等常作为设计常量,或对设计结果影响不大的参数也常作为设计常量处理;而另一类参数是在设计过程中需优选的参数,把它作为优化设计中的设计变量。即在设计过程中作为变量处理以供选择,并最终必须确定的各项独立参数,称为设计变量。优化设计是研究怎样合理地优选这些设计变量值的一种现代设计方法,所以在设计计算过程中它们是变量。在优化过程中,这些变量最终确定以后,设计方案也就完全确定了。例如 1.1.1 中可以选择的参数是桁架高度 H 和圆管直径 d,则 H、d 为该设计中的设计变量,而已经给定的支架水平距离 L 及所用钢管厚度 t 在此优化设计中即为设计常量;1.1.2 中的螺栓直径 d 和所需的数量 n 为设计变量。另外,有一些参数与其他参数之间存在一定的依赖关系,表面上看来虽都是变量,但并不都是独立的。在这种情况下,要从互相依赖的参数中把真正独立的参数分解出来,被分解出的独立参数才是设计变量。例如二级圆柱齿轮减速器的设计,已给定总传动比 i,要恰当选择高速级及低速级传动比 i_{I},i_{II},因为要满足 $i_{\mathrm{I}} \cdot i_{\mathrm{II}}=i$,所以 i_{I},i_{II} 是互相依赖的,如选 i_{I} 作为独立变量,则 i_{II} 即为非独立变量,设计者可从互相依赖的两参数 i_{I},i_{II} 中任取其一为设计变量。若参数之间存在的依赖关系,其表现形式比较复杂,则设计者要按具体情况恰当地分解出其中的独立参量作为设计变量。又如 1.1.3 中的四杆机构 $ABCD$,由于四杆长度 l_1,l_2,l_3,l_4 按同一比例缩放不影响连杆 E 点轨迹的形状,则以 l_4 去缩放各杆长度,即取它为单位长度 $l_4=1$,而其余各杆的长度均是它们的原长度与 l_4 的比值,于是成为设计变量的独立参数只是 l_1,l_2,l_3。

设计变量按取值是否连续分为连续变量和离散变量。若变量在其取值范围内取任何连续值均有意义,则是连续变量,如 1.1.1 中的桁架高度 H,1.1.3 中的 l_1,l_2,l_3,l_5 及 α 等。如设计变量是属于间断跳跃式的值才有意义,它就是离散值。机械设计中的离散变量很多,如齿轮的齿数必须是正整数,齿轮的模数、螺纹的名义直径 d、滚动轴承的内径等必须符合国家标准,这些都是离散变量。离散变量的选取在优化设计中尚处于发展阶段,可按实际情况恰当进行选择处理。

一个设计方案是以一组设计变量来表示,一组中所包含设计变量的个数因问题而异。设计变量的数目称为优化问题的维数。如一个设计问题有 n 个设计变量,则称为 n 维设计问题($n=1,2,\cdots$)。

当 $n=1$ 时,称为一维设计问题,则设计变量 x_1 沿一个数轴上选取。

当 $n=2$ 时,称为二维设计问题,表示为

$$\boldsymbol{x}=\begin{bmatrix} x_1 \\ x_2 \end{bmatrix}=[x_1 \quad x_2]^{\mathrm{T}}$$

二维问题可在平面直角坐标系中表示,见图 1.6(a)。设计变量 x_1,x_2 分别在坐标轴 Ox_1,Ox_2 上取值,当(x_1,x_2)分别取不同值时,则在 x_1Ox_2 坐标平面上得到不同的相应点,每一个点表示一种设计方案。在图 1.6(a)中,$\boldsymbol{x}=[x_1 \quad x_2]^{\mathrm{T}}$ 代表由原点 O 为始点,设计点(x_1,x_2)为终点的一个矢量。所以设计方案也常称为设计矢量,矢量端点称设计点。因此,设计方案、设计变量、设计点、设计矢量都是一一对应的。

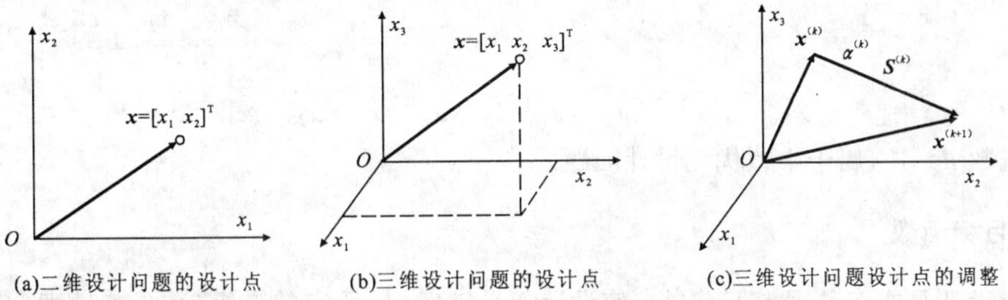

图 1.6　设计变量

当 $n=3$ 时，称为三维设计问题，表示为

$$\boldsymbol{x}=\begin{bmatrix}x_1\\x_2\\x_3\end{bmatrix}=[x_1\quad x_2\quad x_3]^{\mathrm{T}}$$

三维问题在空间直角坐标系中表示见图 1.6(b)，各设计变量分别在 Ox_1，Ox_2，Ox_3 坐标轴上选取，当 (x_1,x_2,x_3) 分别取不同值时，可有三维空间的不同点与之对应，所以 $\boldsymbol{x}$ 代表三维设计问题的设计方案、设计点、设计矢量。

在一般情况下，若有 n 个设计变量，把第 i 个设计变量记为 x_i，则一组设计变量用 n 维向量以矩阵形式表示为

$$\boldsymbol{x}=\begin{bmatrix}x_1\\x_2\\\vdots\\x_i\\\vdots\\x_n\end{bmatrix}=[x_1\quad x_2\quad\cdots\quad x_i\quad\cdots\quad x_n]^{\mathrm{T}}\tag{1.1}$$

当 $n>3$ 时，其各设计变量 $x_i(i=1,2,3,4,\cdots)$ 仍以其对应的各坐标轴上取值，$\boldsymbol{x}$ 可想象成在抽象的高维空间表示出来的设计点。

设计点的集合称为设计空间。以 n 个独立变量为坐标轴组成的 n 维向量空间是一个 n 维空间，用 $\mathbf{R}^n$ 表示。因工程设计中的设计变量均为实数，故这样的空间称为 n 维实欧氏空间。当 $n=2,3$ 时，则设计点用平面直角坐标系及三维空间直角坐标系表示。当 $n\geqslant4$ 时，很难用图像表示，这时的 n 维空间又称为超越空间。

式(1.1)的设计变量 $\boldsymbol{x}$ 表示着一个设计方案，$\boldsymbol{x}^{(k)}$ 为第 k 个方案，由此方案调整到第 $k+1$ 方案，是由设计点 $\boldsymbol{x}^{(k)}$ 移向 $\boldsymbol{x}^{(k+1)}$ 点，设计变量之间的关系为

$$\boldsymbol{x}^{(k+1)}=\boldsymbol{x}^{(k)}+\alpha^{(k)}\boldsymbol{S}^{(k)}\tag{1.2}$$

向量 $\boldsymbol{S}^{(k)}$ 为移动方向，$\alpha^{(k)}$ 为移动步长，见图 1.6(c)。

设计空间的维数体现着设计的自由度。设计变量越多，则设计的自由度就越大，可供选择的方案可扩大，设计更灵活；但维数多则设计复杂，运算量也增大。当 $n\leqslant10$ 时，称为小型设计问题；当 $10<n\leqslant50$ 时，称为中型设计问题；当 $n>50$ 时，称为大型设计问题。

例如 1.1.1 节问题的设计变量 $\boldsymbol{x}=[d\quad H]^{\mathrm{T}}=[x_1\quad x_2]^{\mathrm{T}}$ 是二维优化问题。1.1.3 节的 $\boldsymbol{x}=[l_1\quad l_2\quad l_3\quad l_5\quad \alpha]^{\mathrm{T}}=[x_1\quad x_2\quad x_3\quad x_4\quad x_5]^{\mathrm{T}}$，维数 $n=5$。以上两个设计均属小型设计问题。1.1.4 节的设计变量为

$$\boldsymbol{x}=[x_{11} \quad x_{12} \quad x_{13} \quad x_{14} \quad x_{21} \quad x_{22} \quad x_{23} \quad x_{24} \quad x_{31} \quad x_{32} \quad x_{33} \quad x_{34}]^{\mathrm{T}}$$

或

$$\boldsymbol{x}=[x_1 \quad x_2 \quad x_3 \quad x_4 \quad x_5 \quad x_6 \quad x_7 \quad x_8 \quad x_9 \quad x_{10} \quad x_{11} \quad x_{12}]^{\mathrm{T}}$$

其维数 $n=12$，属于中型优化设计问题。

1.2.2 目标函数

优化设计是在多种因素下欲寻求使设计者最满意、最适宜的一组参数。"最满意"、"最适宜"是针对某具体问题，人们所追求的某一特定目标而言。在机械设计中，人们总希望所设计的产品具有最好的使用性能，体积小，结构紧凑，重量最轻和最少的制造成本以及最大的经济效益，即有关性能指标和经济指标方面最好。

在优化设计中，一般将所追求的目标(最优指标)用设计变量的函数形式表达，称该函数为优化设计的目标函数。目标函数的值是评价设计方案优劣程度的标准，也可称为评价函数。建立这个函数的过程称为建立目标函数。一般的表达式为

$$F(\boldsymbol{x})=F(x_1, x_2, \cdots, x_n) \tag{1.3}$$

它代表着某项重要的特征，例如上面提到的诸如某种性能、体积、质量、成本、误差、效率……

目标函数是设计变量的标量函数。优化设计的过程就是通过优选设计变量使目标函数达到最优值。最优值的数学表征为最小值 $\min F(\boldsymbol{x})$ 或最大值 $\max F(\boldsymbol{x})$。按一般的规范做法，把优化问题归结为求目标函数值的最小值居多。在求解过程中，目标函数值越小，设计方案越优。对于某些追求目标函数最大值的问题，例如求效率最高、寿命最长、承载能力最大等，可转化为求目标函数负值的最小值问题，即

$$\max F(\boldsymbol{x}) \Rightarrow \min[-F(\boldsymbol{x})] \tag{1.4}$$

因此，在后面的叙述中，一律把优化问题规范为求目标函数的最小值。

在优化设计中，仅根据一项准则建立的一个目标函数，称为单目标函数。如 1.1.1 节以桁架重量最小建立的一个目标函数，1.1.3 节以 E 点误差最小原则建立的目标函数，都属于单目标优化设计问题。若某项设计需同时兼顾多个设计准则，则需建立多个目标函数，这种问题即为多目标优化设计问题。

例如设计一个剪切钢板的飞剪机构。如图 1.7(a)，剪刀固定在曲柄摇杆机构的连杆上，两曲柄摇杆机构对称放置。该机构的功能是将运动着的钢板按一定尺寸剪断，所以，机构要使剪刀刀刃具有剪切动作，在剪切过程中刀刃水平分速要随同钢板同步同向运动。因此，该机构的设计准则有以下几个方面。

(1)刀刃尖端的运动轨迹为一定形状的曲线，两封闭曲线有一定的重叠度 ξ，以保证剪断钢板。按此准则建立第一个目标函数

$$F_1(\boldsymbol{x})=\sum_{i=1}^{k} \mid M_i-\overline{M}_i \mid$$

式中的 $\boldsymbol{x}=[x_1 \quad x_2 \quad \cdots \quad x_n]^{\mathrm{T}}$ 是机构的设计变量，M_i 与 $\overline{M}_i$ 分别是刀刃尖端的预期轨迹与连杆所能实现的刀刃尖端轨迹表达式，k 为计算区域内的分点数。

(2)在剪切过程中，两刀刃应始终垂直于钢板运动方向，以使刀刃平行，从而减小剪切阻力获得好的剪切质量。于是，按位置误差准则可建立第二个目标函数

$$F_2(\boldsymbol{x})=\sum_{i=1}^{k}\left(\gamma_i-\frac{\pi}{2}\right)^2$$

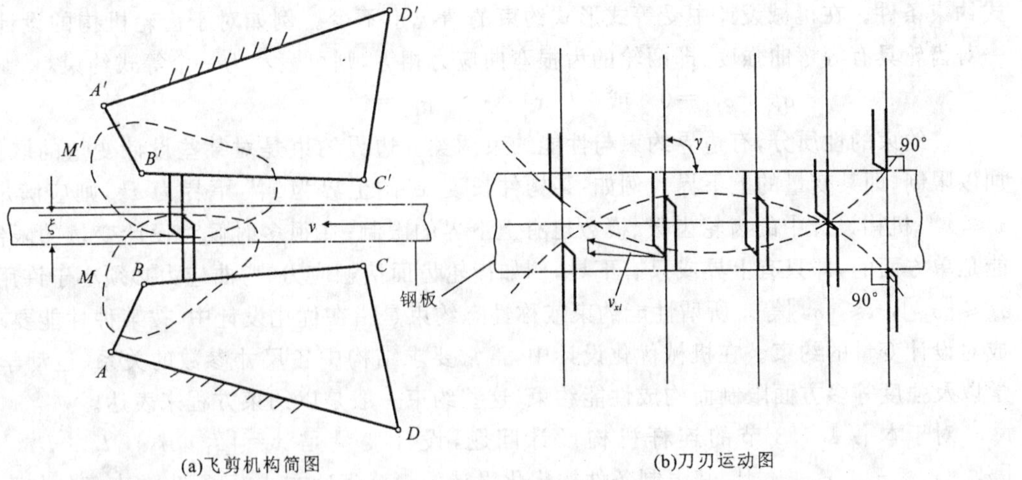

(a)飞剪机构简图 (b)刀刃运动图

图 1.7 飞剪机构

式中,γ_i 是机构所能实现的剪刀刀刃与水平线之间的夹角。

(3)要求在剪切过程中剪切的水平分速度 v_x 保持常量,且等于钢板送进速度 v。因此,在规定区域内按水平分速度误差准则建立第三个目标函数

$$F_3(\boldsymbol{x})=\sum_{i=1}^{k}(v_{xi}-v)^2$$

这是一个比较复杂的机构设计问题,用优化方法设计,则可以综合考虑运动学方面的几种要求,是一个多目标函数的优化设计问题,通过优化计算可以得到好的设计方案。

对于多目标函数的优化问题,要分别建立满足不同方面需求的目标函数,即

$$\begin{cases}F_1(\boldsymbol{x})=F_1(x_1,x_2,\cdots,x_n)\\F_2(\boldsymbol{x})=F_2(x_1,x_2,\cdots,x_n)\\\cdots\cdots\cdots\cdots\\F_m(\boldsymbol{x})=F_m(x_1,x_2,\cdots,x_n)\end{cases}\tag{1.5}$$

然后再采取适当办法来处理多目标函数的优化问题。在机械优化设计中,多目标函数问题不少,目标函数愈多,设计的综合效果愈好,但问题的求解也愈复杂。对多目标优化设计问题的研究,至今还不像单目标函数那样成熟,其解决的方法仍在发展中。

1.2.3 约束条件

如前所述,设计点的集合构成设计空间,n 维设计问题属于 n 维欧氏空间。如对设计点的取值不加以限制,则设计空间是无限的,凡属这类的优化设计问题称为无约束优化问题。但在实际问题中,设计变量的取值范围是有限制的或必须满足一定条件,在优化设计中,这种对设计变量取值的限制条件,称为约束条件或设计约束。它也用数学式来表达。

按约束条件的形式分,有不等式约束条件与等式约束条件两种,表达式如下

$$g_u(\boldsymbol{x})\geqslant 0,\quad u=1,2,\cdots,p\tag{1.6a}$$

$$h_v(\boldsymbol{x})=0,\quad v=1,2,\cdots,q\tag{1.6b}$$

$g_u(\boldsymbol{x})$ 与 $h_v(\boldsymbol{x})$ 都是设计变量 $\boldsymbol{x}$ 的函数,称为约束函数。式(1.6a)是不等式约束条件,式(1.6b)是等式约束条件。本书 1.1.2 节与 1.1.3 节的设计问题对设计变量的限制都属于不等

式约束条件。在机械设计中受等式形式约束的情况也不少。例如对于齿轮机构的设计，要求一对齿轮具有等弯曲强度，即两轮的齿根弯曲应力相等，则可表示为一个等式约束

$$\sigma_{F_1}-\sigma_{F_2}=0 \quad \text{或} \quad h(\boldsymbol{x})=\sigma_{F_1}-\sigma_{F_2}=0$$

按约束的性质分，有边界约束与性能约束两类。边界约束是对某些设计变量的取值范围加以限制，即某变量的上下界。例如：某构件长度 x_i 的上界为 x_i^M，下界为 x_i^L，则应满足 $x_i^L\leqslant x_i\leqslant x_i^M$；机构设计中的齿轮齿数、模数也有上下界的限制；在很多时候对设计变量的限制也可能是单方面的，即只有上界或只有下界，例如齿轮齿面接触应力、弯曲应力必须小于许用值，即 $\sigma_H\leqslant[\sigma_H]$，$\sigma_F\leqslant[\sigma_F]$等。所谓性能约束或称性态约束是指在优化设计中，按某种性能要求而构成对设计变量的约束。在机械优化设计中，常常要求结构中各尺寸参数的关系、运动学、动力学以及强度等多方面限制而构成性能约束，这些约束一般是以约束方程来表达。

对于本书 1.1.3 节的连杆机构设计问题，设计变量是 $\boldsymbol{x}=[l_1 \quad l_2 \quad l_3 \quad l_5 \quad \alpha]^{\mathrm{T}}=[x_1 \quad x_2 \quad x_3 \quad x_4 \quad x_5]^{\mathrm{T}}$，其限制条件按优化设计的规范表达方式，可写出约束条件如下

$$g_1(\boldsymbol{x})=1-x_1\geqslant 0$$
$$g_2(\boldsymbol{x})=x_2-x_1\geqslant 0$$
$$g_3(\boldsymbol{x})=x_3-x_1\geqslant 0$$
$$g_4(\boldsymbol{x})=x_2+x_3-x_1-1\geqslant 0$$
$$g_5(\boldsymbol{x})=1+x_3-x_1-x_2\geqslant 0$$
$$g_6(\boldsymbol{x})=\cos[\gamma_1]-\frac{x_2^2+x_3^2-(1-x_1)^2}{2x_2x_3}\geqslant 0$$
$$g_7(\boldsymbol{x})=\cos[\gamma_2]-\frac{(1+x_1)^2-l_2^2-l_3^2}{2x_2x_3}\geqslant 0$$
$$g_8(\boldsymbol{x})=x_5-\alpha_{\min}\geqslant 0$$
$$g_9(\boldsymbol{x})=\alpha_{\max}-x_5\geqslant 0$$
$$g_{10}(\boldsymbol{x})=x_1\geqslant 0$$

这些约束条件的形式都是不等式约束。按其性质分，$g_1(\boldsymbol{x})\sim g_7(\boldsymbol{x})$属于性能约束，$g_8(\boldsymbol{x})\sim g_{10}(\boldsymbol{x})$属于边界约束。

对于约束优化问题，设计点 $\boldsymbol{x}$ 在 n 维实欧氏空间 $\mathbf{R}^n$ 内的集合被分成两部分。一部分是满足所有设计约束条件的设计点集合，这个区域称为可行设计区域，简称可行域，记作 $\mathscr{D}$[见图 1.8，由 $g_1(\boldsymbol{x})$，$g_2(\boldsymbol{x})$，$g_3(\boldsymbol{x})$，$g_4(\boldsymbol{x})$所包围的区域]。设计点只能在可行域内选取，可行域内的设计点称为可行设计点。而其余部分则为非可行域[即 $g_1(\boldsymbol{x})$，$g_2(\boldsymbol{x})$，$g_3(\boldsymbol{x})$，$g_4(\boldsymbol{x})$所包围以外的区域]，设计变量在非可行域内取值对设计是无意义的，即为非可行设计点。当设计点处于某一不等式约束边界上时，称边界设计点，它是一个为该项约束所允许的设计方案。

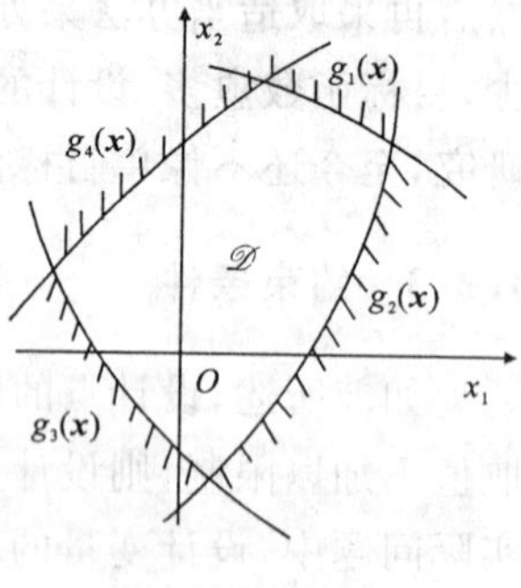

图 1.8　可行域

二维设计问题的可行域可在 x_1Ox_2 平面直角坐标系内表示出来，见图 1.8；三维的可行域可在空间直角坐标系中表示出来。

1.2.4　数学模型表示式

对于一个优化设计问题，当选取好设计变量、建立了目标函数及约束条件后，便可依优化

设计问题的规范化表达式写出优化设计的数学模型。

无约束优化问题数学模型的一般表达式为

$$\begin{cases}\min F(\boldsymbol{x}) \\ \boldsymbol{x}\in \mathbf{R}^n\end{cases} \tag{1.7a}$$

约束优化问题数学模型的一般表达式为

$$\left.\begin{aligned}&\min F(\boldsymbol{x})\\&\boldsymbol{x}\in \mathscr{D}\subset \mathbf{R}^n\\&\mathscr{D}:\ g_u(\boldsymbol{x})\geqslant 0,\quad u=1,2,\cdots,p\\&\qquad h_v(\boldsymbol{x})=0,\quad v=1,2,\cdots,q\end{aligned}\right\} \tag{1.7b}$$

式中，$\mathscr{D}$ 表示由 p 个不等式约束和 q 个等式约束所限定的可行域，它是 n 维实欧氏空间 $\mathbf{R}^n$ 的一个子集。

在上述数学模型一般表示式中，若目标函数 $F(\boldsymbol{x})$和约束函数 $g_u(\boldsymbol{x})$，$h_v(\boldsymbol{x})$均为设计变量的线性函数，则称为线性优化问题，它属于**线性规划**问题，否则属于非线性规划。机械设计中的优化设计问题大多属于**非线性规划**问题。

建立数学模型是优化设计中最关键、最重要的一步，数学模型的质量直接影响设计效果。数学模型的建立依具体设计问题而异。对于复杂的问题，在建立数学模型中往往会遇到很多困难，甚至比求解过程要复杂得多，因此要抓住关键因素，适当忽略不重要的成分，使问题得到合理简化，以易于建立数学模型。由此可见，在优化设计工作中加强对数学模型构成的研究，十分重要。

选取恰当的优化方法，对优化设计数学模型进行求解，可解得一组设计变量

$$\boldsymbol{x}^*=[x_1^*\quad x_2^*\quad \cdots\quad x_n^*]^{\mathrm{T}}$$

使该设计点 $\boldsymbol{x}^*$ 的目标函数值 $F(\boldsymbol{x}^*)$为最小，点 $\boldsymbol{x}^*$ 称为**最优点**，它代表了一个最优方案。相应的目标函数值 $F^*=F(\boldsymbol{x}^*)$称为**最优值**。一个问题的解包含设计变量和对应函数值两部分，所以最优点和对应的最优值代表了**最优解**，表示为($\boldsymbol{x}^*$，F^*)。

根据上面对优化数学模型的描述，可将 1.1.1 节所述的桁架设计问题建立优化数学模型。前述已对该设计问题进行了充分分析，并已建立了各变量之间的关系式。在此基础上，取设计变量 $\boldsymbol{x}=[d\quad H]^{\mathrm{T}}=[x_1\quad x_2]^{\mathrm{T}}$，为二维优化设计问题。

将已知数据代入后写出桁架优化设计数学模型如下(长度单位均取厘米)

$$\left.\begin{aligned}&\min F(\boldsymbol{x})=1.57x_1\sqrt{5\,776+x_2^2}\\&\boldsymbol{x}\in\mathscr{D}\subset\mathbf{R}^2\\&\mathscr{D}:\ g_1(\boldsymbol{x})=70\,300-\frac{150\,000}{0.785\,4}\frac{\sqrt{5\,776+x_2^2}}{x_1x_2}\geqslant 0\\&\qquad g_2(\boldsymbol{x})=\frac{2.665(x_1^2+0.062\,5)\times 10^7}{5\,776+x_2^2}-\frac{150\,000}{0.785\,4}\frac{\sqrt{5\,776+x_2^2}}{x_1x_2}\geqslant 0\end{aligned}\right\} \tag{1.7c}$$

由上式可知，它属于非线性规划问题。通过某种优化方法，可解出优化点是 $\boldsymbol{x}^*=[4.77\quad 51.31]^{\mathrm{T}}$，最优值是 $F^*=686.73$，它们就是该问题的最优解。详细解题方法见本书第五章第 5.3.5 节中内点罚函数法的应用举例。

1.2.5 优化问题的几何描述

优化设计数学模型包含着设计变量、目标函数及约束条件等内容，通过对优化数学模型求

解而取得最优解，即最优设计方案。为了说明优化问题的一些概念，用一个二维优化问题画出几何图形进行解释会更具体和形象。

设有二维不等式约束优化问题数学模型如下

$$\min F(\boldsymbol{x})=x_1^2+x_2^2-4x_1+4$$

$$\boldsymbol{x}=[x_1 \quad x_2]^{\mathrm{T}}\in\mathscr{D}\subset\mathbf{R}^2$$

$$\mathscr{D}:\ g_1(\boldsymbol{x})=x_1-x_2+2\geqslant 0$$

$$g_2(\boldsymbol{x})=-x_1^2+x_2-1\geqslant 0$$

$$g_3(\boldsymbol{x})=x_1\geqslant 0$$

$$g_4(\boldsymbol{x})=x_2\geqslant 0$$

图 1.9(a)是在 x_1, x_2, F 三坐标空间中，表示出目标函数 $F(\boldsymbol{x})$ 空间曲面的立体图形，约束函数 $g_1(\boldsymbol{x}), g_2(\boldsymbol{x}), g_3(\boldsymbol{x})$ 的三个柱面或平面，以及这些曲面之间的相互关系。图 1.9(b)所示为设计变量组成的二维平面 x_1Ox_2，由 $g_1(\boldsymbol{x}), g_2(\boldsymbol{x}), g_3(\boldsymbol{x})$ 所包围的区域 $\mathscr{D}$ 为可行域，以外为非可行域。以 $\boldsymbol{x}_1^*$ 为中心用点画线画出的圆族为等值线，在每一条等值线上的目标函数值都是相等的，分别为 $F_1, F_2, F_3, \cdots$ 如果本问题设计变量的取值不受限制，即如果是无约束优化问题，则最优点为 $\boldsymbol{x}_1^*=[2 \quad 0]^{\mathrm{T}}$，对应的最优函数值 $F(\boldsymbol{x}_1^*)=0$；对于约束优化问题的最优设计点，则应是在可行域内（包括边界在内）寻求目标函数值最小的点。由图可见，该点就是约束边界与目标函数等值线的切点，即图中的 $\boldsymbol{x}_2^*$ 点，该点的坐标为 $\boldsymbol{x}_2^*=[0.58 \quad 1.35]^{\mathrm{T}}$，对应的目标函数值 $F(\boldsymbol{x}_2^*)=3.80$。

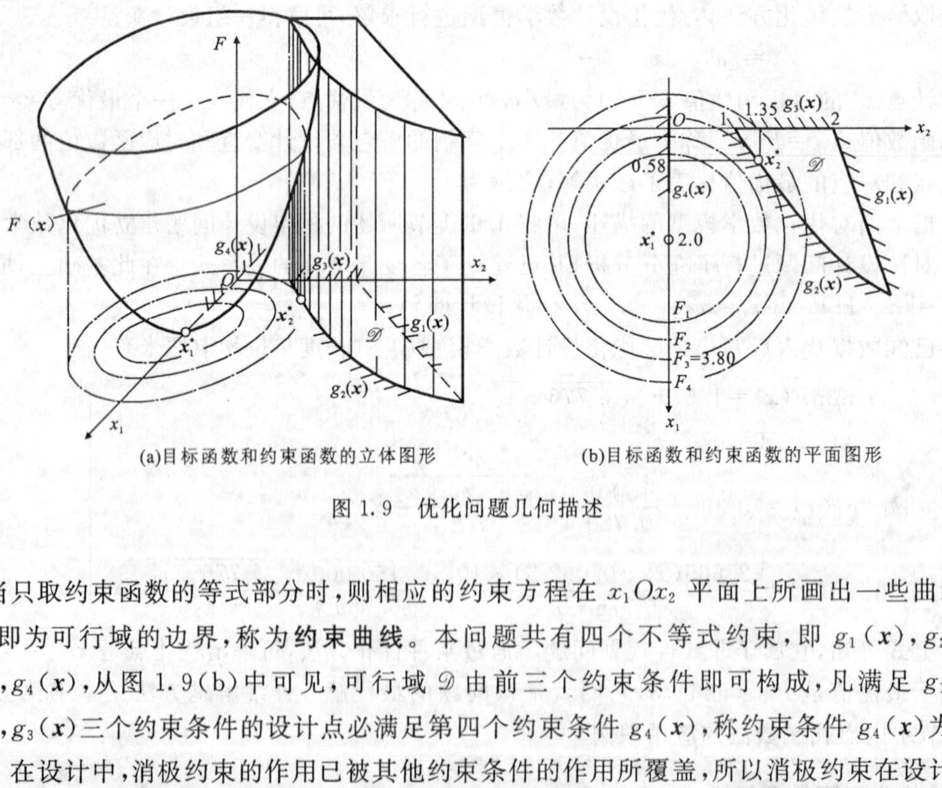

(a)目标函数和约束函数的立体图形　　(b)目标函数和约束函数的平面图形

图 1.9　优化问题几何描述

当只取约束函数的等式部分时，则相应的约束方程在 x_1Ox_2 平面上所画出一些曲线（或直线）即为可行域的边界，称为**约束曲线**。本问题共有四个不等式约束，即 $g_1(\boldsymbol{x}), g_2(\boldsymbol{x}), g_3(\boldsymbol{x}), g_4(\boldsymbol{x})$，从图 1.9(b)中可见，可行域 $\mathscr{D}$ 由前三个约束条件即可构成，凡满足 $g_1(\boldsymbol{x}), g_2(\boldsymbol{x}), g_3(\boldsymbol{x})$ 三个约束条件的设计点必满足第四个约束条件 $g_4(\boldsymbol{x})$，称约束条件 $g_4(\boldsymbol{x})$ 为**消极约束**。在设计中，消极约束的作用已被其他约束条件的作用所覆盖，所以消极约束在设计中可以不必予以考虑。但当问题复杂时，欲首先观察或提出约束条件中的消极约束往往是很困难或不能解决的。因此，在设计中通常是无遗漏地列出全部约束条件，而不必特意剔出消极约束来对问题进行求解。

如果在约束条件中包含有等式约束 $h(\boldsymbol{x})=0$，则在不等式约束所限定的可行域内又给设计变量 $\boldsymbol{x}$ 带来特殊的限制。在二维问题中，等式约束体现为 x_1Ox_2 平面内的一条曲线，它是可行设计点的集合，所以当存在等式约束时，可行域大为缩减，或者可以认为是对可行域空间的一种降维。

1.3 优化计算的数值解法及收敛条件

最优化技术包含两个方面，首先是由实际的生产或科技问题构造出优化的数学模型，再对数学模型采取恰当的优化方法进行求解。无论是无约束优化问题或是约束优化问题，其本质上都是求极值的数学问题。从理论上，其求解可用解析法，即微积分学和变分法中的极值理论，但由于实际中的优化数学模型多种多样，往往目标函数及约束函数是非线性的，此时采用解析法求解变得非常复杂与困难，甚至在具体求解中无法实现。所以产生了一种更为实用的求优方法——求优的数值计算法，即常称之为解非线性规划的最优化方法。

1.3.1 数值计算法的迭代过程

最优化方法是与电子计算机的应用及计算技术的发展紧密相连的。数值计算法的迭代过程也是依赖于计算机的运算特点而形成的，所以计算过程完全有别于解析法的求解过程。优化方法的迭代特点是：按照某种人为规定的逻辑结构，以一定的格式进行反复的数值计算，寻求函数值逐次下降的设计点，直到满足规定的精度时终止迭代计算，最后的设计点即为欲求的最优点，所得到的解是满足规定精度的近似解。

总体的做法见图 1.10。由选定的**初始点** $\boldsymbol{x}^{(0)}$ 出发，沿某种优化方法所规定的**搜寻方向** $\boldsymbol{S}^{(0)}$，以适当的**步长** $\alpha^{(0)}$，按迭代格式产生第一个新的设计点 $\boldsymbol{x}^{(1)}$，

$$\boldsymbol{x}^{(1)}=\boldsymbol{x}^{(0)}+\alpha^{(0)}\boldsymbol{S}^{(0)}$$

使满足 $$F(\boldsymbol{x}^{(1)})<F(\boldsymbol{x}^{(0)})$$

则 $\boldsymbol{x}^{(1)}$ 是优于 $\boldsymbol{x}^{(0)}$ 的设计点。再以 $\boldsymbol{x}^{(1)}$ 为新起点，按同上的格式产生第二个设计点 $\boldsymbol{x}^{(2)}$，

$$\boldsymbol{x}^{(2)}=\boldsymbol{x}^{(1)}+\alpha^{(1)}\boldsymbol{S}^{(1)}$$

这样，依次得设计点 $\boldsymbol{x}^{(1)},\boldsymbol{x}^{(2)},\boldsymbol{x}^{(3)},\cdots\boldsymbol{x}^{(k)}$，$\boldsymbol{x}^{(k+1)},\cdots$ 称这些点为计算中的**迭代点**，产生迭代点的一般格式为

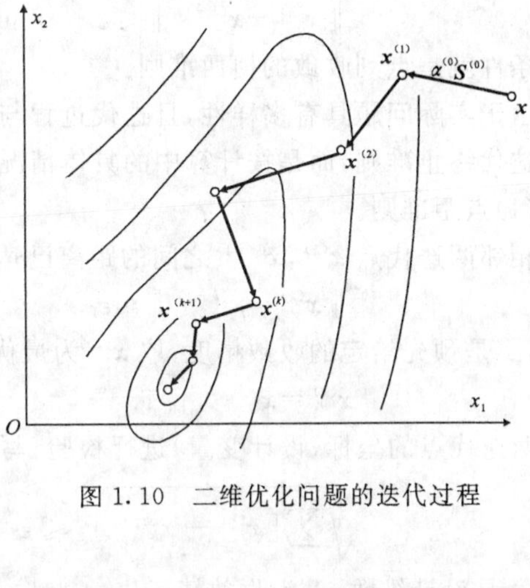

图 1.10 二维优化问题的迭代过程

$$\boldsymbol{x}^{(k+1)}=\boldsymbol{x}^{(k)}+\alpha^{(k)}\boldsymbol{S}^{(k)} \tag{1.8}$$

式(1.8)称为优化计算的基本迭代公式。式中的第 k 次搜寻方向 $\boldsymbol{S}^{(k)}$ 及步长 $\alpha^{(k)}$ 是根据 $\boldsymbol{x}^{(k)}$ 点目标函数值和约束函数值等信息而确定，使其 $F(\boldsymbol{x}^{(k+1)})<F(\boldsymbol{x}^{(k)})$。按式(1.8)反复迭代计算后产生点列 $\boldsymbol{x}^{(1)},\boldsymbol{x}^{(2)},\cdots,\boldsymbol{x}^{(k)},\cdots$ 各点的函数值依次下降，即 $F(\boldsymbol{x}^{(0)})>F(\boldsymbol{x}^{(1)})>F(\boldsymbol{x}^{(2)})>\cdots>F(\boldsymbol{x}^{(k)})>\cdots$ 显见迭代点不断向理论最优点逼近，最后必将到达满足预定精度要求的近似最优点，记作 $\boldsymbol{x}^*$。

由迭代算法的基本迭代公式可见，优化方法的主要问题乃是解决迭代方向 $\boldsymbol{S}^{(k)}(k=1,2,\cdots)$ 和迭代步长 $\alpha^{(k)}(k=1,2,\cdots)$ 的问题，由于 $\boldsymbol{S}^{(k)}$ 与 $\alpha^{(k)}$ 的确定方法及特性之不同而构成了不同的优化方法，即最优化方法。已有的各种优化方法尽管在选取方向和步长的原则、方法上各有千秋，但有一点是共同的，就是都按式(1.8)的基本迭代公式，通过电子计算机进行数值计算，且保证目标函数值稳定地下降，最终获得逼近理论最优点的近似解。

1.3.2 迭代计算的终止准则

数值计算采用迭代法产生设计点的点列 $\boldsymbol{x}^{(0)},\boldsymbol{x}^{(1)},\boldsymbol{x}^{(2)},\cdots$ 从理论上讲，任何一个迭代算法都能产生无穷点列 $\{\boldsymbol{x}^{(k)},k=0,1,2,\cdots\}$，但在解决实际计算过程中总不能无限制地进行下去，那么什么时候截断迭代，这是一个**迭代终止准则**问题。

优化设计是要求获得问题的最优解。理论上，人们当然希望最终迭代点到达理论极小点，或者使最终迭代点与理论极小点之间的距离足够小时即可终止迭代。但这在实际计算中是办不到的，因为对于一个待求的优化问题，其理论极小点在哪里并不知道，所知道的只是通过迭代计算，得到迭代点的序列 $\{\boldsymbol{x}^{(k)},k=0,1,2,\cdots\}$。因此，只能通过上述点列所提供的各种信息来判断是否应该终止迭代。借助不同方面的信息进行判断可否终止迭代的原则就构成了不同的终止准则。

对于一个无约束优化问题，其数值计算迭代终止准则可建立在数学分析的点列收敛柯西准则基础上。如果按某一迭代公式所得到的点列 $\{\boldsymbol{x}^{(k)},k=0,1,2,\cdots\}$，若有极限，即 $\lim\limits_{k\to\infty}\boldsymbol{x}^{(k)}=\boldsymbol{x}^*$，则这点列是收敛的，且收敛于点 $\boldsymbol{x}^*$，否则是发散的。如按某一迭代公式产生的点列是收敛的，则可按此公式迭代求出最优解。

点列 $\{\boldsymbol{x}^{(k)},k=0,1,2,\cdots\}$ 收敛的必要和充分条件是：对于任意给定的小实数 $\varepsilon>0$，若存在一个自然数 N，当 $k>N$ 时，满足

$$\|\boldsymbol{x}^{(k)}-\boldsymbol{x}^{(k-1)}\|\leqslant\varepsilon \tag{1.9}$$

这个条件就是点列收敛的柯西准则。

由于实际问题具有多样性，且迭代过程与目标函数的性质密切相关，所以很难建立一个统一的迭代终止准则，而是按计算中的具体情况进行判断。通常，采用如下终止准则。

(1)点距准则。

相邻两迭代点 $\boldsymbol{x}^{(k)},\boldsymbol{x}^{(k-1)}$ 之间的距离已达到充分小，即满足

$$\|\boldsymbol{x}^{(k)}-\boldsymbol{x}^{(k-1)}\|\leqslant\varepsilon_1 \tag{1.10}$$

式中，ε_1 是预先给定的收敛精度，取 $\boldsymbol{x}^{(k)}$ 为最优点，即认为

$$\boldsymbol{x}^{(k)}=\boldsymbol{x}^*$$

或用两迭代点的坐标(设计变量)进行检验，写为

$$\sqrt{\sum_{i=1}^{n}[x_i^{(k)}-x_i^{(k-1)}]^2}\leqslant\varepsilon_2 \tag{1.11}$$

式中，n 是设计维数；ε_2 为收敛精度。

(2)函数下降量准则。

由于在最优点的很小邻域里函数值的变化很小，所以当相邻两迭代点的函数值下降量已达到充分小时，预示着已很接近了最优点。

当 $|F(\boldsymbol{x}^{(k)})|<1$ 时，采用函数值绝对下降量准则

$$|F(\boldsymbol{x}^{(k)})-F(\boldsymbol{x}^{(k-1)})|\leqslant\varepsilon_3 \tag{1.12a}$$

当 $|F(\boldsymbol{x}^{(k)})| \geqslant 1$ 时，采用函数相对下降量准则

$$\frac{|F(\boldsymbol{x}^{(k)})-F(\boldsymbol{x}^{(k-1)})|}{F(\boldsymbol{x}^{(k)})} \leqslant \varepsilon_4 \tag{1.12b}$$

式中，ε_3，ε_4 为收敛精度，取 $\boldsymbol{x}^{(k)}$ 为最优点，即认为 $\boldsymbol{x}^*=\boldsymbol{x}^{(k)}$。

(3)梯度准则。

按函数的极值理论，在极值点处函数的梯度为零。当目标函数在 $\boldsymbol{x}^{(k)}$ 点处梯度的模已达到充分小，即

$$\|\nabla F(\boldsymbol{x}^{(k)})\| \leqslant \varepsilon_5 \tag{1.13}$$

可以认为 $\boldsymbol{x}^{(k)}=\boldsymbol{x}^*$，$\varepsilon_5$ 是收敛精度。

这一准则对凸集凸函数是完全正确的，若是非凸函数，有可能误把验点作为最优点。关于函数的梯度、凸集、凸函数等概念参见第二章。

上述是无约束优化问题数值迭代法的终止准则。由于无约束优化问题与约束优化问题最优解的条件不同，所以迭代终止准则有别，但以上各终止准则对约束优化的求解在有些情况下有着重要的意义。

习　　题

1. 用薄钢板制一体积为 10 m³ 无盖货箱，要求长度不小于 4 m。欲使耗板材最少，问应如何选取箱的长 x_1、宽 x_2、高 x_3。试建立优化数学模型。

2. 某厂每日(8 小时制)产量不低于 1 800 件。计划聘请两种不同的检验员，一级检验员的标准为：速度是 25 件/小时，正确率为 98%，计时工资为 4 元/小时；二级检验员标准为：速度是 15 件/小时，正确率为 95%，计时工资为 3 元/小时。检验员每错检一件，工厂损失 2 元。现有可供聘请检验人数为：一级 8 人和二级 10 人。为使总检验费用最省，该厂应聘请一级、二级检验员各多少人？

3. 已知一拉伸弹簧受拉力 F、剪切弹性模量 G、材料重度 γ、许用剪切应力 $[\tau]$、许用最大变形量 $[\lambda]$，欲选择一组设计变量 $\boldsymbol{x}=[x_1 \quad x_2 \quad x_3]^{\mathrm{T}}=[d \quad D_2 \quad n]^{\mathrm{T}}$，使弹簧重量最轻，同时满足下列限制条件：弹簧圈数 $n\geqslant 3$、簧丝直径 $d\geqslant 0.5$、弹簧中径 $10\leqslant D_2\leqslant 50$(尺寸单位均为 mm)。试建立该优化问题的数学模型。

注：弹簧的应力和变形计算公式如下

$$\tau = K_s\frac{8FD_2}{\pi d^3}, K_s = 1+\frac{1}{2C}, C=\frac{D_2}{d}(\text{旋绕比}), \lambda=\frac{8F_nD_2^3}{Gd^4}$$

4. 已知某约束优化问题的数学模型为

$$\min F(\boldsymbol{x})=(x_1-3)^2+(x_2-4)^2$$

$$\boldsymbol{x}=[x_1 \quad x_2]^{\mathrm{T}} \in \mathscr{D} \subset \mathbf{R}^2$$

$$\mathscr{D}: \begin{aligned} & g_1(\boldsymbol{x})=5-x_1-x_2 \geqslant 0 \\ & g_2(\boldsymbol{x})=-x_1+x_2+2.5 \geqslant 0 \\ & g_3(\boldsymbol{x})=x_1 \geqslant 0 \\ & g_4(\boldsymbol{x})=x_2 \geqslant 0 \end{aligned}$$

(1)试按一定比例尺画出当目标函数 $F(\boldsymbol{x})$ 之值分别等于 1,2,3,4 时的四条等值线，并在图上画出可行域。

(2)从图上确定无约束最优解 $(\boldsymbol{x}_1^*, F_1^*)$ 和约束最优解 $(\boldsymbol{x}_2^*, F_2^*)$。

(3)该问题属于线性规划还是非线性规划？

(4)若在该问题中又加入等式约束 $h(\boldsymbol{x})=x_1-x_2=0$，则其约束最优解$(\boldsymbol{x}_3^*, F_3^*)$又为何？

5.设某无约束优化问题的目标函数是 $F(\boldsymbol{x})=x_1^2+9x_2^2$，已知初始迭代点 $\boldsymbol{x}^{(0)}=[2\quad 2]^{\mathrm{T}}$，第一次迭代所取的方向 $\boldsymbol{S}^{(0)}=[-4\quad -36]^{\mathrm{T}}$，步长 $\alpha^{(0)}=0.056\,164\,4$，第二次迭代所取的方向 $\boldsymbol{S}^{(1)}=[-3.550\,69\quad 0.394\,51]^{\mathrm{T}}$，步长 $\alpha^{(1)}=0.455\,56$，试计算：

(1)第一次和第二次迭代计算所获得的迭代点 $\boldsymbol{x}^{(1)}$ 和 $\boldsymbol{x}^{(2)}$。

(2)在点 $\boldsymbol{x}^{(0)}, \boldsymbol{x}^{(1)}, \boldsymbol{x}^{(2)}$ 处的目标函数值 F_0, F_1, F_3。

(3)用梯度准则判别完成了第二次迭代后能否终止迭代(精度要求 $\varepsilon=0.01$)。

第二章　优化设计的理论与数学基础

优化设计问题属数学规划范畴，不论线性规划或非线性规划问题，实质上都是求函数的极小值问题，所以优化设计方法是以函数的极值理论为基础的。无约束优化问题和约束优化问题，在数学上分别是无条件极值问题和条件极值问题。所以，在讲述优化设计方法之前，要对目标函数及约束函数的基本性质、无约束优化与约束优化最优解的条件、迭代法求解的原理和收敛条件等作简要介绍，以便能正确掌握和使用优化方法以解决最优化问题。

2.1　目标函数的泰勒(Taylor)展开式

工程实际中的优化设计问题，常常是多维且非线性函数形式，一般较为复杂。为便于研究函数极值问题，需用简单函数作局部逼近，通常采用泰勒展开式作为函数在某点附近的近似表达式，以近似于原函数。

一、一元函数 $f(x)$ 在 k 点的泰勒展开式

$$f(x)=f(x^{(k)})+f'(x^{(k)})(x-x^{(k)})+\frac{1}{2!}f''(x^{(k)})(x-x^{(k)})^2+\cdots+\frac{1}{n!}f^{(n)}(x^{(k)})(x-x^{(k)})^n+R_n \tag{2.1}$$

式中，余项 R_n 为

$$R_n=\frac{1}{(n+1)!}f^{(n+1)}(\xi)(x-x^{(k)})\quad(\xi \text{ 在 } x \text{ 与 } x^{(k)} \text{ 之间})$$

在 $x^{(k)}$ 点充分小的邻域内，余项 R_n 达到足够小。因此，可以用多项式逼近函数 $f(x)$。

二、多元函数的泰勒展开式及海赛(Hessian)矩阵

首先讨论二元函数的泰勒展开式。将二元函数 $F(\boldsymbol{x})=F(x_1,x_2)$ 在点 $\boldsymbol{x}^{(k)}$ 展开成泰勒级数，展开到二次项，则为

$$F(\boldsymbol{x})=F(\boldsymbol{x}^{(k)})+\frac{\partial F}{\partial x_1}(x_1-x_1^{(k)})+\frac{\partial F}{\partial x_2}(x_2-x_2^{(k)})+\frac{1}{2!}\left[\frac{\partial^2 F}{\partial x_1^2}(x_1-x_1^{(k)})^2+\frac{2\partial^2 F}{\partial x_1\partial x_2}(x_1-x_1^{(k)})(x_2-x_2^{(k)})+\frac{\partial^2 F}{\partial x_2^2}(x_2-x_2^{(k)})^2\right]+R_n \tag{2.2a}$$

将上式写成矩阵形式，即

$$F(\boldsymbol{x})=F(\boldsymbol{x}^{(k)})+\begin{bmatrix}\dfrac{\partial F}{\partial x_1} & \dfrac{\partial F}{\partial x_2}\end{bmatrix}\begin{bmatrix}(x_1-x_1^{(k)})\\(x_2-x_2^{(k)})\end{bmatrix}+\frac{1}{2}\begin{bmatrix}(x_1-x_1^{(k)}) & (x_2-x_2^{(k)})\end{bmatrix}\cdot\begin{bmatrix}\dfrac{\partial^2 F}{\partial x_1^2} & \dfrac{\partial^2 F}{\partial x_1\partial x_2}\\ \dfrac{\partial^2 F}{\partial x_1\partial x_2} & \dfrac{\partial^2 F}{\partial x_2^2}\end{bmatrix}\begin{bmatrix}(x_1-x_1^{(k)})\\(x_2-x_2^{(k)})\end{bmatrix}+R_n \tag{2.2b}$$

式中，点距矢量$\begin{bmatrix}(x_1-x_1^{(k)})\\(x_2-x_2^{(k)})\end{bmatrix}=\begin{bmatrix}x_1\\x_2\end{bmatrix}-\begin{bmatrix}x_1^{(k)}\\x_2^{(k)}\end{bmatrix}=\boldsymbol{x}-\boldsymbol{x}^{(k)}$；$\begin{bmatrix}\dfrac{\partial F}{\partial x_1} & \dfrac{\partial F}{\partial x_2}\end{bmatrix}=\nabla F^{\mathrm{T}}$，为函数在 $\boldsymbol{x}^{(k)}$ 点的梯度矢量；$\begin{bmatrix}\dfrac{\partial^2 F}{\partial x_1^2} & \dfrac{\partial^2 F}{\partial x_1\partial x_2}\\ \dfrac{\partial^2 F}{\partial x_1\partial x_2} & \dfrac{\partial^2 F}{\partial x_2^2}\end{bmatrix}=\nabla^2 F$，它是函数 $F(\boldsymbol{x})$ 在点 $\boldsymbol{x}^{(k)}$ 的二阶偏导数矩阵，是 2×2 阶对称矩阵。

将式(2.2b)只取二次项去近似代替目标函数并简写为

$$F(\boldsymbol{x})\approx F(\boldsymbol{x}^{(k)})+\nabla F^{\mathrm{T}}\cdot[\boldsymbol{x}-\boldsymbol{x}^{(k)}]+\frac{1}{2}[\boldsymbol{x}-\boldsymbol{x}^{(k)}]^{\mathrm{T}}\cdot\nabla^2 F\cdot[\boldsymbol{x}-\boldsymbol{x}^{(k)}] \tag{2.3a}$$

对于 n 维目标函数 $F(\boldsymbol{x})=F(x_1,x_2,\cdots,x_n)$ 在 $\boldsymbol{x}^{(k)}$ 点展成泰勒级数，且只取二次项，则目标函数近似表达式的形式同式(2.3a)，式中，

$$\boldsymbol{x}=[x_1\quad x_2\quad\cdots\quad x_n]^{\mathrm{T}} \tag{2.3b}$$

$$\boldsymbol{x}-\boldsymbol{x}^{(k)}=\begin{bmatrix}(x_1-x_1^{(k)})\\(x_2-x_2^{(k)})\\ \vdots\\(x_n-x_n^{(k)})\end{bmatrix} \tag{2.3c}$$

$$\nabla F=\begin{bmatrix}\dfrac{\partial F}{\partial x_1} & \dfrac{\partial F}{\partial x_2} & \cdots & \dfrac{\partial F}{\partial x_n}\end{bmatrix}^{\mathrm{T}} \tag{2.4}$$

$$H(\boldsymbol{x})=\nabla^2 F=\begin{bmatrix}\dfrac{\partial^2 F}{\partial x_1^2} & \dfrac{\partial^2 F}{\partial x_1\partial x_2} & \cdots & \dfrac{\partial^2 F}{\partial x_1\partial x_n}\\ \dfrac{\partial^2 F}{\partial x_2\partial x_1} & \dfrac{\partial^2 F}{\partial x_2^2} & \cdots & \dfrac{\partial^2 F}{\partial x_2\partial x_n}\\ \vdots & \vdots & & \vdots\\ \dfrac{\partial^2 F}{\partial x_n\partial x_1} & \dfrac{\partial^2 F}{\partial x_n\partial x_2} & \cdots & \dfrac{\partial^2 F}{\partial x_n^2}\end{bmatrix} \tag{2.5a}$$

其中，$H(\boldsymbol{x})$ 是 n 维目标函数的二阶偏导数矩阵，称海赛矩阵。它还可表示为

$$H(\boldsymbol{x})=\begin{bmatrix}F''_{x_1x_1} & F''_{x_1x_2} & \cdots & F''_{x_1x_n}\\ F''_{x_2x_1} & F''_{x_2x_2} & \cdots & F''_{x_2x_n}\\ \vdots & \vdots & & \vdots\\ F''_{x_nx_1} & F''_{x_nx_2} & \cdots & F''_{x_nx_n}\end{bmatrix} \tag{2.5b}$$

或简记为

$$H(\boldsymbol{x})=\left[\frac{\partial^2 F(\boldsymbol{x})}{\partial x_i\partial x_j}\right],\quad i,j=1,2,\cdots,n \tag{2.5c}$$

在式(2.5a)中有 $n\times n$ 个二阶偏导数。其中 $i\neq j$ 的二阶偏导数称为二阶混合偏导数，它与求导的先后次序无关，即有

$$\frac{\partial^2 F(\boldsymbol{x})}{\partial x_i\partial x_j}=\frac{\partial^2 F(\boldsymbol{x})}{\partial x_j\partial x_i},\quad i,j=1,2,\cdots,n,\text{且 } i\neq j$$

所以海赛矩阵是一个 $n\times n$ 阶的对称方阵。

式(2.3a)是取自原目标函数 $F(\boldsymbol{x})$ 泰勒级数的前三项，即取到二次项为止，用这个二次多项式函数去近似逼近原目标函数，其误差为 R_n。

三、二次型函数

式(2.3a)是用矩阵表示的一般的二次函数。在求目标函数的最优解时，可用展开泰勒级数的前二次项部分代替原目标函数，以使分析问题得到简化，这就是二次多项式函数逼近法。

二次型函数是指含有 n 个自变量 $x_1, x_2, \cdots, x_n$ 的二次齐次函数

$$\begin{aligned}F(\boldsymbol{x}) &= a_{11}x_1^2 + a_{12}x_1x_2 + \cdots + a_{1n}x_1x_n + a_{21}x_2x_1 + a_{22}x_2^2 + \cdots \\ &\quad + a_{2n}x_2x_n + \cdots + a_{n1}x_nx_1 + a_{n2}x_nx_2 + \cdots + a_{nn}x_n^2 \\ &= \sum_{i,j=1}^{n} a_{ij}x_ix_j \end{aligned} \tag{2.6a}$$

将上式写成矩阵形式

$$\begin{aligned}F(\boldsymbol{x}) &= x_1(a_{11}x_1 + a_{12}x_2 + \cdots + a_{1n}x_n) + x_2(a_{21}x_1 + a_{22}x_2 + \cdots \\ &\quad + a_{2n}x_n) + \cdots + x_n(a_{n1}x_1 + a_{n2}x_2 + \cdots + a_{nn}x_n) \\ &= [x_1 \quad x_2 \quad \cdots \quad x_n]\begin{bmatrix} a_{11} & a_{12} & \cdots & a_{1n} \\ a_{21} & a_{22} & \cdots & a_{2n} \\ \vdots & \vdots & & \vdots \\ a_{n1} & a_{n2} & \cdots & a_{nn} \end{bmatrix}\begin{bmatrix} x_1 \\ x_2 \\ \vdots \\ x_n \end{bmatrix} \end{aligned} \tag{2.6b}$$

若令

$$\boldsymbol{x} = \begin{bmatrix} x_1 \\ x_2 \\ \vdots \\ x_n \end{bmatrix}, \quad A = \begin{bmatrix} a_{11} & a_{12} & \cdots & a_{1n} \\ a_{21} & a_{22} & \cdots & a_{2n} \\ \vdots & \vdots & & \vdots \\ a_{n1} & a_{n2} & \cdots & a_{nn} \end{bmatrix}$$

则式(2.6b)简记为

$$F(\boldsymbol{x}) = \boldsymbol{x}^{\mathrm{T}} A \boldsymbol{x} \tag{2.6c}$$

对于二次型函数 $F(\boldsymbol{x}) = \boldsymbol{x}^{\mathrm{T}} A\boldsymbol{x}$，若对于任意不为零的 $\boldsymbol{x} = [x_1 \quad x_2 \quad \cdots \quad x_n]$，恒有 $F(\boldsymbol{x}) > 0$，则相应的系数矩阵 A 称为**正定矩阵**。若恒有 $F(\boldsymbol{x}) \geqslant 0$，则称 A 为**半正定矩阵**。

类似以上定义，若对于任意不为零的 $\boldsymbol{x}$，恒有 $F(\boldsymbol{x}) < 0$，则矩阵 A 称为**负定矩阵**。若对于某些 $\boldsymbol{x}$ 有 $F(\boldsymbol{x}) > 0$，而对另一些 $\boldsymbol{x}$ 有 $F(\boldsymbol{x}) < 0$，称 A 为**不定矩阵**。

式(2.6c)中，若系数矩阵 A 是正定的，则二次函数 $F(\boldsymbol{x})$ 称为正定二次函数。它在优化设计理论中有很重要的意义。

判断二次函数系数矩阵 A 是否正定的方法如下

若矩阵 A 正定，其必要且充分条件是矩阵对应行列式 $|A|$ 的各阶主子式均大于零。

即若已知系数矩阵为

$$A = \begin{bmatrix} a_{11} & a_{12} & \cdots & a_{1n} \\ a_{21} & a_{22} & \cdots & a_{2n} \\ \vdots & \vdots & & \vdots \\ a_{n1} & a_{n2} & \cdots & a_{nn} \end{bmatrix}$$

则矩阵正定的充要条件是

$$\left.\begin{array}{l}
a_{11} > 0 \\
\begin{vmatrix} a_{11} & a_{12} \\ a_{21} & a_{22} \end{vmatrix} > 0 \\
\begin{vmatrix} a_{11} & a_{12} & a_{13} \\ a_{21} & a_{22} & a_{23} \\ a_{31} & a_{32} & a_{33} \end{vmatrix} > 0 \\
\cdots\cdots\cdots\cdots\cdots\cdots \\
\begin{vmatrix} a_{11} & a_{12} & \cdots & a_{1n} \\ a_{21} & a_{22} & \cdots & a_{2n} \\ \vdots & \vdots & & \vdots \\ a_{n1} & a_{n2} & \cdots & a_{nn} \end{vmatrix} > 0
\end{array}\right\} \tag{2.7}$$

矩阵 A 半正定的充要条件是各阶主子式大于等于零。

2.2 目标函数的等值线(面)

图 2.1 所示的曲线是地形的等高线,它表示出地形高低变化情况和最高点与最低点在地面上的位置。目标函数的等值线(面)也有类似的含义。

设有二维目标函数 $F(\boldsymbol{x})=F(x_1,x_2)$,这个二元函数在 x_1x_2F 三维空间中通常是一个曲面[如图 2.2(a)所示],每一设计点 $\boldsymbol{x}=[x_1 \quad x_2]^{\mathrm{T}}$ 对应一个(或多个)函数值 F。如取函数值为一系列的常数 $C_1,C_2,\cdots$则对应一系列平面曲线方程是 $F_i(\boldsymbol{x})=F_i(x_1,x_2)=C_i(i=1,2,\cdots)$。每条曲线上各点的函数值都是相等的,其值分别为 $C_1,C_2,\cdots$如图 2.2(b)所示,这些曲线称为**等值线**。其函数值为 $C_1,C_2,\cdots$的一系列等值线称为**等值线簇**。

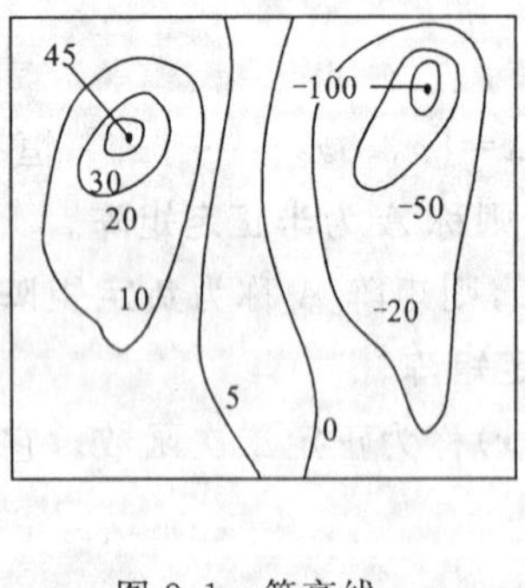

图 2.1 等高线

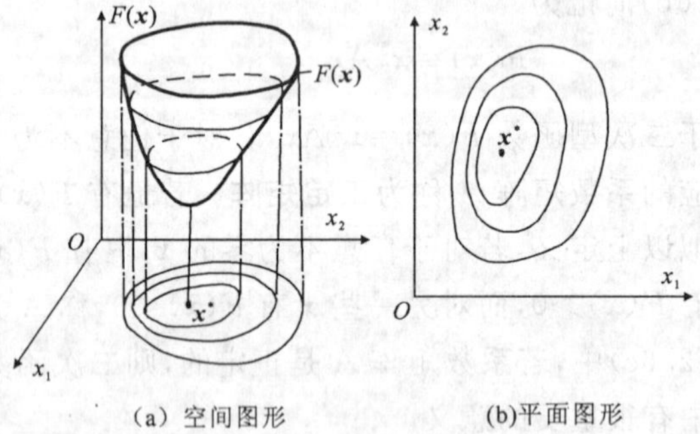

(a) 空间图形 (b)平面图形

图 2.2 二维等值线

n 维目标函数 $F(\boldsymbol{x})=F(x_1,x_2,\cdots,x_n)$,在 n 维设计空间的任一设计点 $\boldsymbol{x}$ 均有确定的某一函数值 F;但是,对于某一确定的函数值却可能将有若干个设计点 $\boldsymbol{x}_i(i=1,2,\cdots)$与之对应,如果是连续函数的话,将有无限多个设计点对应同一个函数值,则这些设计点在设计空间中构成的点集称为**等值面**(三维空间)或**超等值面**(四维及以上)。超等值面无法用图形表示。

从等值线(面)的分布规律可以看出目标函数值的变化情况。以二维函数为例,如果目标函数为线性，则等值线为直线，一系列等值线为平行线簇；如果是二次函数 $f(\boldsymbol{x})=ax_1^2+2bx_1x_2+cx_2^2+dx_1+ex_2+f$，当 $ac-b^2>0$，其等值线为椭圆簇；当 $ac-b^2=0$，则等值线为抛物线簇；当 $ac-b^2<0$，其等值线为双曲线簇。目标函数是多种多样的，有时甚至很复杂，所以等值线形状也是各不相同的。

如果等值线簇有心，且函数值由外向内减小[见图 2.3(a)、(b)]，则等值线簇的中心就是局部极小点；对于无心的等值线簇其极小点不存在，或称在无穷远处（见图 2.4）。

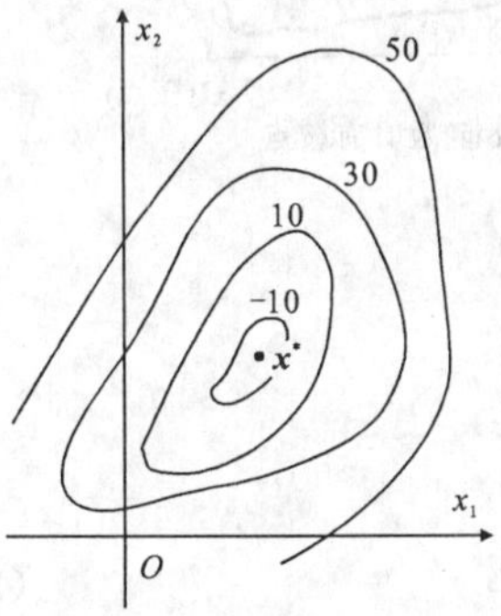

(a) 一个局部极小点

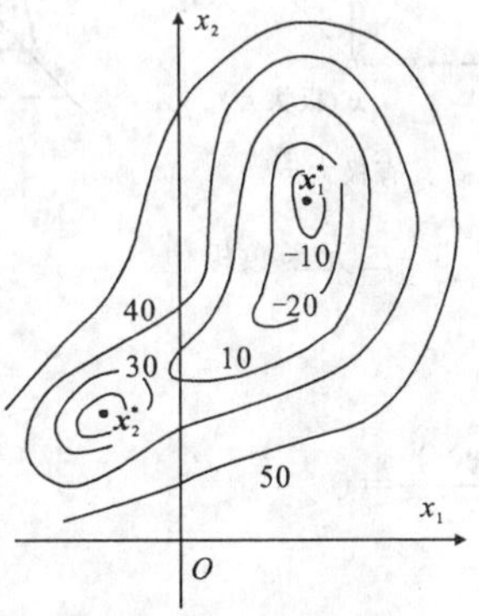

(b) 多个局部极小点

图 2.3 有心等值线簇

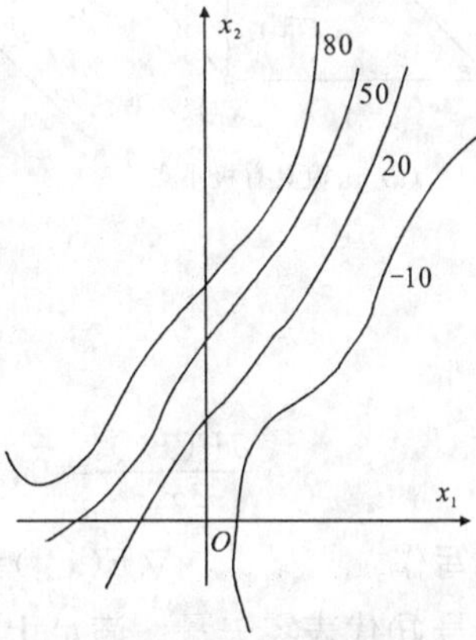

图 2.4 无心等值线簇

若诸等值线间函数值差相同，则等值线较密的地方函数变化率较大，即函数 $F(\boldsymbol{x})$ 曲面陡。函数的非线性程度严重，则等值线形状也就愈复杂，以至于等值线簇分布的疏密严重不均，曲线形状严重扭曲。更为严重时，会出现所谓函数“病态”，这给优化设计的求解带来不利并造成很大的困难。

2.3 无约束优化最优解的条件

无约束优化求最优解问题，就是求目标函数的极小值问题。对于复杂形态的目标函数，可能会有几个极小值点，每个极小值点称为局部极小值点，一般是求出所有的局部极小点，其中函数值最小的则称为全局最小点，即全局最优点。以下讨论局部极值问题。

一、一元函数极值条件

对于连续可微的一元函数 $f(x)$，如在 x^* 点有极值，其必要条件为

$$f'(x^*)=0$$

若 x^* 是极小值点，其充分条件为

$$f''(x^*)>0$$

二、二元函数极值条件

对于二元函数 $F(\boldsymbol{x})=F(x_1,x_2)$，若在点 $\boldsymbol{x}^*=[x_1^* \quad x_2^*]^{\mathrm{T}}$ 的附近足够小的邻域，即 $\|\boldsymbol{x}-\boldsymbol{x}^*\|\leqslant\varepsilon$，对于所有点 $\boldsymbol{x}$ 都有 $F(\boldsymbol{x})>F(\boldsymbol{x}^*)$，则称 $\boldsymbol{x}^*$ 为严格极小点，见图 2.5(a)，相应的函数值 $F(\boldsymbol{x}^*)$ 为极小值；如果对所有点 $\boldsymbol{x}$ 都有 $F(\boldsymbol{x})<F(\boldsymbol{x}^*)$，则称 $\boldsymbol{x}^*$ 为极大值点。见图 2.5(b)。由于在优化设计中的最优点是求最小值点，所以以下着重讨论极小问题。

若连续且可微函数 $F(\boldsymbol{x})=F(x_1,x_2)$ 在 $\boldsymbol{x}^*$ 点有极值，则必要条件是各一阶偏导数等于零，

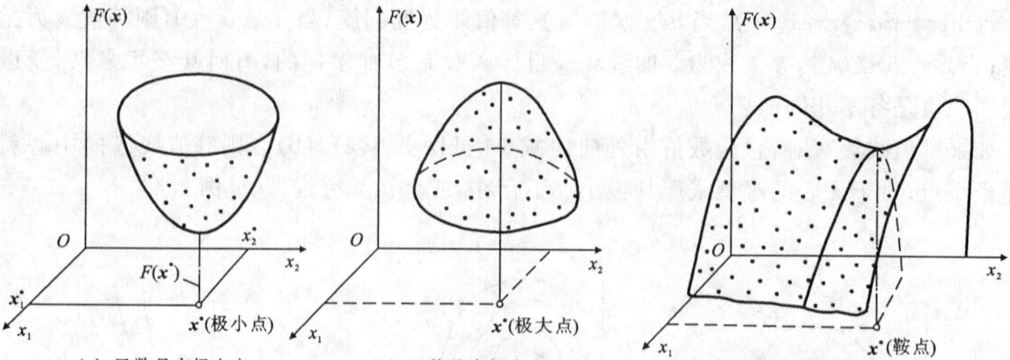

(a) 函数具有极小点　　(b) 函数具有极大点　　(c)函数具有鞍点

图 2.5　二元函数极值

即

$$\frac{\partial F(\boldsymbol{x}^*)}{\partial x_1}=0,\quad \frac{\partial F(\boldsymbol{x}^*)}{\partial x_2}=0$$

或写作
$$\nabla F(\boldsymbol{x}^*)=\text{Ⓗ} \tag{2.8}$$

式中符号Ⓗ代表零矢量。满足上式的点 $\boldsymbol{x}^*$ 可能有三种情况：图 2.5(a)的点 $\boldsymbol{x}^*$ 为极小点，图 2.5(b)的 $\boldsymbol{x}^*$ 为极大点，图 2.5(c)的 $\boldsymbol{x}^*$ 为鞍点。所以有必要进一步讨论点 $\boldsymbol{x}^*$ 是极小点的充分条件。

将二元函数 $F(\boldsymbol{x})$在点 $\boldsymbol{x}^*$ 展成泰勒级数，并取到二次项为止[参见式(2.3a)]，则有

$$F(\boldsymbol{x})\approx F(\boldsymbol{x}^*)+\nabla F^{\mathrm{T}}\cdot[\boldsymbol{x}-\boldsymbol{x}^*]+\frac{1}{2}[\boldsymbol{x}-\boldsymbol{x}^*]^{\mathrm{T}}\cdot\nabla^2 F\cdot[\boldsymbol{x}-\boldsymbol{x}^*] \tag{2.9a}$$

由于 $\boldsymbol{x}^*$ 满足式(2.8)，即 $\nabla F^{\mathrm{T}}=$Ⓗ为零矢量，故将上式写为

$$F(\boldsymbol{x})-F(\boldsymbol{x}^*)=\frac{1}{2}[\boldsymbol{x}-\boldsymbol{x}^*]^{\mathrm{T}}\cdot\nabla^2 F\cdot[\boldsymbol{x}-\boldsymbol{x}^*] \tag{2.9b}$$

上式等号右面是$(\boldsymbol{x}-\boldsymbol{x}^*)$的二次型函数。如果式中二阶偏导数矩阵 $\nabla^2 F(\boldsymbol{x}^*)$，即海赛矩阵 $H(\boldsymbol{x}^*)$正定，则 $F(\boldsymbol{x})-F(\boldsymbol{x}^*)>0$，即对于 $\boldsymbol{x}^*$ 很小邻域里的一切 $\boldsymbol{x}$，均有 $F(\boldsymbol{x})>F(\boldsymbol{x}^*)$，所以点 $\boldsymbol{x}^*$ 为极小值点的充分条件是海赛矩阵正定。式(2.9a)的等值线簇为椭圆簇，点 $\boldsymbol{x}^*$ 居各椭圆之中心。

式(2.9a)是原目标函数 $F(\boldsymbol{x})$的近似式，不论 $F(\boldsymbol{x})$的函数性态如何，但在极小点 $\boldsymbol{x}^*$ 的很小邻域内呈现很强的二次性态，见式(2.2a)所示的泰勒级数。因此在 $\boldsymbol{x}^*$ 点的足够小之邻域内的等值线极其接近椭圆。$\boldsymbol{x}^*$ 点居其椭圆中心。

三、多维目标函数极小值条件

对于多维目标函数 $F(\boldsymbol{x})=F(x_1,x_2,\cdots,x_n)$，若在点 $\boldsymbol{x}^*=[x_1^*\quad x_2^*\quad\cdots\quad x_n^*]^{\mathrm{T}}$ 的 ε 邻域内，对于所有的 $\boldsymbol{x}$ 都有 $F(\boldsymbol{x})>F(\boldsymbol{x}^*)$，则称 $\boldsymbol{x}^*$ 点为极小值点。

若函数 $F(\boldsymbol{x})$在点 $\boldsymbol{x}^*$ 连续且可微，则极值存在的必要条件为

$$F'_{x_1}(\boldsymbol{x}^*)=0,\quad F'_{x_2}(\boldsymbol{x}^*)=0,\quad \cdots,\quad F'_{x_n}(\boldsymbol{x}^*)=0 \tag{2.9c}$$

或记为
$$\nabla F(\boldsymbol{x}^*)=\text{Ⓗ} \tag{2.9d}$$

满足式(2.9d)的设计点 $\boldsymbol{x}^*$ 称为驻点，$\boldsymbol{x}^*$ 可能是极大值点或极小值点，也可能是鞍点。

若 $F(\boldsymbol{x})$在点 $\boldsymbol{x}^*$ 存在二阶偏导数，则二阶偏导数矩阵为海赛矩阵

$$\nabla^2 F(\boldsymbol{x}^*)=\begin{bmatrix} F''_{x_1x_1}(\boldsymbol{x}^*) & F''_{x_1x_2}(\boldsymbol{x}^*) & \cdots & F''_{x_1x_n}(\boldsymbol{x}^*) \\ F''_{x_2x_1}(\boldsymbol{x}^*) & F''_{x_2x_2}(\boldsymbol{x}^*) & \cdots & F''_{x_2x_n}(\boldsymbol{x}^*) \\ \vdots & \vdots & & \vdots \\ F''_{x_nx_1}(\boldsymbol{x}^*) & F''_{x_nx_2}(\boldsymbol{x}^*) & \cdots & F''_{x_nx_n}(\boldsymbol{x}^*) \end{bmatrix} \tag{2.10}$$

当海赛矩阵正定，则点 $\boldsymbol{x}^*$ 为极小点。这就是 $\boldsymbol{x}^*$ 成为极小值点的充分条件。

2.4 凸集与凸函数

凸集、凸函数以及凸函数的极值性质，也是研究优化问题的重要内容。特别是关于局部极小与全局极小之间的关系，以及优化方法中的重要结论，都是建立在函数具有凸性的基础上，或者说，凸集、凸函数在优化技术的研究中占有极其重要的地位。

2.4.1 凸集

关于凸集，先直观地从平面点集的几何形态上去认识。设平面上有点的集合 $\mathscr{D}$，在该集合 $\mathscr{D}$ 中任意取两个设计点 $\boldsymbol{x}_1$ 和 $\boldsymbol{x}_2$，如果连接点 $\boldsymbol{x}_1$ 与 $\boldsymbol{x}_2$ 直线上的一切内点均属于该集合，则此集合 $\mathscr{D}$ 称为 x_1Ox_2 平面上的一个**凸集**，见图 2.6(a)；而图 2.6(b)、图 2.6(c)均为**非凸集**。

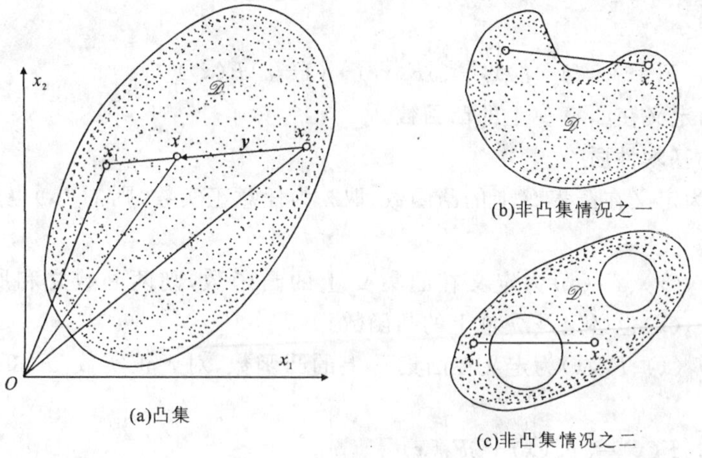

图 2.6　凸集与非凸集

如图 2.6(a)所示，将凸集的定义用数学表述如下。

在集合 $\mathscr{D}$ 中，给定两个点 $\boldsymbol{x}_1$ 与 $\boldsymbol{x}_2$，在点 $\boldsymbol{x}_1$ 与 $\boldsymbol{x}_2$ 的连线上任取一内点 $\boldsymbol{x}$，它与 $\boldsymbol{x}_2$ 点之距离为 y，矢量 $\boldsymbol{y}=\alpha(\boldsymbol{x}_1-\boldsymbol{x}_2)$，则系数 α 必有 $0\leqslant\alpha\leqslant 1$，所以在 $\boldsymbol{x}_1$ 与 $\boldsymbol{x}_2$ 连线上且与 $\boldsymbol{x}_2$ 点之距为 $\|\boldsymbol{y}\|$ 的内点 $\boldsymbol{x}$ 表达式为

$$\boldsymbol{x}=\boldsymbol{x}_2+\alpha(\boldsymbol{x}_1-\boldsymbol{x}_2)$$

或

$$\boldsymbol{x}=\alpha\boldsymbol{x}_1+(1-\alpha)\boldsymbol{x}_2 \tag{2.11}$$

因此，凸集的数学定义如下：对某集合 $\mathscr{D}$ 内的任意两点 $\boldsymbol{x}_1$ 与 $\boldsymbol{x}_2$ 连线，如果连线上的任意点 $\boldsymbol{x}$ 均满足 $\boldsymbol{x}=\alpha\boldsymbol{x}_1+(1-\alpha)\boldsymbol{x}_2\in\mathscr{D}$，则该集 $\mathscr{D}$ 定义为一个凸集。本定义对于二维平面问题及高维问题均适用。

2.4.2 凸函数

关于凸函数，首先从一维函数的图形来初步认识凸函数的几何性态，见图 2.7(a)与图 2.7(b)。

图 2.7(a)所示的一元函数 $f(x)$，定义域为$[a,b]$。在定义域内任取两点 x_1 与 x_2，函数曲线上的对应点为 K_1 与 K_2，连接该两点的直线方程设为 $\varphi(x)$。如在$[x_1,x_2]$内任取一点 x，则该点对应的 $f(x)$与直线 $\varphi(x)$两个函数值之关系为 $f(x)<\varphi(x)$，则称 $f(x)$为$[a,b]$区间内的**凸函数**。图 2.7(a)为凸函数，图 2.7(b)为非凸函数。显然，凸函数必为单峰函数。

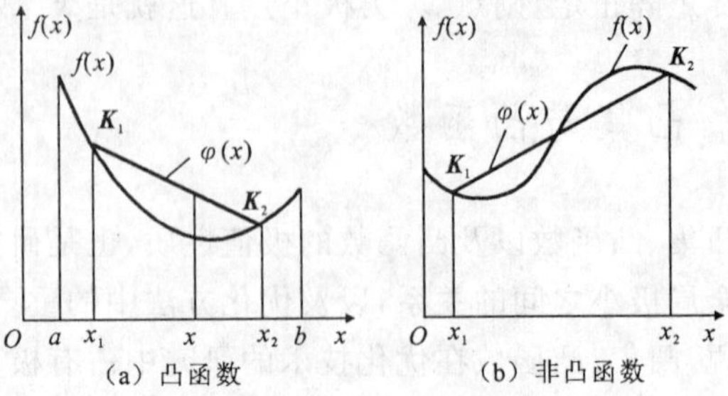

图 2.7　凸函数与非凸函数

对多元函数可以与一元函数作相同的理解。

一、凸函数的数学定义

设 n 维目标函数 $F(\boldsymbol{x})$，$\boldsymbol{x}=[x_1 \quad x_2 \quad \cdots \quad x_n]^{\mathrm{T}}\in\mathscr{D}$ 的凸集上，$\boldsymbol{x}_1$ 与 $\boldsymbol{x}_2$ 为 $\mathscr{D}$ 上的任意两设计点，取任意实数 α，$\alpha\in[0,1]$，将 $\boldsymbol{x}_1$ 与 $\boldsymbol{x}_2$ 连线上的内点 $\boldsymbol{x}$ 表达为 $\boldsymbol{x}=\alpha\boldsymbol{x}_1+(1-\alpha)\boldsymbol{x}_2$，如果恒有下式成立

$$F[\alpha\boldsymbol{x}_1+(1-\alpha)\boldsymbol{x}_2]<\alpha F(\boldsymbol{x}_1)+(1-\alpha)F(\boldsymbol{x}_2) \tag{2.12}$$

则称函数 $F(\boldsymbol{x})$为定义在凸集 $\mathscr{D}$ 上的**凸函数**。

二、凸函数的基本性质

(1)设 $F(\boldsymbol{x})$为定义在凸集 $\mathscr{D}$ 上的凸函数，取 λ 为任意正实数，则 $\lambda F(\boldsymbol{x})$也是 $\mathscr{D}$ 域上的凸函数。

(2)设函数 $F_1(\boldsymbol{x})$、$F_2(\boldsymbol{x})$为定义在凸集 $\mathscr{D}$ 上的凸函数，则两函数之和所构成的新函数 $F(\boldsymbol{x})=F_1(\boldsymbol{x})+F_2(\boldsymbol{x})$也必定是 $\mathscr{D}$ 域上的凸函数。

(3)设函数 $F_1(\boldsymbol{x})$、$F_2(\boldsymbol{x})$为定义在凸集 $\mathscr{D}$ 上的凸函数，对于正实数，$\alpha>0$、$\beta>0$，则线性组合

$$F(\boldsymbol{x})=\alpha F_1(\boldsymbol{x})+\beta F_2(\boldsymbol{x})$$

也是 $\mathscr{D}$ 域上的凸函数。证明从略。

三、凸函数的判别法(证明略)

对于一元函数 $f(x)$，在定义域$[a,b]$内具有连续的一阶导数 $f'(x)$。则 $f(x)$在$[a,b]$内为凸函数的充要条件为：对于在$[a,b]$内任意的 x_1 与 x_2 都有

$$f(x_2)\geqslant f(x_1)+f'(x_1)(x_2-x_1)$$

或用二阶导数 $f''(x)$的符号来判定，见图 2.7(a)。对于定义在区间$[a,b]$上的一元函数 $f(x)$，如果在定义域内的二阶导数处处为正，则函数 $f(x)$是凸函数。

对于定义在凸集 $\mathscr{D}$ 上的多维目标函数 $F(\boldsymbol{x})$，$\boldsymbol{x}=[x_1 \quad x_2 \quad \cdots \quad x_n]^{\mathrm{T}}$，若 $F(\boldsymbol{x})$在定义的凸集上具有连续的一阶偏导数，则 $F(\boldsymbol{x})$在 $\mathscr{D}$ 上为凸函数的充要条件为：对任意的 $\boldsymbol{x}_1$，$\boldsymbol{x}_2\in\mathscr{D}$ 必有

$$F(\boldsymbol{x}_2)\geqslant f(\boldsymbol{x}_1)+[\nabla F(\boldsymbol{x}_1)]^{\mathrm{T}}[\boldsymbol{x}_2-\boldsymbol{x}_1] \tag{2.13}$$

成立。

或者，函数 $F(\boldsymbol{x})$ 定义在凸集 $\mathscr{D}$ 上，且具有连续的二阶偏导数，则它在该域上成为严格凸函数的充要条件是：对域上一切点 $\boldsymbol{x}\in\mathscr{D}$，其海赛矩阵 $H(\boldsymbol{x})$ 都是正定的。而成为凸函数的充要条件是：海赛矩阵 $H(\boldsymbol{x})$ 是半正定的。

四、局部极小点与全局极小点

包括无约束优化与约束优化问题在内，用优化方法所求出的点一般都是局部极小点，称为**局部最优点**；而我们所需要的是整体极小点，称为**全局最优点**。在此产生了矛盾。为解决这个矛盾，目前有两种途径：一是寻求全局最优点的优化方法，但目前这方面的研究和成果较为有限；另一种是从理论上要明确对于什么情况下局部极小点就是全局最优点，则用通常的优化方法求出局部极小点以解决全局最优点的问题。

关于局部极小点问题。在可行域 $\mathscr{D}$ 内（无约束则为整个设计空间 $\mathbf{R}^n$），设有一可行设计点 $\boldsymbol{x}^*$，若可以找到一个小正数 ε，使在域 $\mathscr{D}$ 内所有距离小于 ε 的点 $\boldsymbol{x}$ 都有 $F(\boldsymbol{x})>F(\boldsymbol{x}^*)$，则称点 $\boldsymbol{x}^*$ 为目标函数 $F(\boldsymbol{x})$ 在域 $\mathscr{D}$ 的局部极小值点，$F(\boldsymbol{x}^*)$ 为极小值。用式表达为：对于满足 $\|\boldsymbol{x}-\boldsymbol{x}^*\|\leqslant\varepsilon$，$\boldsymbol{x}\in\mathscr{D}$ 的一切设计点 $\boldsymbol{x}$ 均有

$$F(\boldsymbol{x}^*)\leqslant F(\boldsymbol{x}),\quad \boldsymbol{x}^*\in\mathscr{D} \tag{2.14a}$$

关于全局极小点问题。设可行域 $\mathscr{D}$ 内的设计点 $\boldsymbol{x}^*$，若对于域 $\mathscr{D}$ 内的任何设计点 $\boldsymbol{x}$ 均有 $F(\boldsymbol{x}^*)\leqslant F(\boldsymbol{x})$，则称 $\boldsymbol{x}^*$ 为全局极小点。用式表达为

$$F(\boldsymbol{x}^*)\leqslant F(\boldsymbol{x}),\boldsymbol{x}\in\mathscr{D} \tag{2.14b}$$

显然，全局极小点一定是局部极小点；而局部极小点却不一定是全局极小点。

可以证明，如果目标函数 $F(\boldsymbol{x})$ 是凸集 $\mathscr{D}$ 上的凸函数，而且在域内存在极小点 $\boldsymbol{x}^*$，则极小点是唯一的，且必是在域 $\mathscr{D}$ 上的全局极小点。也就是说，只要目标函数 $F(\boldsymbol{x})$ 是凸集 $\mathscr{D}$ 上的凸函数，则驻点只有一个，它既是局部极小点，也是全局极小点。所以凸集、凸函数在优化理论及算法收敛性等问题的讨论中起着重要的作用。

然而，在机械优化设计中，目标函数一般在全域上不具备凸性条件，函数性态大多较为复杂，驻点不一定是极小点，极小值点也不是唯一的。为了求出全局极小点，一般可以从多个初始点出发，进行多次计算，求出多个极小值点，再从诸多的局部极小值点中选出全局的最小值点。

2.5 关于优化方法中搜寻方向的理论基础

对任何一个优化方法的研究都离不开初始点 $\boldsymbol{x}^{(0)}$ 的选取、搜寻方向 $\boldsymbol{S}$ 的确定以及步长 α 的确定。换句话说，初始点 $\boldsymbol{x}^{(0)}$、搜寻方向 $\boldsymbol{S}$ 以及步长 α 为优化方法的三要素。而尤以搜寻方向 $\boldsymbol{S}$ 为关键，它是优化方法特性以及优劣的根本标志。不同的优化方法取不同的方向 $\boldsymbol{S}$，它是一个矢量，在 n 维优化方法中，$\boldsymbol{S}=[S_1\quad S_2\quad \cdots\quad S_n]^{\mathrm{T}}$。以下说明产生搜寻方向的数学理论基础。

2.5.1 函数的最速下降方向

从 2.2 节二维目标函数的等值线上可以大致看出函数的变化情况，而对于三维及三维以上的等值面很难用几何图形表示出来。在这种情况下，为了确切表达函数在某一点的变化性态，则要用微分的方法进行具体分析。

一、方向导数

导数是描写函数变化率的一个量。

设有连续可微的 n 维目标函数 $F(\boldsymbol{x})$，

$$\boldsymbol{x}=[x_1 \quad x_2 \quad \cdots \quad x_n]^{\mathrm{T}}$$

$F(\boldsymbol{x})$在某一点 $\boldsymbol{x}^{(k)}$ 的一阶偏导数为

$$\frac{\partial F(\boldsymbol{x}^{(k)})}{\partial x_1},\frac{\partial F(\boldsymbol{x}^{(k)})}{\partial x_2},\cdots,\frac{\partial F(\boldsymbol{x}^{(k)})}{\partial x_n} \tag{2.15}$$

它们分别表示函数 $F(\boldsymbol{x})$在点 $\boldsymbol{x}^{(k)}$ 沿各坐标轴方向的变化率。

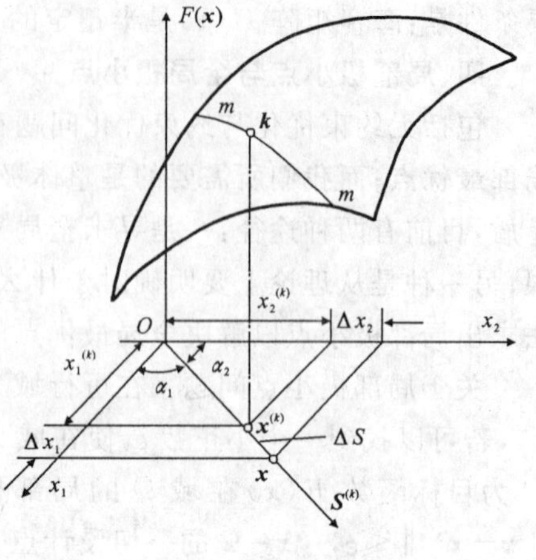

图 2.8 函数方向导数

以二维函数 $F(\boldsymbol{x})$为例，见图 2.8。从 $\boldsymbol{x}^{(k)}$ 点，沿某一方向 $\boldsymbol{S}^{(k)}$（与 Ox_1，Ox_2 轴夹角分别为 α_1，α_2）前进到点 $\boldsymbol{x}=[x_1^{(k)}+\Delta x_1 \quad x_2^{(k)}+\Delta x_2]^{\mathrm{T}}$，其增量为

$$\Delta\boldsymbol{S}=\boldsymbol{x}-\boldsymbol{x}^{(k)}=[\Delta x_1 \quad \Delta x_2]^{\mathrm{T}}$$

其模为

$$\|\Delta\boldsymbol{S}\|=\Delta S$$

$$\Delta S=\sqrt{(\Delta x_1)^2+(\Delta x_2)^2}$$

函数 $F(\boldsymbol{x})$在 $\boldsymbol{x}^{(k)}$ 点沿 $\boldsymbol{S}$ 方向的方向导数为

$$\begin{aligned}\frac{\partial F(\boldsymbol{x}^{(k)})}{\partial \boldsymbol{S}}&=\lim_{\Delta S\to 0}\frac{F(x_1^{(k)}+\Delta x_1,x_2^{(k)}+\Delta x_2)-F(x_1^{(k)},x_2^{(k)})}{\Delta S}\\&=\lim_{\substack{\Delta x_1\to 0\\ \Delta x_2\to 0}}\left[\frac{F(x_1^{(k)}+\Delta x_1,x_2^{(k)})-F(x_1^{(k)},x_2^{(k)})}{\Delta x_1}\cdot\frac{\Delta x_1}{\Delta S}\right.\\&\quad\left.+\frac{F(x_1^{(k)},x_2^{(k)}+\Delta x_2)-F(x_1^{(k)},x_2^{(k)})}{\Delta x_2}\cdot\frac{\Delta x_2}{\Delta S}+\frac{\varepsilon}{\Delta S}\right]\\&=\frac{\partial F(\boldsymbol{x}^{(k)})}{\partial x_1}\cdot\cos\alpha_1+\frac{\partial F(\boldsymbol{x}^{(k)})}{\partial x_2}\cdot\cos\alpha_2\end{aligned} \tag{2.16a}$$

或记为

$$F'_S(\boldsymbol{x}^{(k)})=F'_{x_1}(\boldsymbol{x}^{(k)})\cdot\cos\alpha_1+F'_{x_2}(\boldsymbol{x}^{(k)})\cdot\cos\alpha_2 \tag{2.16b}$$

方向导数 $F'_S(\boldsymbol{x}^{(k)})$表示函数 $F(\boldsymbol{x})$在 $\boldsymbol{x}^{(k)}$ 点沿 $\boldsymbol{S}$ 方向的变化率。图 2.8 中，过 O、$\boldsymbol{x}^{(k)}$ 两点连线所竖立的垂直平面与函数 $F(\boldsymbol{x})$曲面交线 mm，该曲线在 k 点的斜率即为函数 $F(\boldsymbol{x})$沿 $\boldsymbol{S}$ 的方向导数。

推广到 n 维函数，$F(\boldsymbol{x})$在点 $\boldsymbol{x}^{(k)}=[x_1 \quad x_2 \quad \cdots \quad x_n]^{\mathrm{T}}$ 沿 $\boldsymbol{S}$ 的方向导数为

$$F'_S(\boldsymbol{x}^{(k)})=F'_{x_1}(\boldsymbol{x}^{(k)})\cdot\cos\alpha_1+F'_{x_2}(\boldsymbol{x}^{(k)})\cdot\cos\alpha_2+\cdots+F'_{x_n}(\boldsymbol{x}^{(k)})\cdot\cos\alpha_n \tag{2.17a}$$

式中，$\alpha_1,\alpha_2,\cdots,\alpha_n$ 为方向 $\boldsymbol{S}$ 与各坐标轴的夹角。称 $\cos\alpha_1,\cos\alpha_2,\cdots,\cos\alpha_n$ 为矢量 $\boldsymbol{S}$ 的方向余弦。式(2.17a)可简写为

$$\frac{\partial F(\boldsymbol{x}^{(k)})}{\partial \boldsymbol{S}^{(k)}}=\sum_{i=1}^{n}\frac{\partial F(\boldsymbol{x}^{(k)})}{\partial x_i}\cdot\cos\alpha_i \tag{2.17b}$$

或

$$F'_S(\boldsymbol{x}^{(k)})=[F'_{x_1}(\boldsymbol{x}^{(k)}) \quad F'_{x_2}(\boldsymbol{x}^{(k)}) \quad \cdots \quad F'_{x_n}(\boldsymbol{x}^{(k)})]\begin{bmatrix}\cos\alpha_1\\ \cos\alpha_2\\ \vdots\\ \cos\alpha_n\end{bmatrix} \tag{2.17c}$$

定义矢量：

(1) $$\nabla F(\boldsymbol{x}^{(k)})=\left[\frac{\partial F(\boldsymbol{x}^{(k)})}{\partial x_1}\quad\frac{\partial F(\boldsymbol{x}^{(k)})}{\partial x_2}\quad\cdots\quad\frac{\partial F(\boldsymbol{x}^{(k)})}{\partial x_n}\right]^{\mathrm{T}} \tag{2.18}$$

为函数 $F(\boldsymbol{x})$在点 $\boldsymbol{x}^{(k)}$ 的**梯度**，记作 $\mathrm{grad}F(\boldsymbol{x}^{(k)})$，简记为$\nabla F$，它是一个矢量。

∇F 矢量的模为

$$\|\nabla F\|=\sqrt{\sum_{i=1}^{n}\left(\frac{\partial F(\boldsymbol{x}^{(k)})}{\partial x_i}\right)^2} \tag{2.19}$$

(2) $$\boldsymbol{S}^{(k)}=[\cos\alpha_1\quad\cos\alpha_2\quad\cdots\quad\cos\alpha_n]^{\mathrm{T}} \tag{2.20}$$

它是方向 $\boldsymbol{S}$ 的单位矢量，其模为

$$\|\boldsymbol{S}^{(k)}\|=\sqrt{\sum_{i=1}^{n}\cos^2\alpha_i}=1$$

于是可将方向导数式(2.17c)写为

$$\frac{\partial F(\boldsymbol{x}^{(k)})}{\partial \boldsymbol{S}^{(k)}}=[\nabla F(\boldsymbol{x}^{(k)})]^{\mathrm{T}}\boldsymbol{S}^{(k)} \tag{2.21}$$

用记号$(\widehat{\nabla F,\boldsymbol{S}})$表示矢量$\nabla F$ 与 $\boldsymbol{S}$ 之间的夹角，则式(2.17c)表示的方向导数又可写为

$$\begin{aligned}\frac{\partial F}{\partial \boldsymbol{S}}&=\|\nabla F\|\cdot\|\boldsymbol{S}^{(k)}\|\cdot\cos(\widehat{\nabla F,\boldsymbol{S}})\\&=\|\nabla F\|\cdot\cos(\widehat{\nabla F,\boldsymbol{S}})\end{aligned} \tag{2.22}$$

二、函数的最速下降方向

函数 $F(\boldsymbol{x})$在 $\boldsymbol{x}^{(k)}$ 点变化率的值取决于方向 $\boldsymbol{S}$，不同的方向变化率大小不同。由式(2.22)可见，$-1\leqslant\cos(\widehat{\nabla F,\boldsymbol{S}})\leqslant 1$，当方向 $\boldsymbol{S}$ 与梯度$\nabla F(\boldsymbol{x}^{(k)})$矢量方向一致时，则方向导数$\frac{\partial F}{\partial \boldsymbol{S}}$达到最大值，即函数的变化率最大，其值为梯度的模$\|\nabla F\|$。梯度在优化设计中具有重要的作用，以下说明它的几个特征。

(1)梯度是在设计空间里的一个矢量。该矢量∇F 的方向是指向函数的最速上升方向，即在梯度方向函数的变化率为最大。

(2)函数在某点的梯度矢量指出了该点极小邻域内函数的最速上升方向，因而只具有局部性。函数在其定义域范围内的各点都对应着一个确定的梯度。就是说，不同点 $\boldsymbol{x}$ 的最速上升方向不同。

(3)函数最速下降方向，在优化设计理论中占有重要地位。显见，函数负梯度$-\nabla F(\boldsymbol{x}^{(k)})$方向必为函数最速下降方向。不同的设计点，函数 $F(\boldsymbol{x})$具有各自的最速下降方向。

(4)函数 $F(\boldsymbol{x})$在 $\boldsymbol{x}^{(k)}$ 点的梯度矢量是函数等值线(面)在该点的法矢量。以二维函数 $F(\boldsymbol{x})$为例予以说明，见图 2.9。取函数值为 F_k 及 $F_k+\Delta F$，等值线是 x_1Ox_2 平面上相对应的两条曲线，过等值线 F_k 上的一点 $\boldsymbol{x}^{(k)}$，沿 $\boldsymbol{S}$ 方向的方向导数为

$$\frac{\partial F(\boldsymbol{x}^{(k)})}{\partial \boldsymbol{S}}=\lim_{\|\Delta \boldsymbol{S}\|\to 0}\frac{\Delta F}{\|\Delta \boldsymbol{S}\|} \tag{2.23}$$

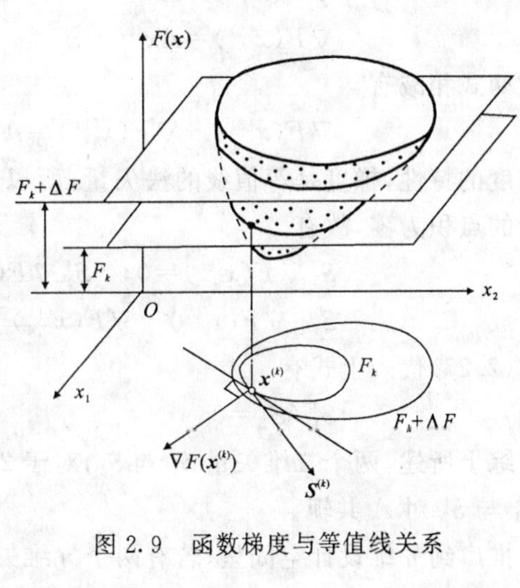

图 2.9 函数梯度与等值线关系

对于上面两条等值线，函数的增量为定值 ΔF，而过 $\boldsymbol{x}^{(k)}$ 点的最大方向导数必沿着等值线间距离最短的方向，即沿着 $\|\Delta \boldsymbol{S}\|$ 最小的方向，必为过 $\boldsymbol{x}^{(k)}$ 点等值线的法线方向。由此可见，函数在 $\boldsymbol{x}^{(k)}$ 点的梯度矢量必为函数等值线上过该点的法矢量。

在优化设计中，如果函数 $F(\boldsymbol{x})$ 不能用解析法求导时，可用数值差分法进行计算，求得梯度的各分量。

2.5.2 共轭方向

共轭方向是指由若干个方向矢量组成的方向组，各方向具有某种共同的性质，它们之间存在着特定的关系。共轭方向的概念在优化方法研究中占有重要的地位。

一、共轭方向的基本概念

首先以二元二次函数为例予以说明共轭方向概念。设二元二次函数

$$F(\boldsymbol{x})=\frac{1}{2}\boldsymbol{x}^{\mathrm{T}}A\boldsymbol{x}+B^{\mathrm{T}}\boldsymbol{x}+C \tag{2.24}$$

式中，$A=\begin{bmatrix}a_{11} & a_{12}\\ a_{21} & a_{22}\end{bmatrix}$ 为 2×2 阶对称正定矩阵；$\boldsymbol{x}=[x_1\quad x_2]^{\mathrm{T}}$；$B=[b_1\quad b_2]^{\mathrm{T}}$。

函数 $F(\boldsymbol{x})$ 的梯度为

$$\nabla F(\boldsymbol{x})=A\boldsymbol{x}+B \tag{2.25}$$

由于函数 $F(\boldsymbol{x})$ 中的 A 矩阵对称正定，所以它的等值线是一簇椭圆，见图 2.10。

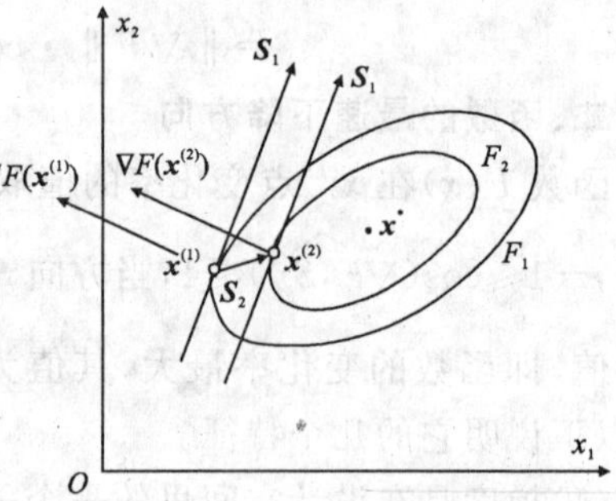

图 2.10 二元二次正定函数共轭方向

按任意给定的方向 $\boldsymbol{S}_1$，做 $F(\boldsymbol{x})=F_1$ 与 $F(\boldsymbol{x})=F_2$ 两条等值线的切线，该两条切线当然是互为平行，其切点分别为 $\boldsymbol{x}^{(1)}$，$\boldsymbol{x}^{(2)}$。连接两切点构成新的矢量，记作

$$\boldsymbol{S}_2=\boldsymbol{x}^{(2)}-\boldsymbol{x}^{(1)}$$

对于函数 $F(\boldsymbol{x})$，矢量 $\boldsymbol{S}_1$ 与 $\boldsymbol{S}_2$ 存在何种关系呢？函数 $F(\boldsymbol{x})$ 在点 $\boldsymbol{x}^{(1)}$，$\boldsymbol{x}^{(2)}$ 处的梯度，按式(2.25)得

$$\nabla F(\boldsymbol{x}^{(1)})=A\boldsymbol{x}^{(1)}+B \tag{2.26a}$$

$$\nabla F(\boldsymbol{x}^{(2)})=A\boldsymbol{x}^{(2)}+B \tag{2.26b}$$

将上两式相减有

$$\nabla F(\boldsymbol{x}^{(2)})-\nabla F(\boldsymbol{x}^{(1)})=A(\boldsymbol{x}^{(2)}-\boldsymbol{x}^{(1)})=A\boldsymbol{S}_2 \tag{2.27}$$

按梯度的特性，梯度是等值线的法矢量，所以 $\boldsymbol{x}^{(1)}$，$\boldsymbol{x}^{(2)}$ 点的梯度必与矢量 $\boldsymbol{S}_1$ 相垂直。因正交矢量的点积为零，故有

$$\boldsymbol{S}_1^{\mathrm{T}}\nabla F(\boldsymbol{x}^{(1)})=0,\quad \boldsymbol{S}_1^{\mathrm{T}}\nabla F(\boldsymbol{x}^{(2)})=0$$

或写成

$$\boldsymbol{S}_1^{\mathrm{T}}[\nabla F(\boldsymbol{x}^{(2)})-\nabla F(\boldsymbol{x}^{(1)})]=0$$

将式(2.27)代入上式有

$$\boldsymbol{S}_1^{\mathrm{T}}A\boldsymbol{S}_2=0 \tag{2.28}$$

综上所述，两个二维矢量 $\boldsymbol{S}_1$ 与 $\boldsymbol{S}_2$，对于 2×2 阶对称正定矩阵 A，如能满足式(2.28)，称矢量 $\boldsymbol{S}_1$ 与 $\boldsymbol{S}_2$ 对 A 共轭。

推广到 n 维设计空间里，若有两个 n 维矢量 $\boldsymbol{S}_1$，$\boldsymbol{S}_2$，对 $n\times n$ 阶对称正定矩阵 A 能满足

$$S_1^{\mathrm{T}} A S_2 = 0 \tag{2.29a}$$

称 n 维空间矢量 $\boldsymbol{S}_1$ 与 $\boldsymbol{S}_2$ 对 A 共轭，可记作

$$\langle \boldsymbol{S}_1, \boldsymbol{S}_2 \rangle_A = 0 \tag{2.29b}$$

共轭矢量所代表的方向称为共轭方向。

由二元二次函数例子可以看出，对于给定的正定矩阵 A 所对应的一组共轭矢量（$\boldsymbol{S}_1$ 与 $\boldsymbol{S}_2$）不是唯一的，这是因为 $\boldsymbol{S}_1$ 矢量的选取具有任意性。但不论 $\boldsymbol{S}_1$ 矢量如何选取，而与 $\boldsymbol{S}_1$ 矢量相共轭的 $\boldsymbol{S}_2$ 矢量之间必定满足式(2.29a)所代表的关系。因而，对于同一对称正定矩阵 A，可以根据需要取不同的对 A 共轭的方向组。

在两个矢量相共轭的基础上，定义共轭矢量如下：

设 A 为 $n\times n$ 阶实对称正定矩阵，有一组非零的 n 维矢量 $\boldsymbol{S}_1, \boldsymbol{S}_2, \cdots, \boldsymbol{S}_q$，若满足

$$\boldsymbol{S}_i^{\mathrm{T}} A \boldsymbol{S}_j = 0, \quad i \neq j \tag{2.30}$$

则称矢量系 $\boldsymbol{S}_i(i=1,2,\cdots,q\leqslant n)$ 对于矩阵 A 共轭。

二、共轭矢量的几个性质

共轭矢量之所以引起优化研究者的重视，是因为它的某些性质对提高优化方法的收敛速率极为有用。

(1)矢量 $\boldsymbol{S}_1$ 与 $\boldsymbol{S}_2$ 正交关系，是矢量 $\boldsymbol{S}_1$ 与 $\boldsymbol{S}_2$ 对 A 共轭的特殊情形。

对式(2.29 a)，如果矩阵 A 是单位矩阵 E 时，则矢量 $\boldsymbol{S}_1$ 与 $\boldsymbol{S}_2$ 的共轭就是矢量的正交。

$$\boldsymbol{S}_1^{\mathrm{T}} E \boldsymbol{S}_2 = 0, \quad \text{即为 } \boldsymbol{S}_1^{\mathrm{T}} \boldsymbol{S}_2 = 0 \tag{2.31}$$

也可以说，矢量共轭的概念实际上就是正交概念的广义化。在某一 α 空间里对矩阵 A 共轭的两矢量，可以通过尺度变换成为另一 β 空间里的两个正交矢量。

对于由 k 个非零矢量 $\boldsymbol{S}_1, \boldsymbol{S}_2, \cdots, \boldsymbol{S}_k$ 组成的矢量系$\{\boldsymbol{S}_i\}$，如果存在着

$$\boldsymbol{S}_i^{\mathrm{T}} \boldsymbol{S}_j = 0, \quad i \neq j \tag{2.32}$$

称该矢量系为**正交矢量系**。

显然，在 n 维设计空间里，单位坐标矢量系 $\boldsymbol{e}_1, \boldsymbol{e}_2, \cdots, \boldsymbol{e}_n$ 为正交矢量系。

(2)若矢量系 $\boldsymbol{S}_1, \boldsymbol{S}_2, \cdots, \boldsymbol{S}_n$，对于对称正定矩阵 A 共轭，则它必为线性独立（线性无关）矢量系。对于 n 维设计空间而言，线性独立矢量系中的矢量个数不能超过维数 n，即共轭矢量系中矢量个数最多等于 n（证明略）。

关于矢量系的线性独立（线性无关）问题简述如下。

设有非零矢量系 $\boldsymbol{S}_1, \boldsymbol{S}_2, \cdots, \boldsymbol{S}_n$，若存在一组不全为零的实数 $a_1, a_2, \cdots, a_n$，使

$$a_1 \boldsymbol{S}_1 + a_2 \boldsymbol{S}_2 + \cdots + a_n \boldsymbol{S}_n = 0 \tag{2.33}$$

成立，则该矢量系称为**线性相关矢量系**。

如果只有在 $a_1 = a_2 = \cdots = a_n = 0$，即系数全部为零才有式(2.33)成立，则该矢量系为线性独立矢量系。

在式(2.33)线性相关矢量系中，若某矢量 $\boldsymbol{S}_i$ 的系数 $a_i \neq 0$，则可写成

$$\boldsymbol{S}_i = \frac{-1}{a_i}(a_1 \boldsymbol{S}_1 + a_2 \boldsymbol{S}_2 + \cdots + a_{i-1} \boldsymbol{S}_{i-1} + a_i \boldsymbol{S}_i + \cdots + a_n \boldsymbol{S}_n) \tag{2.34}$$

可知线性相关矢量系中的矢量 $\boldsymbol{S}_i$ 可表示为其余矢量的线性组合。

任意两个矢量 $\boldsymbol{S}_1$ 与 $\boldsymbol{S}_2$，如果它们是共线的，则矢量 $\boldsymbol{S}_1$ 与 $\boldsymbol{S}_2$ 必线性相关。因为对于共线两矢量 $\boldsymbol{S}_1$ 与 $\boldsymbol{S}_2$，一定可以找到系数 a_1 与 a_2，使

$$a_1 \boldsymbol{S}_1 + a_2 \boldsymbol{S}_2 = 0$$

在二维平面里，由三个及三个以上的矢量组成的矢量系，也必定是线性相关的。例如二维平面的三个矢量

$$\boldsymbol{S}_1=[1\quad 2]^{\mathrm{T}},\quad \boldsymbol{S}_2=[4\quad 1]^{\mathrm{T}},\quad \boldsymbol{S}_3=\left[-2\quad -\frac{9}{4}\right]^{\mathrm{T}}$$

若取一组系数 $a_1=1, a_2=\frac{1}{4}, a_3=1$，则可使

$$a_1\boldsymbol{S}_1+a_2\boldsymbol{S}_2+a_3\boldsymbol{S}_3=0$$

所以矢量系$\{\boldsymbol{S}_i\}(i=1,2,3)$是线性相关的。

再用图 2.11 进行说明。

将 $\boldsymbol{S}_3$ 用 $\boldsymbol{S}_1$ 与 $\boldsymbol{S}_2$ 的线性组合表示为

$$\boldsymbol{S}_3=\frac{-a_1}{a_3}\boldsymbol{S}_1-\frac{a_2}{a_3}\boldsymbol{S}_2=-\boldsymbol{S}_1-\frac{1}{4}\boldsymbol{S}_2$$

这就是图 2.11 中第三象限所表示的矢量系。

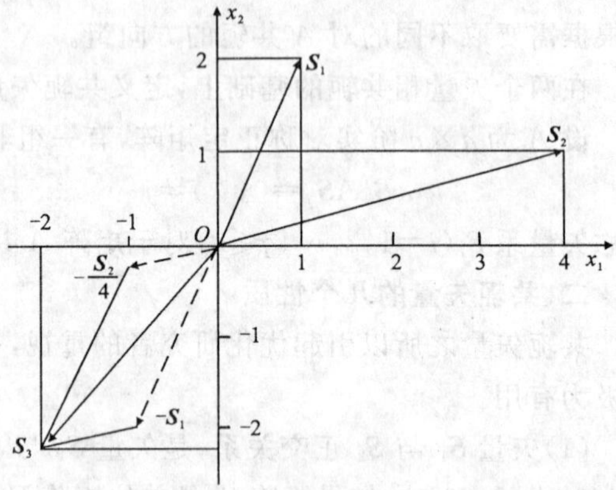

图 2.11　平面矢量系线性相关

可见，同一平面上任意三个矢量必定线性相关。

在三维空间里的三个矢量，只要它们不共面，则必线性独立；若三维空间中有任意四个矢量，则矢量系必线性相关。

由此可以得出结论：

当矢量系中矢量的数目超过设计空间的维数时，矢量系必线性相关。

非零矢量构成的正交矢量系必线性独立。正交矢量系中矢量的数目不能超过矢量系所在空间的维数。

(3)关于优化算法的二次收敛性。

对于二次正定函数，如果某种优化算法从理论上只要进行有限次一维搜索即可达到函数的极值点，那么称这种算法具有二次收敛性。按前面所述的一组共轭方向进行一维搜索的优化算法就具有这种二次收敛性。下面来讨论这个问题。

首先从二元函数讨论起。如前所述，二元二次正定函数的等值线为一簇同心的椭圆，其中心是函数的极小点。按共轭方向的产生方法(图 2.12)，任意作两条平行线，其方向为 $\boldsymbol{S}_1$，它们与椭圆簇中某两个椭圆等值线相切于点 $\boldsymbol{x}^{(1)}$，$\boldsymbol{x}^{(2)}$，若将这两点连接起来的直线作为第二个方向 $\boldsymbol{S}_2$，这样就构成了 $\boldsymbol{S}_1$，$\boldsymbol{S}_2$ 一组共轭方向。现在要证明的是：$\boldsymbol{S}_2$ 的方向线一定通过椭圆中心的这个极值点。

为了简化，先设目标函数是二次齐次函数，它的等值线中心在坐标原点。

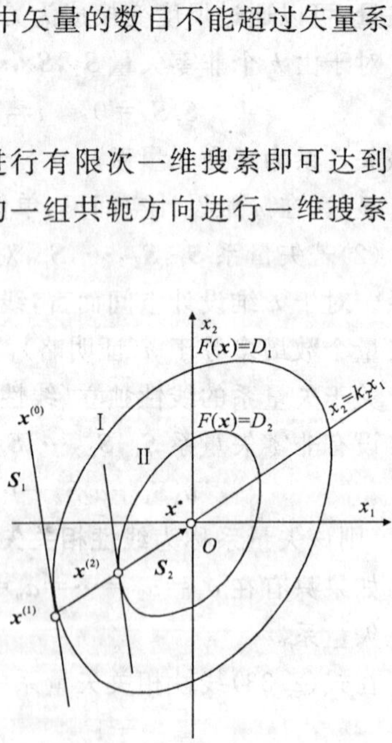

图 2.12　共轭方向特性

二次齐次函数用矩阵式可表示为

$$F(\boldsymbol{x})=\boldsymbol{x}^{\mathrm{T}}A\boldsymbol{x}$$

其中的 A 是对称正定矩阵

$$A=\begin{bmatrix} a & b \\ b & c \end{bmatrix}$$

展开式为

$$F(x_1,x_2)=ax_1^2+2bx_1x_2+cx_2^2 \tag{2.35}$$

若两条等值线Ⅰ,Ⅱ的函数值分别为 d_1,d_2,则其方程为

$$ax_1^2+2bx_1x_2+cx_2^2-d_1=0$$

$$ax_1^2+2bx_1x_2+cx_2^2-d_2=0$$

设等值线上任意点的切线斜率为 k,则由数学公式得

$$k=\frac{\mathrm{d}x_2}{\mathrm{d}x_1}=-\frac{\partial F/\partial x_1}{\partial F/\partial x_2}=-\frac{2ax_1+2bx_2}{2bx_1+2cx_2}=-\frac{ax_1+bx_2}{bx_1+cx_2}$$

由于过点 $\boldsymbol{x}_1=[x_1^{(1)} \quad x_2^{(1)}]^{\mathrm{T}}$ 和点 $\boldsymbol{x}_2=[x_1^{(2)} \quad x_2^{(2)}]$的两条椭圆切线取为平行,都取为方向 $\boldsymbol{S}_1$,因此它们的斜率相等,即应有

$$\frac{ax_1^{(1)}+bx_2^{(1)}}{bx_1^{(1)}+cx_2^{(1)}}=\frac{ax_1^{(2)}+bx_2^{(2)}}{bx_1^{(2)}+cx_2^{(2)}} \tag{2.36}$$

现分别将切点 $\boldsymbol{x}^{(1)},\boldsymbol{x}^{(2)}$ 与坐标原点 O(即椭圆簇中心)相连接,则该两条直线的斜率分别为

$$k_1^0=\frac{x_2^{(1)}}{x_1^{(1)}} \qquad k_2^0=\frac{x_2^{(2)}}{x_1^{(2)}}$$

如果有 $k_1^0=k_2^0$,则说明点 $\boldsymbol{x}^{(1)},\boldsymbol{x}^{(2)}$ 和极值点 O 必为共线的三点。换句话说,若以通过 $\boldsymbol{x}^{(1)},\boldsymbol{x}^{(2)}$ 所作的直线为第二次一维搜索的方向 $\boldsymbol{S}_2$(即与 $\boldsymbol{S}_1$ 相共轭的方向),则理论上一定可以达到函数的极值点 O。下面来证明确有 $k_1^0=k_2^0$。

将式(2.36)改写成如下形式

$$\frac{a+b\dfrac{x_2^{(1)}}{x_1^{(1)}}}{b+c\dfrac{x_2^{(1)}}{x_1^{(1)}}}=\frac{a+b\dfrac{x_2^{(2)}}{x_1^{(2)}}}{b+c\dfrac{x_2^{(2)}}{x_1^{(2)}}}$$

即

$$\frac{a+bk_1^0}{b+ck_1^0}=\frac{a+bk_2^0}{b+ck_2^0}$$

将上式展开整理后有

$$(b^2-ac)(k_2^0-k_1^0)=0$$

由于函数 $F(\boldsymbol{x})$是二次齐次函数,等值线图形是椭圆簇,所以 $b^2\neq ac$,故上式成立的条件必然是 $k_1^0=k_2^0$。这就证明了通过 $\boldsymbol{S}_1,\boldsymbol{S}_2$ 这一对共轭方向的两次一维搜索,即可获得函数的极小点和极小值。

对于非齐次的二元二次正定函数 $F(\boldsymbol{x})=C+B^{\mathrm{T}}\boldsymbol{x}+\frac{1}{2}\boldsymbol{x}^{\mathrm{T}}A\boldsymbol{x}$,同样可以证明按其共轭方向进行两次一维搜索必可达到函数的极值点。因为在此情况下的目标函数等值线仍然是椭圆簇,只是其中心不在坐标原点而已,如图 2.10 所示。

可以推论,对于一般的多元二次正定函数 $F(\boldsymbol{x}),\boldsymbol{x}=[x_1 \quad x_2 \quad \cdots \quad x_n]^{\mathrm{T}},n\geqslant 3$,如果依次按共轭方向矢量系 $\boldsymbol{S}_1,\boldsymbol{S}_2,\cdots,\boldsymbol{S}_n$ 中的各矢量方向进行 n 次一维搜索,则也一定可达到等值椭球面或超等值椭球面的中心——多元二次正定函数的极小值点。

在这一节中,虽然着重讨论了二次函数的情形,但并非因为是它在优化问题中经常出现,

而是由于一般非二次函数在极值点附近呈现很强的二次性态，或者说在极值点附近为近似的二次函数，见式(2.3a)函数 $F(\boldsymbol{x})$ 的泰勒展开式。所以，某种优化算法如果对二次函数优化求解很有成效，那么对非二次函数在极值点附近的求解也肯定会产生好的效果，所以用共轭矢量系做优化算法的搜索方向将具有很好的实用价值。

例 2.1 设二维目标函数 $F(\boldsymbol{x})=2x_1^2+x_2^2-x_1x_2$，给定方向 $\boldsymbol{S}_1=\boldsymbol{e}_2$，初始点 $\boldsymbol{x}_1^{(0)}=\begin{bmatrix}2\\2\end{bmatrix}$。求与 $\boldsymbol{S}_1$ 相共轭的 $\boldsymbol{S}_2$，并求函数的极小点。

解：如图 2.13 所示。

(1)第一个搜索方向是给定的 x_2 轴的单位坐标矢量 $\boldsymbol{e}_2$，故 $\boldsymbol{S}_1=\begin{bmatrix}0\\1\end{bmatrix}$。

(2)函数的海赛矩阵 $A=\begin{bmatrix}F''_{x_1x_1} & F''_{x_1x_2}\\F''_{x_2x_1} & F''_{x_2x_2}\end{bmatrix}=\begin{bmatrix}4 & -1\\-1 & 2\end{bmatrix}$，它的各阶主子式均大于零，故 A 对称正定。

可知函数 $F(\boldsymbol{x})$ 为二次正定函数，如按照共轭方向 $\boldsymbol{S}_1$，$\boldsymbol{S}_2$ 依次分别进行一次一维搜索就可达到目标函数的极小点 $\boldsymbol{x}^*$。

(3)从 $\boldsymbol{x}_1^{(0)}$ 点沿 $\boldsymbol{S}_1$ 方向求极小点 $\boldsymbol{x}^{(1)}$，即

$$\min F(\boldsymbol{x}_1^{(0)}+\alpha\boldsymbol{S}_1)=F(\boldsymbol{x}^{(1)})$$

$$\text{沿 }\boldsymbol{S}_1\text{ 方向：}\begin{cases}\boldsymbol{x}=\boldsymbol{x}_1^{(0)}+\alpha\boldsymbol{S}_1=\begin{bmatrix}2\\2\end{bmatrix}+\alpha\begin{bmatrix}0\\1\end{bmatrix}=\begin{bmatrix}2\\2+\alpha\end{bmatrix}\\F(\boldsymbol{x})=2\times2^2+(2+\alpha)^2-2(2+\alpha)=\alpha^2+2\alpha+8\\\min F(\boldsymbol{x})=\min(\alpha^2+2\alpha+8)\Rightarrow\text{用}\dfrac{\mathrm{d}}{\mathrm{d}\alpha}(\alpha^2+2\alpha+8)=0\text{ 解出 }\alpha^{(1)}=-1\end{cases}$$

则

$$\boldsymbol{x}^{(1)}=\boldsymbol{x}_1^{(0)}+\alpha^{(1)}\boldsymbol{S}^{(1)}=\begin{bmatrix}2\\2\end{bmatrix}+(-1)\begin{bmatrix}0\\1\end{bmatrix}=\begin{bmatrix}2\\1\end{bmatrix}$$

(4)任取初始点 $\boldsymbol{x}_2^{(0)}=\begin{bmatrix}1\\1\end{bmatrix}$，沿 $\boldsymbol{S}_1$ 方向一维搜索，按步骤(3)相同的方法求得该方向极小点 $\boldsymbol{x}^{(2)}$，即

$$\boldsymbol{x}^{(2)}=\begin{bmatrix}1\\0.5\end{bmatrix}$$

(5)求与 $\boldsymbol{S}_1$ 相共轭的方向 $\boldsymbol{S}_2$，即

$$\boldsymbol{S}_2=\boldsymbol{x}^{(2)}-\boldsymbol{x}^{(1)}=\begin{bmatrix}-1\\-0.5\end{bmatrix}$$

核验计算

$$\boldsymbol{S}_1^{\mathrm{T}}A\boldsymbol{S}_2=[0\quad1]\begin{bmatrix}4 & -1\\-1 & 2\end{bmatrix}\begin{bmatrix}-1\\-0.5\end{bmatrix}=0$$

矢量 $\boldsymbol{S}_1$ 与 $\boldsymbol{S}_2$ 确为对 A 矩阵共轭。

(6)从 $\boldsymbol{x}^{(1)}$ 点出发，沿 $\boldsymbol{S}_2$ 方向作一维搜索，得极小点

$$\boldsymbol{x}^*=[0\quad0]^{\mathrm{T}}$$

以上求解过程的几何图形如图 2.13 所示。

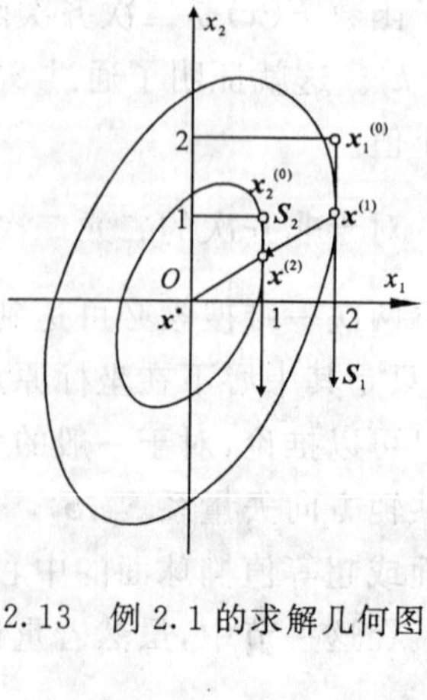

图 2.13 例 2.1 的求解几何图形

习　　题

1. 现有二元函数 $F(\boldsymbol{x})=4+4.5x_1-4x_2+x_1^2+2x_2^2-2x_1x_2+x_1^4-2x_1^2x_2$，要求在点 $\boldsymbol{x}^{(k)}=[2\quad 2.5]^{\mathrm{T}}$ 处作泰勒二次展开，写出用于逼近的二次型函数。

2. 已知优化数学模型

$$\min F(\boldsymbol{x})=x_1^2+x_2^2-4x_2+4$$

$$x\in\mathscr{D}\subset\mathbf{R}^2$$

$$\mathscr{D}:\quad \begin{aligned}&g_1(\boldsymbol{x})=x_1-x_2^2-1\geqslant 0\\&g_2(\boldsymbol{x})=3-x_1\geqslant 0\\&g_3(\boldsymbol{x})=x_2\geqslant 0\end{aligned}$$

要求：(1)画出目标函数等值线及可行域 $\mathscr{D}$；

(2)设计点 $\boldsymbol{x}^A=[1\quad 1]^{\mathrm{T}}$，$\boldsymbol{x}^B=[2\quad 0.5]^{\mathrm{T}}$ 是否为可行点？

(3)可行域是否为凸集？

(4)标出约束最优点，并求出坐标。

3. 设二元函数 $F(\boldsymbol{x})=x_1^3-x_1x_2^2-5x_1-6$，求在点 $\boldsymbol{x}^{(k)}=[1\quad 1]^{\mathrm{T}}$ 沿方向 $\boldsymbol{L}=[-1\quad 2]^{\mathrm{T}}$ 的方向导数 $\dfrac{\partial F(\boldsymbol{x}^{(k)})}{\partial \boldsymbol{L}}$ 和沿梯度方向的方向导数。

4. 函数 $F(\boldsymbol{x})=\dfrac{x_1^2}{2a}+\dfrac{x_2^2}{2b}$，其中 $a>0,b>0$，问该函数是否存在极值？并确定极值点，判定是极大点还是极小点？

5. 已知三个方向：$\boldsymbol{S}_1=[1\quad 1\quad 0]^{\mathrm{T}}$，$\boldsymbol{S}_2=[0\quad 1\quad 1]^{\mathrm{T}}$，$\boldsymbol{S}_3=[3\quad 0\quad 0]^{\mathrm{T}}$。问哪两个矢量正交？写出 $\boldsymbol{S}_2$ 的方向余弦。

6. 判断函数 $F(\boldsymbol{x})=60-10x_1-4x_2+x_1^2+x_2^2-x_1x_2$ 是否为凸函数。

7. 证明二元函数 $F(\boldsymbol{x})=x_1^4-2x_1^2x_2+x_1^2+x_2^2-4x_1+5$ 在点 $\boldsymbol{x}^{(k)}=[2\quad 4]^{\mathrm{T}}$ 具有极小值。

8. 求函数 $F(\boldsymbol{x})=4+4.5x_1-4x_2+x_1^2+2x_2^2-2x_1x_2+x_1^4-2x_1^2x_2$ 的极值点，并判定是极大点或极小点，计算其极值。

第三章　一维优化方法

本章所要解决的基本问题是，对一维目标函数 $F(x)$ 求它的最优点 x^* 和最优值 $F(x^*)$。它虽是求单变量极值问题，考虑到在很多时候函数的求导有困难，甚至根本不可导，所以在最优化技术中，一般不用解析法而是采取**直接探索**方法求最优点。对单变量直接探索称为一维探索或**一维搜索**，这种求优的方法称为**一维优化方法**。

在机械优化设计中，大多实际问题都是多维的，即设计维数 $n>1$ 居多。一维优化方法是优化方法中最简单也是最基础的方法。它既可直接用于求各种一维目标函数的最优点，也可在多维的优化问题中，把它转化为多次的一维优化问题来处理。所以一维优化方法也是解决多维优化问题的基础。例如图 3.1 为二维优化问题的例子。从某设计点 $\boldsymbol{x}^{(k)}$ 出发，沿着由某种优化方法所规定的搜索方向 $\boldsymbol{S}^{(k)}$，用一维优化方法求出在此方向上目标函数 $F(\boldsymbol{x})$ 的最优点 $\boldsymbol{x}^{(k+1)}$，其迭代式为

$$\boldsymbol{x}^{(k+1)}=\boldsymbol{x}^{(k)}+\alpha^{(k)}\boldsymbol{S}^{(k)}$$

点 $\boldsymbol{x}^{(k+1)}$ 在 $\boldsymbol{S}^{(k)}$ 方向线上的位置取决于 α，称 α 为一维搜索**步长因子**，不同的 α 取得不同的 $\boldsymbol{x}^{(k+1)}$，α 是在定方向 $\boldsymbol{S}^{(k)}$ 矢量上的一个变量(标量)，它决定着 $\boldsymbol{x}^{(k+1)}$ 在 $\boldsymbol{S}^{(k)}$ 方向上的位置。如果设法找到一个适当的步长 $\alpha^{(k)}$，使本次所计算出迭代点 $\boldsymbol{x}^{(k+1)}$ 的目标函数值取得最小，即

$$F(\boldsymbol{x}^{(k+1)})=\min F(\boldsymbol{x}^{(k)}+\alpha\boldsymbol{S}^{(k)})$$

求出 $\alpha=\alpha^{(k)}$，则 $\alpha^{(k)}$ 是从 $\boldsymbol{x}^{(k)}$ 点沿 $\boldsymbol{S}^{(k)}$ 方向的最优步长，称 $\alpha^{(k)}$ 为**最优步长因子**，记作 α^*。上述极小化问题实际上是以 α 为变量的一维优化问题，表示为

$$\min f(\alpha)$$

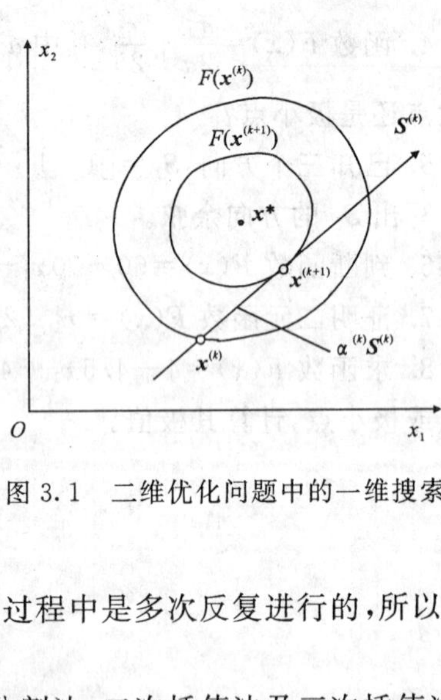

图 3.1　二维优化问题中的一维搜索

这种在给定方向上确定最优步长的过程，在多维优化过程中是多次反复进行的，所以一维搜索是解多维优化问题的基础。

一维优化方法有多种，本章介绍常用的格点法、黄金分割法、二次插值法及三次插值法。

求一维的最小点一般分两步进行。第一步是确定函数值最小点所在的区间 $[a,b]$，称为**搜索区间**；第二步是在该区间内求出最优步长因子或最优点。以下分别进行讨论。

3.1　搜索区间的确定

对于所有的一维优化方法，在每一次一维搜索时，首先要解决一个共同的问题，就是确定一个**搜索区间**，该区间内必须包含着函数的极小点 x^*。搜索区间记作 $[a,b]$，为使该区间内只有一个极小点，它必须是**单峰区间**。所谓单峰区间 $[a,b]$，是指该区间内函数值的变化呈现高、

低、高状态，即只有一个峰，如图 3.2 所示。在此基础上再通过一维搜索，将含有最小点 x^* 的闭区间[a,b]逐渐缩小，直至将区间[a,b]缩至足够小，即可得到近似最优点 x^*。

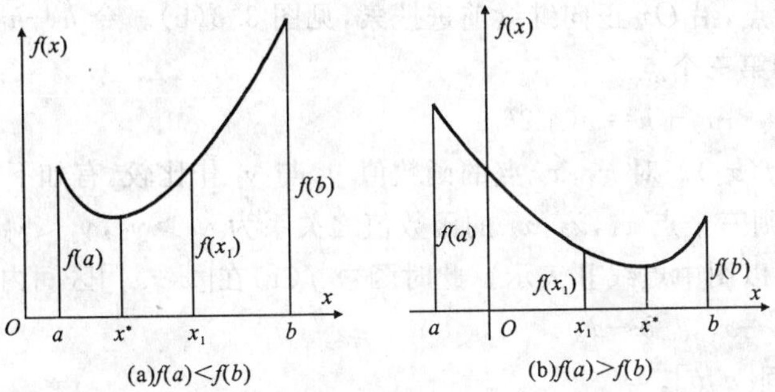

图 3.2 单峰区间

对于比较简单的一维优化问题，其搜索区间是可以根据实际情况确定的。但对于多维优化问题，在每一次一维搜索之前都用人为方法去确定搜索区间肯定是很困难，而很多时候也是做不到的，所以必须建立一定的方法，使计算机在优化的过程中自动地确定。本节介绍确定搜索区间的**进退法**。

设函数为 $y=f(x)$，给定**初始点** x_1，选定恰当的**初始步长**为 h_0。

一、试探搜索

由于最小点 x^* 的位置是未知的，所以首先要试探最小点 x^* 位于初始点 x_1 的左方或右方，然后再确定包含 x^* 在内的搜索区间[a,b]。

由初始点 x_1 沿 Ox 轴正向到 x_2 点，$x_2 \leftarrow x_1+h_0$，计算点 x_1,x_2 之函数值。

$$y_1=f(x_1),\quad y_2=f(x_2)$$

比较 y_1,y_2 之大小，有图 3.3(a)所示的两种情况：

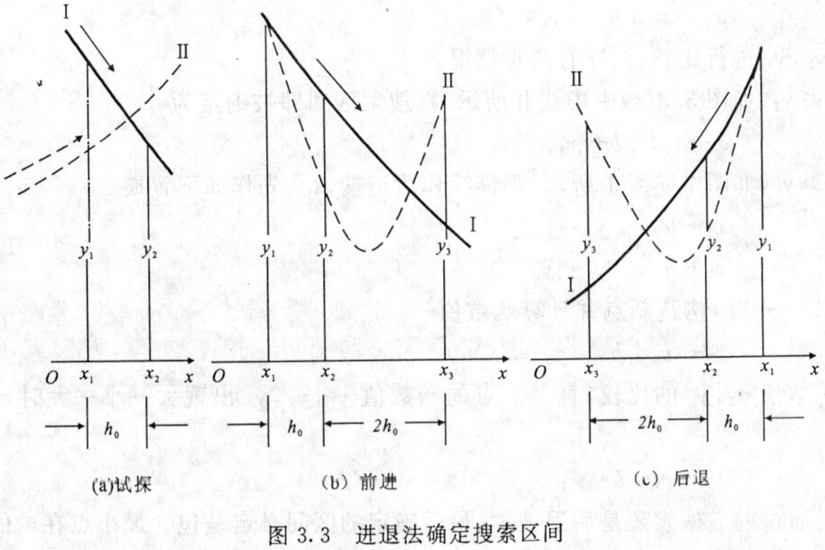

图 3.3 进退法确定搜索区间

(1)若 $y_2<y_1$，则极小点必在 x_1 点右方，应继续前进搜索，见图中实线Ⅰ所示；

(2)若 $y_2>y_1$，则极小点必在 x_1 点左方，应反向，即作后退搜索，见图中虚线Ⅱ所示。

二、前进搜索

由探索后的 x_2 点，沿 Ox 正向继续前进搜索，见图 3.3(b)。令 $h \leftarrow h_0$，并使步长倍增 $h \leftarrow 2h$，取得前进方向的第三个点

$$x_3 \leftarrow x_2+h=x_2+2h_0$$

对应有函数值 $y_3=f(x_3)$。对 x_2,x_3 点的函数值 y_2 与 y_3 作比较，有如下两种情况：

(1)若 $y_2<y_3$，则三个点 x_1,x_2,x_3 的函数值之关系为 $y_1>y_2,y_2<y_3$，对应图中曲线呈现高—低—高的形态，以图中虚线Ⅱ表示。此时函数 $f(x)$ 在 $[x_1,x_2]$ 区间内必有极小点，于是令

$$a \leftarrow x_1,\quad b \leftarrow x_3$$

从而构成了搜索区间 $[a,b]$。

(2)若 $y_2>y_3$，如图中实线Ⅰ所示，则应继续前进搜索，先对各点作如下置换：

$$x_1 \leftarrow x_2,\quad y_1 \leftarrow y_2$$

$$x_2 \leftarrow x_3,\quad y_2 \leftarrow y_3$$

再将步长倍增，即 $h \leftarrow 2h$，构成新点并计算函数值

$$x_3 \leftarrow x_2+h,\quad y_3=f(x_3)$$

重复上述比较 y_2 与 y_3 的大小，直到出现区间三点 x_1,x_2,x_3 的函数值 y_1,y_2,y_3 出现大—小—大时，取 $a \leftarrow x_1, b \leftarrow x_3$，构成了搜索区间 $[a,b]$。

三、后退搜索

沿 Ox 轴反方向搜索。令 $h \leftarrow -h_0$，使搜索点的顺序自右向左排列，见图 3.3(c)。在图 3.3(a)探试基础上，通过置换对 x_1,x_2 点作对调，置换如下：

$$x_3 \leftarrow x_1,\quad y_3 \leftarrow y_1$$（此处 x_3、y_3 仅作倒换数据的暂用单元）

$$x_1 \leftarrow x_2,\quad y_1 \leftarrow y_2$$

$$x_2 \leftarrow x_3,\quad y_2 \leftarrow y_3$$

将步长加倍，即 $h \leftarrow 2h$，构成第三点并计算函数值，

$$x_3 \leftarrow x_2+h,\quad y_3=f(x_3)$$

对函数值 y_2,y_3 进行比较，同样有两种情况：

(1) $y_2<y_3$，如图 3.3(c)中虚线Ⅱ所示，则搜索区间即被确定为

$$a \leftarrow x_3,\quad b \leftarrow x_1$$

(2) $y_2>y_3$，如图中实线Ⅰ所示，则继续作后退搜索。先作如下置换

$$x_1 \leftarrow x_2,\quad y_1 \leftarrow y_2$$

$$x_2 \leftarrow x_3,\quad y_2 \leftarrow y_3$$

倍增步长，即 $h \leftarrow 2h$，构造新点并计算函数值

$$x_3 \leftarrow x_2+h,\quad y_3=f(x_3)$$

重复上述函数值 y_2,y_3 的比较，直至三点的函数值 y_1,y_2,y_3 出现大—小—大时，则搜索区间的端点为

$$a \leftarrow x_3,\quad b \leftarrow x_1$$

不论是通过前进搜索还是后退搜索，最后确定的区间必定是包含最小点在内的单峰区间，且统一表示为 $[a,b]$。

进退法确定搜索区间的流程图见图 3.4。

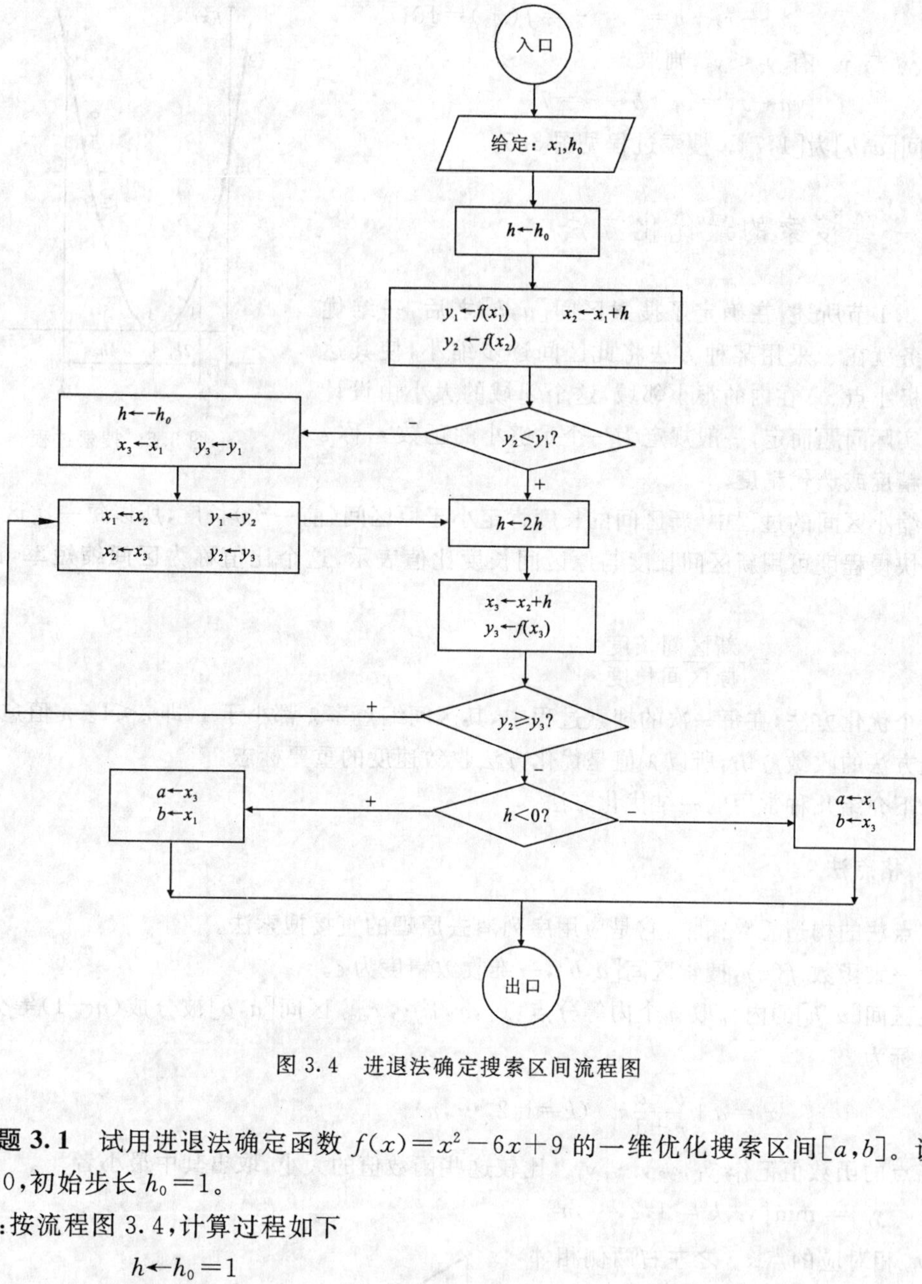

图 3.4　进退法确定搜索区间流程图

例题 3.1　试用进退法确定函数 $f(x)=x^2-6x+9$ 的一维优化搜索区间$[a,b]$。设初始点 $x_1=0$，初始步长 $h_0=1$。

解：按流程图 3.4，计算过程如下

$$h \leftarrow h_0=1$$

$$x_2 \leftarrow x_1+h=1$$

$$y_1=f(x_1)=9, \quad y_2=f(x_2)=4$$

由于 $y_2<y_1$，作前进搜索，

$$h \leftarrow 2h=2$$

$$x_3 \leftarrow x_2+h=3, \quad y_3=f(x_3)=0$$

比较 y_2, y_3，有 $y_2>y_3$，再作前进搜索，

$$x_1 \leftarrow x_2=1, \quad y_1 \leftarrow y_2=4$$

$$x_2 \leftarrow x_3=3, \quad y_2 \leftarrow y_3=0$$

$$h \leftarrow 2h = 4$$

$$x_3 \leftarrow x_2 + h = 7, \quad y_3 = f(x_3) = 16$$

再比较 y_2 与 y_3，有 $y_2 < y_3$，则取

$$a \leftarrow x_1 = 1, \quad b \leftarrow x_3 = 7$$

搜索区间[a,b]为[1,7]。搜索过程见图 3.5。

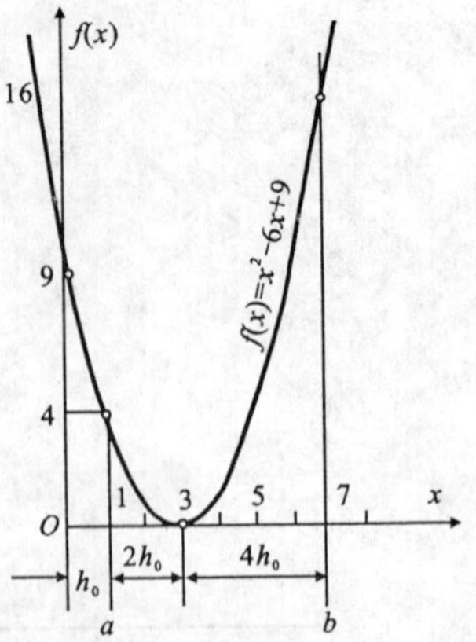

图 3.5　搜索过程

3.2　一维搜索的最优化方法

按 3.1 节所述，在确定了搜索区间[a,b]之后，一维优化的任务就在于采用某种方法将此区间逐步缩小，使其达到包含极小点 x^* 在内的很小邻域，这个邻域的大小由设计者根据实际问题而定，一般规定为一个足够小的正数 ε，称 ε 为**收敛精度或迭代精度**。

在缩小区间的过程中，新区间的长度肯定小于原区间(前一次)长度，所以每一次区间长度缩短的快慢程度可用新区间长度与原区间长度比值表示，这个比值称为**区间缩短率**，记作 λ，即

$$\lambda = \frac{\text{新区间长度}}{\text{原区间长度}} \tag{3.1}$$

任何一个优化方法，在每一次的搜索过程中，其区间缩短率 λ 都小于 1，即 $\lambda < 1$。λ 值愈小标志着优化方法的收敛愈快，所以 λ 值是优化方法收敛速度的重要标志。

以下介绍几种常用的一维优化方法。

3.2.1　格点法

格点法的构造思路简单，它是应用**序列消去原理**的直接搜索法。

设一维函数 $f(x)$，搜索区间[a,b]，一维收敛精度为 ε。

在区间[a,b]的内部取 n 个内等分点：$x_1, x_2, \cdots, x_n$。区间[a,b]被分成($n+1$)等分，各分点的坐标为

$$x_k = a + \frac{b-a}{n+1}k \quad (k = 1, 2, \cdots, n) \tag{3.2}$$

对应各点的函数值记作 $y_1, y_2, \cdots, y_n$。比较这些函数值的大小，取出其中最小者

$$y_m = \min\{y_k, k = 1, 2, \cdots, n\}$$

在与 y_m 相对应的点 x_m 之左右两侧相邻的点分别为 x_{m-1}, x_{m+1}，则在区间[x_{m-1}，x_{m+1}]内肯定包含着极小点 x^*，取区间[x_{m-1}, x_{m+1}]为缩短后的新区间，见图 3.6。

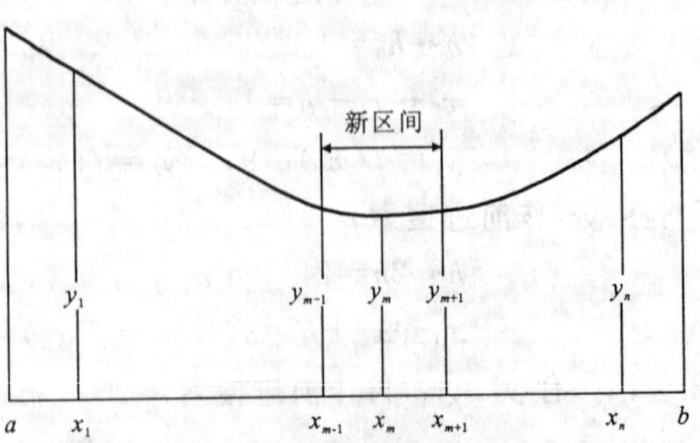

图 3.6　格点法的区间缩短

如果新区间长度已满足预先给定的收敛精度要求，即

$$x_{m+1} - x_{m-1} \leqslant \varepsilon$$

时，则认为 x_m 是具有满足精度要求的最

优点。此时取一维优化问题的最优解为

$$x^* \leftarrow x_m$$

$$y^* \leftarrow y_m$$

如果本次新区间长度不能满足精度要求，则把当前的区间作为新的初始搜索区间，重复上面的步骤进一步缩小区间，直到满足预先给定的精度为止，以取得近似最优解(x^*，y^*)。

该方法的区间缩短率

$$\lambda = \frac{2}{n+1} \tag{3.3}$$

可见，分点数 n 取得愈大，区间缩短率 λ 愈小，意味着区间缩短得越快；但另一方面函数的计算和比较的次数也愈多，愈费机时。因此，内分点数 n 要取得恰当。

格点法的搜索过程见流程图 3.7。

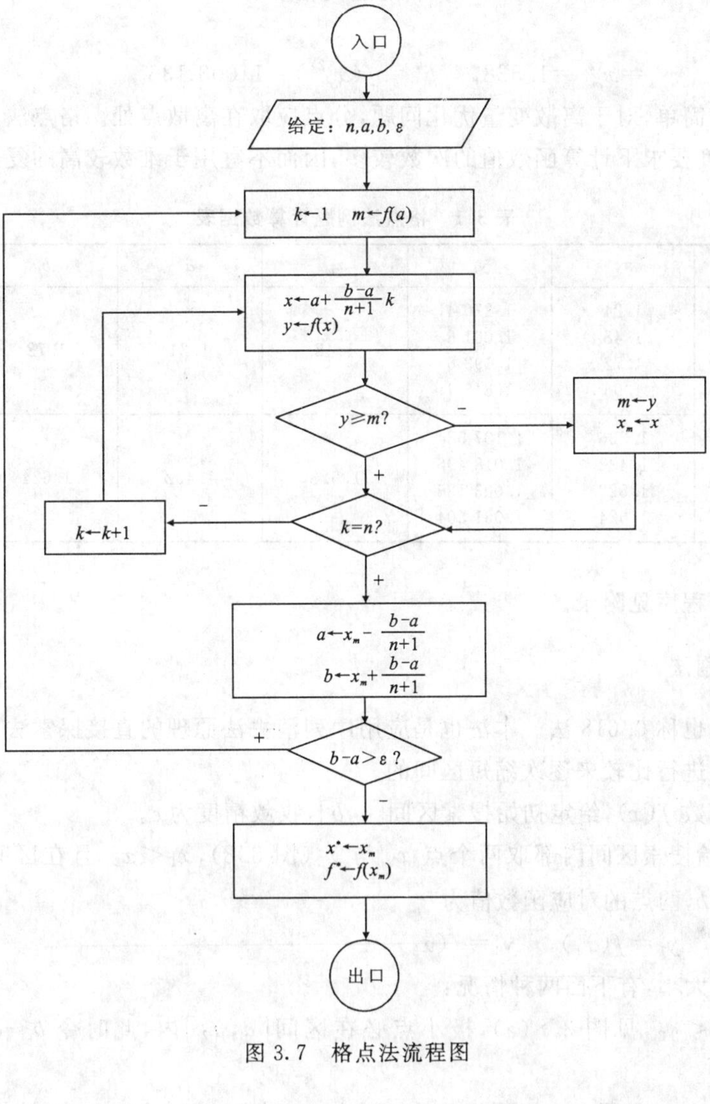

图 3.7 格点法流程图

例题 3.2 用格点法求一维目标函数 $f(x) = 4x^2 - 12x + 10$ 的最优解。给定搜索区间

$[a,b]$为$[1,2.2]$，迭代精度 $\varepsilon=0.2$，内分点数 $n=4$。

解：计算区间端点的函数值

$$f(a)=2,\quad f(b)=2.96$$

按式(3.2)确定四个内分点之位置，并计算其函数值，计算结果列于表 3.1。其中最小的函数值为

$$y_m^{(1)}=y_2=1.001\,6$$

对应的点 $x_m^{(1)}=1.48$

新区间的端点为 $a^{(1)}=x_{m-1}=1.24,\quad b^{(1)}=x_{m+1}=1.72$

新区间的长度为 $b^{(1)}-a^{(1)}=0.48>\varepsilon$，不满足精度要求。

再作第二次区间缩短后，得到区间端点为

$$a^{(2)}=1.432,\quad b^{(2)}=1.624$$

新区间长度 $b^{(2)}-a^{(2)}=0.192<\varepsilon$，满足迭代精度。

最优解为

$$x^*=x_m^{(2)}=1.528,\quad f^*=f(x_m^{(2)})=1.003\,136$$

格点法程序简单，对于离散变量优化问题，分点应取在离散点处。格点法总的计算效率较低，即在一定精度要求下计算函数值的次数较多，因而不宜用于维数较高的复杂问题中。

表 3.1　格点法例题计算数据表

区间缩短次数	x_k	y_k	x_m	a	b	$b-a$
第一次	1.24 1.48 1.72 1.96	1.270 4 1.001 6 1.193 6 1.846 4	1.48	1.24	1.72	0.48
第二次	1.336 1.432 1.528 1.624	1.107 584 1.018 496 1.003 136 1.061 504	1.528	1.432	1.624	0.192

格点法的子程序见附录。

3.2.2　黄金分割法

黄金分割法也称 0.618 法。本法也是应用序列消去法原理的直接探索法。其作法是通过对分割点函数值进行比较来逐次缩短区间的。

对于目标函数 $f(x)$，给定初始搜索区间$[a,b]$，收敛精度为 ε。

首先，在初始搜索区间内部取两个点 x_1 与 x_2（图 3.8），$x_1<x_2$，且在区间内处于对称位置，即有$\overline{ax_1}=\overline{x_2b}$，两点的对应函数值为

$$y_1=f(x_1),\quad y_2=f(x_2)$$

比较 y_1 与 y_2 的大小，有下面两种情况：

(1)若有 $y_1<y_2$，见图 3.8(a)，极小点必在区间$[a,x_2]$内，此时令 $b\leftarrow x_2$，新的区间为$[a,x_2]$；

(2)若有 $y_1\geqslant y_2$，见图 3.8(b)，极小点必在$[x_1,b]$内，此时令 $a\leftarrow x_1$，缩短后的新区间为$[x_1,b]$。

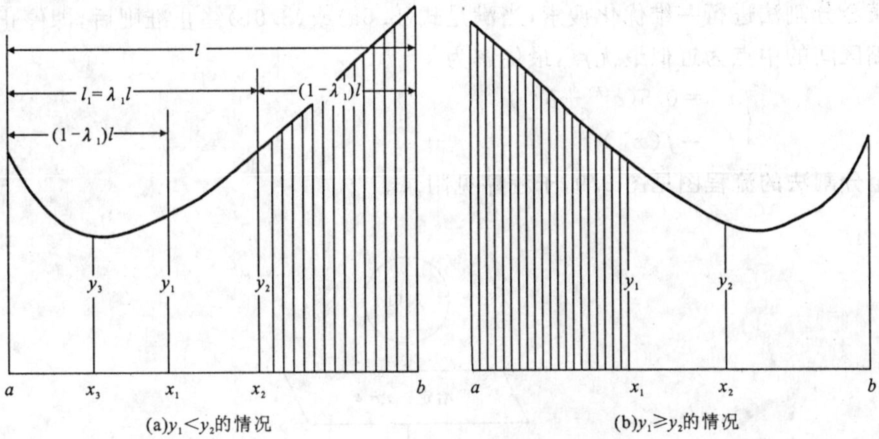

图 3.8　黄金分割法区间缩短

经过对两内点函数值的比较，区间缩短一次。缩短后的新区间是原区间的一部分，即舍去阴影线部分，留下其左面或右面部分，其间保留着原两内点 x_1 与 x_2 当中的一个，则新的区间中只有一个内点。

为了进行下一次的缩短区间，在新区间中再以对称原则增补一个内点，重复上述函数值的比较，如此反复分割，使区间逐次地加以缩短。

黄金分割法内分点选取的原则是，要对称于搜索区间的中点，并每次区间缩短率都相等。按以上原则，其区间缩短率应是 $\lambda\equiv 0.618$。简单推证如下，参见图 3.8(a)。

设初始区间长度为 l，第一次区间缩短率为 λ_1，则第一次新区间 $[a,x_2]$ 的长度 $l_1=\lambda_1 l$，根据内分点 x_1、x_2 对称于 $\overline{ab}$ 中点的原则，有 $\overline{ax_1}=\overline{x_2 b}=(1-\lambda_1)l$。

进行第二次缩短时，要在区间 $[a,x_2]$ 中增补一个内点 x_3，令 $\overline{ax_3}=\overline{x_1 x_2}$，计算 $y_3=f(x_3)$，经比较有 $y_1>y_3$，于是第二次的新区间为 $[a,x_1]$，其长度 $l_2=\overline{ax_1}=(1-\lambda_1)l$。本次区间缩短率为 λ_2，按式(3.1)之定义，则

$$\lambda_2=\frac{l_2}{l_1}=\frac{(1-\lambda_1)l}{\lambda_1 l}=\frac{1-\lambda_1}{\lambda_1}$$

要求两次区间缩短率相等，即 $\lambda_2=\lambda_1=\lambda$，得方程

$$\lambda^2+\lambda-1=0$$

方程的合理根　　$\lambda=\dfrac{\sqrt{5}-1}{2}\approx 0.618$　　(3.4)

根据黄金分割法取两个内点 x_1 与 x_2 为对称，且区间缩短率 $\lambda\equiv 0.618$，则内分点的取点规则为

$$\begin{cases} x_1=a+0.382(b-a) \\ x_2=a+0.618(b-a) \end{cases} \tag{3.5}$$

由于黄金分割法是按等区间缩短率，且 $\lambda\equiv 0.618$，若取初始搜索区间为 $[a,b]$，要求收敛精度为 ε。则搜索到最终区间长度满足收敛精度 ε 时的缩短区间的次数 k 应为

$$0.618^k(b-a)\leqslant\varepsilon \tag{3.6a}$$

$$k\geqslant\frac{\ln[\varepsilon/(b-a)]}{\ln 0.618} \tag{3.6b}$$

式(3.6a)、(3.6b)是黄金分割法的终止准则。

用黄金分割法进行一维优化搜索，当满足式(3.6a)或(3.6b)终止准则后，即停止计算。取最终收缩区间的中点为近似最优点，最优解为

$$\begin{cases} x^* = 0.5(a^{(k)} + b^{(k)}) \\ f^* = f(x^*) \end{cases} \tag{3.7}$$

黄金分割法的流程图见图 3.9，子程序见附录。

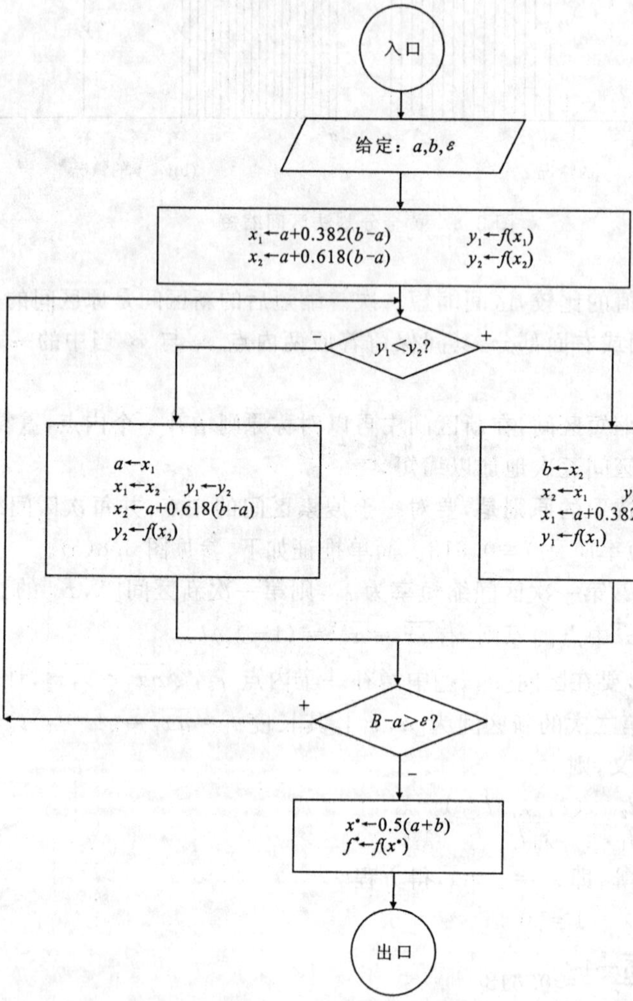

图 3.9　黄金分割法流程图

例题 3.3　试用黄金分割法求目标函数 $f(x)=x^2-6x+9$ 的最优解。给定初始区间 $[1,7]$，收敛精度 $\varepsilon=0.4$。

解：第一次区间缩短计算过程如下。

计算两内点及对应函数值

$$x_1 = a + 0.382(b-a) = 3.292, \quad y_1 = f(x_1) = 0.085\,264$$

$$x_2 = a + 0.618(b-a) = 4.708, \quad y_2 = f(x_2) = 2.917\,264$$

作函数值比较，可见 $y_1 < y_2$，再作置换

$$a^{(1)} \leftarrow a = 1,\quad b^{(1)} \leftarrow x_2 = 4.708$$

用终止准则判断

$$b^{(1)} - a^{(1)} = 4.708 - 1 = 3.708 > \varepsilon$$

为第二次区间缩短作准备，作置换

$$x_2 \leftarrow x_1 = 3.292,\ y_2 \leftarrow y_1 = 0.085\ 264$$

$$x_1 = a^{(1)} + 0.382(b^{(1)} - a^{(1)}) = 2.416\ 456,\ y_1 = f(x_1) = 0.340\ 524$$

各次缩短区间的计算数据见表 3.2。第六次区间缩短的端点 $a^{(6)} = 2.750\ 917$，$b^{(6)} = 3.085\ 305$，$b^{(6)} - a^{(6)} = 0.334\ 388 < \varepsilon$，满足精度要求，终止计算。取最优解为

$$x^* = \frac{1}{2}(a^{(6)} + b^{(6)}) = 2.918\ 11$$

$$y^* = f(x^*) = 0.006\ 70$$

表 3.2　黄金分割法例题计算数据

区间缩短次数	a	b	x_1	x_2	y_1	y_2
(原区间)	1	7	3.292	4.708	0.085 264	2.917 264
1	1	4.708	2.416 456	3.292	0.340 524	0.085 264
2	2.416 456	4.708	3.292	3.832 630	0.085 264	0.693 273
3	2.416 456	3.832 630	2.957 434	3.292	0.001 812	0.085 264
4	2.416 456	3.292	2.750 917	2.957 434	0.062 044	0.001 812
5	2.750 917	3.292	2.957 434	3.085 305	0.001 812	0.007 277
6	2.750 917	3.085 305	2.878 651	2.957 434	0.014 725	0.001 812

3.2.3　二次插值法

二次插值法是多项式逼近法的一种。所谓多项式逼近，是利用目标函数在若干点的函数值或导数值等信息，构成一个与目标函数相接近的低次插值多项式，用该多项式的最优解作为原函数最优解的一种近似解，随着区间的缩短，多项式函数的最优解将逼近于原函数的最优解。二次插值法是用二次插值多项式逼近原目标函数的近似求解方法。

一、二次插值函数的构成

设一维目标函数的搜索区间为$[a,b]$，现取点 x_1, x_2, x_3，其中的 x_1 和 x_3 取在区间的端点上，即

$$x_1 \leftarrow a,\qquad x_3 \leftarrow b$$

而 x_2 为区间的一个内部点，开始时取为区间中点，见图 3.10(a)，

$$x_2 = 0.5(x_1 + x_3)$$

计算函数值

$$f_1 = f(x_1),\qquad f_2 = f(x_2),\qquad f_3 = f(x_3)$$

由此，在函数曲线上得三点

$$P_1(x_1, f_1),\quad P_2(x_2, f_2),\quad P_3(x_3, f_3)$$

若通过此三点作一条二次曲线，其函数 $p(x)$ 为一个二次多项式

$$p(x)=Ax^2+Bx+C \tag{3.8}$$

式中，A,B,C 为待定系数，可由 P_1,P_2,P_3 三个插值结点的信息按下列线性方程组确定

$$\begin{cases} p(x_1)=Ax_1^2+Bx_1+C=f_1 \\ p(x_2)=Ax_2^2+Bx_2+C=f_2 \\ p(x_3)=Ax_3^2+Bx_3+C=f_3 \end{cases}$$

解方程组，得待定系数

$$A=-\frac{(x_2-x_3)f_1+(x_3-x_1)f_2+(x_1-x_2)f_3}{(x_1-x_2)(x_2-x_3)(x_3-x_1)}$$

$$B=\frac{(x_2^2-x_3^2)f_1+(x_3^2-x_1^2)f_2+(x_1^2-x_2^2)f_3}{(x_1-x_2)(x_2-x_3)(x_3-x_1)}$$

$$C=\frac{(x_3-x_2)x_2x_3f_1+(x_1-x_3)x_1x_3f_2+(x_2-x_1)x_1x_2f_3}{(x_1-x_2)(x_2-x_3)(x_3-x_1)}$$

于是函数 $p(x)$ 就是一个确定的二次多项式，常称它为二次插值函数。如图 3.10 中虚线所示。

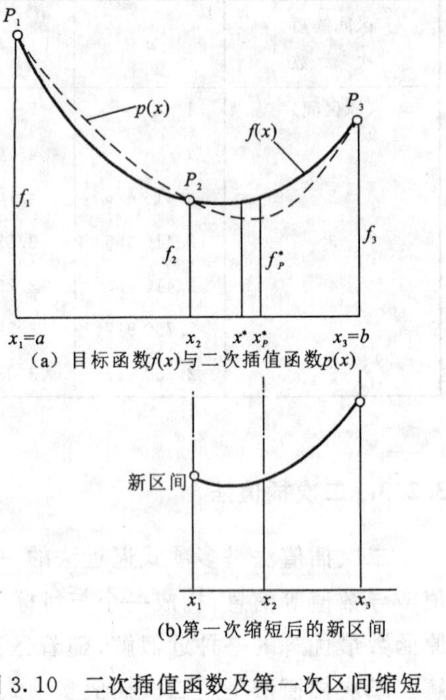

图 3.10　二次插值函数及第一次区间缩短

插值函数 $p(x)$ 的极小点 x_P^* 是很容易求解的，令其一阶导数为零，即

$$p'(x)=2Ax+B=0$$

得

$$x_P^*=-\frac{B}{2A}$$

将系数 A,B 代入上式可得

$$x_P^*=\frac{1}{2}\cdot\frac{(x_2^2-x_3^2)f_1+(x_3^2-x_1^2)f_2+(x_1^2-x_2^2)f_3}{(x_2-x_3)f_1+(x_3-x_1)f_2+(x_1-x_2)f_3} \tag{3.9}$$

为简化，令

$$c_1=\frac{f_3-f_1}{x_3-x_1} \tag{3.10a}$$

$$c_2=\frac{(f_2-f_1)/(x_2-x_1)-c_1}{x_2-x_3} \tag{3.10b}$$

则有

$$x_P^*=\frac{1}{2}\left(x_1+x_3-\frac{c_1}{c_2}\right) \tag{3.11}$$

二、区间的缩短

由于初始区间较大，只用一回二次插值计算所得的 x_P^* 作为原函数的 x^* 的近似解常常达不到预期的精度要求，为此需要再作区间的缩短，进行多次的插值计算，使 x_P^* 的点列不断逼近原函数的极小点 x^*。

第一次区间缩短的方法是：计算 x_P^* 点的函数值 $f(x_P^*)$，记作 f_P^*，比较 f_P^* 与 f_2，取其中较小者所对应的点作为新的 x_2（它可能是 x_P^*，也可能是原来的 x_2），以此点左右两邻点分别取作新的 x_1 和 x_3，于是获得了缩短后的新区间$[x_1,x_3]$。图 3.10(b)是当 $f_P^*<f_2$ 情况下所取的新区间。

根据 x_P^* 相对于 x_2 的位置和函数值 f_P^* 与 f_2 的比较，区间缩短分下面四种情况，参阅图 3.11 和流程图 3.12。

①$x_P^* > x_2, f_2 < f_P^*$。

如图 3.11(a)所示，以$[x_1, x_P^*]$为新区间，即令 $x_3 \leftarrow x_P^*$，x_1、x_2 不变。

②$x_P^* > x_2, f_2 \geqslant f_P^*$。

如图 3.11(b)所示，以$[x_2, x_3]$为新区间，即令 $x_1 \leftarrow x_2, x_2 \leftarrow x_P^*, x_3$ 不变。

③$x_P^* \leqslant x_2, f_2 \geqslant f_P^*$。

如图 3.11(c)所示，以$[x_1, x_2]$为新区间，即令 $x_3 \leftarrow x_2, x_2 \leftarrow x_P^*, x_1$ 不变。

④$x_P^* \leqslant x_2, f_2 < f_P^*$。

如图 3.11(d)所示，以$[x_P^*, x_3]$为新区间，即令 $x_1 \leftarrow x_P^*$，x_2、x_3 不变。

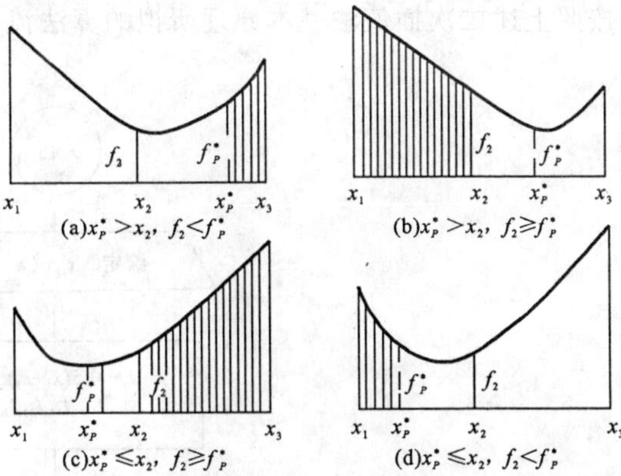

图 3.11　二次插值法区间缩短的四种情况

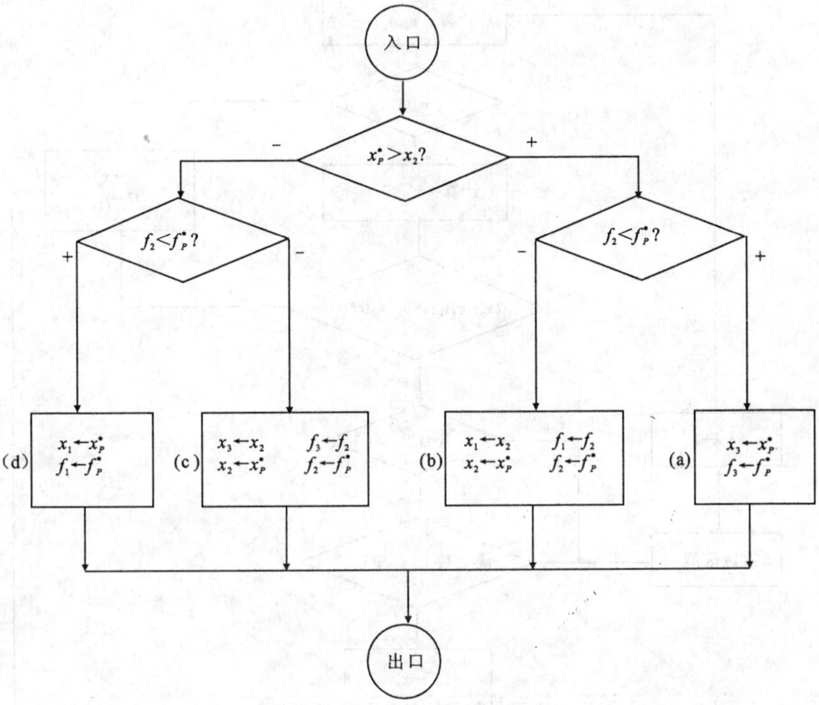

图 3.12　二次插值法区间缩短流程图

三、终止准则

经过多次反复循环，区间长度即可逐次减至足够小的程度。由于在极值点附近的邻域内目标函数呈现很强的正定二次函数性态，故插值函数的最优点 x_P^* 就极其接近目标函数的最优点。具体的终止判别准则是：当相继两次插值函数极值点 $x_P^{*(k-1)}$，$x_P^{*(k)}$ 之间的距离小于某一预先给定的精度 ε 时，即

$$\left| x_P^{*(k)} - x_P^{*(k-1)} \right| \leqslant \varepsilon \quad 且\ k \geqslant 2 \tag{3.12}$$

计算即可终止，并令 $x^* \leftarrow x_P^{*(k)}$，$f^* \leftarrow f(x_P^*)$作为近似一维最优解输出。

有些情况下也可以采用函数下降量准则作为终止的判别条件。

按照上述二次插值法基本原理所拟的算法流程图见图 3.13 所示，子程序见附录。

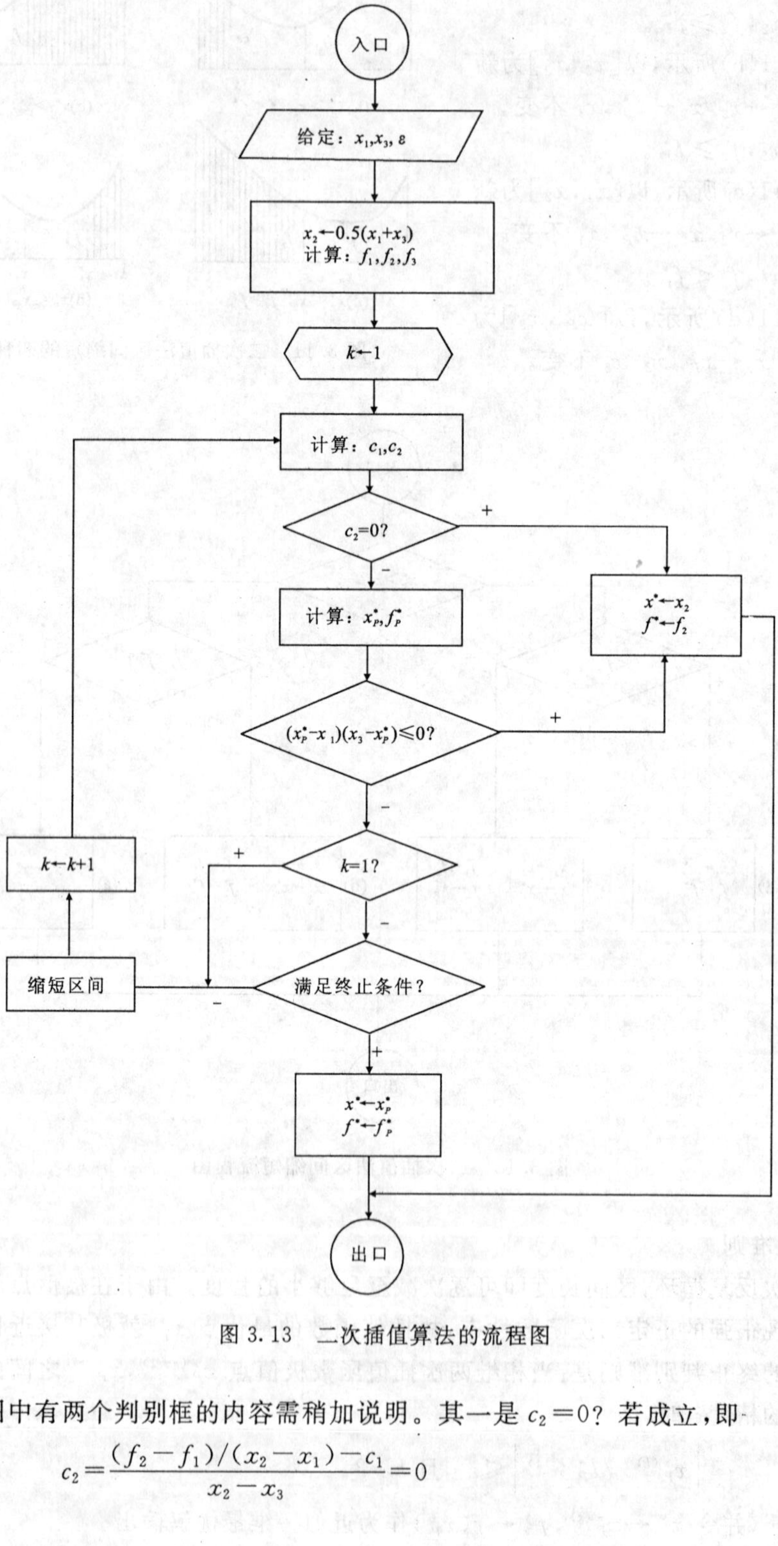

图 3.13　二次插值算法的流程图

在流程图中有两个判别框的内容需稍加说明。其一是 $c_2=0$? 若成立，即

$$c_2=\frac{(f_2-f_1)/(x_2-x_1)-c_1}{x_2-x_3}=0 \tag{3.13a}$$

或写作 $$\frac{f_2-f_1}{x_2-x_1}=c_1=\frac{f_3-f_1}{x_3-x_1} \tag{3.13b}$$

这说明三个插值结点 $P_1(x_1,f_1)$，$P_2(x_2,f_2)$，$P_3(x_3,f_3)$在同一条直线上；其二是

$$(x_P^*-x_1)(x_3-x_P^*)\leqslant 0? \tag{3.14}$$

若成立，则说明 x_P^* 落在区间$[x_1,x_3]$之外。以上两种情况只是在区间已缩得很小，三个插值结点已十分接近的时候，由于计算机的舍入误差才可能导致其发生。因此对这种情况的合理处置就是把中间插值点 x_2 及其函数值 f_2 作为最优解输出。

例题 3.4 试用二次插值法求函数 $f(x)=(x-3)^2$ 的最优解，初始区间为$[1,7]$，精度 $\varepsilon=0.01$。

解：(1)初始插值结点

$$x_1=a=1,\qquad f_1=f(x_1)=4$$

$$x_2=0.5(a+b)=4,\qquad f_2=f(x_2)=1$$

$$x_3=b=7,\qquad f_3=f(x_3)=16$$

(2)计算插值函数的极小点与极小值

$$c_1=\frac{f_3-f_1}{x_3-x_1}=2$$

$$c_2=\frac{(f_2-f_1)/(x_2-x_1)-c_1}{x_2-x_3}=1$$

$$x_P^{*(1)}=\frac{1}{2}\left(x_1+x_3-\frac{c_1}{c_2}\right)=3$$

$$f_P^{*(1)}=f(x_P^{*(1)})=0$$

(3)缩短区间

因有 $x_P^{*(1)}<x_2,f_2>f_P^{*(1)}$，故有

$$x_1=1,\qquad f_1=4$$

$$x_3\leftarrow x_2=4,\qquad f_3=1$$

$$x_2\leftarrow x_P^{*(1)}=3,\qquad f_2=0$$

(4)重复步骤(2)

$$c_1=-1,\qquad c_2=1$$

$$x_P^{*(2)}=3,\qquad f_P^{*(2)}=0$$

(5)检查终止条件

$$|x_P^{*(2)}-x_P^{*(1)}|=|3-3|=0<\varepsilon$$

终止条件满足，获得最优解

$$x^*=x_P^{*(2)}=3,\qquad f^*=f_P^{*(2)}=0$$

由此例可见，对于二次函数用二次插值法求优，在理论上只需进行一次即可到达最优点。对于非二次函数，随着区间的缩短使函数的二次性态加强，因而收敛也是较快的。

例题 3.5 用二次插值法求非二次函数 $f(x)=e^{x+1}-5(x+1)$的最优解。初始区间端点为 $a=-0.5,b=2.5$，精度要求 $\varepsilon=0.005$。

解：(1)初始插值结点

$$x_1=a=-0.5,\qquad f_1=f(x_1)=-0.851\,279$$

$$x_2=0.5(a+b)=1,\qquad f_2=f(x_2)=-2.610\,944$$

$$x_3=b=2.5,\qquad f_3=f(x_3)=15.615\,452$$

(2)计算 $x_P^{*(1)}$ 与 $f_P^{*(1)}$

$$c_1=5.488\ 910,\qquad c_2=4.441\ 347$$

$$x_P^{*(1)}=\frac{1}{2}\left(x_1+x_3-\frac{c_1}{c_2}\right)=0.382\ 067$$

$$f_P^{*(1)}=f(x_P^{*(1)})=-2.927\ 209$$

(3)缩短区间

因有 $x_P^{*(1)}<x_2, f_2>f_P^{*(1)}$,故取

$$x_1=-0.5,\qquad f_1=-0.851\ 279$$

$$x_2=0.382\ 067,\qquad f_2=-2.927\ 209$$

$$x_3=1,\qquad f_3=-2.610\ 944$$

(4)对新区间重复步骤(2)

$$c_1=-1.173\ 11,\qquad c_2=1.910\ 196$$

$$x_P^{*(2)}=0.557\ 065,\qquad f_P^{*}=-3.040\ 450$$

(5)检查终止条件

$$|x_P^{*(2)}-x_P^{*(1)}|=|0.557\ 065-0.382\ 067|=0.174\ 998>\varepsilon$$

未满足终止条件,返回步骤(3)。

本题的各次区间插值计算结果列于表 3.3。

表 3.3 计算结果表

计算次数	1	2	3	4	5
x_1	−0.5	−0.5	0.382 067	0.557 065	0.593 226
x_2	1.0	0.382 067	0.557 065	0.593 226	0.605 217
x_3	2.5	1.0	1.0	1.0	1.0
f_1	−0.851 279	−0.851 279	−2.927 209	−3.040 450	−3.046 534
f_2	−2.610 944	−2.927 209	−3.040 450	−3.046 534	−3.047 145
f_3	15.615 452	−2.610 944	−2.610 944	−2.610 944	−2.610 944
c_1	5.488 910	−1.173 11	0.511 811	0.969 682	1.070 840
c_2	4.441 347	1.910 196	2.616 433	2.797 449	2.841 548
x_P^*	0.382 067	0.557 065	0.593 226	0.605 217	0.608 188
f_P^*	−2.927 209	−3.040 450	−3.046 534	−3.047 145	−3.047 188
$\lvert x_P^{*(k)}-x_P^{*(k-1)}\rvert$		0.174 998	0.036 161	0.011 991	0.002 971

经五次插值计算后,有

$$|x_P^{*(5)}-x_P^{*(4)}|=0.002\ 971<\varepsilon$$

得最优解

$$x^*=x_P^{*(5)}=0.608\ 188$$

$$f^*=f_P^{*(5)}=-3.047\ 188$$

3.2.4 三次插值法

三次插值法是用三次插值多项式逼近原目标函数的近似求解法。

一、三次插值法函数的构成

设一维目标函数 $f(x)$，搜索区间 $[a,b]$，该区间是函数值为大—小—大的单峰区间，其内部存在极小点 x^*，见图 3.14，区间端点 a、b 处函数值为 $f(a)$、$f(b)$，且可导，导数值为 $f'(a)$ 及 $f'(b)$。

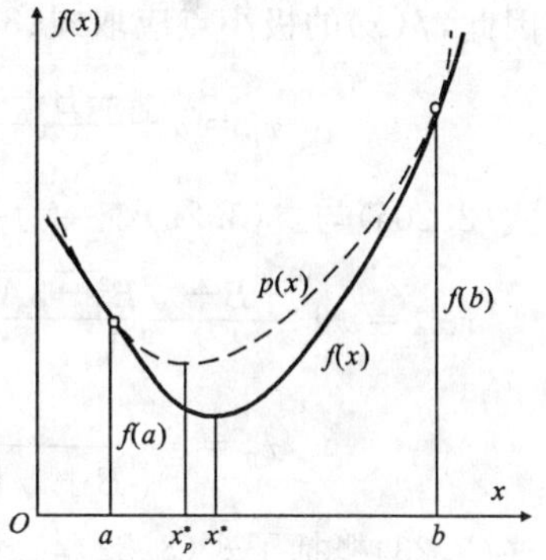

图 3.14 三次插值法

作三次插值多项式 $p(x)$ 用以代替原目标函数 $f(x)$，构造方法如下：

$$p(x)=A(x-a)^3+B(x-a)^2+C(x-a)+D \tag{3.15}$$

式中，A,B,C,D 为待定常数。

为唯一确定式(3.15)，则需要四个边界条件，为此可用区间端点 a,b 处的函数值及导数值的信息。故需构造的三次多项式函数(其曲线如图 3.14 中虚线所示)在 a,b 两点处的函数值 $p(x)$ 和它的导数值 $p'(x)$ 分析与原函数值 $f(x)$ 和其导数值 $f'(x)$ 相等，即

$$\begin{cases} f(a)=p(a), f(b)=p(b) \\ f'(a)=p'(a), f'(b)=p'(b) \end{cases} \tag{3.16}$$

所以此三次插值法又称为**三次二点插值法**。

将式(3.15)对 x 求导，得

$$p'(x)=3A(x-a)^2+2B(x-a)+C \tag{3.17}$$

将 $x=a$ 和 $x=b$ 分别代入式(3.15)、式(3.17)，则有

$$\begin{cases} p(a)=D=f(a) \\ p(b)=A(b-a)^3+B(b-a)^2+C(b-a)+D=f(b) \\ p'(a)=C=f'(a) \\ p'(b)=3A(b-a)^2+2B(b-a)+C=f'(b) \end{cases} \tag{3.18}$$

由于 $f(a),f(b),f'(a),f'(b)$ 均已知，解式(3.18)得

$$\begin{cases} A=\dfrac{(b-a)[f'(b)+f'(a)]+2[f(a)-f(b)]}{(b-a)^3} \\ B=\dfrac{3[f(b)-f(a)]-(b-a)[f'(b)+2f'(a)]}{(b-a)^2} \\ C=f'(a) \\ D=f(a) \end{cases} \tag{3.19}$$

为使构造函数 $p(x)$ 的 x_p^* 成为极小点，其必要条件应令式(3.17)的 $p'(x)=0$，它的两个根为

$$x_p^*=a+\left(\frac{-B\pm\sqrt{B^2-3AC}}{3A}\right),\quad A\neq 0 \tag{3.20a}$$

或

$$x_p^*=a-\frac{C}{2B},\quad A=0 \tag{3.20b}$$

按极小点的充分条件

$$\frac{d^2p}{dx^2}=6A(x-a)+2B>0 \tag{3.21}$$

将式(3.20a)代入上式并整理后，得

$$\pm 2\sqrt{B^2-3AC}>0\text{（显然，此式根号前应取正号）}$$

因此，$p(x)$的极小点应取式(3.20a)中的单根

$$x_P^*=a+\frac{-B+\sqrt{B^2-3AC}}{3A},A\neq 0 \tag{3.22}$$

为将式(3.20a)与式(3.22)统一为一种形式，故对上式加以改变

$$x_P^*=a+\frac{-B+\sqrt{B^2-3AC}}{3A}\cdot\left(\frac{-B-\sqrt{B^2-3AC}}{-B-\sqrt{B^2-3AC}}\right)=a-\frac{C}{B+\sqrt{B^2-3AC}}$$

得

$$x_P^*=a-\frac{C}{B+\sqrt{B^2-3AC}} \tag{3.23}$$

式(3.23)概括了式(3.22)与式(3.20b)（即 $A\neq 0$ 与 $A=0$）的两种情况。又为了计算简便，引入中间参数 u,v,s,z,w，

令

$$\left.\begin{aligned}&u=f'(b)\\&v=f'(a)=C\\&s=\frac{3[f(b)-f(a)]}{(b-a)}=3[A(b-a)^2+B(b-a)+C]\\&z=s-u-v=B(b-a)+C\\&w=\sqrt{z^2-uv}=\sqrt{(b-a)^2(B^2-3AC)}\end{aligned}\right\} \tag{3.24}$$

将式(3.19)及式(3.24)代入式(3.23)，经整理后，得

$$x_P^*=a+(b-a)\left[1-\frac{u+w+z}{u-v+2w}\right] \tag{3.25}$$

这便是三次插值函数 $p(x)$ 极小点的计算式。

二、三次插值法的计算步骤

(1)确定搜索区间，找到函数值为大—小—大的单峰区间$[a,b]$。

(2)计算区间端点 a,b 的信息：$f(a),f(b),f'(a),f'(b)$。

(3)计算三次插值多项式 $p(x)$ 的极小点 x_P^*。通过式(3.24)先求出中间参数 u,v,z,w，代入式(3.25)计算得 x_P^*。

(4)缩短搜索区间。

见图 3.15，具体做法为：计算 $f(x_P^*)$及 $f'(x_P^*)$，若 $f'(x_P^*)<0$，见图 3.15a，取新区间为$[x_P^*,b]$，并令

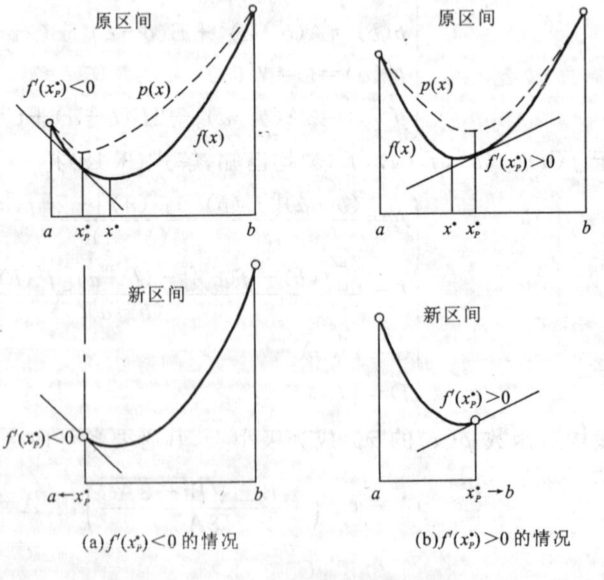

图 3.15　三次插值法区间缩短

$$a\leftarrow x_P^*$$

$$f(a) \leftarrow f(x_P^*)$$

$$f'(a) \leftarrow f'(x_P^*)$$

b 点信息不变。

若 $f'(x_P^*)>0$,见图 3.15(b),取新区间为$[a,x_P^*]$,并令

$$b \leftarrow x_P^*$$

$$f(b) \leftarrow f(x_P^*)$$

$$f'(b) \leftarrow f'(x_P^*)$$

a 点信息不变。

(5)终止准则。按在极小点处导函数值近似为零原则,应有

$$|f'(x_P^*)| \leqslant \varepsilon \tag{3.26}$$

ε 为给定的足够小的迭代精度。若满足式(3.26),输出最优解

$$x^* \leftarrow x_P^*$$

$$f^* = f(x^*)$$

三次插值法算法框图见图 3.16。

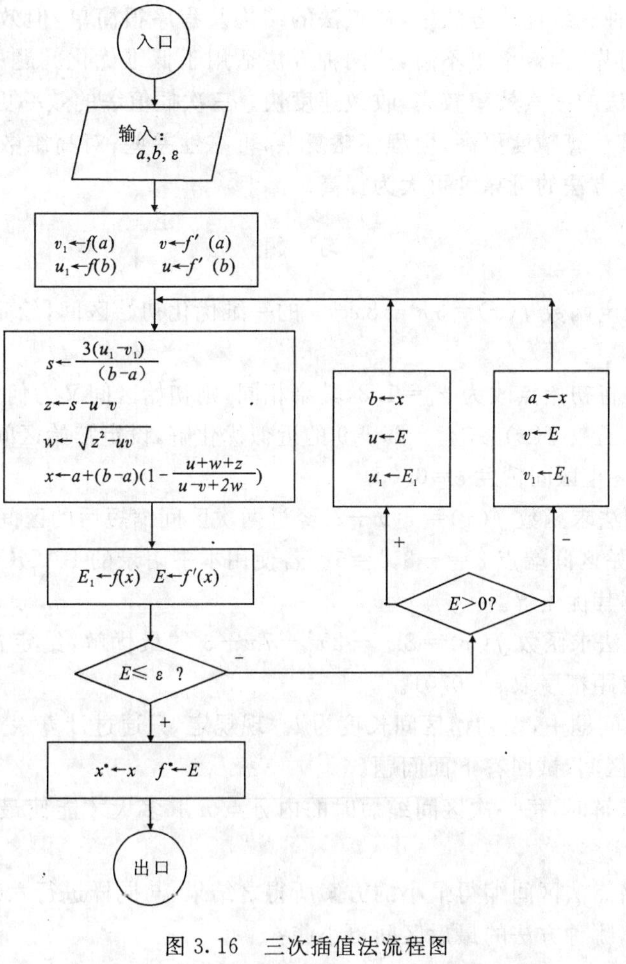

图 3.16　三次插值法流程图

例题 3.6 试用三次插值法求 $f(x)=\sin x$ 在初始区间为[4,5]内的最优解。要求 $f'(x)\leqslant 0.005$。

解:通过两次三次插值法的一维搜索即可获得满足预定精度要求的最优解。计算过程中的数据及结果见表 3.4。

表 3.4 三次插值法计算数据

项目	第一次迭代	第二次迭代	项目	第一次迭代	第二次迭代
a	4	4	s	−0.606 361 5	−1.013 929 4
b	5	4.719 494 7	z	−0.236 380 1	−0.367 391 5
$f(a)$	−0.756 802 5	−0.756 802 5	w	0.491 212 5	0.373 659 1
$f(b)$	−0.958 924 3	−0.999 974 7	x_p^*	4.719 494 7	4.712 661 2
$f'(a)=v$	−0.653 643 6	−0.653 643 6	$f(x_p^*)$	−0.999 974 7	−0.999 999 9
$f'(b)=u$	0.283 662 2	−0.007 105 7	$f'(x_p^*)$	0.007 105 7	0.000 272 2

最优解:$x^*=4.712\ 661\ 2$

$f^*=-0.999\ 999\ 9$

本章所述的四种一维优化方法中,格点法的结构及程序很简单,但效率偏低;黄金分割法的结构简单,使用可靠,但效率也不高,这两种方法适用于低维优化问题中的一维搜索。二次插值法及三次插值法的搜索效率较高,收敛速度快。三次插值法的效率更高于二次插值法,在同样搜索次数下,其计算精度更高,但程序略复杂,可靠性差些,对高维数的优化问题较适宜,经过某些技术处理,方法的可靠度可大为提高。

习 题

1. 用进退法确定函数 $f(x)=3x^3-8x+9$ 的一维优化初始区间,给定初始点 $x_1=0$,初始进退距 $h_0=0.1$。

2. 若在上题中将初始点改为 $x_1=1.8$,其余相同,则初始区间又为何?

3. 用格点法求函数 $f(x)=3x^3-8x+9$ 的近似优化解,设定初始区间$[a,b]=[0.5,1.5]$,内分点数取 $n=9$,终止区间精度 $\varepsilon=0.05$。

4. 用黄金分割法求函数 $f(x)=x(x+2)$经过两次区间缩短后的区间范围、区间长度和近似优化解。设定初始区间端点 $a=-3,b=5$。若使用本书附录的 BASIC 程序计算,请按精度要求 $\varepsilon=0.001$ 计算其优化解。

5. 用二次插值法求函数 $f(x)=8x^3-2x^2-7x+3$ 的最优解,给定初始区间端点 $a=0$,$b=2$,终止迭代的点距精度取 $\varepsilon=0.01$。

6. 在一维优化问题中,设初始区间长度为 l。现规定,只通过计算六个点的函数值作比较来确定最后缩短的区间,试回答下面问题。

(1)用格点法求解时,每一次区间缩短时的内分点 n 取多大才能使最后的区间缩得最小?最终的区间长度 l'为多少?

(2)若用上面格点法区间缩得最小的方案所得之结果,与同样进行六次函数值计算的黄金分割法结果相比较,哪种方法的最后区间更小些?

7. 设有二维目标函数 $F(\boldsymbol{x})=x_1^2+x_2^2-8x_1-12x_2+52$。已知初始迭代点 $\boldsymbol{x}^{(0)}=\begin{bmatrix}2\\2\end{bmatrix}$和迭

代方向 $S^{(0)}=\begin{bmatrix}0.707\\0.707\end{bmatrix}$，现欲用黄金分割法沿此方向作一维搜索确定其最优步长 $\alpha^*=\alpha^{(0)}$，试利用附录所给的 BASIC 程序求解，取迭代精度 $\varepsilon=0.1$。

8. 试利用附录的二次插值法 BASIC 程序计算下述凸轮机构在升程中的最大压力角 α_{max} 及其相对应的凸轮转角 φ_{max}，迭代精度取 $\varepsilon=0.01$，对心尖端从动件盘形凸轮机构的基圆半径 $r_b=40\text{mm}$，推杆行程 $h=20\text{mm}$，凸轮升程运动角 $\varphi_0=\dfrac{\pi}{2}$，推杆运动规律为

$$S=\frac{h}{2}\left[1-\cos\left(\frac{\pi}{\varphi_0}\varphi\right)\right]$$

$$\frac{dS}{d\varphi}=\frac{\pi h}{2\varphi_0}\sin\left(\frac{\pi}{\varphi_0}\varphi\right)$$

压力角的计算公式为

$$\tan\alpha=\frac{dS/d\varphi}{r_b+S}$$

给定初始搜索区间，$x_1=0$， $x_3=\dfrac{\pi}{2}$。

第四章　常用的无约束优化方法

无约束优化方法是优化技术中基本的也是非常重要的内容。无约束优化问题的数学模型为

$$\begin{aligned} &\min F(\boldsymbol{x}) \\ &\boldsymbol{x} = [x_1 \quad x_2 \quad \cdots \quad x_n]^{\mathrm{T}} \in \mathbf{R}^n \end{aligned} \tag{4.1}$$

求上述问题最优解($\boldsymbol{x}^*$,F^*)的方法,称为无约束优化方法。

在工程实际中,虽然属于无约束优化设计问题不少,但是,更大量的优化设计问题是属于约束优化问题。使用无约束优化方法,不仅可以直接求无约束优化设计问题的最优解,而且通过对无约束优化方法的研究给约束优化方法建立明确的概念及提供良好的基础。某些优化设计方法就是先把约束优化设计问题转化为无约束问题后,再直接用无约束优化方法求解的。

无约束优化理论研究开展得较早,构成的优化方法已很多,也比较成熟,新的方法仍在陆续出现。本章的内容是讨论几种常用无约束优化方法的基本思想、方法构成、迭代步骤以及终止准则等方面问题。

无约束优化方法总体分成两大类型:解析法或称间接法、直接搜索法或简称直接法。

无约束优化问题属于数学中的无条件极值范畴,函数的变化规律很多时候是用一阶、二阶导数进行描述,所以可以用函数的系数性质讨论极值问题。在 n 维无约束优化方法的算法中,用函数的一阶、二阶导数进行求解的算法,称为解析法;但由于在工程实际中所建立的数学模型,其目标函数常常很难求导,还有些实际问题只提供变量和函数值之间的对应关系,而不能给出函数的解析表达式,为求这些问题的最优值只能利用函数值这一信息。对于 n 维优化问题,如果只利用函数值求最优值的解法,称为直接搜索法。一般地讲,解析法的收敛速率较高,直接法的可靠性较高。

本章介绍属于直接法的坐标轮换法和鲍威尔法,属于解析法的梯度法、共轭梯度法、牛顿法和变尺度法。

无约束优化算法的基本过程是:从选定的某初始点 $\boldsymbol{x}^{(k)}$ 出发,沿着以一定规律产生的搜索方向 $\boldsymbol{S}^{(k)}$,取适当的步长 $\alpha^{(k)}$,逐次搜寻函数值下降的新迭代点 $\boldsymbol{x}^{(k+1)}$,使之逐步逼近最优点 $\boldsymbol{x}^*$。可以把初始点 $\boldsymbol{x}^{(k)}$、搜索方向 $\boldsymbol{S}^{(k)}$、步长 $\alpha^{(k)}$ 称为优化算法的三要素。其中以搜索方向 $\boldsymbol{S}^{(k)}$ 更为突出和重要,它从根本上决定着一个算法的成败和收敛速率的快慢等。所以,一个算法的搜索方向成为该优化方法的基本标志,分析、确定搜索方向 $\boldsymbol{S}^{(k)}$ 是研究优化方法的最根本的任务之一。以下对几种常用的无约束优化方法分别进行论述。

4.1　坐标轮换法

坐标轮换法属于直接法,它既可用于无约束优化问题的求解,又可经过适当的处理用于约束优化问题的求解。此方法构思简单,易为初学者理解和掌握。

坐标轮换法的**基本特征**是：将迭代方向 $\boldsymbol{S}$ 取为一系列按序号排列的坐标轴方向，通常都用单位坐标矢量 $\boldsymbol{e}_i$ 作为这种迭代的方向矢量，则坐标轮换法所取的迭代方向就依次为 $\boldsymbol{e}_1,\boldsymbol{e}_2,\cdots,\boldsymbol{e}_n$。对于 n 维优化问题，当 n 个坐标轴方向依次取过一次以后，称为完成了**一轮**迭代。如果尚未达到预定的精度要求，则进行下一轮迭代，再次取 $\boldsymbol{e}_i,i=1,2,\cdots,n$，作为迭代方向。

迭代步长 α 的确定常用下述两种方法之一。

①最优步长。在沿坐标轴方向的搜索中，利用一维优化方法来确定沿该方向上具有最小目标函数值的步长，即 $\min F(\boldsymbol{x}^{(k)}+\alpha\boldsymbol{S}^{(k)})=F(\boldsymbol{x}^{(k)}+\alpha^{(k)}\boldsymbol{S}^{(k)})$。

②加速步长。先选择一个不大的初始步长 α_0，在每次一维搜索中都是先沿正向从 $\alpha\leftarrow\alpha_0$ 开始作试探计算函数值，若函数值下降，则以倍增的速度加大步长，步长序列为 $\alpha_0,2\alpha_0,4\alpha_0,8\alpha_0,\cdots$，直到函数值保持下降的最后一个步长为止。若试探时函数值已增大，则改沿反向，即取 $\alpha\leftarrow-\alpha_0$ 后再加速步长。

在无约束优化问题求解中，采用最优步长法是方便的，下面的叙述都采用最优步长法。

由此不难看出，坐标轮换法的**基本原理**就是将一个 n 维的无约束最优化问题转化为一系列沿坐标轴方向的一维搜索问题来求解。在每一次迭代中，只改变 n 个变量中的一个，其余 $(n-1)$ 个变量固定不动。因此坐标轮换法也常称为单变量法或变量交错法。

以二维无约束优化问题为例来说明坐标轮换法的**迭代过程**。图 4.1 为坐标轮换法迭代过程示意图。

任意取一初始点 $\boldsymbol{x}^{(0)}$ 作为第一轮的始点 $\boldsymbol{x}_0^{(1)}$，先沿第一坐标轴的方向 $\boldsymbol{e}_1=\begin{bmatrix}1\\0\end{bmatrix}$ 作一维搜索，用一维优化方法确定其最优步长 $\alpha_1^{(1)}$，即可获得第一轮的第一个迭代点

$$\boldsymbol{x}_1^{(1)}=\boldsymbol{x}_0^{(1)}+\alpha_1^{(1)}\boldsymbol{e}_1$$

然后，以 $\boldsymbol{x}_1^{(1)}$ 为新起点改沿第二坐标轴的方向 $\boldsymbol{e}_2=\begin{bmatrix}0\\1\end{bmatrix}$ 作一维搜索，确定它的优化步长 $\alpha_2^{(1)}$，可得第一轮的第二个迭代点

$$\boldsymbol{x}_2^{(1)}=\boldsymbol{x}_1^{(1)}+\alpha_2^{(1)}\boldsymbol{e}_2$$

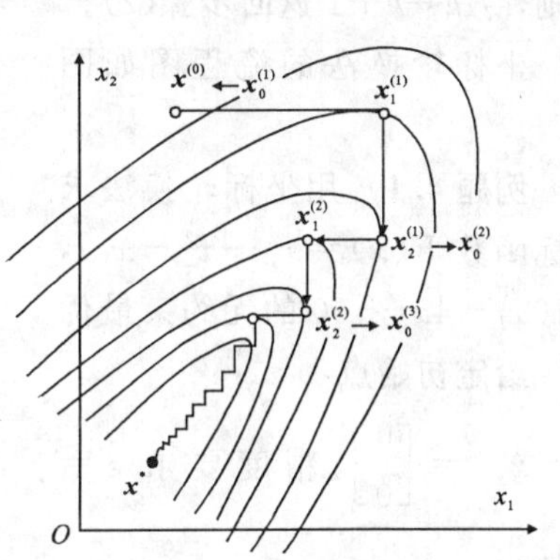

图 4.1　二维问题的坐标轮换法迭代过程

这个二维问题，经过 $\boldsymbol{e}_1,\boldsymbol{e}_2$ 两次一维搜索就完成了一轮迭代。这第一轮迭代得到了两个目标函数值逐次下降的迭代点 $\boldsymbol{x}_1^{(1)}$ 和 $\boldsymbol{x}_2^{(1)}$，右上角括号内的数字表示轮数，右下角数字 1、2 分别表示该轮中的第一个和第二个迭代点号。

接着的第二轮迭代则是

$$\boldsymbol{x}_0^{(2)}\leftarrow\boldsymbol{x}_2^{(1)}$$
$$\boldsymbol{x}_1^{(2)}=\boldsymbol{x}_0^{(2)}+\alpha_1^{(2)}\boldsymbol{e}_1$$
$$\boldsymbol{x}_2^{(2)}=\boldsymbol{x}_1^{(2)}+\alpha_2^{(2)}\boldsymbol{e}_2$$

按照同样的方式可进行第三轮、第四轮……迭代。随着迭代的进行，目标函数值将不断下降，最后的迭代点必将逼近该二维目标函数的最优点。

迭代的**终止准则**可采用第一章所述的点距准则或其他准则。需要注意的是，点距准则或函数值准则中所采用的点应是一轮迭代的始点与终点，而不能用某搜索方向中的前后迭代点。

对于 n 维无约束优化问题用坐标轮换法的一般计算步骤如下。

(1)任选初始点

$$\boldsymbol{x}^{(0)}=[x_1^{(0)}\quad x_2^{(0)}\quad\cdots\quad x_n^{(0)}]^{\mathrm T}$$

作为第一轮的起点 $\boldsymbol{x}_0^{(1)}$，置 n 个坐标轴方向矢量为单位坐标矢量：

$$\boldsymbol{e}_1=\begin{bmatrix}1\\0\\0\\\vdots\\0\end{bmatrix},\quad \boldsymbol{e}_2=\begin{bmatrix}0\\1\\0\\\vdots\\0\end{bmatrix},\cdots,\boldsymbol{e}_n=\begin{bmatrix}0\\0\\0\\\vdots\\1\end{bmatrix}$$

(2)按照下面迭代公式进行迭代计算

$$\boldsymbol{x}_i^{(k)}=\boldsymbol{x}_{i-1}^{(k)}+\alpha_i^{(k)}\boldsymbol{e}_i$$

式中，k 为迭代轮数的序号，取 $k=1,2,\cdots$；i 为该轮中一维搜索的序号，依次取 $i=1,2,\cdots,n$；步长 $\alpha_i^{(k)}$ 一般通过一维优化方法求出其最优步长。

(3)按下式判别是否该终止迭代

$$\|\boldsymbol{x}_n^{(k)}-\boldsymbol{x}_0^{(k)}\|\leqslant\varepsilon?$$

若满足，迭代终止，并输出最优解

$$\boldsymbol{x}^*=\boldsymbol{x}_n^{(k)},F^*=F(\boldsymbol{x}^*)$$

否则，令 $k\leftarrow k+1$ 返回步骤(2)。

坐标轮换法的流程图如图 4.2。

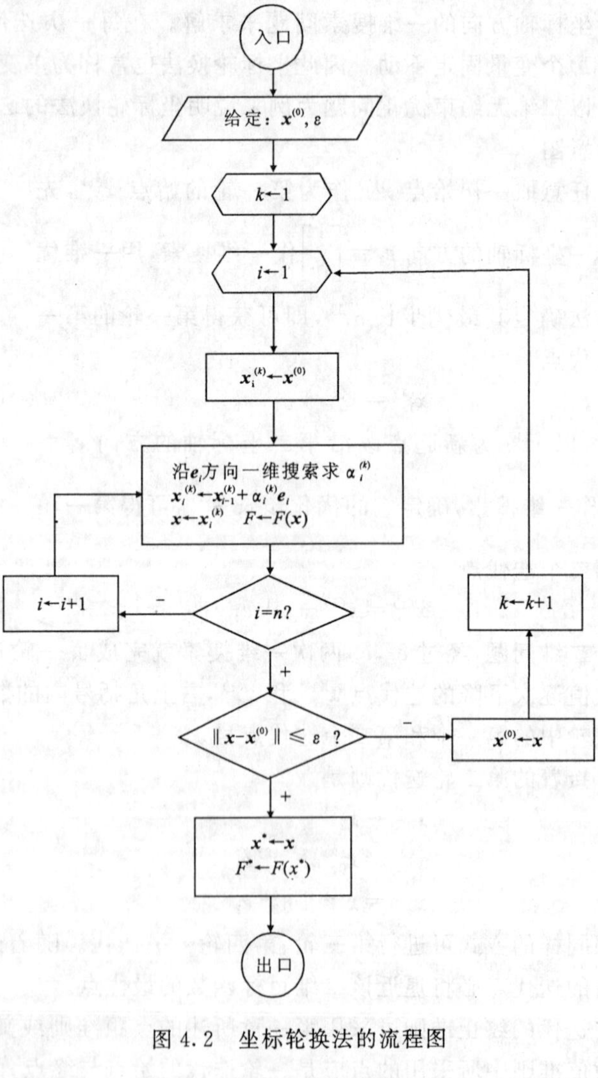

图 4.2 坐标轮换法的流程图

例题 4.1 用坐标轮换法求目标函数 $F(\boldsymbol{x})=x_1^2+x_2^2-x_1x_2-10x_1-4x_2+60$ 的无约束最优解。给定初始点 $\boldsymbol{x}^{(0)}=\begin{bmatrix}0\\0\end{bmatrix}$，精度要求 $\varepsilon=0.1$。

解：作第一轮迭代计算。

沿 $\boldsymbol{e}_1$ 方向进行一维搜索

$$\boldsymbol{x}_1^{(1)}=\boldsymbol{x}_0^{(1)}+\alpha_1\boldsymbol{e}_1$$

式中，$\boldsymbol{x}_0^{(1)}$ 为第一轮的起始点，取

$$\boldsymbol{x}_0^{(1)}=\boldsymbol{x}^{(0)}$$

$$\boldsymbol{x}_1^{(1)}=\begin{bmatrix}0\\0\end{bmatrix}+\alpha_1\begin{bmatrix}1\\0\end{bmatrix}=\begin{bmatrix}\alpha_1\\0\end{bmatrix}$$

按最优步长原则确定步长 α_1，即极小化

$$\min F(\boldsymbol{x}_1^{(1)})=\alpha_1^2-10\alpha_1+60$$

此问题可用某种一维优化方法求出 α_1。在这里，我们暂且借用微

分学求导解出，令其一阶导数为零，则有

$$2\alpha_1-10=0$$

$$\alpha_1=5$$

$$\boldsymbol{x}_1^{(1)}=\begin{bmatrix}5\\0\end{bmatrix}$$

以 $\boldsymbol{x}_1^{(1)}$ 为新起点，沿 $\boldsymbol{e}_2$ 方向一维搜索

$$\boldsymbol{x}_2^{(1)}=\boldsymbol{x}_1^{(1)}+\alpha_2\boldsymbol{e}_2=\begin{bmatrix}5\\0\end{bmatrix}+\alpha_2\begin{bmatrix}0\\1\end{bmatrix}=\begin{bmatrix}5\\\alpha_2\end{bmatrix}$$

以最优步长原则确定 α_2，即为极小化

$$\min F(\boldsymbol{x}_2^{(1)})=\alpha_2^2-9\alpha_2+35$$

得 $\alpha_2=4.5$，故

$$\boldsymbol{x}_2^{(1)}=\begin{bmatrix}5\\4.5\end{bmatrix}$$

对于第一轮按终止条件检验

$$\|\boldsymbol{x}_2^{(1)}-\boldsymbol{x}_0^{(1)}\|=\sqrt{5^2+4.5^2}=6.70>\varepsilon$$

继续进行第二轮迭代计算。以下各轮的计算结果列于表 4.1。

表 4.1 例题 4.1 数据

迭代轮数序号 k	$\boldsymbol{x}_0^{(k)}$	$\boldsymbol{x}_1^{(k)}$	$\boldsymbol{x}_2^{(k)}$	$\|\boldsymbol{x}_2^{(k)}-\boldsymbol{x}_0^{(k)}\|$
1	$\begin{bmatrix}0\\0\end{bmatrix}$	$\begin{bmatrix}5\\0\end{bmatrix}$	$\begin{bmatrix}5\\4.5\end{bmatrix}$	6.7
2	$\begin{bmatrix}5\\4.5\end{bmatrix}$	$\begin{bmatrix}7.25\\4.5\end{bmatrix}$	$\begin{bmatrix}7.25\\5.625\end{bmatrix}$	2.515 5
3	$\begin{bmatrix}7.25\\5.625\end{bmatrix}$	$\begin{bmatrix}7.812\ 5\\5.625\end{bmatrix}$	$\begin{bmatrix}7.812\ 5\\5.906\ 2\end{bmatrix}$	0.628 8
4	$\begin{bmatrix}7.812\ 5\\5.906\ 2\end{bmatrix}$	$\begin{bmatrix}7.953\ 1\\5.906\ 2\end{bmatrix}$	$\begin{bmatrix}7.953\ 1\\5.976\ 5\end{bmatrix}$	0.157 2
5	$\begin{bmatrix}7.953\ 1\\5.976\ 5\end{bmatrix}$	$\begin{bmatrix}7.988\ 3\\5.976\ 5\end{bmatrix}$	$\begin{bmatrix}7.988\ 3\\5.998\ 1\end{bmatrix}$	0.041 3

计算五轮后有

$$\|\boldsymbol{x}_2^{(5)}-\boldsymbol{x}_0^{(5)}\|=0.041\ 3<\varepsilon$$

故近似优化解为

$$\boldsymbol{x}^*=\boldsymbol{x}_2^{(5)}=\begin{bmatrix}7.988\ 3\\5.998\ 1\end{bmatrix}$$

$$F^*=F(\boldsymbol{x}^*)=7.950\ 25$$

迭代过程见图 4.3。

坐标轮换法具有程序结构简单，易于掌握等优点。但是计算效率比较低，这一缺点当优化问题的维数较高时更为突出。一般认为，此方法应用于 $n<10$ 的低维优化问题比较适宜。

另外，对于目标函数有如图 4.4 所示的“脊线”的情况，在脊线上的尖点没有一个坐标方向能使函数值下降，只有在锐角 α 所包含的范围内取搜索方向才能达到函数值下降的目的，因而

坐标轮换法对这样的函数将失效。这样的函数对于坐标轮换法来说就是“病态”函数。

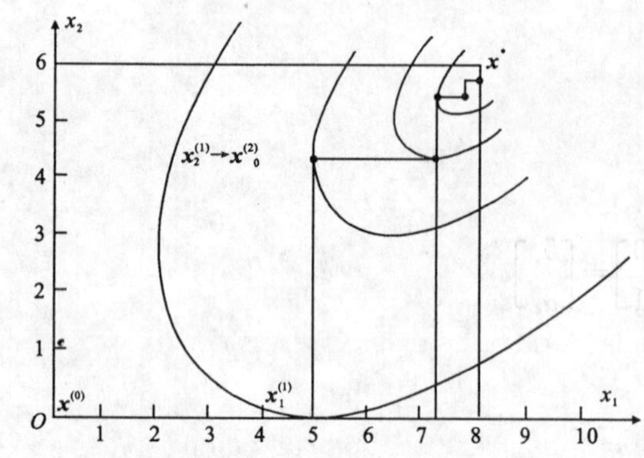

图 4.3　例题 4.1 的迭代图形

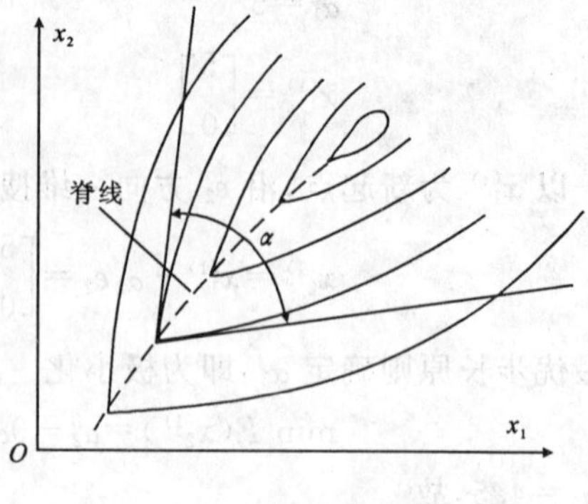

图 4.4　坐标轮换法所遇病态函数

4.2　鲍威尔(Powell)法

鲍威尔法是直接搜索法中一个十分有效的算法。该算法是沿着逐步产生的共轭方向进行搜索的，因此本质上是一种共轭方向法。鲍威尔法的收敛速率较快，一般认为对于维数 $n<20$ 的目标函数是成功的。

以共轭方向作为搜索方向，不只限于鲍威尔法，也用于其他一些较为有效的方法，可以统称为共轭方向法。因此，共轭方向的概念在优化方法研究中占有重要的地位。

4.2.1　鲍威尔基本算法

最初的鲍威尔法是纯粹的共轭方向法，通常称它为鲍威尔基本算法。现以三维二次目标函数的无约束优化问题为例，来说明鲍威尔基本算法的搜索过程。参看图 4.5。

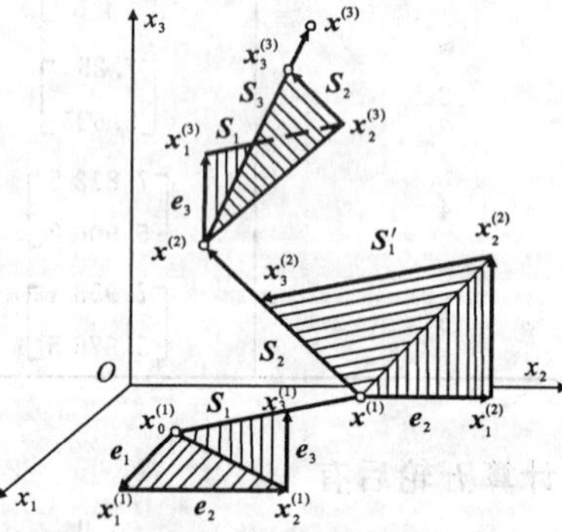

图 4.5　鲍威尔基本算法的搜索过程

从任选的初始点 $x_0^{(1)}$ 出发，先按坐标轮换法的搜索方向依次沿 e_1, e_2, e_3 单位坐标轴矢量的方向进行一维搜索，得各自方向上的一维极小点 $x_1^{(1)}, x_2^{(1)}, x_3^{(1)}$。连接初始点 $x_0^{(1)}$ 和最末一个一维极小点 $x_3^{(1)}$，产生了一个新的矢量

$$S_1 = x_3^{(1)} - x_0^{(1)}$$

再沿此方向作一维搜索，得该方向上的一维极小点 $x^{(1)}$。

从 $x_0^{(1)}$ 出发直到获得 $x^{(1)}$ 点的搜索过程称为一环。这一环的基本搜索方向是 e_1, e_2, e_3 互为正交，它们组成了第一环的基本搜索方向组。S_1 是该环中产生的一个新方向，称为新生方向。

接着，以第一环迭代的终点 $x^{(1)}$ 作为第二环迭代的起点 $x_0^{(2)}$，即

$$x_0^{(2)} \leftarrow x^{(1)}$$

弃去第一环方向组中的第一个方向 e_1，将第一环新生方向 S_1 补在最后，构成第二环的基本搜

索方向组 e_2, e_3, S_1，依次沿这些方向求得一维极小点 $x_1^{(2)}, x_2^{(2)}, x_3^{(2)}$。连接 $x_0^{(2)}$ 与 $x_3^{(2)}$，又得第二环的新生方向

$$S_2 = x_3^{(2)} - x_0^{(2)}$$

沿 S_2 作一维搜索所得的极小点 $x^{(2)}$ 即为第二环的最终迭代点。

观察上述两环的搜索过程可以看出，连接 $x_0^{(1)}$ 与 $x^{(1)}$ 的方向为 S_1，连接 $x_2^{(2)}$ 与 $x_3^{(2)}$ 的方向记作 S'_1，它们是平行矢量，而且 $x^{(1)}$ 与 $x_3^{(2)}$ 又分别是沿 S_1 与 S'_1 方向目标函数的极小点，记 $S_2 = x_3^{(2)} - x^{(1)}$，按矢量共轭性质知矢量 S_1 与 S_2 互为共轭。

第三环的做法同前。该环的搜索方向组是在淘汰前环中的第一个方向 e_2 后将新生方向 S_2 补在最后而构成的，即为方向组 e_3, S_1, S_2。依次沿这些方向作一维搜索后产生一个新方向

$$S_3 = x_3^{(3)} - x_0^{(3)}$$

再沿 S_3 方向一维搜索得第三环的迭代终点 $x^{(3)}$。

观察第二、第三两环的搜索过程同样可以看出：方向 S_2, S_3 也是互为共轭方向。因此，S_1, S_2, S_3 实际上就是一组共轭矢量。

这个三维优化问题，经过三环的搜索过程，从本质上看，就是从初始点 $x_0^{(1)}$ 开始依次沿着共轭方向 S_1, S_2, S_3 进行了一维搜索，经由点 $x^{(1)}, x^{(2)}$ 到达 $x^{(3)}$。而每环中沿基本搜索方向组的一维搜索和各环方向组内方向的依次变更只是为了逐次产生新方向，并使各新生方向成为共轭方向组。

如果上面所搜索的目标函数是三维二次正定函数，则依次经过上述三个共轭方向的一维搜索，由共轭矢量的性质可断定 $x^{(3)}$ 就是该函数的理论最优点。如果目标函数是非二次的，则迭代还需继续。一般可重复上面的做法，即重置基本搜索方向组为 e_1, e_2, e_3，循环下去。每三环组成一轮，每一轮开始都以单位坐标矢量作为第一环方向组。随着迭代点逐步逼近极值点，函数的二次性态越来越强，即可期望以有限步接近函数的极值点。

上述算法推广到 n 维优化问题中，过程完全类同。第一环基本方向组取单位坐标矢量系 $e_1, e_2, \cdots, e_n$，沿这些方向依次作一维搜索后将始末两点相连作新生方向，再沿新生方向一维搜索，完成了一环的迭代。以后每环的基本方向组是将上环的第一个方向淘汰，上环的新生方向补入本环最后而构成。n 维目标函数完成 n 环的迭代过程称为一轮。对于二次正定目标函数，一轮的终点即为最优点；对非二次函数，重置初始基本方向组为单位坐标矢量系进行第二轮迭代，依次再作第三轮、第四轮……直到在某轮中第 k 环的始末两点距离到达预期的精度要求时，

$$\| x_n^{(k)} - x_0^{(k)} \| \leqslant \varepsilon \tag{4.2}$$

迭代即可终止。这种算法称为鲍威尔基本算法。

鲍威尔基本算法有一个缺陷：它有可能在某环迭代中出现基本方向组为线性相关的矢量系，说明如下。

在第 k 环中，产生的新方向可表达为

$$S_k = x_n^{(k)} - x_0^{(k)} = \alpha_1^{(k)} S_1^{(k)} + \alpha_2^{(k)} S_2^{(k)} + \cdots + \alpha_n^{(k)} S_n^{(k)} \tag{4.3}$$

式中，$S_1^{(k)}, S_2^{(k)}, \cdots, S_n^{(k)}$ 为第 k 环基本方向组的矢量；$\alpha_1^{(k)}, \alpha_2^{(k)}, \cdots, \alpha_n^{(k)}$ 为各方向最优步长。按鲍威尔基本算法，下一次第 $k+1$ 环的方向组应取方向为 $S_2^{(k)}, S_3^{(k)}, \cdots, S_n^{(k)}, S_k$。如果在第 k 环的优化搜索过程中出现 $\alpha_1^{(k)} = 0$（或 $\alpha_1^{(k)} \approx 0$），则方向 S_k 即表示为方向 $S_2^{(k)}, S_3^{(k)}, \cdots, S_n^{(k)}$ 的线性组合，于是第 $k+1$ 环搜索方向组的各方向 $S_2^{(k)}, S_3^{(k)}, \cdots, S_n^{(k)}, S_k$ 就是一个线性相关矢量系。当

出现这种情况时，以后各次搜索就会在降维的空间里进行，最终无法获得 n 维空间里的函数极小点，计算将归于失败。这种现象常称为“退化”。

图 4.6 是一个三维优化问题退化的图例。设第一环出现 $\alpha^{(1)}=0$，则新生方向 $\boldsymbol{S}_1$ 必与 $\boldsymbol{e}_2,\boldsymbol{e}_3$ 共面，共面的三个三维矢量必线性相关。在随后的各环方向组中，各矢量必在由 $\boldsymbol{e}_2,\boldsymbol{e}_3$ 所决定的平面上，使以后的搜索局限在二维空间(平面)内进行。这种降维搜索将不能获得原三维目标函数的最优点。

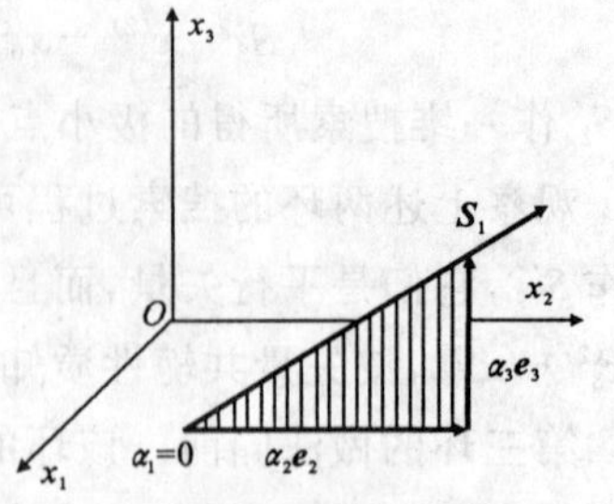

图 4.6　三维问题中鲍威尔基本算法的退化

4.2.2　鲍威尔修正算法

为了防止发生退化，鲍威尔又提出了一种修正算法。

鲍威尔修正算法与基本算法的主要区别是：在构成第 $k+1$ 环基本方向组时，不再总是淘汰前一环中的第一个方向 $\boldsymbol{S}_1^{(k)}$，而是采取另一种方法构造基本方向组。

一、鲍威尔修正算法的搜索方向

鲍威尔修正算法的基本方向组构成是从下面原则出发的：在某环已取得的 $n+1$ 个方向中，选取 n 个线性无关的并且共轭程度尽可能高的方向作为下一环的基本方向组，从而避免出现“退化”现象。这一结论的进一步阐述和证明可参阅文献[1]、[13]。

具体构造方法见图 4.7。在第 k 环的搜索中，$\boldsymbol{x}_0^{(k)}$ 为初始点，搜索方向为：$\boldsymbol{S}_1^{(k)},\boldsymbol{S}_1^{(k)},\cdots,\boldsymbol{S}_n^{(k)}$，产生的新方向为 $\boldsymbol{S}_{n+1}^{(k)}$，此方向的极小点为 $\boldsymbol{x}^{(k)}$。点 $\boldsymbol{x}_{n+1}^{(k)}=2\boldsymbol{x}_n^{(k)}-\boldsymbol{x}_0^{(k)}$，是 $\boldsymbol{x}_0^{(k)}$ 对 $\boldsymbol{x}_n^{(k)}$ 的一个映射点。

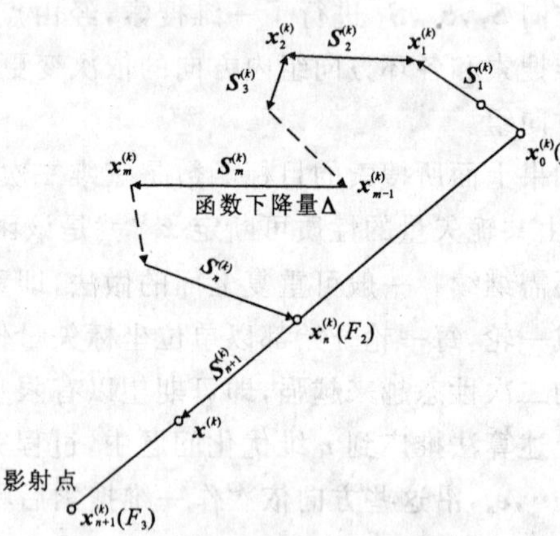

图 4.7　鲍威尔修正算法的方向淘汰

计算 $\boldsymbol{x}_0^{(k)},\boldsymbol{x}_1^{(k)},\cdots,\boldsymbol{x}_n^{(k)},\boldsymbol{x}^{(k)},\boldsymbol{x}_{n+1}^{(k)}$ 各点函数值，并记作

$$F_1=F(\boldsymbol{x}_0^{(k)}),F_2=F(\boldsymbol{x}_n^{(k)})$$
$$F_3=F(\boldsymbol{x}_{n+1}^{(k)}),\Delta=F(\boldsymbol{x}_m^{(k)})-F(\boldsymbol{x}_{m-1}^{(k)})$$

Δ 是在第 k 环方向组中，依次沿各方向优化搜索函数值下降量最大的值，即 $\boldsymbol{S}_m^{(k)}$ 方向函数下降量最大。

为了构造第 $k+1$ 环基本方向组，采取如下判别式

$$\begin{cases}F_3\geqslant F_1\\(F_1-2F_2+F_3)(F_1-F_2-\Delta)^2\geqslant\dfrac{\Delta}{2}(F_1-F_3)^2\end{cases}\tag{4.4}$$

按以下两种情况分别处理

情况一：式(4.4)中至少有一个不等式成立，则第 $k+1$ 环的基本方向组仍用老方向组 $\boldsymbol{S}_1^{(k)},\boldsymbol{S}_2^{(k)},\cdots,\boldsymbol{S}_n^{(k)}$。$k+1$ 环的初始点取

$$\boldsymbol{x}_0^{(k+1)}=\boldsymbol{x}_n^{(k)},\qquad 当 F_2<F_3 时$$
$$\boldsymbol{x}_0^{(k+1)}=\boldsymbol{x}_{n+1}^{(k)},\qquad 当 F_2\geqslant F_3 时$$

情况二：式(4.4)两不等式均不成立，则淘汰函数值下降量最大的方向 $\boldsymbol{S}_m^{(k)}$，并用第 k 环的新生方向 $\boldsymbol{S}_{n+1}^{(k)}$ 补入 $k+1$ 环基本方向组的最后，即 $k+1$ 环方向组为 $\boldsymbol{S}_1^{(k)},\boldsymbol{S}_2^{(k)},\cdots,\boldsymbol{S}_{m-1}^{(k)},\boldsymbol{S}_{m+1}^{(k)},\cdots,\boldsymbol{S}_n^{(k)},\boldsymbol{S}_{n+1}^{(k)}$。$k+1$ 环的初始点取

$$\boldsymbol{x}_0^{(k+1)}=\boldsymbol{x}^{(k)}$$

$\boldsymbol{x}^{(k)}$ 是第 k 环中沿 $\boldsymbol{S}_{n+1}^{(k)}$ 方向一维搜索的极小点。

文献[12]给出并证明了一个等价于式(4.4)鲍威尔条件的另一种简化判别式

$$\frac{1}{2}(F_1-2F_2+F_3)\geqslant\Delta \tag{4.5}$$

如果式(4.5)成立，则等价于情况一；若式(4.5)不成立，等价于情况二。但此结论目前引用不很多。

采用了上述产生基本方向组的新规则后，除了第一环以单位坐标矢量系为基本方向组外，以后每轮开始就不必重置单位坐标矢量系，只要一环接一环继续进行即可。随着逐环迭代的继续，各环的基本方向组将渐趋共轭。因此，这个修正了的鲍威尔算法，虽然已不再像基本算法那样具有二次收敛的性质(就是说对于 n 维二次目标函数求优问题经 n 环迭代不一定能到达最优点)，但修正算法确实克服了退化的不利情形，同时仍能够有效地、越来越快地收敛于无约束最优点 $\boldsymbol{x}^*$。

鲍威尔修正算法的迭代条件相应改为

$$\|\boldsymbol{x}^{(k)}-\boldsymbol{x}_0^{(k)}\|\leqslant\varepsilon \tag{4.6}$$

二、修正算法的迭代步骤及流程图

鲍威尔修正算法的步骤如下。

(1)任选初始迭代点 $\boldsymbol{x}_0^{(1)}$，选定迭代精度 ε，取初始基本方向组为单位坐标矢量系

$$\boldsymbol{S}_i^{(1)}=\boldsymbol{e}_i$$

其中，$i=1,2,\cdots,n$(下同)。然后令 $k=1$(环数)开始下面的迭代。

(2)沿 $\boldsymbol{S}_i^{(k)}$ 诸方向依次进行 n 次一维搜索，确定各最优步长 $\alpha_i^{(k)}$，使

$$F(\boldsymbol{x}_{i-1}^{(k)}+\alpha_i^{(k)}\boldsymbol{S}_i^{(k)})=\min F(\boldsymbol{x}_{i-1}^{(k)}+\alpha_i\boldsymbol{S}_i^{(k)})$$

得到点列

$$\boldsymbol{x}_i^{(k)}=\boldsymbol{x}_{i-1}^{(k)}+\alpha_i^{(k)}\boldsymbol{S}_i^{(k)},\quad i=1,2,\cdots,n$$

构成新生方向

$$\boldsymbol{S}_{n+1}^{(k)}=\boldsymbol{x}_n^{(k)}-\boldsymbol{x}_0^{(k)}$$

沿 $\boldsymbol{S}_{n+1}^{(k)}$ 方向进行一维搜索求得优化步长 $\alpha^{(k)}$，得

$$\boldsymbol{x}^{(k)}=\boldsymbol{x}_n^{(k)}+\alpha^{(k)}\boldsymbol{S}_{n+1}^{(k)}$$

(3)判断是否满足迭代终止条件。若满足

$$\|\boldsymbol{x}^{(k)}-\boldsymbol{x}_0^{(k)}\|\leqslant\varepsilon$$

则可结束迭代，得最优解为

$$\boldsymbol{x}^*=\boldsymbol{x}^{(k)},\qquad F^*=F(\boldsymbol{x}^*)$$

停止计算。否则，继续进行下步。

(4)计算各迭代点的函数值 $F(\boldsymbol{x}_i^{(k)})$，并找出相邻点函数值差最大者

$$\Delta=\max[F(\boldsymbol{x}_{i-1}^{(k)})-F(\boldsymbol{x}_i^{(k)})]=F_{m-1}-F_m\qquad(1\leqslant m\leqslant n)$$

及与之相对应的两个点 $\boldsymbol{x}_{m-1}^{(k)}$ 和 $\boldsymbol{x}_m^{(k)}$，并以 $\boldsymbol{S}_m^{(k)}$ 表示该两点的连线方向。

(5)确定映射点

$$x_{n+1}^{(k)}=2x_n^{(k)}-x_0^{(k)}$$

并计算函数值

$$F_1=F(x_0^{(k)})$$

$$F_2=F(x_n^{(k)})$$

$$F_3=F(x_{n+1}^{(k)})$$

检验鲍威尔条件

$$\begin{cases}F_3\geqslant F_1?\\(F_1-2F_2+F_3)(F_1-F_2-\Delta)^2\geqslant\dfrac{\Delta}{2}(F_1-F_3)^2?\end{cases}$$

若至少其中之一成立转下步,否则转步骤(7)。

(6)置 $k+1$ 环的基本方向组和起始点为

$$S_i^{(k+1)}\leftarrow S_i^{(k)}\quad(\text{即取老方向组})$$

$$x_0^{(k+1)}\leftarrow\begin{cases}x_n^{(k)}, & \text{当 } F_2<F_3 \text{ 时}\\x_{n+1}^{(k)}, & \text{当 } F_2\geqslant F_3 \text{ 时}\end{cases}$$

令 $k\leftarrow k+1$,返回步骤(2)。

(7)置 $k+1$ 环的方向组和起始点为

$$S_i^{(k+1)}\leftarrow(S_1^{(k)},\cdots,S_{m-1}^{(k)},S_{m+1}^{(k)},\cdots,S_{n+1}^{(k)})$$

$$x_0^{(k+1)}\leftarrow x^{(k)}$$

令 $k\leftarrow k+1$,返回步骤(2)。

鲍威尔修正算法的流程图见图 4.8,子程序见附录。

例题 4.2 试用鲍威尔修正算法求目标函数 $F(x)=x_1^2+2x_2^2-4x_1-2x_1x_2$ 的最优解。已知初始点 $x_0=[1\quad 1]^T$,迭代精度 $\varepsilon=0.001$。

解:第一环迭代计算

$$x_0^{(1)}=\begin{bmatrix}1\\1\end{bmatrix},\quad F_1=F(x_0^{(1)})=-3$$

沿第一坐标方向 e_1 进行一维搜索

$$\min F(x_0^{(1)}+\alpha e_1)=\alpha^2-4\alpha-3$$

得 $\alpha_1=2$。

$$x_1^{(1)}=x_0^{(1)}+\alpha_1 e_1=\begin{bmatrix}1\\1\end{bmatrix}+2\begin{bmatrix}1\\0\end{bmatrix}=\begin{bmatrix}3\\1\end{bmatrix}$$

$$F(x_1^{(1)})=-7.0$$

以 $x_1^{(1)}$ 为起点,改沿第二坐标轴方向 e_2 进行一维搜索

$$\min F(x_1^{(1)}+\alpha e_2)=2\alpha^2-2\alpha-7$$

得 $\alpha_2=0.5$。

$$x_2^{(1)}=x_1^{(1)}+\alpha_2 e_2=\begin{bmatrix}3\\1\end{bmatrix}+0.5\begin{bmatrix}0\\1\end{bmatrix}=\begin{bmatrix}3\\1.5\end{bmatrix}$$

$$F(x_2^{(1)})=-7.5$$

构成新方向

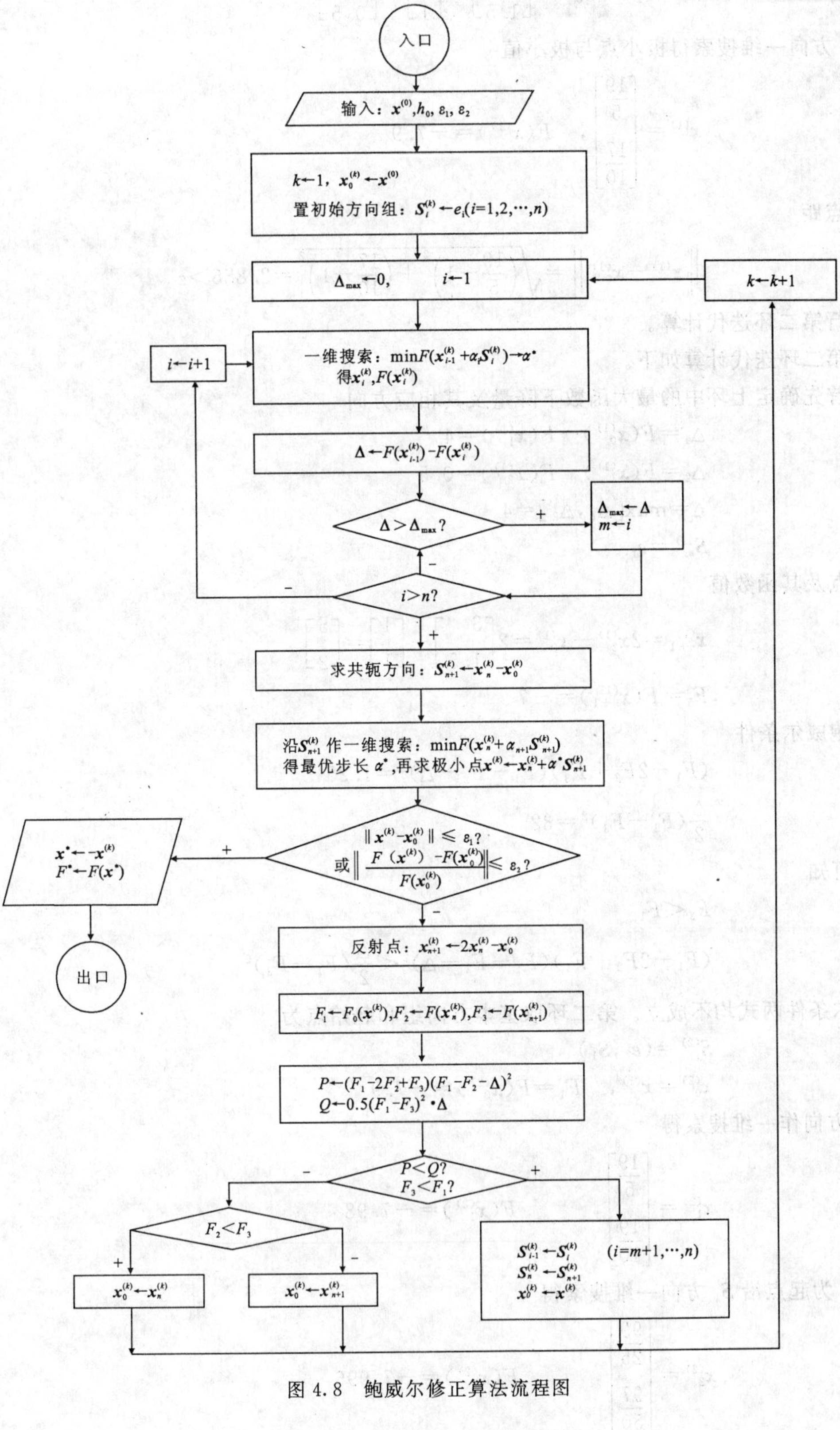

图 4.8　鲍威尔修正算法流程图

$$S_1 = x_2^{(1)} - x_0^{(1)} = \begin{bmatrix} 3 \\ 1.5 \end{bmatrix} - \begin{bmatrix} 1 \\ 1 \end{bmatrix} = \begin{bmatrix} 2 \\ 0.5 \end{bmatrix}$$

沿 S_1 方向一维搜索得极小点与极小值

$$x^{(1)} = \begin{bmatrix} \frac{19}{5} \\ \frac{17}{10} \end{bmatrix}, \quad F(x^{(1)}) = -7.9$$

计算点距

$$\left\| x^{(1)} - x_0^{(1)} \right\| = \sqrt{\left(\frac{19}{5} - 1\right)^2 + \left(\frac{17}{10} - 1\right)^2} = 2.886 > \varepsilon$$

需进行第二环迭代计算。

第二环迭代计算如下。

首先确定上环中的最大函数下降量及其相应方向

$$\Delta_1 = F(x_0^{(1)}) - F(x_1^{(1)}) = 4$$

$$\Delta_2 = F(x_1^{(1)}) - F(x_2^{(1)}) = 0.5$$

$$\Delta = \max[\Delta_1, \Delta_2] = 4$$

$$S_m^{(1)} = e_1$$

映射点及其函数值

$$x_{n+1}^{(1)} = 2x_2^{(1)} - x_0^{(1)} = 2\begin{bmatrix} 3 \\ 1.5 \end{bmatrix} - \begin{bmatrix} 1 \\ 1 \end{bmatrix} = \begin{bmatrix} 5 \\ 2 \end{bmatrix}$$

$$F_3 = F(x_{n+1}^{(1)}) = -7$$

检验鲍威尔条件

$$(F_1 - 2F_2 + F_3)(F_1 - F_2 - \Delta)^2 = 1.25$$

$$\frac{\Delta}{2}(F_1 - F_3)^2 = 32$$

于是可知

$$F_3 < F_1$$

$$(F_1 - 2F_2 + F_3)(F_1 - F_2 - \Delta)^2 < \frac{\Delta}{2}(F_1 - F_3)^2$$

鲍威尔条件两式均不成立。第二环取基本方向组和起始点为

$$S_i^{(2)} = (e_2, S_1)$$

$$x_0^{(2)} = x^{(1)}, \quad F_1 = F(x_0^{(2)}) = -7.9$$

沿 e_2 方向作一维搜索得

$$x_1^{(2)} = \begin{bmatrix} \frac{19}{5} \\ \frac{19}{10} \end{bmatrix}, \quad F(x_1^{(2)}) = -7.98$$

以 $x_1^{(2)}$ 为起点沿 S_1 方向一维搜索得

$$x_2^{(2)} = \begin{bmatrix} \frac{99}{25} \\ \frac{97}{50} \end{bmatrix}, \quad F(x_2^{(2)}) = -7.996$$

构成新生方向

$$S_2=x_2^{(2)}-x_0^{(2)}=\begin{bmatrix}\dfrac{99}{25}\\ \dfrac{97}{50}\end{bmatrix}-\begin{bmatrix}\dfrac{19}{5}\\ \dfrac{17}{10}\end{bmatrix}=\begin{bmatrix}\dfrac{4}{25}\\ \dfrac{12}{50}\end{bmatrix}$$

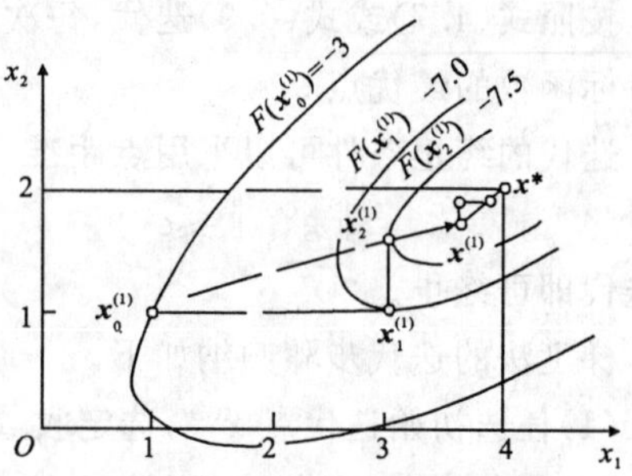

图 4.9　例题 4.2 的鲍威尔搜索

沿 S_2 方向一维搜索得

$$x^{(2)}=\begin{bmatrix}4\\2\end{bmatrix},\qquad F(x^{(2)})=-8$$

检查迭代终止条件

$$\left\|x^{(2)}-x_0^{(2)}\right\|=\sqrt{\left(4-\frac{19}{5}\right)^2+\left(2-\frac{17}{10}\right)^2}=0.360>\varepsilon$$

需再作第三环迭代计算。

根据具体情况分析，S_1，S_2 实际上为共轭方向（见图 4.9）。本题又是二次函数，按共轭方向的二次收敛性质，上面的结果就是问题的最优解。可以预料，如果作第三环迭代，则一定各一维搜索的步长为零，必有

$$\| x_2^{(3)}-x_0^{(3)} \|=0<\varepsilon$$

故得最优解

$$x^*=\begin{bmatrix}4\\2\end{bmatrix},\quad F^*=-8$$

4.3　梯度法

梯度法是求解无约束优化问题的解析方法之一。在理论上，这个方法极为重要，因为它不仅提供了一个简单的、在一定场合令人满意的优化算法，而且许多更有效和实用的算法也常常是在这个基本算法的基础上建立起来的。多年来，梯度法在最优化问题和非线性方程组的求解等方面一直发挥着重要的作用。

由节 2.5.1 可知，函数的梯度方向是函数值增加最快的方向，则负梯度方向必然是函数值下降最快的方向。于是人们很自然地会想到在优化问题中采取负梯度矢量作为一维搜索的方向，并把这种方法称作最速下降法。

梯度法的迭代式是

$$x^{(k+1)}=x^{(k)}-\alpha^{(k)}g^{(k)} \tag{4.7}$$

式中，$g^{(k)}$ 是函数 $F(x)$ 在迭代点 $x^{(k)}$ 处的梯度 $\nabla F(x^{(k)})$，$\alpha^{(k)}$ 一般均采用优化步长，即通过一维极小化

$$\min F(x^{(k)}-\alpha g^{(k)})$$

求得。

通常，梯度法的迭代方向采用单位梯度矢量来表示的，即取

$$S^{(k)}=-\frac{g^{(k)}}{\| g^{(k)} \|} \tag{4.8}$$

则梯度迭代式的另一种形式是

$$x^{(k+1)}=x^{(k)}-\alpha^{(k)}\frac{g^{(k)}}{\| g^{(k)}\|} \tag{4.9}$$

按照式(4.7)或式(4.9)迭代,每次迭代的初始点取上次迭代的终点,即可使迭代点逐步逼近目标函数的最优点 $\boldsymbol{x}^*$。

迭代的终止条件可以采用点距准则,但更常用的是梯度准则,即当

$$\|\boldsymbol{g}^{(k)}\| \leqslant \varepsilon \tag{4.10}$$

时迭代即可终止。

梯度法的迭代步骤归纳如下。

(1)任选初始迭代点 $\boldsymbol{x}^{(0)}$,选定收敛精度 ε。

(2)确定 $\boldsymbol{x}^{(k)}$ 点的梯度(开始时 $k=0$)

$$\boldsymbol{g}^{(k)} = \left[\frac{\partial F}{\partial x_1} \quad \frac{\partial F}{\partial x_2} \quad \cdots \quad \frac{\partial F}{\partial x_n}\right]^{\mathrm{T}}$$

并计算梯度的模

$$\left\|\boldsymbol{g}^{(k)}\right\| = \sqrt{\left(\frac{\partial F}{\partial x_1}\right)^2 + \left(\frac{\partial F}{\partial x_2}\right)^2 + \cdots + \left(\frac{\partial F}{\partial x_n}\right)^2}$$

(3)判断是否满足迭代终止条件 $\|\boldsymbol{g}^{(k)}\| \leqslant \varepsilon$? 若满足,则输出最优解

$$\boldsymbol{x}^* \leftarrow \boldsymbol{x}^{(k)}, \qquad F^* \leftarrow F(\boldsymbol{x}^*)$$

结束计算。否则转下步。

(4)从 $\boldsymbol{x}^{(k)}$ 点出发,沿负梯度 $-\boldsymbol{g}^{(k)}$ 方向作一维搜索求最优步长 $\alpha^{(k)}$,

$$\min F(\boldsymbol{x}^{(k)} - \alpha \boldsymbol{g}^{(k)}) = F(\boldsymbol{x}^{(k)} - \alpha^{(k)} \boldsymbol{g}^{(k)})$$

得下一迭代点

$$\boldsymbol{x}^{(k+1)} = \boldsymbol{x}^{(k)} - \alpha^{(k)} \boldsymbol{g}^{(k)}$$

令 $k \leftarrow k+1$ 返回步骤(2)。

梯度法的流程图见图 4.10。

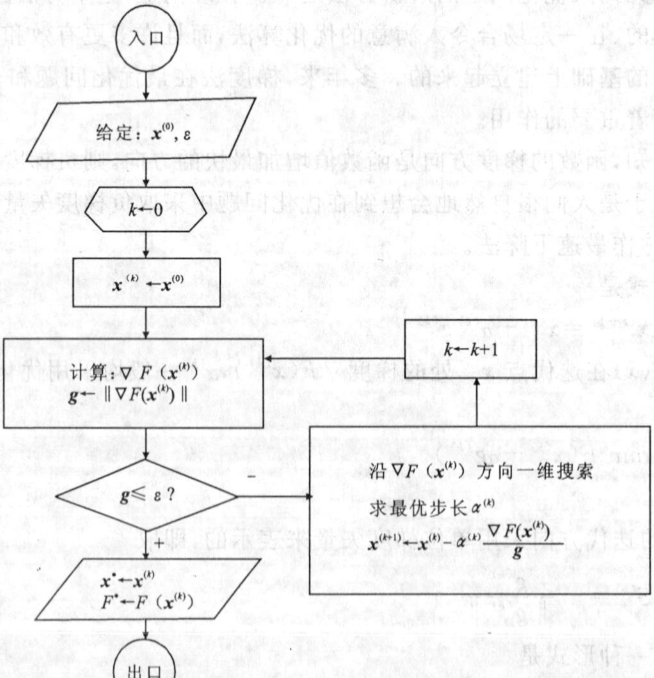

图 4.10 梯度法流程图

例题 4.3 用梯度法求目标函数 $F(\boldsymbol{x})=x_1^2+25x_2^2$ 的最优解。已知初始点 $\boldsymbol{x}^{(0)}=[2\quad 2]^{\mathrm{T}}$，迭代精度取 $\varepsilon=0.005$。

解:函数的梯度

$$\boldsymbol{g}=\nabla F(\boldsymbol{x})=\begin{bmatrix}\dfrac{\partial F}{\partial x_1}\\[2ex]\dfrac{\partial F}{\partial x_2}\end{bmatrix}=\begin{bmatrix}2x_1\\[2ex]50x_2\end{bmatrix}$$

$$\boldsymbol{g}^{(0)}=\nabla F(\boldsymbol{x}^{(0)})=\begin{bmatrix}4\\100\end{bmatrix}$$

$$\|\boldsymbol{g}^{(0)}\|=\sqrt{4^2+100^2}=100.079\ 9>\varepsilon$$

第一次迭代:以 $\boldsymbol{x}^{(0)}$ 为起点沿 $-\boldsymbol{g}^{(0)}$ 方向作一维搜索

$$\min F(\boldsymbol{x}^{(0)}-\alpha\boldsymbol{g}^{(0)})=\min(250\ 016\alpha^2-10\ 016\alpha+104)$$

$$\alpha^{(0)}=0.020\ 030\ 72$$

得第一个迭代点

$$\boldsymbol{x}^{(1)}=\boldsymbol{x}^{(0)}-\alpha^{(0)}\boldsymbol{g}^{(0)}=\begin{bmatrix}2\\2\end{bmatrix}-0.020\ 030\ 72\begin{bmatrix}4\\100\end{bmatrix}=\begin{bmatrix}1.919\ 877\\-0.003\ 072\end{bmatrix}$$

$$\boldsymbol{g}^{(1)}=\nabla F(\boldsymbol{x}^{(1)})=\begin{bmatrix}3.839\ 754\\-0.153\ 589\end{bmatrix}$$

$$\|\boldsymbol{g}^{(1)}\|=\sqrt{3.839\ 754^2+(-0.153\ 589)^2}=3.842\ 8>\varepsilon$$

继续进行第二次迭代。

以下各次迭代结果列于表 4.2。

到第五次迭代结束时,有

$$\|\boldsymbol{g}^{(5)}\|=0.004\ 9<\varepsilon$$

故迭代可终止,最优解为

$$\boldsymbol{x}^*=\boldsymbol{x}^{(5)}=\begin{bmatrix}0.002\ 411\ 85\\-0.000\ 003\ 8\end{bmatrix}$$

$$F^*=F(\boldsymbol{x}^*)=6\times10^{-6}$$

表 4.2 例题 4.3 数据

k	$\boldsymbol{x}^{(k)}$	$F(\boldsymbol{x}^{(k)})$	$\boldsymbol{g}^{(k)}$	$\|\boldsymbol{g}^{(k)}\|$	$\alpha^{(k)}$
0	$\begin{bmatrix}2\\2\end{bmatrix}$	104	$\begin{bmatrix}4\\100\end{bmatrix}$	100.079 9	0.020 030 72
1	$\begin{bmatrix}1.919\ 877\\-0.003\ 072\end{bmatrix}$	3.686 164	$\begin{bmatrix}3.839\ 754\\-0.153\ 589\end{bmatrix}$	3.842 8	0.481 538 7
2	$\begin{bmatrix}0.070\ 886\ 91\\0.070\ 887\ 38\end{bmatrix}$	0.130 650	$\begin{bmatrix}0.141\ 773\ 8\\3.544\ 369\end{bmatrix}$	3.550 0	0.020 030 7
3	$\begin{bmatrix}0.068\ 047\ 08\\-0.000\ 108\ 87\end{bmatrix}$	0.004 630	$\begin{bmatrix}0.136\ 094\ 2\\-0.005\ 443\ 7\end{bmatrix}$	0.136 2	0.481 538 5
4	$\begin{bmatrix}0.002\ 512\ 50\\0.002\ 512\ 50\end{bmatrix}$	0.000 164	$\begin{bmatrix}0.005\ 025\ 01\\0.125\ 625\ 4\end{bmatrix}$	0.125 7	0.020 030 7
5	$\begin{bmatrix}0.002\ 411\ 85\\-0.000\ 003\ 8\end{bmatrix}$	0.000 006	$\begin{bmatrix}0.004\ 823\ 7\\-0.000\ 192\ 9\end{bmatrix}$	0.004 9	

梯度法的优点是:程序结构简单,每次迭代所需的计算量及储存量也小,而且当迭代点离最优点较远时函数值下降速度很快。但是这种方法在迭代点到达最优点附近时,进展十分缓慢,而且常常由于一维搜索的步长误差而产生的扰动使之不可能取得较高的收敛精度。

梯度法的上述缺点可通过图 4.11 所示的二维目标函数情况来说明。

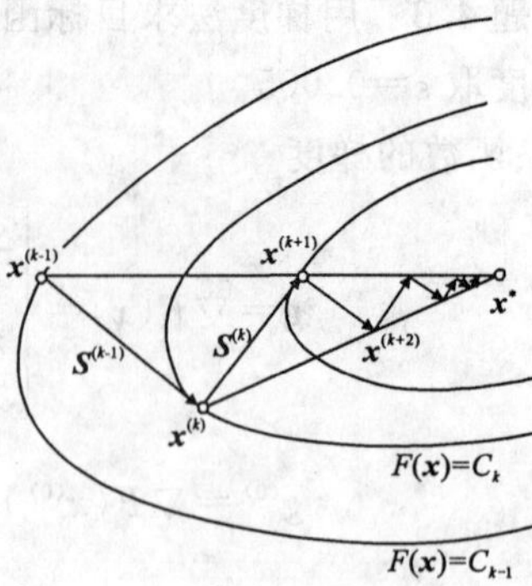

图 4.11 二维目标函数的梯度搜索图

设迭代从 $x^{(k-1)}$ 点开始,先沿 $S^{(k-1)}=-\nabla F(x^{(k-1)})$方向一维搜索到 $x^{(k)}$ 点,则 $x^{(k)}$ 显然就是矢量 $S^{(k-1)}$ 与函数等值线 $F(x)=C_k$ 的切点。下次迭代从 $x^{(k)}$ 出发沿 $S^{(k)}=-\nabla F(x^{(k)})$方向一维搜索,而 $S^{(k)}$ 是等值线 $F(x^{(k)})=C_k$ 在 $x^{(k)}$ 点的法线,因而 $S^{(k-1)}$ 与 $S^{(k)}$ 必为正交矢量。在以后的各次迭代中,同样是前后两次迭代矢量互为正交。由此可知,梯度法的一系列搜索方向是呈直角锯齿形的。对于一般的二次函数来说,这些方向都是偏离函数极小点方向的。椭圆形态越扁长,偏离程度越严重。只有对于等值线为圆族的特殊二次函数,负梯度方向才是直指极小点的。

由此可见,梯度法的"最速下降"方向并不是最理想的迭代捷径。其根本原因在于梯度的最速下降性质只是迭代点邻域内的局部性质,就整体而言,该方法的收敛速度并不快。

4.4 共轭梯度法

4.4.1 共轭梯度法的搜索方向

共轭梯度法的搜索方向,是在采用梯度法基础上的共轭方向。如图 4.12 所示,对于目标函数 $F(x)$在迭代点 $x^{(k+1)}$ 处的负梯度为 $-\nabla F(x^{(k+1)})=-g_{k+1}$,该方向与前一搜索方向 $S^{(k)}$ 互为正交,在此基础上构造出一种具有较高收敛速度的算法。这种算法的搜索方向 $S^{(k+1)}$ 要满足以下两个条件:

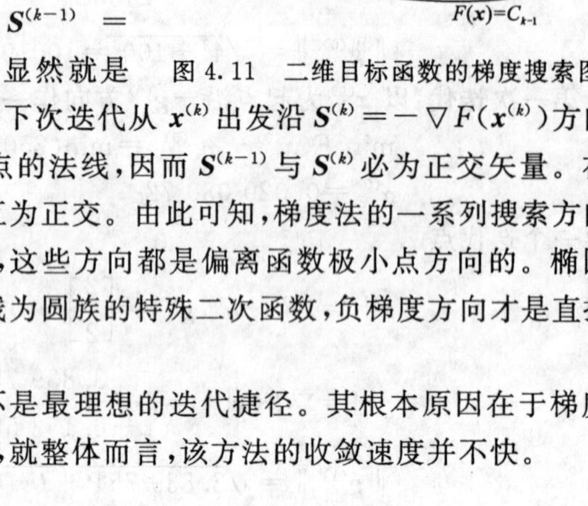

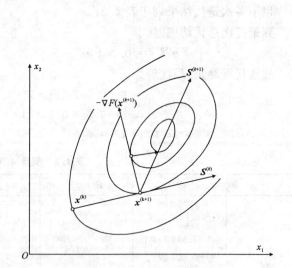

图 4.12 共轭梯度方向

(1) 以 $x^{(k+1)}$ 点出发的搜索方向 $S^{(k+1)}$ 是 $-\nabla F(x^{(k+1)})$ 与 $S^{(k)}$ 的线性组合,即

$$S^{(k+1)}=-\nabla F(x^{(k+1)})+\beta_k S^{(k)} \tag{4.11}$$

(2)以 $S^{(k)}$ 与 $-\nabla F(x^{(k+1)})$为基底的子空间中确定出矢量 $S^{(k+1)}$ 与前矢量 $S^{(k)}$ 相共轭,即满足

$$[S^{(k+1)}]^{\mathrm{T}}AS^{(k)}=0 \tag{4.12}$$

对于具有连续一阶导数的目标函数 $F(x)$,欲求满足式(4.11)及式(4.12)搜索方向 $S^{(k+1)}$

的关键，是确定式(4.11)线性组合的系数 β_k。

4.4.2 关于 β_k 的确定

设二次正定目标函数

$$F(\boldsymbol{x}) = C + B^{\mathrm{T}}\boldsymbol{x} + \frac{1}{2}\boldsymbol{x}^{\mathrm{T}}A\boldsymbol{x}$$

对于相邻两迭代点 $\boldsymbol{x}^{(k)}$ 和 $\boldsymbol{x}^{(k+1)}$，有

$$\boldsymbol{x}^{(k+1)} = \boldsymbol{x}^{(k)} + \alpha^{(k)}\boldsymbol{S}^{(k)} \tag{4.13}$$

第$(k+1)$次搜索方向见式(4.11)。满足式(4.11)及式(4.12)条件的系数 β_k 为

$$\beta_k = \left(\frac{\|\nabla F(\boldsymbol{x}^{(k+1)})\|}{\|\nabla F(\boldsymbol{x}^{(k)})\|}\right)^2 \tag{4.14}$$

对式(4.14)β_k 公式证明如下：

令 $\boldsymbol{g}_k = \nabla F(\boldsymbol{x}^{(k)}),\quad \boldsymbol{g}_{k+1} = \nabla F(\boldsymbol{x}^{(k+1)})$

又 $\boldsymbol{g}_k = \nabla F(\boldsymbol{x}^{(k)}) = B + A\boldsymbol{x}^{(k)},\quad \boldsymbol{g}_{k+1} = \nabla F(\boldsymbol{x}^{(k+1)}) = B + A\boldsymbol{x}^{(k+1)}$

将上两式相减，并考虑到式(4.13)，可得

$$\boldsymbol{g}_{k+1} = \boldsymbol{g}_k + \alpha^{(k)}A\boldsymbol{S}^{(k)} \tag{4.15}$$

若用$[\boldsymbol{S}^{(k)}]^{\mathrm{T}}A$ 左乘式(4.11)，则得

$$[\boldsymbol{S}^{(k)}]^{\mathrm{T}}A\boldsymbol{S}^{(k+1)} = -[\boldsymbol{S}^{(k)}]^{\mathrm{T}}A\boldsymbol{g}_{k+1} + \beta_k[\boldsymbol{S}^{(k)}]^{\mathrm{T}}A\boldsymbol{S}^{(k)}$$

由式(4.12)共轭性条件，上式的左边项应为零，即有

$$\beta_k = \frac{[\boldsymbol{S}^{(k)}]^{\mathrm{T}}A\boldsymbol{g}_{k+1}}{[\boldsymbol{S}^{(k)}]^{\mathrm{T}}A\boldsymbol{S}^{(k)}} \tag{4.16}$$

为了使上式便于应用，必须消去式中的矩阵 A。

先看分母项$[\boldsymbol{S}^{(k)}]^{\mathrm{T}}A\boldsymbol{S}^{(k)}$。若用$[\boldsymbol{S}^{(k)}]^{\mathrm{T}}$ 左乘式(4.15)，且考虑到正交矢量有$[\boldsymbol{S}^{(k)}]^{\mathrm{T}}\boldsymbol{g}_{k+1} = 0$，可得

$$[\boldsymbol{S}^{(k)}]^{\mathrm{T}}A\boldsymbol{S}^{(k)} = -\frac{1}{\alpha^{(k)}}[\boldsymbol{S}^{(k)}]^{\mathrm{T}}\boldsymbol{g}_k$$

若用 $\boldsymbol{g}_{k+1}^{\mathrm{T}}$ 左乘式(4.11)，并考虑到 $\boldsymbol{g}_{k+1}^{\mathrm{T}}\boldsymbol{S}^{(k)} = 0$ 和将 $k+1$ 全部换成 k，可得

$$\boldsymbol{g}_k^{\mathrm{T}}\boldsymbol{S}^{(k)} = [\boldsymbol{S}^{(k)}]^{\mathrm{T}}\boldsymbol{g}_k = -\boldsymbol{g}_k^{\mathrm{T}}\boldsymbol{g}_k$$

将此式代入前式右端，可得

$$[\boldsymbol{S}^{(k)}]^{\mathrm{T}}A\boldsymbol{S}^{(k)} = \frac{1}{\alpha^{(k)}}\boldsymbol{g}_k^{\mathrm{T}}\boldsymbol{g}_k \tag{4.17}$$

对于式(4.16)的分子项$[\boldsymbol{S}^{(k)}]^{\mathrm{T}}A\boldsymbol{g}_{k+1}$可作如下运算。先用 $\boldsymbol{g}_{k+1}^{\mathrm{T}}$ 左乘式(4.15)，作移项整理并考虑到 A 为对称矩阵，$\boldsymbol{g}_{k+1}^{\mathrm{T}}A\boldsymbol{S}^{(k)} = [\boldsymbol{S}^{(k)}]^{\mathrm{T}}A\boldsymbol{g}_{k+1}$，可得

$$[\boldsymbol{S}^{(k)}]^{\mathrm{T}}A\boldsymbol{g}_{k+1} = \frac{1}{\alpha^{(k)}}[\boldsymbol{g}_{k+1}^{\mathrm{T}}\boldsymbol{g}_{k+1} - \boldsymbol{g}_{k+1}^{\mathrm{T}}\boldsymbol{g}_k] \tag{4.18}$$

若用$[\boldsymbol{S}^{(k-1)}]^{\mathrm{T}}$ 左乘式(4.15)

$$[\boldsymbol{S}^{(k-1)}]^{\mathrm{T}}\boldsymbol{g}_{k+1} = [\boldsymbol{S}^{(k-1)}]^{\mathrm{T}}\boldsymbol{g}_k + \alpha^{(k)}[\boldsymbol{S}^{(k-1)}]^{\mathrm{T}}A\boldsymbol{S}^{(k)}$$

根据共轭性条件式(4.12)和$[\boldsymbol{S}^{(k-1)}]^{\mathrm{T}}\boldsymbol{g}_k = 0$，则可得

$$[\boldsymbol{S}^{(k-1)}]^{\mathrm{T}}\boldsymbol{g}_{k+1} = 0 \tag{4.19}$$

再由式(4.11)，当作第 k 次迭代时所产生的搜索方向 $\boldsymbol{S}^{(k)}$ 可得

$$\boldsymbol{S}^{(k-1)} = \frac{1}{\beta_{k-1}}[\boldsymbol{S}^{(k)} + \boldsymbol{g}_k]$$

用 $\boldsymbol{g}_{k+1}^{\mathrm{T}}$ 左乘上式可得

$$\boldsymbol{g}_{k+1}^{\mathrm{T}}\boldsymbol{S}^{(k-1)} = \frac{1}{\beta_{k-1}}[\boldsymbol{g}_{k+1}^{\mathrm{T}}\boldsymbol{S}^{(k)} + \boldsymbol{g}_{k+1}^{\mathrm{T}}\boldsymbol{g}_k]$$

由式(4.19)可知,上式左边项等于零,上式右边第一项也等于零,于是得

$$\boldsymbol{g}_{k+1}^{\mathrm{T}}\boldsymbol{g}_k = 0 \tag{4.20}$$

可见,在用共轭方向搜索时,相邻两迭代点的梯度向量是正交的。这样,将式(4.20)代入式(4.18),最后可写成

$$[\boldsymbol{S}^{(k)}]^{\mathrm{T}}A\boldsymbol{g}_{k+1} = \frac{1}{\alpha^{(k)}}\boldsymbol{g}_{k+1}^{\mathrm{T}}\boldsymbol{g}_{k+1} \tag{4.21}$$

现回到式(4.16),在考虑到式(4.17)和式(4.21)关系后,最后得计算 β_k 的公式

$$\beta_k = \frac{[\boldsymbol{S}^{(k)}]^{\mathrm{T}}A\boldsymbol{g}_{k+1}}{[\boldsymbol{S}^{(k)}]^{\mathrm{T}}A\boldsymbol{S}^{(k)}} = \frac{\boldsymbol{g}_{k+1}^{\mathrm{T}}\boldsymbol{g}_{k+1}}{\boldsymbol{g}_k^{\mathrm{T}}\boldsymbol{g}_k} \tag{4.22}$$

因有

$$\boldsymbol{g}^{\mathrm{T}}\boldsymbol{g} = \left(\frac{\partial F}{\partial x_1}\right)^2 + \left(\frac{\partial F}{\partial x_2}\right)^2 + \cdots + \left(\frac{\partial F}{\partial x_n}\right)^2 = \|\nabla F(\boldsymbol{x})\|$$

故式(4.11)线性组合的系数计算式是

$$\beta_k = \left(\frac{\|\nabla F(\boldsymbol{x}^{(k+1)})\|}{\|\nabla F(\boldsymbol{x}^{(k)})\|}\right)^2$$

4.4.3 共轭梯度法的算法与计算框图

共轭梯度法的算法如下。

(1)选取初始点 $\boldsymbol{x}^{(0)}$ 和计算收敛精度 ε。

(2)令 $k=0$,计算 $\boldsymbol{S}^{(0)} = -\nabla F(\boldsymbol{x}^{(0)})$。

(3)沿 $\boldsymbol{S}^{(k)}$ 方向进行一维搜索求 $\alpha^{(k)}$,使

$$\min F(\boldsymbol{x}^{(k)} + \alpha\boldsymbol{S}^{(k)}) = F(\boldsymbol{x}^{(k)} + \alpha^{(k)}\boldsymbol{S}^{(k)})$$

得

$$\boldsymbol{x}^{(k+1)} = \boldsymbol{x}^{(k)} + \alpha^{(k)}\boldsymbol{S}^{(k)}$$

(4)计算 $\nabla F(\boldsymbol{x}^{(k+1)})$:

若 $\|\nabla F(\boldsymbol{x}^{(k+1)})\| \leqslant \varepsilon$,则终止迭代,取 $\boldsymbol{x}^* = \boldsymbol{x}^{(k+1)}$;若否,则进行下一步。

(5)检查搜索次数:

若 $k=n$,则令 $\boldsymbol{x}^{(0)} = \boldsymbol{x}^{(k+1)}$,转向(2);否则,进行(6)。

(6)构造新的共轭方向

$$\boldsymbol{S}^{(k+1)} = -\nabla F(\boldsymbol{x}^{(k+1)}) + \beta^{(k)}\boldsymbol{S}^{(k)}$$

$$\beta_k = \left(\frac{\|\nabla F(\boldsymbol{x}^{(k+1)})\|}{\|\nabla F(\boldsymbol{x}^{(k)})\|}\right)^2$$

令 $k=k+1$,转向(3)。

共轭梯度法的计算程序流程图见图 4.13。

例题 4.4 设目标函数为 $F(\boldsymbol{x}) = 60 - 10x_1 - 4x_2 + x_1^2 + x_2^2 - x_1x_2$,起始点为 $\boldsymbol{x}^{(0)} = [0\quad 0]^{\mathrm{T}}$,试用共轭梯度法求其极小值。

解:第一次迭代的方向为

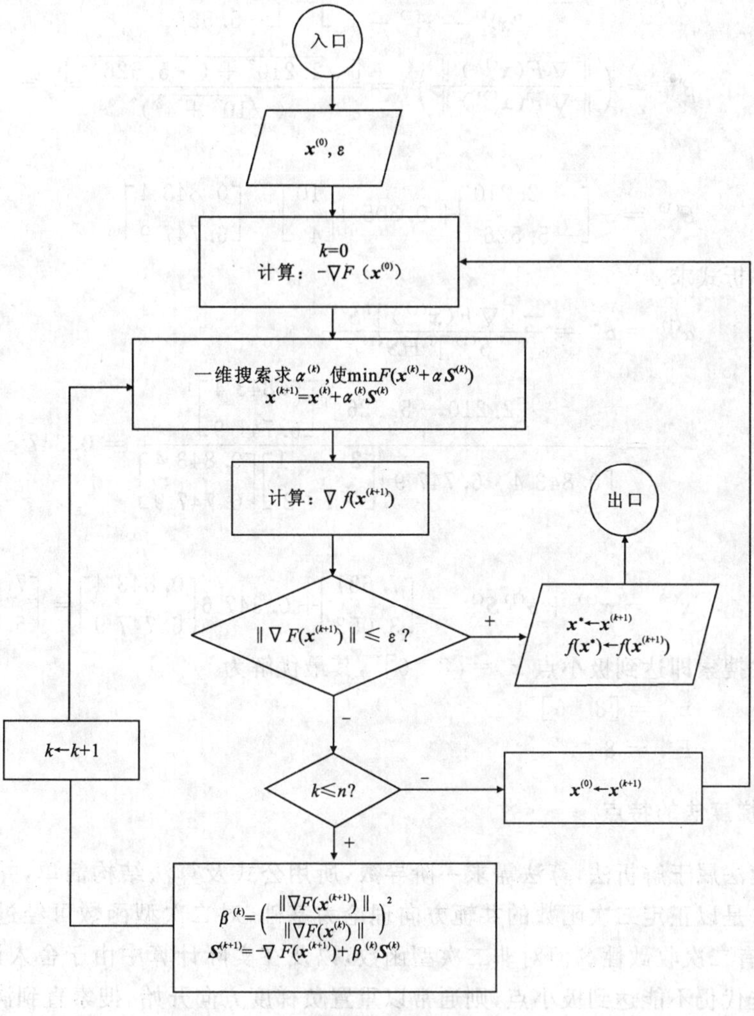

图 4.13　共轭梯度法的计算流程图

$$S^{(0)} = -\nabla F(x^{(0)}) = -\begin{bmatrix} 2x_1 - x_2 - 10 \\ 2x_2 - x_1 - 4 \end{bmatrix}_{(0,0)} = \begin{bmatrix} 10 \\ 4 \end{bmatrix}$$

$$x^{(1)} = x^{(0)} + \alpha \begin{bmatrix} 10 \\ 4 \end{bmatrix} = \begin{bmatrix} 10\alpha \\ 4\alpha \end{bmatrix} = \begin{bmatrix} x_1^{(1)} \\ x_2^{(1)} \end{bmatrix}$$

将 $[x_1^{(1)} \quad x_2^{(1)}]^{\mathrm{T}}$ 代入 $F(x)$ 得

$$F(x) = 60 - 116\alpha + 76\alpha^2 = F(\alpha)$$

$$\frac{\mathrm{d}F(\alpha)}{\mathrm{d}\alpha} = 0, \text{得 } \alpha^* = \alpha^{(0)} = 0.763\,1$$

所以

$$x^{(1)} = \begin{bmatrix} 10\alpha^{(0)} \\ 4\alpha^{(0)} \end{bmatrix} = \begin{bmatrix} 7.631 \\ 3.053 \end{bmatrix}$$

第二次迭代方向为

$$S^{(1)} = -\nabla F(x^{(1)}) + \beta^{(0)} \nabla F(x^{(0)})$$

其中
$$\nabla F(\boldsymbol{x}^{(1)})=\begin{bmatrix}2x_1^{(1)}-x_2^{(1)}-10\\2x_2^{(1)}-x_1^{(1)}-4\end{bmatrix}=\begin{bmatrix}2.210\\-5.526\end{bmatrix}$$

$$\beta^{(0)}=\left(\frac{\|\nabla F(\boldsymbol{x}^{(1)})\|}{\|\nabla F(\boldsymbol{x}^{(0)})\|}\right)^2=\frac{[\sqrt{2.210^2+(-5.526)^2}]^2}{(\sqrt{10^2+4^2})^2}=0.305\ 4$$

所以

$$\boldsymbol{S}^{(1)}=-\begin{bmatrix}2.210\\-5.526\end{bmatrix}+0.305\ 4\begin{bmatrix}10\\4\end{bmatrix}=\begin{bmatrix}0.843\ 4\\6.747\ 9\end{bmatrix}$$

用一维搜索解析式求 $\alpha^{(1)}$

$$\alpha^{(1)}=\alpha^*=\frac{-[\nabla F(\boldsymbol{x}^{(1)})]^{\mathrm{T}}\boldsymbol{S}^{(1)}}{[\boldsymbol{S}^{(1)}]^{\mathrm{T}}\boldsymbol{H}\boldsymbol{S}^{(1)}}$$

$$=\frac{-[2.210\quad -5.526]^{\mathrm{T}}\begin{bmatrix}0.843\ 4\\6.747\ 9\end{bmatrix}}{[0.843\ 4\quad 6.747\ 9]\begin{bmatrix}2&-1\\-1&2\end{bmatrix}\begin{bmatrix}0.843\ 4\\6.747\ 9\end{bmatrix}}=0.347\ 6$$

所以

$$\boldsymbol{x}^{(2)}=\boldsymbol{x}^{(1)}+\alpha^{(1)}\boldsymbol{S}^{(1)}=\begin{bmatrix}7.631\\3.053\end{bmatrix}+0.347\ 6\begin{bmatrix}0.843\ 4\\6.747\ 9\end{bmatrix}=\begin{bmatrix}7.999\ 99\\5.999\ 99\end{bmatrix}$$

经过两次搜索即达到极小点 $\boldsymbol{x}^*=[8\quad 6]^{\mathrm{T}}$，其最优解为

$$\boldsymbol{x}^*=[8\quad 6]^{\mathrm{T}}$$
$$F^*=8$$

4.4.4 共轭梯度法的特点

共轭梯度法属于解析法，算法需求一阶导数，所用公式及算法结构简单，并且所需的存储量少。该方法是以正定二次函数的共轭方向理论为基础，对二次型函数可经过有限步达到极小点，所以具有二次收敛性。但对非二次型函数，以及在实际计算中由于舍入误差的影响，虽然经过 n 次迭代仍不能达到极小点，则通常以重置负梯度方向开始，搜索直到满足预定精度为止，其收敛速率也是较快的。

4.5 牛顿法

牛顿法是求无约束最优解的另一种古典解析算法之一。现在实际上应用的多为阻尼牛顿法，为了阐明阻尼牛顿法的迭代算法，先介绍原始牛顿法的基本原理。

4.5.1 原始牛顿法

原始牛顿法的基本思想是，在第 k 次迭代点 $\boldsymbol{x}^{(k)}$ 邻域内，用一个二次函数 $\phi(\boldsymbol{x})$ 去近似代替原目标函数 $F(\boldsymbol{x})$，然后求出这个二次函数的极小点 $\boldsymbol{x}_\phi^*$ 作为对原目标函数求优的下一个迭代点 $\boldsymbol{x}^{(k+1)}$，通过若干次的重复迭代，使迭代点逐步逼近原目标函数的极小点 $\boldsymbol{x}^*$。

设一般目标函数 $F(\boldsymbol{x})$ 具有连续的一、二阶偏导数。在 $\boldsymbol{x}^{(k)}$ 点邻域取 $F(\boldsymbol{x})$ 的二次泰勒多项式作近似式，则有

$$F(\boldsymbol{x})\approx F_k+\boldsymbol{g}_k^{\mathrm{T}}\Delta\boldsymbol{x}+\frac{1}{2}\Delta\boldsymbol{x}^{\mathrm{T}}H_k\Delta\boldsymbol{x}\qquad(4.23)$$

式中，$F_k = F(\boldsymbol{x}^{(k)})$

$$\boldsymbol{g}_k = \nabla F(\boldsymbol{x}^{(k)})$$

$$\Delta \boldsymbol{x} = \boldsymbol{x} - \boldsymbol{x}^{(k)}$$

$$H_k = H(\boldsymbol{x}^{(k)}) = \left[\frac{\partial^2 F(\boldsymbol{x}^{(k)})}{\partial x_i \partial x_j}\right], \qquad i,j=1,2,\cdots,n$$

H_k 也就是函数 $F(\boldsymbol{x})$在 $\boldsymbol{x}^{(k)}$ 点的海赛矩阵。

取式(4.23)右边之式作为逼近函数 $\phi(\boldsymbol{x})$，即

$$\phi(\boldsymbol{x}) = F_k + \boldsymbol{g}_k^{\mathrm{T}} \Delta \boldsymbol{x} + \frac{1}{2} \Delta \boldsymbol{x}^{\mathrm{T}} H_k \Delta \boldsymbol{x} \tag{4.24}$$

式(4.24)是变量 $\boldsymbol{x}$ 的二次函数。

为求 $\phi(\boldsymbol{x})$的极小点 $\boldsymbol{x}_\phi^*$，按极值存在的必要条件，它的梯度 $\nabla \phi(\boldsymbol{x})$应为零。

令 $$\nabla \phi(\boldsymbol{x}) = \boldsymbol{g}_k + H_k \Delta \boldsymbol{x} = 0$$

即 $$H_k(\boldsymbol{x} - \boldsymbol{x}^{(k)}) = -\boldsymbol{g}_k \tag{4.25}$$

于是函数 $\phi(\boldsymbol{x})$的极小点，即满足上式的点为

$$\boldsymbol{x}_\phi^* = \boldsymbol{x}^{(k)} - H_k^{-1} \boldsymbol{g}_k$$

按原始牛顿法的基本思想，取 $\boldsymbol{x}_\phi^*$ 作为下一次(第 $k+1$ 次)优化的迭代点，故原始牛顿法的迭代公式为

$$\boldsymbol{x}^{(k+1)} = \boldsymbol{x}^{(k)} - H_k^{-1} \boldsymbol{g}_k \tag{4.26}$$

由该迭代公式可以看到，牛顿法的搜索方向为

$$\boldsymbol{S}^{(k)} = -H_k^{-1} \boldsymbol{g}_k$$

该方向称**牛顿方向**。同时看到，式中没有步长因子符号 $\alpha^{(k)}$，或者可以看作为步长 $\alpha^{(k)} \equiv 1$，即原始牛顿法是一种定步长的迭代过程。

原始牛顿法的几何意义可通过下面的二维目标函数例子予以说明。设有目标函数

$$F(\boldsymbol{x}) = x_1^4 - 2x_1^2 x_2 + x_1^2 + 2x_2^2 - 2x_1 x_2 + \frac{9}{2} x_1 - 4x_2 + 4$$

函数等值线如图 4.14 所示。函数的梯度

$$\nabla F(\boldsymbol{x}) = \begin{bmatrix} 4x_1^3 - 4x_1 x_2 + 2x_1 - 2x_2 + \dfrac{9}{2} \\ -2x_1^2 + 4x_2 - 2x_1 - 4 \end{bmatrix}$$

海赛矩阵是

$$H(\boldsymbol{x}) = \begin{bmatrix} 12x_1^2 - 4x_2 + 2 & -4x_1 - 2 \\ -4x_1 - 2 & 4 \end{bmatrix}$$

若当前迭代点为 $\boldsymbol{x}^{(C)} = \begin{bmatrix} 1 \\ 1 \end{bmatrix}$，则

$$\boldsymbol{g}_C = \nabla F(\boldsymbol{x}^{(C)}) = \begin{bmatrix} 4.5 \\ -4 \end{bmatrix}$$

$$H_C = H(\boldsymbol{x}^{(C)}) = \begin{bmatrix} 10 & -6 \\ -6 & 4 \end{bmatrix}$$

$$F_C = F(\boldsymbol{x}^{(C)}) = 4.5$$

在 $\boldsymbol{x}^{(C)}$ 点 $F(\boldsymbol{x})$的二次近似函数为

$$\phi(\boldsymbol{x}) = F_C + \boldsymbol{g}_C^{\mathrm{T}}\Delta\boldsymbol{x} + \frac{1}{2}\Delta\boldsymbol{x}^{\mathrm{T}} H_C \Delta\boldsymbol{x}$$

用已知矩阵代入后展开为

$$\phi(\boldsymbol{x}) = 5x_1^2 + 2x_2^2 - 6x_1x_2 + \frac{1}{2}x_1 - 2x_2 + 2$$

由于海赛矩阵 H_C 为正定矩阵，故 $\phi(\boldsymbol{x})$ 为正定二次函数，通过 $\boldsymbol{x}^{(C)}$ 点的等值线是椭圆，其函数值 $F(\boldsymbol{x}^{(C)}) = 4.5$，如图 4.14 所示。椭圆的中心在点 $\boldsymbol{x}^{(D)}$（此次极小点），则取点 $\boldsymbol{x}^{(D)}$ 作为下一次的迭代点。在点 $\boldsymbol{x}^{(C)}$ 处，目标函数 $F(\boldsymbol{x})$ 与逼近函数 $\phi(\boldsymbol{x})$ 的等值线将是密切的。

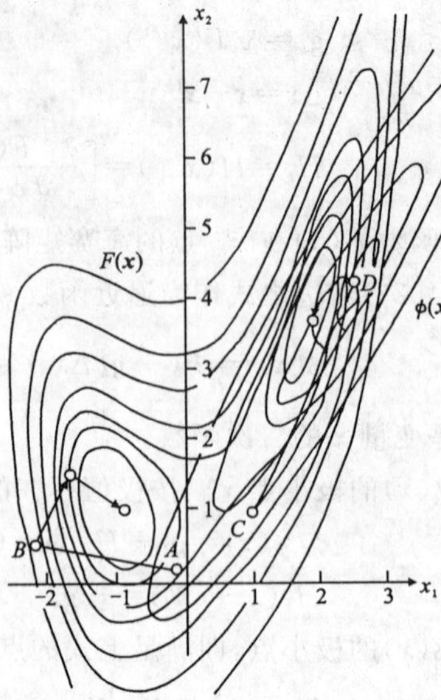

图 4.14　牛顿迭代的几何解释

由上面的几何解释不难看出，若用原始牛顿法求一个二次目标函数的最优解，则由构造的逼近函数 $\phi(\boldsymbol{x})$ 与原目标函数 $F(\boldsymbol{x})$ 是完全相同的二次式，两函数等值线完全重合，从任一初始点出发，一定可以一次到达 $F(\boldsymbol{x})$ 的极小点 $\boldsymbol{x}^*$。

因此，牛顿法也是一种具有二次收敛性的算法。对于二次正定函数，迭代一次即可到达最优点；对于非二次函数，若函数的二次性态较强或迭代点已进入最优点的较小邻域，则其收敛速度也是很快的。这是牛顿法的主要优点。

但原始牛顿法还存在一个问题：由于在全部迭代过程中，取步长 $\alpha^{(k)} \equiv 1$，这种定步长有时造成函数值反而有所增大，即

$$F(\boldsymbol{x}^{(k+1)}) > F(\boldsymbol{x}^{(k)})$$

例如图 4.14 中，若取初始点为 $\boldsymbol{x}^{(A)} = [-0.2 \quad 0.2]^{\mathrm{T}}$ 时，下一次迭代点 $\boldsymbol{x}^{(B)}$ 的函数值就增大。这种情况的出现，使原始牛顿法不能保证函数值稳定地下降。在严重的情况下甚至可能造成点列的发散而导致计算的失败。

4.5.2　阻尼牛顿法

为了消除上述弊病，其步长改用最优步长因子 $\alpha^{(k)}$，将迭代式(4.26)改为如下形式

$$\boldsymbol{x}^{(k+1)} = \boldsymbol{x}^{(k)} - \alpha^{(k)} H_k^{-1} \boldsymbol{g}_k$$

这就是阻尼牛顿法的迭代公式，搜索方向仍为牛顿方向 $\boldsymbol{S}^{(k)} = -H_k^{-1}\boldsymbol{g}_k$，最优步长因子 $\alpha^{(k)}$ 也称阻尼因子，可通过沿牛顿方向的一维搜索获得。

阻尼牛顿法对于目标函数的海赛矩阵 H_k 处处正定的情形下，能保证每次迭代的函数值都有所下降。因此，它既保持了原始牛顿法的二次收敛性质，而且对于非二次函数也具有稳定的函数下降性。

现将阻尼牛顿法的算法步骤归纳如下。

(1)任选初始点 $\boldsymbol{x}^{(0)}$，给定精度 ε，置 $k \leftarrow 0$。

(2)计算 $\boldsymbol{x}^{(k)}$ 点的梯度矢量及其模

$$\boldsymbol{g}_k = \nabla F(\boldsymbol{x}^{(k)}) = \left[\frac{\partial F}{\partial x_1} \quad \frac{\partial F}{\partial x_2} \quad \cdots \quad \frac{\partial F}{\partial x_n}\right]^{\mathrm{T}}$$

$$\left\| \boldsymbol{g}_k \right\| = \sqrt{\sum_{i=1}^{n}\left(\frac{\partial F}{\partial x_i}\right)^2}$$

(3)检验迭代终止条件

$$\|\boldsymbol{g}_k\| \leqslant \varepsilon?$$

若满足,则输出最优解

$$\boldsymbol{x}^* \leftarrow \boldsymbol{x}^{(k)}, \quad F^* \leftarrow F(\boldsymbol{x}^{(k)})$$

否则,转下步。

(4)计算 $\boldsymbol{x}^{(k)}$ 点处的海赛矩阵

$$H_k = H(\boldsymbol{x}^{(k)}) = \left[\frac{\partial^2 F(\boldsymbol{x})}{\partial x_i \partial x_j}\right], \ i,j=1,2,\cdots,n$$

并求其逆矩阵 H_k^{-1}。

(5)确定牛顿方向

$$\boldsymbol{S}^{(k)} = -H_k^{-1}\boldsymbol{g}_k$$

并沿牛顿方向作一维搜索,求出在 $\boldsymbol{S}^{(k)}$ 方向上的最优步长 $\alpha^{(k)}$。

(6)计算第 $k+1$ 个迭代点

$$\boldsymbol{x}^{(k+1)} = \boldsymbol{x}^{(k)} - \alpha^{(k)} H_k^{-1}\boldsymbol{g}_k$$

置 $k \leftarrow k+1$,返回步骤(2)。

阻尼牛顿法的算法流程图见图 4.15。

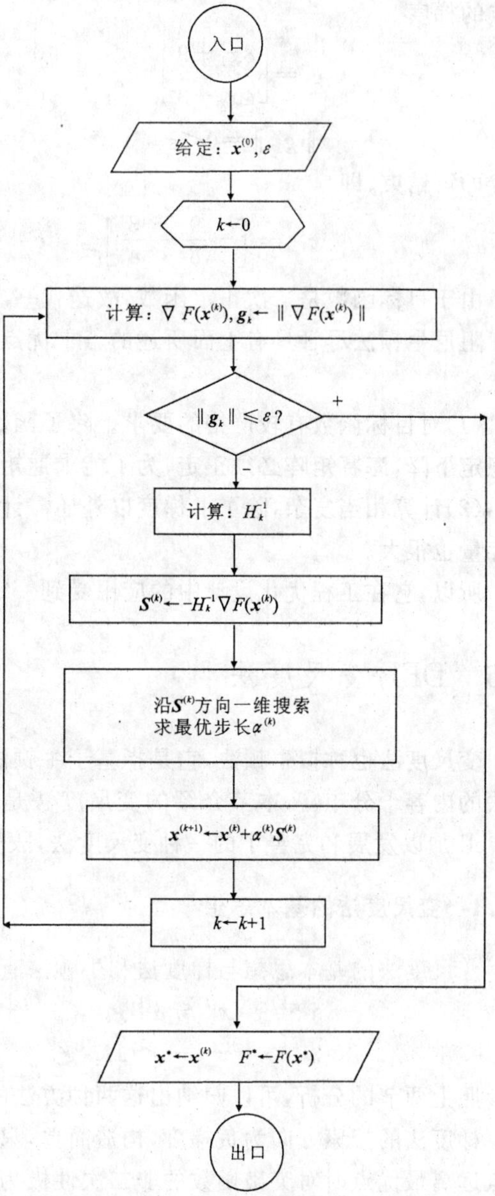

图 4.15 阻尼牛顿法流程图

例题 4.5 用牛顿法求函数 $F(\boldsymbol{x}) = 4(x_1+1)^2 + 2(x_2-1)^2 + x_1 + x_2 + 10$ 的最优解。初始点 $\boldsymbol{x}^{(0)} = [0 \quad 0]^{\mathrm{T}}$, $\varepsilon = 10^{-5}$。

解: 函数的梯度

$$\boldsymbol{g} = \begin{bmatrix} 8x_1+9 \\ 4x_2-3 \end{bmatrix}$$

和海赛矩阵及其逆

$$H = \begin{bmatrix} 8 & 0 \\ 0 & 4 \end{bmatrix}, \quad H^{-1} = \begin{bmatrix} \frac{1}{8} & 0 \\ 0 & \frac{1}{4} \end{bmatrix}$$

在 $\boldsymbol{x}^{(0)}$ 点处

$$\boldsymbol{g}_0 = \begin{bmatrix} 9 \\ -3 \end{bmatrix}$$

$$\boldsymbol{S}^{(0)} = -H^{-1}\boldsymbol{g}_0 = -\begin{bmatrix} \frac{1}{8} & 0 \\ 0 & \frac{1}{4} \end{bmatrix}\begin{bmatrix} 9 \\ -3 \end{bmatrix} = \begin{bmatrix} -\frac{9}{8} \\ \frac{3}{4} \end{bmatrix}$$

沿 $\boldsymbol{S}^{(0)}$ 方向一维搜索求最优步长得

$$\alpha^{(0)} = 1$$

故新迭代点为

$$\boldsymbol{x}^{(k+1)} = \boldsymbol{x}^{(0)} + \alpha^{(0)}\boldsymbol{S}^{(0)} = \begin{bmatrix} 0 \\ 0 \end{bmatrix} + \begin{bmatrix} -\frac{9}{8} \\ \frac{3}{4} \end{bmatrix} = \begin{bmatrix} -\frac{9}{8} \\ \frac{3}{4} \end{bmatrix}$$

该点的梯度

$$g_1=\begin{bmatrix}8x_1+9\\4x_2-3\end{bmatrix}_{(-\frac{9}{8},\frac{3}{4})}=\begin{bmatrix}0\\0\end{bmatrix}$$

$$\| g_1 \| =0<\varepsilon$$

迭代即可结束，即

$$x^*=\begin{bmatrix}-\frac{9}{8} & \frac{3}{4}\end{bmatrix}^{\mathrm{T}},\quad F^*=F(x^*)=9.812\ 5$$

由于目标函数是二次正定函数，故迭代一次即到达最优点。

阻尼牛顿法尽管具有上面所述的若干优点，特别是二次收敛的优点，但是也存在着下面的缺点。

(1)对目标函数有较严格的要求。除了函数具有连续的一、二阶导数以外，为了保证函数的稳定下降，海赛矩阵必须正定；为了能求逆矩阵又要求海赛矩阵必须非奇异。

(2)计算相当复杂，除了求梯度以外还需计算二阶偏导数矩阵和它的逆矩阵，占用机器的贮存量也很大。

所以，它在工程优化设计中的应用受到一定的限制。

4.6 DFP 变尺度法

变尺度法也称拟牛顿法，它是指基于牛顿法的思想而又作了重要改进的一类方法。变尺度法的内容十分丰富，本节介绍的变尺度法是由 Davidon 于 1959 年提出后又经 Fletcher 和 Powell 加以发展和完善了的一种变尺度法，故称 DFP 变尺度法，以下简称 DFP 法。

4.6.1 变尺度法的基本思想

变尺度法的基本思想与梯度法和牛顿法有着密切的联系。观察梯度法和牛顿法的迭代式

$$x^{(k+1)}=x^{(k)}-\alpha^{(k)}g_k$$

和

$$x^{(k+1)}=x^{(k)}-\alpha^{(k)}H_k^{-1}g_k$$

并参照上两节的分析，可以归纳出这两种方法的特点。

梯度法的搜索方向为负梯度，构造简单，只需计算函数的一阶偏导数，计算工作量小，当迭代点远离最优点时对突破函数的非二次性极为有利，但是当迭代点接近最优点时收敛速度极慢。牛顿法的搜索方向是 $-H_k^{-1}g_k$，其牛顿方向需要计算梯度、海赛矩阵及其逆矩阵，计算工作量大为增加，但它具有二次收敛性，当迭代点接近最优点时收敛速度极快。

为此，从综合上述两种方法各自的优点出发，提出了如下变尺度法的基本思想。

将迭代公式写成下面的形式

$$x^{(k+1)}=x^{(k)}-\alpha^{(k)}A_kg_k \tag{4.27}$$

式中的 A_k 是根据需要构造的 $n\times n$ 阶对称矩阵，它是随着迭代点位置的变化而变化的。若 $A_k=E$(单位矩阵)，上式为梯度法迭代式；若 A_k 为目标函数二阶导数矩阵的逆矩阵 $[H(x^{(k)})]^{-1}$，则为阻尼牛顿法迭代式。

变尺度法是牛顿法的修正算法，它不用计算二阶导数矩阵及其逆矩阵，而是构造一个矩阵 A_k 代替海赛矩阵的逆矩阵 $[H(x^{(k)})]^{-1}$，当迭代点逼近最优点时，迭代方向就趋于牛顿方向。

根据这一基本思想所建立的式(4.27)就是变尺度法的基本迭代式。式中的 $-A_kg_k$ 是变

尺度法所规定的搜索方向

$$\boldsymbol{S}^{(k)} = -A_k \boldsymbol{g}_k$$

称为**拟牛顿方向**。

变尺度法中的 n 阶构造矩阵 A_k 可以看成是搜索过程中的一种尺度矩阵，它从一次迭代到另一次迭代是变化的，起到改变矩阵尺度的作用，这就是把拟牛顿法称作变尺度法的由来。

实现上述变尺度法的基本思想，关键在于如何产生这一构造矩阵 A_k。下面对这个问题进行讨论。

4.6.2 DFP 法构造矩阵序列的产生

按上述变尺度法基本思想，构造矩阵是随迭代过程的推进而逐次改变的，因而它是一种矩阵序列

$$\{A_k\}, k=0,1,2,\cdots$$

为了构成这一序列，首先要选取一个初始矩阵 A_0。考虑到简单，并以梯度方向快速收敛，通常取单位矩阵 E 作为初始矩阵，即 $A_0=E$。而后的构造矩阵均是在前一构造矩阵的基础上加以校正得到，即令

$$A_1 = A_0 + \Delta A_0$$

推广到一般的第 $k+1$ 次构造矩阵

$$A_{k+1} = A_k + \Delta A_k \tag{4.28}$$

这就是产生构造矩阵序列的基本迭代式。ΔA_k 称为**校正矩阵**。

下面讨论构造矩阵 A_{k+1} 应该满足的一个重要条件——拟牛顿条件。

变尺度法采用构造矩阵来代替牛顿法中海赛矩阵的逆矩阵，其主要目的之一是为了避免计算二阶偏导数和计算它的逆矩阵，力图仅用梯度和其他一些易于获得的信息来确定迭代方向。为此，这里先分析一下海赛矩阵与梯度之间的关系。

设 $F(\boldsymbol{x})$ 为一般形式 n 阶的目标函数，并具有连续的一、二阶偏导数。在点 $\boldsymbol{x}^{(k)}$ 的二次泰勒近似展开

$$F(\boldsymbol{x}) \approx F(\boldsymbol{x}^{(k)}) + \boldsymbol{g}_k^{\mathrm{T}} \Delta \boldsymbol{x} + \frac{1}{2} \Delta \boldsymbol{x}^{\mathrm{T}} H_k \Delta \boldsymbol{x} \tag{4.29}$$

该近似二次函数的梯度是

$$\nabla F(\boldsymbol{x}) \approx \boldsymbol{g}_k + H_k \Delta \boldsymbol{x}$$

式中，$\Delta \boldsymbol{x} = \boldsymbol{x} - \boldsymbol{x}^{(k)}$，若令 $\boldsymbol{x} = \boldsymbol{x}^{(k+1)}$，则有

$$\boldsymbol{g}_{k+1} \approx \boldsymbol{g}_k + H_k (\boldsymbol{x}^{(k+1)} - \boldsymbol{x}^{(k)})$$

$$\boldsymbol{x}^{(k+1)} - \boldsymbol{x}^{(k)} \approx H_k^{-1} (\boldsymbol{g}_{k+1} - \boldsymbol{g}_k) \tag{4.30}$$

式中，$\boldsymbol{x}^{(k+1)} - \boldsymbol{x}^{(k)}$ 是第 k 次迭代中前后迭代点的矢量差，称它为位移矢量。为简化书写，令

$$\boldsymbol{\sigma}_k = \boldsymbol{x}^{(k+1)} - \boldsymbol{x}^{(k)}$$

而 $\boldsymbol{g}_{k+1} - \boldsymbol{g}_k$ 是前后迭代点的梯度矢量差，令

$$\boldsymbol{y}_k = \boldsymbol{g}_{k+1} - \boldsymbol{g}_k$$

则式(4.30)写为

$$\boldsymbol{\sigma}_k \approx H_k^{-1} \boldsymbol{y}_k \tag{4.31}$$

此式为海赛矩阵与梯度之间的关系式。

按照变尺度法产生构造矩阵的递推思想，期望能够借助于前一次迭代的某些结果来计算

下一个构造矩阵。因此可以根据上面的关系式，用第 $k+1$ 次构造矩阵 A_{k+1} 近似替代 H_k^{-1}，则有

$$\boldsymbol{\sigma}_k = A_{k+1}\boldsymbol{y}_k \tag{4.32}$$

式(4.32)是产生构造矩阵 A_{k+1} 应满足的一个重要条件，通常称它为**拟牛顿条件或拟牛顿方程**。

下面，从拟牛顿条件出发，导出 DFP 法构造矩阵 A_{k+1} 的递推公式。

这里的基本问题是，在已知第 k 次迭代中的矩阵 A_k、位移矢量 $\boldsymbol{\sigma}_k$ 和梯度矢量差 $\boldsymbol{y}_k$ 条件下，要求按构造矩阵基本迭代式(4.28)，并满足拟牛顿条件(4.32)来确定第$(k+1)$次构造矩阵 A_{k+1}。由于 A_k 已知，所以本问题的关键是确定式(4.28)中的校正矩阵 ΔA_k。以下讨论校正矩阵 ΔA_k 的确定问题。

将基本迭代式(4.28)代入牛顿条件式(4.32)，得

$$\Delta A_k \boldsymbol{y}_k = \boldsymbol{\sigma}_k - A_k \boldsymbol{y}_k \tag{4.33}$$

由于式(4.28)中的 A_{k+1} 及 A_k 均为 $n\times n$ 阶对称矩阵，所以待求矩阵 ΔA_k 也必须是 $n\times n$ 阶对称矩阵形式，又 ΔA_k 表达式只有用也必须用第 k 次迭代信息 A_k，$\boldsymbol{\sigma}_k$，$\boldsymbol{y}_k$ 来表示，基于以上考虑，ΔA_k 的较为简单的一种形式为

$$\Delta A_k = \boldsymbol{\sigma}_k \boldsymbol{q}_k^{\mathrm{T}} - A_k \boldsymbol{y}_k \boldsymbol{w}_k^{\mathrm{T}} \tag{4.34}$$

式中，$\boldsymbol{q}_k$ 和 $\boldsymbol{w}_k$ 是两个 n 维的待定矢量。

为了使 ΔA_k 成为对称方阵，待定矢量可设为

$$\boldsymbol{q}_k = \lambda_k \boldsymbol{\sigma}_k, \quad \boldsymbol{w}_k = \mu_k A_k \boldsymbol{y}_k \tag{4.35}$$

式中，λ_k 及 μ_k 为待定常系数。将式(4.35)代入式(4.34)得

$$\Delta A_k = \lambda_k \boldsymbol{\sigma}_k \boldsymbol{\sigma}_k^{\mathrm{T}} - \mu_k (A_k \boldsymbol{y}_k)(A_k \boldsymbol{y}_k)^{\mathrm{T}} \tag{4.36}$$

式中，等号右边两项均是 $n\times n$ 阶对称矩阵，显然 ΔA_k 必为 $n\times n$ 阶对称矩阵。且式(4.36)中，$\boldsymbol{\sigma}_k$，$\boldsymbol{y}_k$，A_k 都已由第 k 次迭代得到，因此只需求出待定系数 λ_k 和 μ_k 即可计算 ΔA_k。

将式(4.36)代入式(4.33)有

$$[\lambda_k \boldsymbol{\sigma}_k \boldsymbol{\sigma}_k^{\mathrm{T}} - \mu_k A_k \boldsymbol{y}_k (A_k \boldsymbol{y}_k)^{\mathrm{T}}]\boldsymbol{y}_k = \boldsymbol{\sigma}_k - A_k \boldsymbol{y}_k$$

或

$$\boldsymbol{\sigma}_k(\lambda_k \boldsymbol{\sigma}_k^{\mathrm{T}} \boldsymbol{y}_k) - A_k \boldsymbol{y}_k(\mu_k \boldsymbol{y}_k^{\mathrm{T}} A_k \boldsymbol{y}_k) = \boldsymbol{\sigma}_k - A_k \boldsymbol{y}_k$$

比较上式等号左右两端，可知必有

$$\lambda_k \boldsymbol{\sigma}_k^{\mathrm{T}} \boldsymbol{y}_k = 1$$

和

$$\mu_k \boldsymbol{y}_k^{\mathrm{T}} A_k \boldsymbol{y}_k = 1$$

从而得待定系数

$$\lambda_k = \frac{1}{\boldsymbol{\sigma}_k^{\mathrm{T}} \boldsymbol{y}_k}, \qquad \mu_k = \frac{1}{\boldsymbol{y}_k^{\mathrm{T}} A_k \boldsymbol{y}_k} \tag{4.37}$$

将它们代入式(4.36)得校正矩阵

$$\Delta A_k = \frac{\boldsymbol{\sigma}_k \boldsymbol{\sigma}_k^{\mathrm{T}}}{\boldsymbol{\sigma}_k^{\mathrm{T}} \boldsymbol{y}_k} - \frac{A_k \boldsymbol{y}_k \boldsymbol{y}_k^{\mathrm{T}} A_k}{\boldsymbol{y}_k^{\mathrm{T}} A_k \boldsymbol{y}_k} \tag{4.38}$$

将上式校正矩阵 ΔA_k 代入构造矩阵式(4.28)，得

$$A_{k+1} = A_k + \frac{\boldsymbol{\sigma}_k \boldsymbol{\sigma}_k^{\mathrm{T}}}{\boldsymbol{\sigma}_k^{\mathrm{T}} \boldsymbol{y}_k} - \frac{A_k \boldsymbol{y}_k \boldsymbol{y}_k^{\mathrm{T}} A_k^{\mathrm{T}}}{\boldsymbol{y}_k^{\mathrm{T}} A_k \boldsymbol{y}_k} \tag{4.39}$$

此公式通常称为 DFP 公式。

由 DFP 公式可以看出，构造矩阵 A_{k+1} 的确定取决于在第 k 次迭代中的下列信息：上次的

构造矩阵 A_k、迭代点位移矢量 $\boldsymbol{\sigma}_k=\boldsymbol{x}^{(k+1)}-\boldsymbol{x}^{(k)}$ 和迭代点梯度增量 $\boldsymbol{y}_k=\boldsymbol{g}_{k+1}-\boldsymbol{g}_k$。因此，它不必作二阶导数矩阵及其求逆的计算。

4.6.3 对 DFP 法几个问题的说明与讨论

(1)DFP 公式总有确切的解。观察式(4.39)，只有当 DFP 公式中右端第二项和第三项的分母为非零时，构造矩阵 A_{k+1} 才有确定的意义。事实正是如此，文献[3]证明了这两项的分母均为正数，因此 DFP 公式总有确切的解。

(2)构造矩阵的正定性。为了使拟牛顿方向 $\boldsymbol{S}^{(k)}=-A_k\boldsymbol{g}_k$ 指向目标函数的下降方向，A_k 必须为正定矩阵，讨论如下。

若目标函数 $F(\boldsymbol{x})$ 在 $\boldsymbol{x}^{(k)}$ 点沿 $\boldsymbol{S}^{(k)}$ 方向具有下降的性质，即 $F(\boldsymbol{x}^{(k+1)})<F(\boldsymbol{x}^{(k)})$，则要求搜索方向 $\boldsymbol{S}^{(k)}$ 与负梯度方向之间的夹角为锐角，或者说它们的点积应为正，即

$$\boldsymbol{S}^{(k)}\cdot(-\boldsymbol{g}_k)>0$$

用拟牛顿方向 $\boldsymbol{S}^{(k)}=-A_k\boldsymbol{g}_k$ 代入，并用矩阵式表示，有

$$(A_k\boldsymbol{g}_k)^{\mathrm{T}}\boldsymbol{g}_k>0$$

或

$$\boldsymbol{g}_k^{\mathrm{T}}A_k\boldsymbol{g}_k>0$$

因此 A_k 应是正定的矩阵。

对于 DFP 递推公式产生的构造矩阵，能否保持这种正定性？文献[3]证明了：只要矩阵 A_k 正定，则按 DFP 公式产生的 A_{k+1} 也必正定。由于通常给出的初始矩阵 $A_0=E$ 是正定矩阵，因此随后产生的构造矩阵序列 $A_1,A_2,\cdots$ 都一定是正定矩阵。这就是说，若不计迭代过程中的舍入误差，理论上可保证 DFP 法使目标函数值稳定地下降。

(3)DFP 法搜索方向的共轭性。文献[3]、[4]还证明了下面一个结论：对于二次函数 $F(\boldsymbol{x})$，DFP 法所构成的搜索方向序列 $\boldsymbol{S}^{(0)},\boldsymbol{S}^{(1)},\boldsymbol{S}^{(2)},\cdots,\boldsymbol{S}^{(n-1)}$ 为一组关于海赛矩阵 H 共轭的矢量。所以 DFP 法属于共轭方向法，具有二次收敛的性质。在任何情况下，这种方法对于二次目标函数都将在 n 步内搜索到目标函数的最优点，而且最后的构造矩阵 A_n 必等于海赛矩阵 H。

(4)关于算法的稳定性。算法的稳定性是指算法的每次迭代都能使目标函数值单调下降。构造矩阵正定性的证明已从理论上肯定了 DFP 法的稳定性。但实际上，由于每次迭代的一维搜索只能具有一定的精确度，且存在机器运算的舍入误差，构造矩阵的正定性仍然有可能遭到破坏。

为了提高实际计算中的稳定性，一方面应对一维搜索提出较高的精度要求，另一方面在发生破坏正定性时，将构造矩阵重置为单位矩阵 E 重新开始，通常采用的简单办法是在 n(指优化问题的维数)次迭代后重置单位矩阵。

4.6.4 DFP 算法的迭代步骤

(1)任取初始点 $\boldsymbol{x}^{(0)}$，给出迭代精度 ε 和优化问题的维数 n。

(2)置 $k\leftarrow 0$，取 $A_k\leftarrow E$。计算初始点梯度 $\boldsymbol{g}_0\leftarrow\nabla F(\boldsymbol{x}^{(0)})$ 及其模 $\|\boldsymbol{g}_0\|$，若 $\|\boldsymbol{g}_0\|\leqslant\varepsilon$ 转步骤(7)，否则进行下一步。

(3)计算迭代方向 $\boldsymbol{S}^{(k)}=-A_k\boldsymbol{g}_k$，沿 $\boldsymbol{S}^{(k)}$ 方向作一维搜索求优化步长 $\alpha^{(k)}$，使

$$F(\boldsymbol{x}^{(k)}+\alpha^{(k)}\boldsymbol{S}^{(k)})=\min F(\boldsymbol{x}^{(k)}+\alpha\boldsymbol{S}^{(k)})$$

确定下一个迭代点

$$x^{(k+1)} = x^{(k)} + \alpha^{(k)} S^{(k)}$$

(4)计算 $x^{(k+1)}$ 的梯度 $g_{k+1} = \nabla F(x^{(k+1)})$ 及其模 $\| g_{k+1} \|$，若 $\| g_{k+1} \| \leqslant \varepsilon$，则转步骤(7)，否则转下一步。

(5)计算位移矢量 σ_k 和梯度差矢量 y_k

$$\sigma_k = x^{(k+1)} - x^{(k)}, y_k = g_{k+1} - g_k$$

按 DFP 公式计算构造矩阵

$$A_{k+1} = A_k + \frac{\sigma_k \sigma_k^{\mathrm{T}}}{\sigma_k^{\mathrm{T}} y_k} - \frac{A_k y_k y_k^{\mathrm{T}} A_k}{y_k^{\mathrm{T}} A_k y_k}$$

(6)置 $k \leftarrow k+1$。若 $k < n$（n 为优化问题的维数）返回步骤(3)，否则返回步骤(2)。

(7)输出最优解 (x^*, F^*)，终止计算。

DFP 法的算法流程图见图 4.16。参考程序见附录。

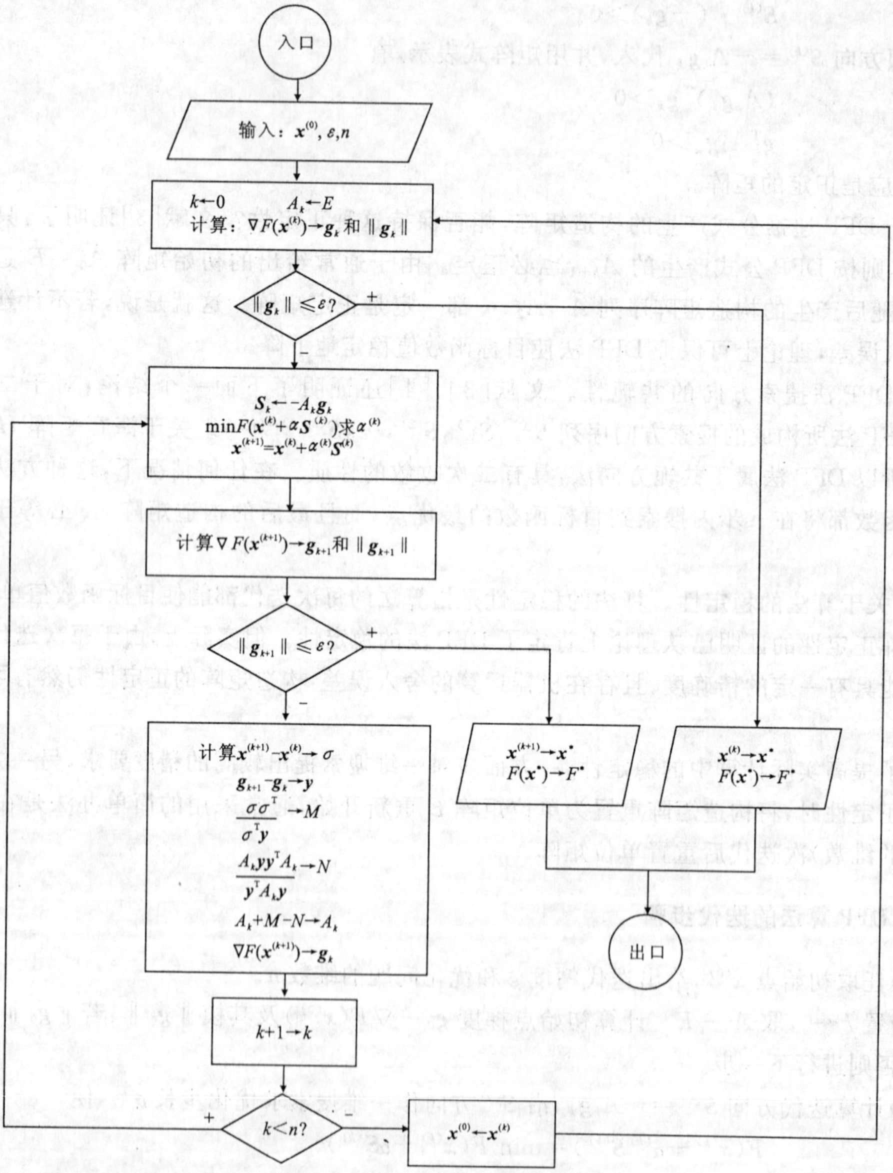

图 4.16　DFP 法的算法流程图

例题 4.6 用 DFP 变尺度法求目标函数 $F(\boldsymbol{x})=4(x_1-5)^2+(x_2-6)^2$ 的最优解。已知初始点 $\boldsymbol{x}^{(0)}=[8\quad 9]^{\mathrm{T}}$，迭代精度 $\varepsilon=0.01$。

解：第一次迭代

$$\boldsymbol{g}_0=\nabla F(\boldsymbol{x}^{(0)})=\begin{bmatrix}8(x_1-5)\\2(x_2-6)\end{bmatrix}_{(8,9)}=\begin{bmatrix}24\\6\end{bmatrix}$$

$$\|\boldsymbol{g}_0\|=24.3>\varepsilon$$

$$A_0=E$$

$$\boldsymbol{S}^{(0)}=-A_0\boldsymbol{g}_0=\begin{bmatrix}-24\\-6\end{bmatrix}$$

$$\boldsymbol{x}^{(1)}=\boldsymbol{x}^{(0)}+\alpha^{(0)}\boldsymbol{S}^{(0)}$$

$$=\begin{bmatrix}8\\9\end{bmatrix}+\alpha^{(0)}\begin{bmatrix}-24\\-6\end{bmatrix}=\begin{bmatrix}8-24\alpha^{(0)}\\9-6\alpha^{(0)}\end{bmatrix}$$

式中，最优步长 $\alpha^{(0)}$ 应该用一维搜索方法在计算机上求解。为了说明问题，又因为此例目标函数简单，所以用解析法来求。

$$F(\boldsymbol{x}^{(1)})=f(\alpha)=4[(8-24\alpha)-5]^2+[(9-6\alpha)-6]^2$$

为求极小，将上式对 α 求导，并令 $f'(\alpha)=0$，得

$$\alpha^{(0)}=0.130\,77$$

于是

$$\boldsymbol{x}^{(1)}=\begin{bmatrix}4.861\,52\\8.215\,38\end{bmatrix}$$

$$\boldsymbol{g}_1=\nabla F(\boldsymbol{x}^{(1)})=\begin{bmatrix}-0.107\,84\\4.430\,76\end{bmatrix}$$

$$\boldsymbol{g}_1=4.567\,16>\varepsilon$$

第二次迭代：

确定 $\boldsymbol{x}^{(1)}$ 点的拟牛顿方向 $\boldsymbol{S}^{(1)}$

$$\boldsymbol{\sigma}_0=\boldsymbol{x}^{(1)}-\boldsymbol{x}^{(0)}=\begin{bmatrix}-3.138\,48\\-0.784\,62\end{bmatrix}$$

$$\boldsymbol{y}_0=\boldsymbol{g}_1-\boldsymbol{g}_0=\begin{bmatrix}-25.107\,84\\-1.569\,24\end{bmatrix}$$

按 DFP 公式计算构造矩阵

$$A_1=A_0+\frac{\boldsymbol{\sigma}_0\boldsymbol{\sigma}_0^{\mathrm{T}}}{\boldsymbol{\sigma}_0^{\mathrm{T}}\boldsymbol{y}_0}-\frac{A_0\boldsymbol{y}_0\boldsymbol{y}_0^{\mathrm{T}}A_0}{\boldsymbol{y}_0^{\mathrm{T}}A_0\boldsymbol{y}_0}$$

将数据代入得

$$A_1=\begin{bmatrix}0.126\,97&-0.031\,487\\-0.031\,487&1.003\,801\end{bmatrix}$$

则拟牛顿方向为

$$\boldsymbol{S}^{(1)}=-A_1\boldsymbol{g}_1=\begin{bmatrix}0.280\,17\\-4.482\,48\end{bmatrix}$$

沿 $\boldsymbol{S}^{(1)}$ 方向进行一维搜索求最优点 $\boldsymbol{x}^{(2)}$。

求一维搜索步长

$$\alpha^{(1)}=0.494\,2$$

则 $$\boldsymbol{x}^{(2)}=\boldsymbol{x}^{(1)}+\alpha^{(1)}\boldsymbol{S}^{(1)}=\begin{bmatrix}4.99998\\6.00014\end{bmatrix}$$

$$\boldsymbol{g}_2=\nabla F(\boldsymbol{x}^{(2)})=\begin{bmatrix}-0.00016\\0.00028\end{bmatrix}$$

$$\|\boldsymbol{g}_2\|=0.00032<\varepsilon$$

迭代即可结束，输出优化解

$$\boldsymbol{x}^*=\boldsymbol{x}^{(2)}=\begin{bmatrix}4.99998\\6.00014\end{bmatrix},\quad F^*=F(\boldsymbol{x}^*)=2.1\times10^{-8}$$

讨论：

(1)该题的理论最优点是 $\boldsymbol{x}^*=[5\quad 6]^{\mathrm{T}}$。按 DFP 搜索方向为共轭的性质，本题为二元二次函数，应在两次迭代后即到达最优点，但本题的计算结果稍有误差，这是由于一维搜索的不精确性产生的。

(2)若在已知 A_1 的基础上，再用 DFP 公式递推下一次的构造矩阵，可计算得

$$A_2=\begin{bmatrix}0.1250 & 0\\0 & 0.5000\end{bmatrix}$$

而计算该目标函数海赛矩阵的逆矩阵有

$$H=\begin{bmatrix}8 & 0\\0 & 2\end{bmatrix},\qquad H^{-1}=\begin{bmatrix}\frac{1}{8} & 0\\0 & \frac{1}{2}\end{bmatrix}$$

可见确有 $$A_2=H^{-1}$$

4.7 BFGS 变尺度法

上节的讨论已经指出，尽管从理论上证明了 DFP 变尺度算法具有许多良好的性质，例如目标函数稳定的下降性和搜索方向的共轭性等，但是由于舍入误差和一维搜索的不精确等多方面的原因，在大量的计算中仍然发现它在数值稳定性方面存在一些问题。有时可能因这种计算误差的存在使某个构造矩阵 A_k 不能保持正定或变为奇异，而使计算归于失败。

1970 年，Broyden、Fletcher、Goldstein、Shanno 等人导出了一种更为稳定的构造矩阵迭代公式，这就是著名的 BFGS 变尺度公式。

BFGS 公式可以看作是对 DFP 公式的补充和修正。若令 A_{k+1}^{D} 表示 DFP 算法所规定的第 $k+1$ 次的构造矩阵，则 BFGS 算法的构造矩阵可表示为

$$A_{k+1}^{B}=A_{k+1}^{D}+\frac{1}{\boldsymbol{\sigma}_k^{\mathrm{T}}\boldsymbol{y}_k}\left[\frac{\boldsymbol{y}_k^{\mathrm{T}}A_k\boldsymbol{y}_k}{\boldsymbol{\sigma}_k^{\mathrm{T}}\boldsymbol{y}_k}\boldsymbol{\sigma}_k\boldsymbol{\sigma}_k^{\mathrm{T}}-\boldsymbol{\sigma}_k\boldsymbol{y}_k^{\mathrm{T}}A_k-A_k\boldsymbol{y}_k\boldsymbol{\sigma}_k^{\mathrm{T}}\right]+\frac{A_k\boldsymbol{y}_k\boldsymbol{y}_k^{\mathrm{T}}A_k}{\boldsymbol{y}_k^{\mathrm{T}}A_k\boldsymbol{y}_k}$$

式中，符号 $\boldsymbol{\sigma}_k$、$\boldsymbol{y}_k$ 的含义与 DFP 公式中的相同，参阅文献[15]。显然，BFGS 法构造矩阵的计算要更复杂一些，但实践证明，由于这种补充和修正，使 BFGS 算法具有更好的数值稳定性。

若将上式中的 A_{k+1}^{D} 用式(4.39)的 DFP 公式代入，即可整理得如下一般用于计算的 BFGS 公式

$$A_{k+1}=A_k+\frac{1}{\boldsymbol{\sigma}_k^{\mathrm{T}}\boldsymbol{y}_k}\left[\left(1+\frac{\boldsymbol{y}_k^{\mathrm{T}}A_k\boldsymbol{y}_k}{\boldsymbol{\sigma}_k^{\mathrm{T}}\boldsymbol{y}_k}\right)\boldsymbol{\sigma}_k\boldsymbol{\sigma}_k^{\mathrm{T}}-A_k\boldsymbol{y}_k\boldsymbol{\sigma}_k^{\mathrm{T}}-\boldsymbol{\sigma}_k\boldsymbol{y}_k^{\mathrm{T}}A_k\right]\tag{4.40}$$

BFGS 变尺度法与 DFP 变尺度法具有完全相同的性质，其基本思想和迭代步骤也相同。

它们的差别仅在于计算构造矩阵的递推公式不同而已。

由于 BFGS 算法所产生的构造矩阵不易变为奇异,因而它有更好的稳定性,适宜用于维数较高的无约束优化问题的求解。到目前为止,这种算法被公认为是一种最好的变尺度法。

4.8 无约束优化方法的评价准则及选用

本章介绍了七种无约束优化方法:坐标轮换法、鲍威尔法、梯度法、共轭梯度法、牛顿法和 DFP 及 BFGS 变尺度法。这是我们从初学者的角度出发,选择了一些在概念和理论上均具有重要意义且在应用上较为有效的部分方法。事实上,现有的无约束方法还有很多,例如模式搜索法、随机射线法等。在这些算法中哪种算法较好?哪种算法较差?为了比较它们的特性,首先必须建立合理的评价准则。

无约束优化方法的评价准则主要有以下几个方面。

(1)可靠性。所谓可靠性是指算法在合理的精度要求下,在一定允许时间内能解出各种不同类型问题的成功率。能够解出的问题越多,则算法的可靠性越好。所以有的文献也称它为通用性。

(2)有效性。它是指算法的解题效率而言的。有效性常用两种衡量标准。其一是用同一题目,在相同的精度要求和初始条件下,比较占用机时数的多少。其二是在相同精度要求下,计算同一题目到最优解时所需要的函数计算次数。这里所指的函数计算次数除了计算目标函数值以外,还应包括计算导数值的次数。

(3)简便性。简便性包括两个方面的含义。一方面是指实现这种算法人们所需要的准备工作量的大小。例如,编制程序的复杂程度,程序调试出错率的高低,算法中所用调整参数的多少等。另一方面是指算法所占用贮存单元的数量。如果某些算法占用单元数很大,这就会对机型提出特殊的要求,显然对使用者是不方便的。

以上的准则,基本上也适用于对约束优化方法的评价。

由上面的诸评价准则可以看出,要断然地肯定某算法最好或某算法最坏是不可能的。因为各种算法就上面三个准则作评价时一般是各有长短,而且由于目标函数的多样性,各种算法对不同目标函数所体现出来的准则衡量结果也有差异。因此算法的评价实际上是一个比较复杂的问题。

下面就本章所述的几种无约束优化方法作一概略的评论,指出其适用范围,供读者选择优化方法时参考。

就可靠性而言,牛顿法较差,这是因为它对目标函数提出了比较严格的要求,如果函数的海赛矩阵不处处正定或者不处处非奇异,则算法的成败与初始点的选择有极大的关系,解题的成功率较低。从有效性方面来说,坐标轮换法和梯度法的计算效率较低,因为它们从理论上来说不具备二次收敛性,特别是对高维的优化问题和当精度要求较高时尤为显著。从简便性观点来看,牛顿法和 DFP 变尺度法的程序编制比较复杂,牛顿法还占用较多的贮存单元。

在选择无约束优化方法时,一方面要考虑这些方法的特点,另一方面要考虑优化问题中目标函数的具体情况。一般说来,对于维数较低或者很难求出导数的目标函数,使用坐标轮换法或鲍威尔法比较适宜;对于二次性较强的目标函数,使用牛顿法也有较好的效果;对于一阶偏导数易求的目标函数,则使用梯度法可使程序编制简单,但精度不宜过高。从综合的效果来看,鲍威尔法和 DFP 法具有较好的性能,因此这两种方法在目前应用最为广泛。

习 题

1. 试用坐标轮换法求目标函数 $F(\boldsymbol{x})=2x_1^2+3x_2^2-8x_1+10$ 的无约束最优解，已设定初始点为 $\boldsymbol{x}^{(0)}=[1\quad 2]^T$，迭代精度 $\varepsilon=0.001$。

2. 试自编坐标轮换法 BASIC 程序求无约束优化问题

$$\min F(\boldsymbol{x})=4+\frac{9}{2}x_1-4x_2+x_1^2+2x_2^2-2x_1x_2+x_1^2-2x_1^2x_2$$

的最优解，并对计算结果进行必要的讨论。初始点取两种不同的方案：

(1) $\boldsymbol{x}^{(0)}=\begin{bmatrix}3\\5\end{bmatrix}$，　(2) $\boldsymbol{x}^{(0)}=\begin{bmatrix}-2\\0\end{bmatrix}$

迭代精度取 $\varepsilon=0.01$。

3. 试用鲍威尔修正算法求目标函数 $F(\boldsymbol{x})=10(x_1+x_2-5)^2+(x_1-x_2)^2$ 的最优解，已知 $\boldsymbol{x}^{(0)}=\begin{bmatrix}0\\0\end{bmatrix}$，迭代精度 $\varepsilon=0.001$。

4. 用梯度法求目标函数 $F(\boldsymbol{x})=1.5x_1^2+0.5x_2^2-x_1x_2-2x_1$ 的最优解。设初始点 $\boldsymbol{x}^{(0)}=[-2\quad 4]^T$，迭代精度 $\varepsilon=0.02$。

5. 用原始牛顿法求目标函数 $F(\boldsymbol{x})=(x_1-2)^4+(x_1-2x_2)^2$ 的最优解。初始点取 $\boldsymbol{x}^{(0)}=[0\quad 3]^T$，迭代精度 $\varepsilon=0.9$。

6. 用阻尼牛顿法求目标函数 $F(\boldsymbol{x})=10x_1^2+x_2^2-20x_1-4x_2+24$ 的最优解。初始点取 $\boldsymbol{x}^{(0)}=[2\quad -1]^T$，迭代精度 $\varepsilon=0.01$。

7. 试用 DFP 变尺度法求目标函数 $F(\boldsymbol{x})=x_1^2+2x_2^2-2x_1x_2-4x_1$ 的最优解。已设定初始点 $\boldsymbol{x}^{(0)}=[1\quad 1]^T$，迭代精度为 $\varepsilon=0.01$。

8. 试用共轭梯度法求目标函数 $F(\boldsymbol{x})=x_1^2-x_1x_2+x_2^2+2x_1-4x_2$ 的最优解。取初始点 $\boldsymbol{x}^{(0)}=[2\quad 2]^T$。

第五章　约束优化方法

第四章介绍了几种较为常用的无约束优化方法。这是优化方法中最基本最核心的部分。但在工程实际中,大部分问题的设计变量取值都受到一定的限制,即机械设计中的优化问题大多属于有约束的优化问题,用于求约束优化问题最优解的方法称为约束优化方法。

对于约束优化方法的研究,就目前现状,不及无约束优化方法那样完善和深入。因此,本章仅讨论几种有代表性的约束优化方法。

一、约束优化问题的类型

约束优化问题根据约束条件类型的不同分为三种,其数学模型如下。

(1)不等式约束优化问题(IP 型)

$$\left.\begin{aligned} &\min F(\boldsymbol{x}) \\ &\boldsymbol{x} \in \mathscr{D} \subset \mathbf{R}^n \\ \mathscr{D}: &g_u(\boldsymbol{x}) \geqslant 0, u=1,2,\cdots,p \end{aligned}\right\} \tag{5.1}$$

(2)等式约束优化问题(EP 型)

$$\left.\begin{aligned} &\min F(\boldsymbol{x}) \\ &\boldsymbol{x} \in \mathscr{D} \subset \mathbf{R}^n \\ \mathscr{D}: &h_v(\boldsymbol{x}) = 0, v=1,2,\cdots,q \end{aligned}\right\} \tag{5.2}$$

(3)一般约束优化问题(GP 型)

$$\left.\begin{aligned} &\min F(\boldsymbol{x}) \\ &\boldsymbol{x} \in \mathscr{D} \subset \mathbf{R}^n \\ \mathscr{D}: &g_u(\boldsymbol{x}) \geqslant 0, u=1,2,\cdots,p \\ &h_v(\boldsymbol{x}) = 0, v=1,2,\cdots,q \end{aligned}\right\} \tag{5.3}$$

二、约束优化方法分类

约束优化方法按求解原理和方式之不同而分为直接法和间接法两类。

1. 直接法

它只能求解式(5.1)不等式约束优化问题的最优解。其根本做法是在约束条件所限制的可行域 $\mathscr{D}$ 内直接求目标函数的最优解($\boldsymbol{x}^*$,F^*)。

方法的基本要点仍是:选取初始点 $\boldsymbol{x}^{(0)}$、确定搜索方向 $\boldsymbol{S}^{(k)}$、适当的步长 $\alpha^{(k)}$。

方法的搜索原则是每次产生的迭代点 $\boldsymbol{x}^{(k)}$ 必须满足可行性与适用性两个条件。

可行性:迭代点 $\boldsymbol{x}^{(k)}$ 必须在约束条件所限制的可行域 $\mathscr{D}$ 内,即满足

$$g_u(\boldsymbol{x}) \geqslant 0, \quad u=1,2,\cdots,p$$

适用性:当前迭代点 $\boldsymbol{x}^{(k)}$ 的目标函数值较前一迭代点是下降的,即满足

$$F(\boldsymbol{x}^{(k)}) < F(\boldsymbol{x}^{(k-1)})$$

本章所介绍的直接法有:约束坐标轮换法、约束随机方向法、复合形法以及可行方向法等。

2. 间接法

该类方法可以解决式(5.1)具有不等式约束式、(5.2)具有等式约束以及式(5.3)具有不等式兼等式约束的优化问题。间接法的基本思想是将约束优化问题通过一定方式进行转变，将约束优化问题转化为无约束优化问题，再采用无约束优化方法进行求解。本章以惩罚函数法作为间接法的代表加以介绍。

5.1 约束优化问题的最优解

5.1.1 局部最优解与全局最优解

按第二章所述局部最优点与全局最优点的关系，对于具有不等式约束(IP 型)的优化问题，如果目标函数 $F(\boldsymbol{x})$是凸可行域 $\mathscr{D}$ 集上的凸函数，则局部最优点就是全局最优点，不论初始点 $\boldsymbol{x}^{(0)}$ 选在任何位置，搜索最终都将达到唯一的最优点 $\boldsymbol{x}^*$ [见图 5.1(a)]。否则，可行域 $\mathscr{D}$ 集与目标函数 $F(\boldsymbol{x})$至少有一方面是非凸性的，则可能出现两个或更多的局部最优点，见图 5.1(b)中的 $\boldsymbol{x}_1^*$ 与 $\boldsymbol{x}_2^*$。此情况下，要从全部的局部最优点中找到它们当中函数值最小的点 $\boldsymbol{x}^*$，该点就是所要寻找的全局最优点。

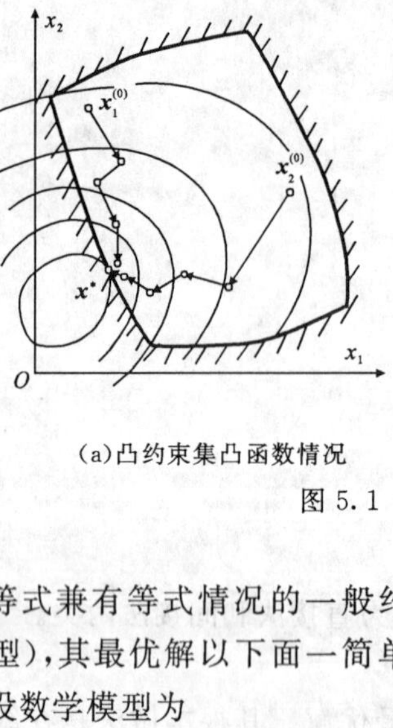

(a)凸约束集凸函数情况

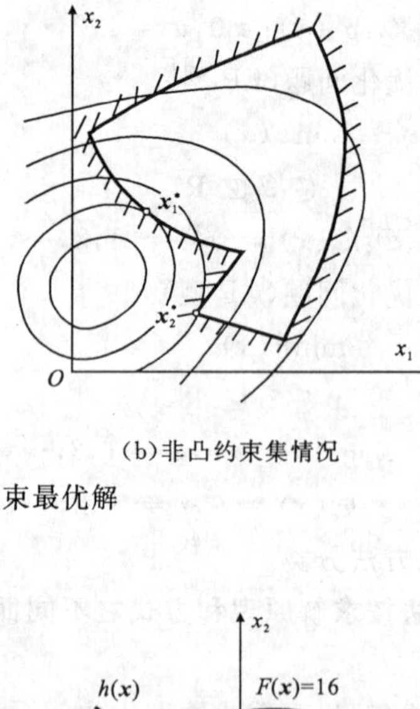

(b)非凸约束集情况

图 5.1 约束最优解

对于具有不等式兼有等式情况的一般约束优化问题(GP 型)，其最优解以下面一简单例子予以说明。设数学模型为

$$\min F(\boldsymbol{x}) = (x_1 - 1)^2 + x_2^2$$

$$\boldsymbol{x} = [x_1 \quad x_2]^{\mathrm{T}} \in \mathscr{D} \subset \boldsymbol{R}^2$$

$$\mathscr{D}: g(\boldsymbol{x}) = x_2 + 2 \geqslant 0$$

$$h(\boldsymbol{x}) = (x_1 - 2)^2 - x_2^2 - 9 = 0$$

该优化问题的最优解见图 5.2，点 $\boldsymbol{x}_1^*$，$\boldsymbol{x}_2^*$ 是两个局部极小点

$$\boldsymbol{x}_1^* = [-1 \quad 0]^{\mathrm{T}}, \quad \boldsymbol{x}_2^* = [5 \quad 0]^{\mathrm{T}}$$

所对应的函数值为

$$F(\boldsymbol{x}_1^*) = 4, \quad F(\boldsymbol{x}_2^*) = 16$$

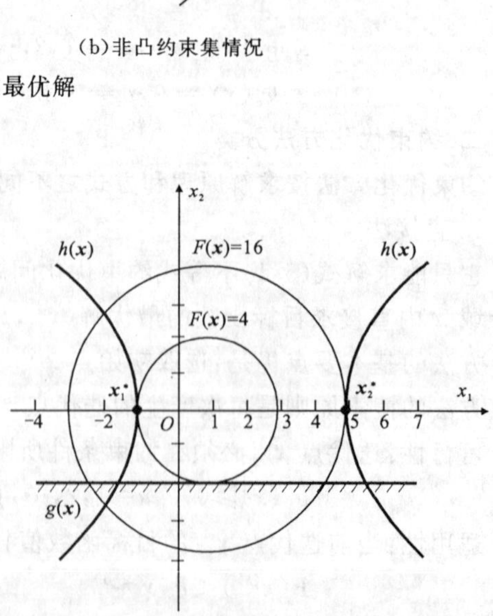

图 5.2 GP 型问题一例的最优解

可见，$\boldsymbol{x}_1^*$ 是全局最优点。全局最优解为

$$\boldsymbol{x}_1^* = [-1 \quad 0]^{\mathrm{T}}$$
$$F^* = 4$$

5.1.2 起作用约束与不起作用约束

对于一般的约束优化问题，其约束包含两类：

不等式约束 $g_u(\boldsymbol{x}) \geqslant 0, u=1,2,\cdots,p$ (5.4a)

等式约束 $h_v(\boldsymbol{x})=0, v=1,2,\cdots,q$ (5.4b)

在可行设计点 $\boldsymbol{x}^{(k)}$ 处，对于不等式约束，如果有 $g_i(\boldsymbol{x}^{(k)})=0, i\in u$，则称第 i 个约束 $g_i(\boldsymbol{x})$ 为可行点 $\boldsymbol{x}^{(k)}$ 的起作用约束；否则，有 $g_i(\boldsymbol{x}^{(k)})>0, i\in u$，则称 $g_i(\boldsymbol{x})$ 为可行点 $\boldsymbol{x}^{(k)}$ 的不起作用约束。显见，只有在可行域 $\mathscr{D}$ 边界上的点才有起作用的约束，而且是该点所在边界约束自身；而所有各约束对可行域内部的设计点都是不起作用的约束。

对于式(5.4b)的等式约束，凡是满足该约束的任一可行点，该等式约束都是起作用约束。

由于约束优化问题的最优解不仅与目标函数有关，而且与约束集合的性质也有关，所以在可行设计点 $\boldsymbol{x}^{(k)}$ 处，起作用约束在该点邻域不仅起到限制可行域范围的作用，而且还可提供有关可行搜索方向的信息。又由于约束最优点 $\boldsymbol{x}^*$，其位置是发生在起作用约束边界上，所以不起作用约束对于所求最优点的问题，就认为不产生任何影响，看作是可略去的约束，因而把注意力集中到设计点的起作用约束上，且把全部起作用约束当作等式约束来处理。

5.2 约束优化问题极小点的条件

约束优化问题极小点的条件，是指在满足约束条件下，其目标函数局部极小点的存在条件，即是对局部最优解而言的。

约束问题最优解存在条件可能出现两种情况，一是极小点在可行域内部，即极小点是可行域的内点，这种问题与无约束优化问题相同；另一种是极小点发生在可行域的一个或几个边界汇交处。本章着重研究后一种情况。

5.2.1 IP 型约束问题解的必要条件

图 5.3 所示为具有三个不等式约束的二维约束优化问题。

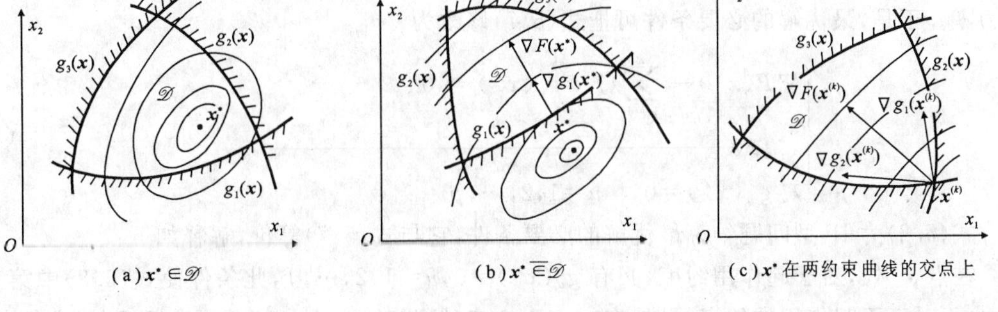

图 5.3 不等式约束局部解

图 5.3(a)是最优点 $\boldsymbol{x}^*$ 在可行域内部的一种情况。在此种情形下，$\boldsymbol{x}^*$ 点的全部约束函数值 $g_u(\boldsymbol{x}^*)$ 均大于零($u=1,2,3$)，所以这组约束条件对其最优点 $\boldsymbol{x}^*$ 都不起作用。换言之，如果除掉全部约束，其最优点也仍是同一个 $\boldsymbol{x}^*$ 点。因此，这种约束优化问题与无约束优化问题是等价的。

图 5.3(b)所示的是约束最优点 $\boldsymbol{x}^*$ 在 $g_1(\boldsymbol{x})$ 的边界曲线与目标函数等值线的切点处。此时，$g_1(\boldsymbol{x}^*)=0, g_2(\boldsymbol{x}^*)>0, g_3(\boldsymbol{x}^*)>0$。所以 $g_1(\boldsymbol{x})$ 是起作用约束，而其余的两个是不起作用约束。

既然约束最优点 $\boldsymbol{x}^*$ 是目标函数等值线与 $g_1(\boldsymbol{x})$ 边界线的切点，则在 $\boldsymbol{x}^*$ 点处目标函数的梯度矢量 $\nabla F(\boldsymbol{x}^*)$ 与约束函数梯度矢量 $\nabla g_1(\boldsymbol{x}^*)$ 必共线，而且方向一致。若取非负乘子 $\lambda_1^* \geqslant 0$，则在 $\boldsymbol{x}^*$ 处必存在如下关系

$$\nabla F(\boldsymbol{x}^*) - \lambda_1^* \nabla g_1(\boldsymbol{x}^*) = 0 \tag{5.5a}$$

另一种情况如图 5.3(c)所示。当前迭代点 $\boldsymbol{x}^{(k)}$ 在两约束曲线的交点上，该点目标函数的梯度矢量 $\nabla F(\boldsymbol{x}^{(k)})$ 夹于两约束函数的梯度矢量 $\nabla g_1(\boldsymbol{x}^{(k)})$，$\nabla g_2(\boldsymbol{x}^{(k)})$ 之间。显然，在 $\boldsymbol{x}^{(k)}$ 点处，起作用约束有两个：$g_1(\boldsymbol{x})$ 和 $g_2(\boldsymbol{x})$。在这种情况下，因为在 $\boldsymbol{x}^{(k)}$ 点邻近的可行域内部不存在目标函数值比 $F(\boldsymbol{x}^{(k)})$ 更小的设计点。因此，点 $\boldsymbol{x}^{(k)}$ 就是约束最优点，记作 $\boldsymbol{x}^*$。由图可知，此时，$\boldsymbol{x}^{(k)}$ 点目标函数的梯度 $\nabla F(\boldsymbol{x}^{(k)})$ 可表达为约束函数梯度 $\nabla g_1(\boldsymbol{x}^{(k)})$ 和 $\nabla g_2(\boldsymbol{x}^{(k)})$ 的线性组合。若用 $\boldsymbol{x}^*$ 代替 $\boldsymbol{x}^{(k)}$，即有

$$\nabla F(\boldsymbol{x}^*) = \lambda_1^* \nabla g_1(\boldsymbol{x}^*) + \lambda_2^* \nabla g_2(\boldsymbol{x}^*) \tag{5.5b}$$

成立，且式中的乘子 λ_1^* 和 λ_2^* 必为非负。

总结以上各种情况，对图 5.3 的二维优化问题，其最优解的必要条件为

$$\begin{aligned} &\nabla F(\boldsymbol{x}^*) - \sum_{u=1}^{2} \lambda_u^* \nabla g_u(\boldsymbol{x}^*) = 0 \\ &\lambda_u^* \geqslant 0, \qquad u=1,2 \end{aligned} \tag{5.6}$$

根据上面的分析，可归纳出式(5.1)一般 n 维 IP 型约束问题最优解的必要条件。

设最优点 $\boldsymbol{x}^*$ 位于 J 个约束边界的汇交处，则 J 个约束条件组成一个起作用的约束集，按上面的分析，对于 $\boldsymbol{x}^*$ 点必有下式成立

$$\begin{cases} \nabla F(\boldsymbol{x}^*) - \sum\limits_{u=1}^{J} \lambda_u^* \nabla g_u(\boldsymbol{x}^*) = 0 \\ \lambda_u^* \geqslant 0, \quad u=1,2,\cdots,J \end{cases} \tag{5.7}$$

但是在实际求解过程中，并不能预先知道最优点 $\boldsymbol{x}^*$ 位于哪一个或哪几个约束边界的汇交处，为此，应把 p 个约束全部考虑进去。但要特别注意，对于不起作用约束的相应乘子 λ_u^* 应取为零。于是，最优解的必要条件可把式(5.7)修改为

$$\begin{cases} \nabla F(\boldsymbol{x}^*) - \sum\limits_{u=1}^{p} \lambda_u^* \nabla g_u(\boldsymbol{x}^*) = 0 \\ \lambda_u^* \geqslant 0 \\ \lambda_u^* g_u(\boldsymbol{x}^*) = 0, \quad u=1,2,\cdots,p \end{cases} \tag{5.8}$$

式(5.8)为 IP 型问题约束最优解的必要条件，它与式(5.7)等价，解释如下：

在点 $\boldsymbol{x}^*$ 处，对于起作用约束，必有 $g_u(\boldsymbol{x}^*)=0, u=1,2,\cdots,J$，此条件使式(5.8)中第三式成立；而对于不起作用的约束，虽然有 $g_u(\boldsymbol{x}^*)>0$，但此时取 $\lambda_u^*=0$，可见式(5.7)与式(5.8)等价。

5.2.2 EP 型约束问题解的必要条件

图 5.4 所示为具有一个等式约束条件的二维优化问题。其数学模型为

$$\begin{aligned}&\min F(\boldsymbol{x})\\&\boldsymbol{x}\in\mathscr{D}\subset\mathbf{R}^2\\\mathscr{D}:\ &h(\boldsymbol{x})=0\end{aligned}$$

在该问题中，等式约束曲线 $h(\boldsymbol{x})=0$ 是它的可行域，而且目标函数等值线 $F(\boldsymbol{x})=C$ 与约束曲线 $h(\boldsymbol{x})=0$ 的切点 $\boldsymbol{x}^*$ 是该约束问题的最优点。

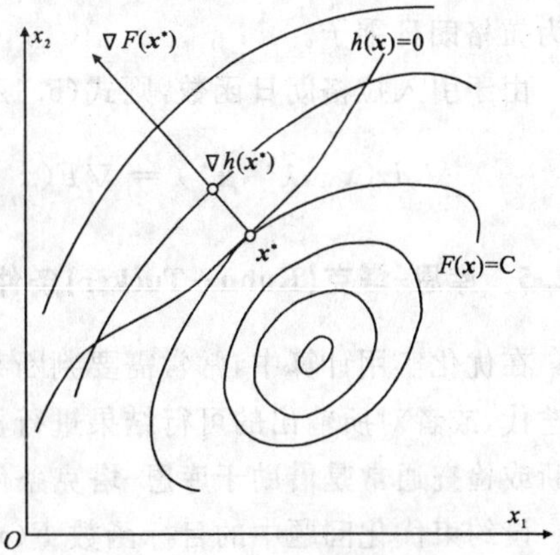

图 5.4　等式约束局部解

在 $\boldsymbol{x}^*$ 点处，目标函数的梯度 $\nabla F(\boldsymbol{x}^*)$ 与约束函数的梯度 $\nabla h(\boldsymbol{x}^*)$ 共线。因此，在最优点 $\boldsymbol{x}^*$ 处，一定存在一个乘子 μ^*（对 μ^* 的正负无要求），有下式

$$\nabla F(\boldsymbol{x}^*)-\mu^*\nabla h(\boldsymbol{x}^*)=0 \tag{5.9}$$

成立。

对于一般的 n 维等式约束优化问题，其数学模型为式(5.1)，其最优解的必要条件为

$$\nabla F(\boldsymbol{x}^*)-\sum_{v=1}^{q}\mu_v^*\nabla h_v(\boldsymbol{x}^*)=0 \tag{5.10}$$

5.2.3 GP 型约束问题解的必要条件

由上述不等式约束优化与等式约束优化问题解的必要条件，可以推出一般约束优化问题解的必要条件。

对于一般约束优化问题的数学模型

$$\left.\begin{aligned}&\min F(\boldsymbol{x})\\&\boldsymbol{x}\in\mathscr{D}\subset\mathbf{R}^n\\\mathscr{D}:\ &g_u(\boldsymbol{x})\geqslant 0,u=1,2,\cdots,p\\&h_v(\boldsymbol{x})=0,v=1,2,\cdots,q\end{aligned}\right\} \tag{5.11}$$

设 $\boldsymbol{x}^*$ 点是局部最优点，其必要条件如下式

$$\begin{cases}\nabla F(\boldsymbol{x}^*)-\sum\limits_{u=1}^{p}\lambda_u^*\nabla g_u(\boldsymbol{x}^*)-\sum\limits_{v=1}^{q}\mu_v^*\nabla h_v(\boldsymbol{x}^*)=0\\\lambda_u^*\geqslant 0\\\lambda_u^* g_u(\boldsymbol{x}^*)=0,\quad u=1,2,\cdots,p\quad v=1,2,\cdots,q\end{cases} \tag{5.12}$$

5.2.4 构造 Lagrangian(拉格朗日)函数

对于式(5.11)构造如下函数

$$L(\boldsymbol{x},\boldsymbol{\lambda},\boldsymbol{\mu})=F(\boldsymbol{x})-\sum_{u=1}^{p}\lambda_u g_u(\boldsymbol{x})-\sum_{v=1}^{q}\mu_v h_v(\boldsymbol{x}) \tag{5.13}$$

将该函数称为关于问题式(5.11)的广义拉格朗日函数，式中

$$\begin{cases}\boldsymbol{\lambda}=[\lambda_1\quad\lambda_2\quad\cdots\quad\lambda_p]^{\mathrm{T}}\\\boldsymbol{\mu}=[\mu_1\quad\mu_2\quad\cdots\quad\mu_q]^{\mathrm{T}}\end{cases} \tag{5.14}$$

称为拉格朗日乘子。

由于引入拉格朗日函数，则式(5.12)中的第一式可写为

$$\nabla_x L(\boldsymbol{x}^*,\boldsymbol{\lambda}^*,\boldsymbol{\mu}^*)=\nabla F(\boldsymbol{x}^*)-\sum_{u=1}^{p}\lambda_u^*\nabla g_u(\boldsymbol{x}^*)-\sum_{v=1}^{q}\mu_v^*\nabla h_v(\boldsymbol{x}^*)=0 \quad (5.15)$$

5.2.5 库恩-塔克(Kuhn-Tucker)条件

在优化实用计算中，常常需要判断某可行迭代点 $\boldsymbol{x}^{(k)}$ 是否可作为约束最优点 $\boldsymbol{x}^*$ 输出而结束迭代，或者对所输出的可行结果进行检查，观察它是否已满足约束最优解的必要条件。这种判断或检查通常是借助于库恩-塔克条件进行的。

设约束优化问题中的目标函数 $F(\boldsymbol{x})$ 和约束函数 $g_u(\boldsymbol{x})$，$h_v(\boldsymbol{x})$ 均为可微函数，$\boldsymbol{x}^{(k)}$ 为当前迭代点。如前所述，$\boldsymbol{x}^{(k)}$ 要成为约束最优解的必要条件是

$$\begin{cases}\nabla F(\boldsymbol{x}^{(k)})-\sum\limits_{u=1}^{p}\lambda_u\nabla g(\boldsymbol{x}^{(k)})-\sum\limits_{v=1}^{q}\mu_v\nabla h_v(\boldsymbol{x}^{(k)})=0\\ \lambda_u g_u(\boldsymbol{x}^{(k)})=0\\ \lambda_u\geqslant 0,\quad u=1,2,\cdots,p\quad v=1,2,\cdots,q\end{cases} \quad (5.16)$$

引入约束函数矢量 $\boldsymbol{g}^{(k)}=[g_1(\boldsymbol{x}^{(k)})\quad g_2(\boldsymbol{x}^{(k)})\quad\cdots\quad g_p(\boldsymbol{x}^{(k)})]^{\mathrm{T}}$ (5.17)

利用 Lagrangian 函数式(5.13)及矢量式(5.14)、式(5.17)，则式(5.16)可写成更紧凑的形式

$$\begin{cases}\nabla_x L(\boldsymbol{x}^{(k)},\boldsymbol{\lambda},\boldsymbol{\mu})=0\\ \boldsymbol{\lambda}^{\mathrm{T}}g^{(k)}=0\\ \boldsymbol{\lambda}\geqslant \Theta\end{cases} \quad (5.18)$$

式(5.16)及式(5.18)称为库恩-塔克条件，简称 K-T 条件。满足式中的点 $\boldsymbol{x}^{(k)}$ 称为 K-T 点。式(5.16)或式(5.18)是约束优化问题局部最优点的必要条件。

K-T 条件不但在约束优化理论研究上具有重要的作用，同时在优化方法的具体算法中也有着实际的应用。所以有必要对 K-T 条件作进一步解释。这里只讨论 IP 型不等式约束优化问题解的必要条件。

式(5.7)是一个方程组。在迭代点 $\boldsymbol{x}^{(k)}$ 处展开式的形式为

$$\begin{cases}\dfrac{\partial F(\boldsymbol{x}^{(k)})}{\partial x_1}-\lambda_1\dfrac{\partial g_1(\boldsymbol{x}^{(k)})}{\partial x_1}-\lambda_2\dfrac{\partial g_2(\boldsymbol{x}^{(k)})}{\partial x_1}-\cdots-\lambda_J\dfrac{\partial g_J(\boldsymbol{x}^{(k)})}{\partial x_1}=0\\ \dfrac{\partial F(\boldsymbol{x}^{(k)})}{\partial x_2}-\lambda_1\dfrac{\partial g_1(\boldsymbol{x}^{(k)})}{\partial x_2}-\lambda_2\dfrac{\partial g_2(\boldsymbol{x}^{(k)})}{\partial x_2}-\cdots-\lambda_J\dfrac{\partial g_J(\boldsymbol{x}^{(k)})}{\partial x_2}=0\\ \qquad\vdots\qquad\qquad\vdots\qquad\qquad\vdots\qquad\qquad\vdots\\ \dfrac{\partial F(\boldsymbol{x}^{(k)})}{\partial x_n}-\lambda_1\dfrac{\partial g_1(\boldsymbol{x}^{(k)})}{\partial x_n}-\lambda_2\dfrac{\partial g_2(\boldsymbol{x}^{(k)})}{\partial x_n}-\cdots-\lambda_J\dfrac{\partial g_J(\boldsymbol{x}^{(k)})}{\partial x_n}=0\end{cases} \quad (5.19)$$

一般情况下，起作用约束数 J 不大于问题的维数 n，式中 $\boldsymbol{\lambda}=[\lambda_1\quad\lambda_2\quad\cdots\quad\lambda_J]^{\mathrm{T}}$ 是待定系数矢量。如果在迭代点 $\boldsymbol{x}^{(k)}$ 确定的情况下，式(5.19)中的 $\nabla F(\boldsymbol{x}^{(k)})$ 及 $\nabla g_u(\boldsymbol{x}^{(k)})$ 为定值。当 $n=J$ 时，式(5.19)是以 $\lambda_1,\lambda_2,\cdots,\lambda_J$ 为待定常数的线性方程组。解式(5.19)得一组 $\lambda_j(j=1,2,\cdots,J)$，如果 $\lambda_j(j=1,2,\cdots,J)$ 均非负，标志 $\boldsymbol{x}^{(k)}$ 满足 K-T 条件。该条件是 $\boldsymbol{x}^{(k)}$ 点为极小点的必要条件。如果 $n\neq J$，则需用式(5.19)建立线性规划，通过求解得各待定系数 $\lambda_1,\lambda_2,\cdots,\lambda_J$。

从式(5.7)可见，只要各起作用约束的梯度矢量是线性无关(线性独立)的，如果点 $\boldsymbol{x}^{(k)}$ 是

最优点，则必满足 K－T 条件；反之，满足 K－T 条件的点却不一定是约束最优点。就是说 K－T 条件不是最优点的充分条件。只有当目标函数是凸函数，约束构成的可行域是凸集时，则满足 K－T 条件的点 $\boldsymbol{x}^{(k)}$ 是极小点且是全局极小点的必要而充分条件。所以，K－T 条件对于约束问题的重要性之一在于：可以通过这个条件检验设计点 $\boldsymbol{x}^{(k)}$ 是否为极小点，可以以它作为某些迭代算法的一种收敛条件。

如果 $\boldsymbol{x}^*$ 是最优点，则 $\boldsymbol{x}^*$ 的目标函数梯度 $\nabla F(\boldsymbol{x}^*)$ 可表达为约束函数梯度的线性组合，见式(5.7)，式中的乘子 $\lambda_1,\lambda_2,\cdots,\lambda_J$ 均为非负。

为简明，以二维问题为例进行说明。当迭代点 $\boldsymbol{x}^{(k)}$ 有两个起作用约束，按式(5.7)写出目标函数与约束集的关系如下

$$\nabla F(\boldsymbol{x}^{(k)})=\lambda_1\nabla g_1(\boldsymbol{x}^{(k)})+\lambda_2\nabla g_2(\boldsymbol{x}^{(k)}) \tag{5.20}$$

该式按乘子 λ_1,λ_2 的正负符号不同分为两种情况，见图 5.5。

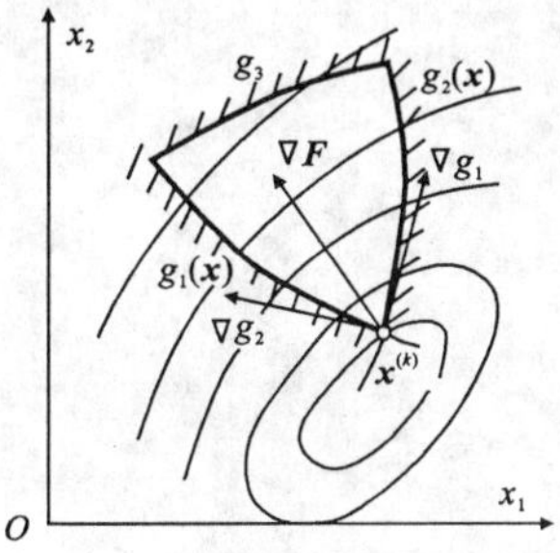

(a)$\boldsymbol{x}^{(k)}$ 为最优点

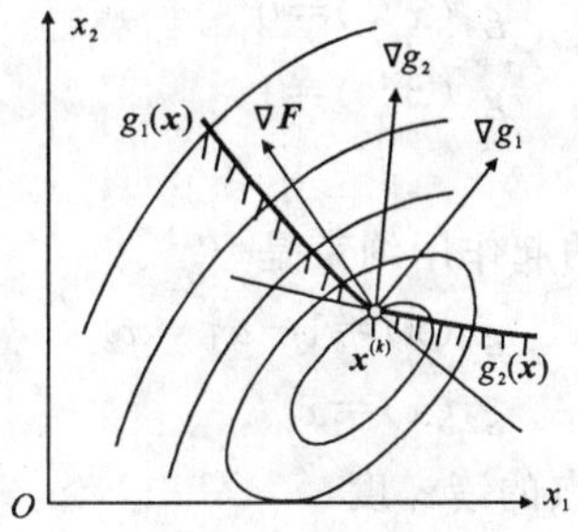

(b)$\boldsymbol{x}^{(k)}$ 为非最优点

图 5.5　约束最优解的必要条件

在 $\boldsymbol{x}^{(k)}$ 点处，约束函数的梯度 $\nabla g_1(\boldsymbol{x}^{(k)})$ 和 $\nabla g_2(\boldsymbol{x}^{(k)})$，除两矢量线性相关（即共线情况）外，以 $\boldsymbol{x}^{(k)}$ 为顶点张成一个扇形面，而目标函数在该点的梯度 $\nabla F(\boldsymbol{x}^{(k)})$，可能在扇形子空间（平面）内或者在其外。图 5.5(a)所示的 $\nabla F(\boldsymbol{x}^{(k)})$ 是在扇形空间内，此情况所对应的式(5.20)中的两个乘子 λ_1,λ_2 均为正，满足 K－T 条件，点 $\boldsymbol{x}^{(k)}$ 是最优点；图 5.5(b)所示的 $\nabla F(\boldsymbol{x}^{(k)})$ 在 $\nabla g_1(\boldsymbol{x}^{(k)})$ 与 $\nabla g_2(\boldsymbol{x}^{(k)})$ 所围的扇形面外，此时对应的式(5.20)中的两个乘子 $\lambda_1<0,\lambda_2>0$，不满足K－T条件，点 $\boldsymbol{x}^{(k)}$ 不满足约束极值必要条件，肯定不是最优点。即此，再以 $\boldsymbol{x}^{(k)}$ 为新的初始点，按 $\nabla F(\boldsymbol{x}^{(k)})$，$\nabla g_1(\boldsymbol{x}^{(k)})$ 及 $\nabla g_2(\boldsymbol{x}^{(k)})$ 所提供的信息确定新的可行搜索方向继续进行迭代，以求出最优点。

在三维设计空间中，设迭代点 $\boldsymbol{x}^{(k)}$ 有三个起作用约束，其约束梯度矢量分别为 $\nabla g_1(\boldsymbol{x}^{(k)})$，$\nabla g_2(\boldsymbol{x}^{(k)})$ 及 $\nabla g_3(\boldsymbol{x}^{(k)})$，假定这些矢量是线性独立的，则以 $\boldsymbol{x}^{(k)}$ 为顶点张成一个空间角锥。按二维问题的结论可知（证明略），如果目标函数梯度 $\nabla F(\boldsymbol{x}^{(k)})$ 位于空间角锥之内，那么就不可能存在搜索方向使目标函数值再下降，则设计点 $\boldsymbol{x}^{(k)}$ 是最优点；反之，如果 $\nabla F(\boldsymbol{x}^{(k)})$ 矢量位于起作用约束梯度所张成的角锥之外，则总可以找到一个可行搜索方向 $\boldsymbol{S}$，沿此方向搜索使得下一个迭代点既保持在可行域内，又使目标函数值得以下降。显然，此时的 $\boldsymbol{x}^{(k)}$ 点就不会是极小点。

按照以上分析，将这个概念推广到 n 维空间，设迭代点 $\boldsymbol{x}^{(k)}$ 有 J 个起作用约束，其约束梯度矢量为 $\nabla g_j(\boldsymbol{x}^{(k)})(j=1,2,\cdots,J)$，假定这些矢量是线性独立的，则 $\boldsymbol{x}^{(k)}$ 成为约束极小点的必要条件是，目标函数的梯度矢量 $\nabla F(\boldsymbol{x}^{(k)})$ 可以表示为各起作用约束梯度矢量的线性组合，即式(5.7)。在 n 维抽象空间中，$\nabla F(\boldsymbol{x}^{(k)})$ 矢量位于以 $\boldsymbol{x}^{(k)}$ 为顶、由起作用约束所张成的超空间

"锥体"之内。所以 K－T 条件的另一个重要作用在于用以检验某一种搜索方法是否合理，如果用这种方法求得的最优点满足 K－T 条件，则方法的算法认为是可行的。

例题 5.1 设约束优化问题

$$\min F(\boldsymbol{x})=(x_1-2)^2+x_2^2$$

$$\boldsymbol{x}=[x_1 \quad x_2]^{\mathrm{T}}\in\mathscr{D}\subset\mathbf{R}^2$$

$$\mathscr{D}:\begin{cases}g_1(\boldsymbol{x})=1-x_1^2-x_2\geqslant 0\\ g_2(\boldsymbol{x})=x_2\geqslant 0\\ g_3(\boldsymbol{x})=x_1\geqslant 0\end{cases}$$

它的当前迭代点为 $\boldsymbol{x}^{(k)}=[1 \quad 0]^{\mathrm{T}}$，试用 K-T 条件判别它是否为约束最优点。

解：

(1)计算 $\boldsymbol{x}^{(k)}$ 点的诸约束函数值

$$g_1(\boldsymbol{x}^{(k)})=1-1^2=0$$

$$g_2(\boldsymbol{x}^{(k)})=0$$

$$g_3(\boldsymbol{x}^{(k)})=1$$

$\boldsymbol{x}^{(k)}$ 点是可行点。

(2)$\boldsymbol{x}^{(k)}$ 点的起作用约束是

$$g_1(\boldsymbol{x})=1-x_1^2-x_2$$

$$g_2(\boldsymbol{x})=x_2$$

(3)求 $\boldsymbol{x}^{(k)}$ 点的诸梯度

$$\nabla F(\boldsymbol{x}^{(k)})=\begin{bmatrix}2(x_1-2)\\ 2x_2\end{bmatrix}_{(1,0)}=\begin{bmatrix}-2\\ 0\end{bmatrix}$$

$$\nabla g_1(\boldsymbol{x}^{(k)})=\begin{bmatrix}-2x_1\\ -1\end{bmatrix}_{(1,0)}=\begin{bmatrix}-2\\ -1\end{bmatrix}$$

$$\nabla g_2(\boldsymbol{x}^{(k)})=\begin{bmatrix}0\\ 1\end{bmatrix}_{(1,0)}=\begin{bmatrix}0\\ 1\end{bmatrix}$$

(4)求拉格朗日乘子

按 K－T 条件应有

$$\nabla F(\boldsymbol{x}^{(k)})-\lambda_1\nabla g_1(\boldsymbol{x}^{(k)})-\lambda_2\nabla g_2(\boldsymbol{x}^{(k)})=0$$

$$\begin{bmatrix}-2\\ 0\end{bmatrix}-\lambda_1\begin{bmatrix}-2\\ -1\end{bmatrix}-\lambda_2\begin{bmatrix}0\\ 1\end{bmatrix}=0$$

写成线性方程组

$$\begin{cases}-2+2\lambda_1=0\\ \lambda_1-\lambda_2=0\end{cases}$$

解得：$\lambda_1=1>0,\lambda_2=1>0$；乘子均为非负，故 $\boldsymbol{x}^{(k)}=[1 \quad 0]^{\mathrm{T}}$ 满足约束最优解的一阶必要条件。

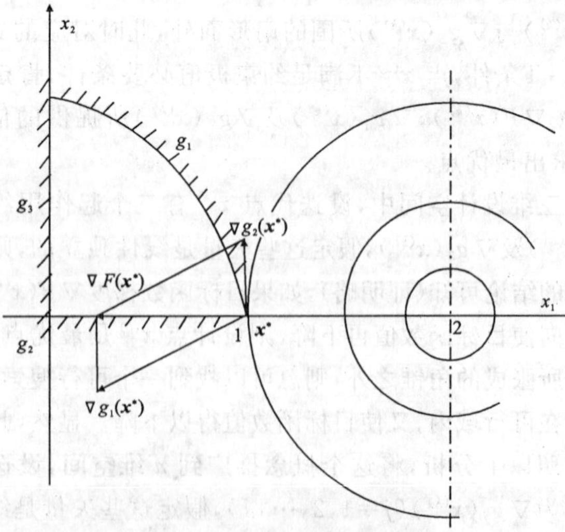

图 5.6 K－T 条件的检验例题图

参看图 5.6 可知，$\boldsymbol{x}^{(k)}$ 点确实是该约束优化问题的局部解。而且，由于 $F(\boldsymbol{x})$ 是凸函数，可行域为凸集，所以点 $\boldsymbol{x}^{(k)}$ 也是该问题的全局最优解。

5.3 常用的约束优化方法

5.3.1 约束坐标轮换法

约束坐标轮换法的基本思想与无约束坐标轮换法类同。主要差别有下面两点。

(1)沿坐标方向搜索的迭代步长不是采用最优步长，而是采用加速步长。这是因为按最优步长所得到的迭代点往往越出了可行域成为非可行点，这是约束优化问题所不许可的。

(2)对于每一个迭代点，不仅要检查它的目标函数值是否下降，而且必须同时检查它是否在可行域内。即进行适用性和可行性检查。

一、方法概要

现以二维约束优化问题来描述这种方法，参阅图 5.7。

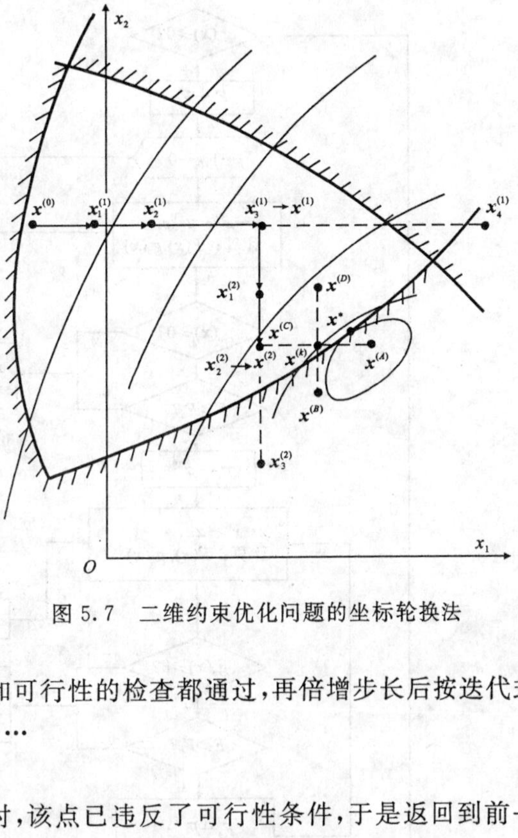

图 5.7 二维约束优化问题的坐标轮换法

首先在可行域 $\mathscr{D}$ 内任取一个初始点 $\boldsymbol{x}^{(0)}$，并取收敛精度 ε。

以 $\boldsymbol{x}^{(0)}$ 为起点，取一个适当的初始步长 α_0，$\alpha \leftarrow \alpha_0$，按迭代式

$$\boldsymbol{x}_1^{(1)} = \boldsymbol{x}^{(0)} + \alpha \boldsymbol{e}_1$$

取得沿 x_1 坐标轴正向的第一个迭代点 $\boldsymbol{x}_1^{(1)}$。检查该点的适用性和可行性，即检查

$$F(\boldsymbol{x}_1^{(1)}) < F(\boldsymbol{x}^{(0)})?$$

和 $\boldsymbol{x}_1^{(1)} \in \mathscr{D}$?

如果两者均满足，则步长加倍

$$\alpha \leftarrow 2\alpha$$

再按迭代式

$$\boldsymbol{x}_2^{(1)} = \boldsymbol{x}^{(0)} + \alpha \boldsymbol{e}_1$$

获得沿 x_1 轴正向的第二个迭代点 $\boldsymbol{x}_2^{(1)}$。

下面的各次迭代，只要对新迭代点的适用性和可行性的检查都通过，再倍增步长后按迭代式

$$\boldsymbol{x}_i^{(1)} = \boldsymbol{x}^{(0)} + \alpha \boldsymbol{e}_1, \quad i = 1, 2, \cdots$$

不断产生迭代点。

但是，当图 5.7 所示的迭代点到达 $\boldsymbol{x}_4^{(1)}$ 时，该点已违反了可行性条件，于是返回到前一迭代点 $\boldsymbol{x}_3^{(1)}$ 作为沿 $\boldsymbol{e}_1$ 方向搜索的终点 $\boldsymbol{x}^{(1)}$，转而改为沿 x_2 坐标轴正向进行搜索。在图示的情况下，正向的第一个迭代点目标函数值增加，即不满足适用性条件，故改取该坐标轴的反方向，并取步长 $\alpha \longleftarrow -\alpha_0$ 进行迭代，

$$\boldsymbol{x}_1^{(2)} = \boldsymbol{x}^{(1)} + \alpha \boldsymbol{e}_2$$

以后的迭代方式与前述相同，用加速步长继续迭代，直到至少违反适用性与可行性条件之一时，可确定沿 $\boldsymbol{e}_2$ 方向的迭代终点 $\boldsymbol{x}^{(2)}$。

如上反复依次地进行沿各坐标轴方向的迭代，点列 $\boldsymbol{x}^{(1)}, \boldsymbol{x}^{(2)}, \cdots$ 将逐步逼近约束最优点 $\boldsymbol{x}^*$。

若迭代点到达 $x^{(k)}$ 出现下面的情况：不论沿 e_1 或 e_2 的正、反方向以步长 α_0 进行搜索，所得 $x^{(k)}$ 邻近的四个点 $x^{(A)}$，$x^{(B)}$，$x^{(C)}$，$x^{(D)}$ 都不能同时满足适用性和可行性条件，则此 $x^{(k)}$ 即可作为约束最优点输出(这时的输出精度是初始步长 α_0)。如果要获得精度更高些的解，还可以缩减初始步长 $\alpha_0 \leftarrow 0.5\alpha_0$ 后再继续迭代，直至当 $\alpha_0 < \varepsilon$ 时，才输出最优点并停止计算。

对于 n 维约束优化问题的迭代过程同上。即依次沿各坐标轴方向 $e_1, e_2, \cdots, e_n$，按加速步长进行一维搜索，并反复循环。当初始步长已缩小到 $\alpha_0 \leqslant \varepsilon$，且在 $x^{(k)}$ 点分别沿 n 个坐标轴正、负方向进行搜索，所得各迭代点均不能同时满足适用性和可行性，则 $x^{(k)}$ 就可以作为约束最优点 x^* 输出。图 5.8 是它的流程图，程序见附录。

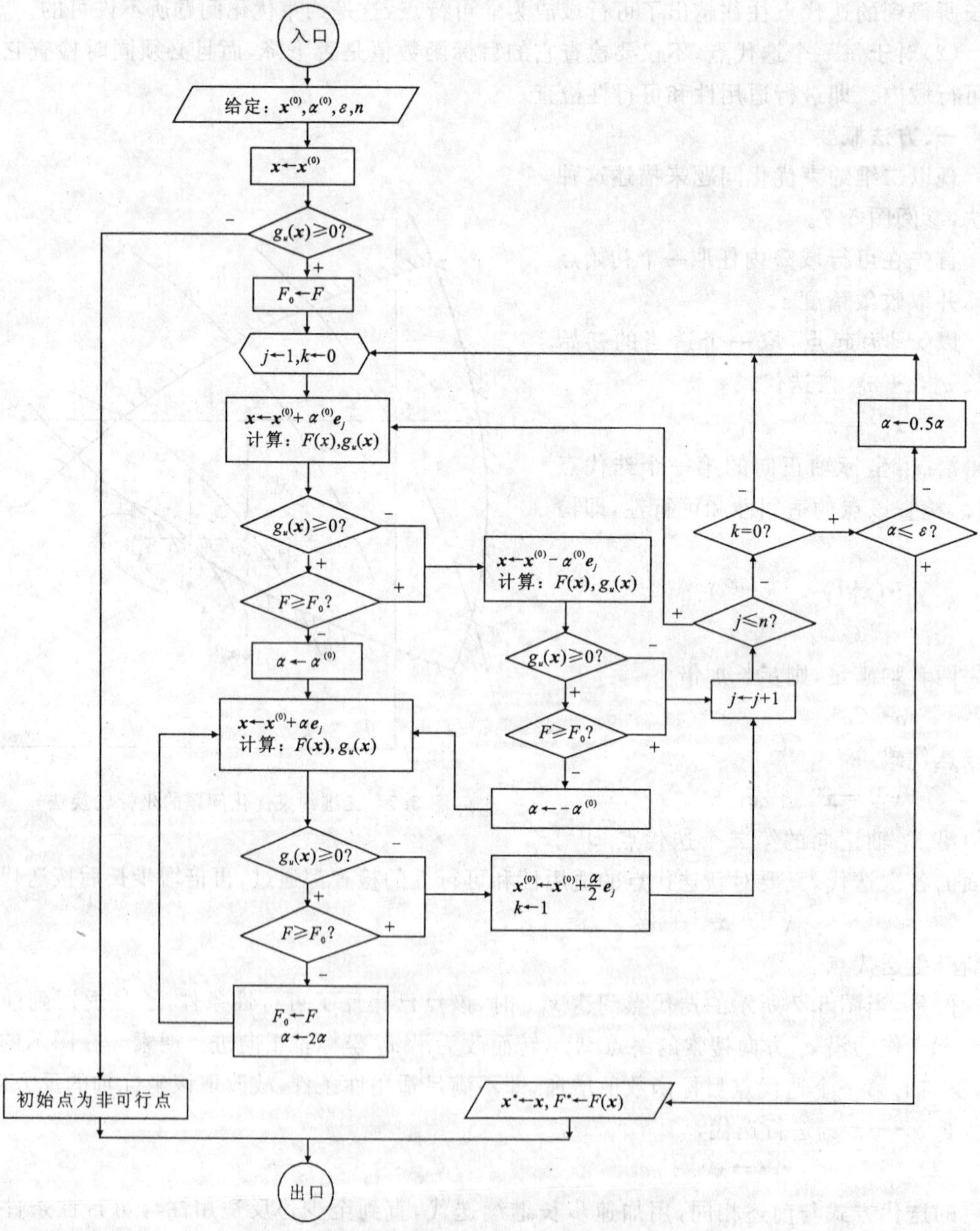

图 5.8　约束坐标轮换法的流程图

二、讨论

约束坐标轮换法具有算法明了、迭代简单、便于设计者掌握运用等优点。但是,它的收敛速度较慢,对于维数较高的优化问题(例如10维以上)很费机时。另外,这种方法在某些情况下还会出现"死点"的病态,导致输出伪最优点。

现以图5.9来说明出现"死点"的问题。给定的初始点为 $\boldsymbol{x}^{(0)}$,初始迭代步长 α_0,当迭代点到达靠近约束边界的点 $\boldsymbol{x}^{(k)}$,由图可见,在 $\boldsymbol{x}^{(k)}$ 点处以步长 α_0 为邻域的四个迭代点 $\boldsymbol{x}^{(A)}$,$\boldsymbol{x}^{(B)}$,$\boldsymbol{x}^{(C)}$,$\boldsymbol{x}^{(D)}$ 都不能同时满足适用性和可行性的要求,问题是即使再缩小 α_0 也不会有什么效果,于是 $\boldsymbol{x}^{(k)}$ 必将作为最终结果从计算机上输出。$\boldsymbol{x}^{(k)}$ 就是一个死点。显然它是一个伪最优点。

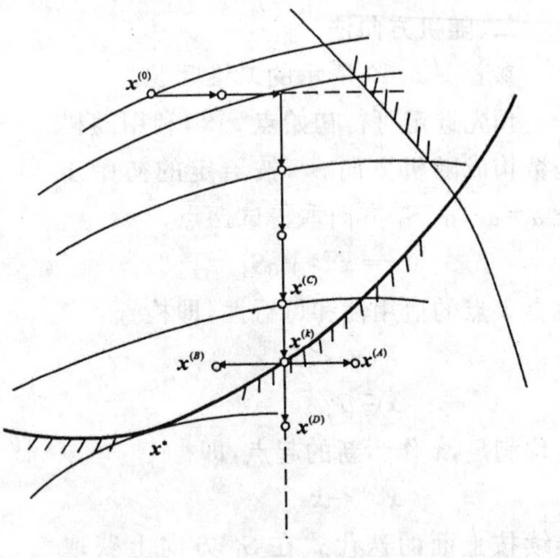

图5.9 约束坐标轮换法的"死点"

为了辨别输出最优点的真伪,可以用K-T条件来检验。通常的做法是输入多个初始点,并给出各种不同的初始步长进行多次运算,再从众多的输出解中进行比较,从而排除伪最优点。

5.3.2 约束随机方向法

随机方向法与坐标轮换法的主要差别在于不采用依次沿坐标轴方向进行搜索的规范化模式。它是沿着利用计算机随机函数产生的随机数所构成的随机方向进行搜索。这种方法既可用于无约束优化问题的求解,也可以加上可行性条件的检查而用于约束优化问题的求解。

一、随机方向的构成

在算法语言所使用的函数库中,有一种随机函数RND(X)。利用这一随机函数,可在程序运行过程中产生一组0到1之间均匀分布的随机数(但它不包括0和1)。RND后面圆括号内的X一般对随机数的产生不起作用。因此X可以填入任意一个数值,即X实际上是一个虚设的变量。通常可以在括号内填0。

利用RND(X)函数所产生的一组在(0,1)区间内的随机数 $\xi_i(i=1,2,\cdots,n)$ 来构成随机方向单位矢量 $\boldsymbol{S}$,方法如下。

首先,将(0,1)区间的随机数 ξ_i 按下式转换成为另一个在区间(−1,1)之间的随机数

$$y_i = 2\xi_i - 1$$

上式是产生随机数的方法之一。

然后由随机数 y_i 即可构成下面的随机方向矢量

$$\boldsymbol{S} = \frac{1}{\sqrt{\sum_{i=1}^{n} y_i^2}} \begin{bmatrix} y_1 \\ y_2 \\ \vdots \\ y_n \end{bmatrix} \tag{5.21}$$

由于随机数 y_i 在区间(−1,1)内产生,因此所构成的随机方向矢量 $\boldsymbol{S}$ 一定是在超球面空间里均匀分布且模等于1的单位矢量。

二、随机方向法

参看图 5.10 所示的二维问题。

预先选定可行初始点 $\boldsymbol{x}^{(0)}$，利用随机函数构成随机方向 $\boldsymbol{S}_1$，按给定的初始步长 $\alpha=\alpha_0$，沿 $\boldsymbol{S}_1$ 方向取得试探点

$$\boldsymbol{x}=\boldsymbol{x}^{(0)}+\alpha\boldsymbol{S}_1$$

检查 $\boldsymbol{x}$ 点的适用性和可行性，即检查

$$F(\boldsymbol{x})<F(\boldsymbol{x}^{(0)})?$$

$$\boldsymbol{x}\in\mathscr{D}?$$

若均满足，$\boldsymbol{x}$ 作为新的起点，即

$$\boldsymbol{x}^{(0)}\leftarrow\boldsymbol{x}$$

继续按上面的迭代式在 $\boldsymbol{S}_1$ 方向上获取新点。重复上述步骤，迭代点可沿 $\boldsymbol{S}_1$ 方向前进，直至到达某迭代点不能同时满足适用性和可行性条件时停止。退回到前一点作为该方向搜索中的最终成功点，记作 $\boldsymbol{x}^{(1)}$。

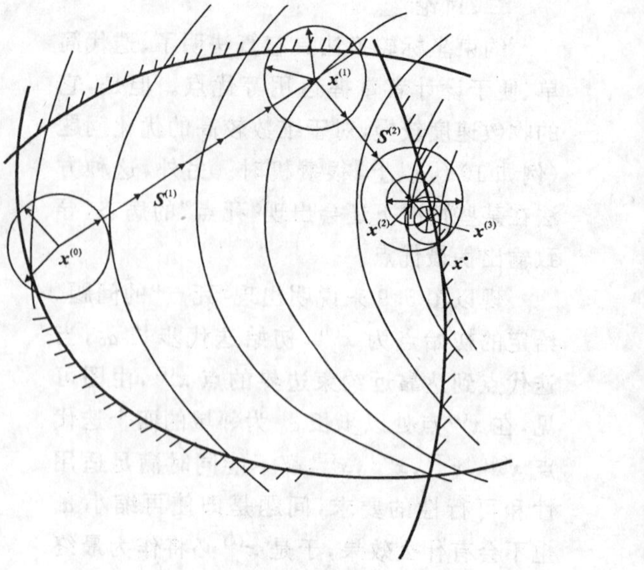

图 5.10　随机方向法

转而，将 $\boldsymbol{x}^{(1)}$ 作新的始点 $\boldsymbol{x}^{(0)}\leftarrow\boldsymbol{x}^{(1)}$，再产生另一随机方向 $\boldsymbol{S}_2$，以步长 $\alpha=\alpha_0$ 重复以上过程，得到沿 $\boldsymbol{S}_2$ 方向的最终成功点 $\boldsymbol{x}^{(2)}$。如此循环，点列 $\boldsymbol{x}^{(1)},\boldsymbol{x}^{(2)},\cdots$必将逼近于约束最优点 $\boldsymbol{x}^*$。

若在某个换向转折点处(如图 5.10 中的 $\boldsymbol{x}^{(1)}$ 点)，沿某随机方向的试探点目标函数值增大或者越出可行域，则弃去该方向，再产生另一随机方向作试探。试探成功就前进，试探失败再重新产生新随机方向。

当在某个转折点处沿 m 个(预先限定的次数)随机方向试探均失败，如图 5.10 中点 $\boldsymbol{x}^{(2)}$，则说明以此点为中心，α_0 为半径的圆周上各点都不是适用可行点。此时，可将初始步长 α_0 缩半后继续试探。直到 $\alpha_0\leqslant\varepsilon$，且沿 m 个随机方向都试探失败时，则最后一个成功点(如图 5.10 中的 $\boldsymbol{x}^{(3)}$)就是达到预定精度 ε 要求的约束最优点，迭代即可结束。

m 是预先规定在某转折点处产生随机方向所允许的最大数目。一般可在 50～500 范围内选取。对于性态不好的目标函数或可行域呈狭长弯道的形状，m 应取较大的值，以提高解题的成功率。

约束随机方向法的搜索方向比坐标轮换法要灵活得多。当预定的随机方向限定数 m 足够大时，它不会像约束坐标轮换法那样出现"病态"而导致输出伪最优点。

约束随机方向搜索法的流程图见图 5.11，程序见附录。

5.3.3　复合形法

一、复合形法的基本思想

复合形法的基本思想可以通过下面一个引例来加以说明。

引例　设有一约束优化问题的数学模型是

$$\min F(\boldsymbol{x})=60-10x_1-4x_2+x_1^2+x_2^2-x_1x_2$$

$$\boldsymbol{x}=[x_1\quad x_2]^{\mathrm{T}}\in\mathscr{D}\subset\mathbf{R}^2$$

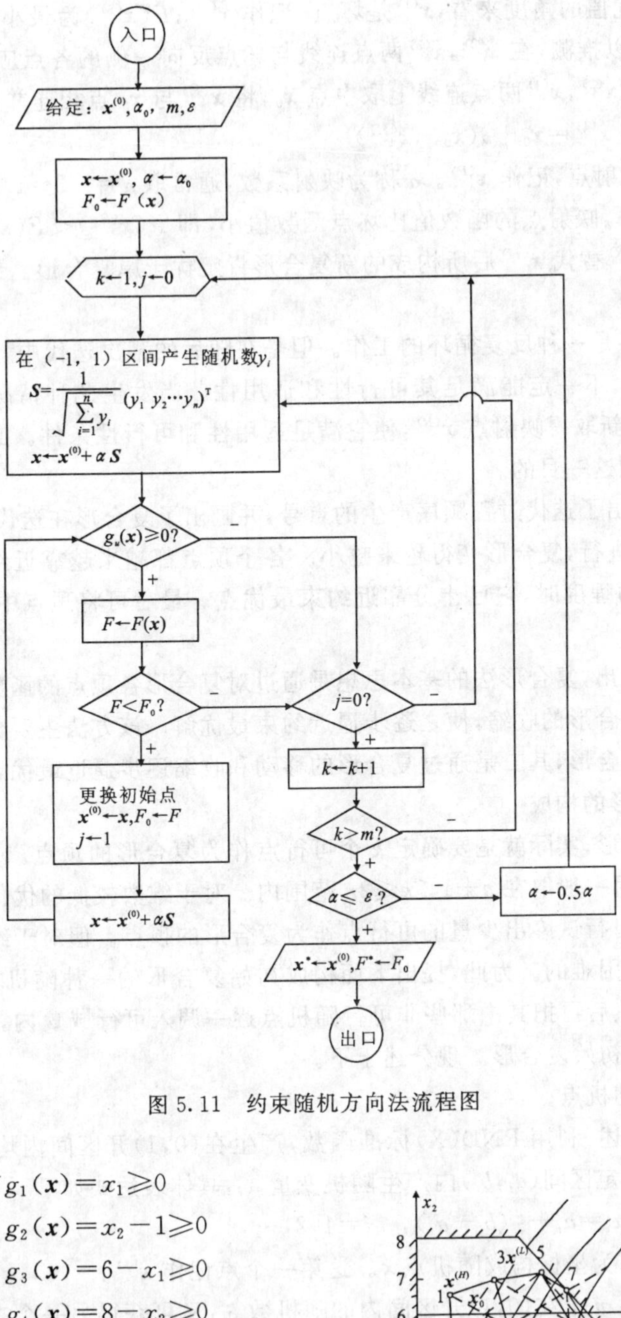

图 5.11　约束随机方向法流程图

$$
\mathscr{D}: \begin{cases} g_1(\boldsymbol{x}) = x_1 \geqslant 0 \\ g_2(\boldsymbol{x}) = x_2 - 1 \geqslant 0 \\ g_3(\boldsymbol{x}) = 6 - x_1 \geqslant 0 \\ g_4(\boldsymbol{x}) = 8 - x_2 \geqslant 0 \\ g_5(\boldsymbol{x}) = 11 - x_1 - x_2 \geqslant 0 \end{cases}
$$

该问题的目标函数等值线和可行域的几何图形如图 5.12 所示。用复合形法求其约束最优解的过程如下。

在可行域 $\mathscr{D}$ 内任选三个初始点 $\boldsymbol{x}^{(1)}, \boldsymbol{x}^{(2)}, \boldsymbol{x}^{(3)}$（即图中标有 1、2、3 的三个点）。连接这三个点成为一个三角形，把它称为初始复合形。这三点

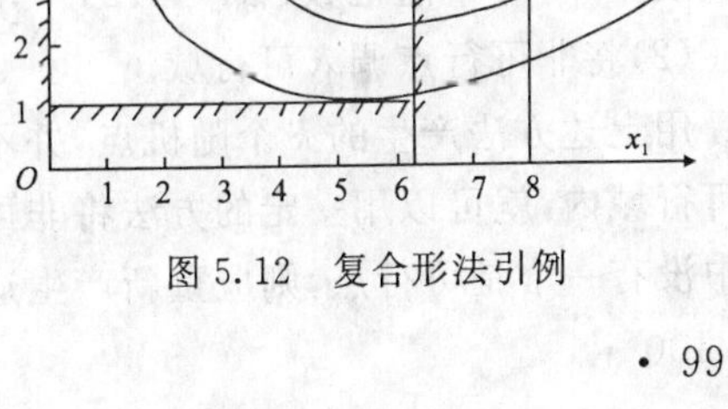

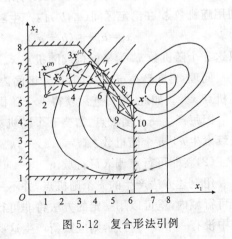

图 5.12　复合形法引例

称为复合形的顶点。计算各顶点的函数值$F(\boldsymbol{x}^{(1)})$，$F(\boldsymbol{x}^{(2)})$，$F(\boldsymbol{x}^{(3)})$，可知 $F(\boldsymbol{x}^{(1)})$为最大。从欲求目标函数最优值的角度来看，$\boldsymbol{x}^{(1)}$是坏点，记作 $\boldsymbol{x}^{(H)}$；$F(\boldsymbol{x}^{(3)})$为最小，相应的点 $\boldsymbol{x}^{(3)}$就是好点，记作 $\boldsymbol{x}^{(L)}$。可以推测，在 $\boldsymbol{x}^{(2)}$，$\boldsymbol{x}^{(3)}$两点连线与坏点反向一侧的各点应具有较小的目标函数值。为此，我们在 $\boldsymbol{x}^{(2)}$，$\boldsymbol{x}^{(3)}$两点连线上取中点 $\boldsymbol{x}_0$，将 $\boldsymbol{x}^{(H)}$与 $\boldsymbol{x}_0$ 点相连并延伸至 $\boldsymbol{x}^{(4)}$点。

$$\boldsymbol{x}^{(4)}=\boldsymbol{x}_0+\alpha(\boldsymbol{x}_0-\boldsymbol{x}^{(H)})$$

式中的 $\boldsymbol{x}^{(4)}$称为映射点，记作 $\boldsymbol{x}^{(R)}$。α 称为映射系数，通常取 $\alpha=1.2\sim1.4$。

在一般情形下，映射点的函数值比坏点函数值小，即 $F(\boldsymbol{x}^{(R)})<F(\boldsymbol{x}^{(H)})$。若适用性、可行性都满足，则用 $\boldsymbol{x}^{(R)}$替代 $\boldsymbol{x}^{(H)}$后所构成的新复合形肯定优于原复合形。到此，复合形法就完成了一次迭代。

下面的迭代将是一种反复循环的工作。但是在随后的某次迭代中，按映射系数 $\alpha=1.2\sim1.4$ 取得的映射点，不一定能满足其可行性和适用性。当发生此种情况时，可将映射系数折半，即 $\alpha\leftarrow0.5\alpha$，重新取得映射点 $\boldsymbol{x}^{(R)}$，使它满足适用性和可行性条件。必要时，还可以反复缩半映射系数来达到这一目的。

图 5.12 上标出了迭代过程顺序产生的点号，并画出了复合形在迭代过程中的变化。由图可见，随着迭代的进行，复合形变得越来越小。各个顶点都越来越靠近约束最优点 $\boldsymbol{x}^*$。当复合形缩到足够小的程度时，它已十分靠近约束最优点。最后可将顶点中的好点 $\boldsymbol{x}^{(L)}$作为近似最优点输出。

由此例可以看出，复合形法的基本思想是通过对复合形各顶点的函数值计算与比较，反复进行点的映射与复合形的收缩，使之逐步逼近约束最优解。该方法主要分成两步：其一是在可行域内构造初始复合形，其二是通过复合形的移动和收缩逐步逼近最优点。

二、初始复合形的构成

构成初始复合形，实际就是要确定 k 个可行点作为复合形的顶点。对于 n 维约束优化设计问题，顶点的数目一般取在 $n+1\leqslant k\leqslant2n$ 范围内。对于维数较低的优化问题，因顶点数目较少，可以由设计者自行试凑出少量的可行点作为复合形的顶点。但对于维数较高的优化问题，显然这种做法是有困难的。为此，提出下面构成初始复合形的一种随机方法。这种方法是先产生 k 个随机点，然后再把其中那些非可行随机点逐一调入可行域 $\mathscr{D}$ 内，最终使 k 个随机点都成为可行点而构成初始复合形。现分述于下。

(1)产生 k 个随机点。

如节 5.3.2 所述，利用 RND(X)标准函数，产生在(0,1)开区间内均匀分布的随机数 ξ_i。利用随机数 ξ_i 在给定区间(a_i,b_i)内产生随机变量 x_i，具体表达式如下

$$x_i=a_i+\xi_i(b_i-a_i),\quad i=1,2,\cdots,n \tag{5.22}$$

以这 n 个随机数 x_i 为坐标构成随机点 $\boldsymbol{x}$。这第一个点记作 $\boldsymbol{x}^{(1)}$。

同理，再次产生 n 个在(0,1)开区间内的随机数 ξ_i，又可获得另一个在开区间(a_i,b_i)内的随机点 $\boldsymbol{x}^{(2)}$。如此，即可连续获得 k 个随机点 $\boldsymbol{x}^{(1)}$，$\boldsymbol{x}^{(2)}$，$\boldsymbol{x}^{(3)}$，…，$\boldsymbol{x}^{(k)}$。

因每产生一个随机点，需要 n 个随机数 $\xi_i(i=1,2,\cdots,n)$，因此，产生 k 个随机点总共需要连续发生 $k\times n$ 个随机数 $\xi_i(i=1,2,\cdots,k\times n)$。

(2)将非可行点调入可行域。

用上述方法产生的 k 个随机点，并不一定都是可行点。但是，只要它们中间至少有一个点在可行域内，就可以用一定的方法将非可行点逐一调入可行域。如果在个别情况下，k 个随机点中没有一个是可行点，则应重新产生这些随机点，直至其中至少有一个是可行点为止。

将非可行点调入可行域的方法如下(见图 5.13)。

先依次检查各随机点 $\boldsymbol{x}^{(1)},\boldsymbol{x}^{(2)},\cdots,\boldsymbol{x}^{(k)}$ 的可行性。若所查出的第一个可行点是 $\boldsymbol{x}^{(J)}$，将 $\boldsymbol{x}^{(J)}$ 与 $\boldsymbol{x}^{(1)}$ 对调，则新的 $\boldsymbol{x}^{(1)}$ 点必为一可行点，然后检查 $\boldsymbol{x}^{(2)}$ 是否为可行点。若 $\boldsymbol{x}^{(2)}\in\mathscr{D}$，则继续检查 $\boldsymbol{x}^{(3)}\cdots$ 直至出现某 $\boldsymbol{x}^{(J)}\in\mathscr{D}$，此时将 $\boldsymbol{x}^{(J)}$ 调入可行域。

现就一般的情形进行讨论。设已知 k 个随机顶点中的前面 q 个点 $\boldsymbol{x}^{(1)},\boldsymbol{x}^{(2)},\cdots,\boldsymbol{x}^{(q)}$ 都是可行点，而 $\boldsymbol{x}^{(q+1)}$ 为非可行点，则将 $\boldsymbol{x}^{(q+1)}$ 点调入可行域的步骤是：

①计算 q 个点的点集中心

$$\boldsymbol{x}^{(s)}=\frac{1}{q}\sum_{j=1}^{q}\boldsymbol{x}^{(j)} \tag{5.23}$$

②将第 $q+1$ 个点朝着 $\boldsymbol{x}^{(s)}$ 点的方向移动，按下式产生新的点，记作 $\boldsymbol{x}^{(p)}$，则

$$\boldsymbol{x}^{(p)}=\boldsymbol{x}^{(s)}+0.5(\boldsymbol{x}^{(q+1)}-\boldsymbol{x}^{(s)})$$

这个新的 $\boldsymbol{x}^{(p)}$ 点实际上就是 $\boldsymbol{x}^{(s)}$ 与原 $\boldsymbol{x}^{(q+1)}$ 两点连线的中点，参看图 5.13。若有新的 $\boldsymbol{x}^{(p)}$ 仍为非可行点，则仍按上式再产生 $\boldsymbol{x}^{(p)}$，使它更向 $\boldsymbol{x}^{(s)}$ 点靠拢，最终使 $\boldsymbol{x}^{(p)}$ 成为可行点。

按照这种方法，可继续去解决 $\boldsymbol{x}^{(q+2)},\cdots,\boldsymbol{x}^{(k)}$ 点的可行性问题，直到 k 个顶点全部成为可行点，就构成了在可行域内的初始复合形。

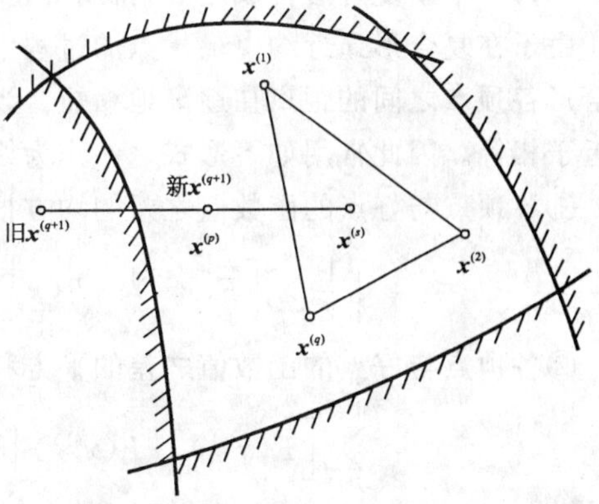

图 5.13　将非可行点调入可行域

三、复合形法的迭代步骤

(1)在可行域内构成有 k 个顶点的初始复合形。

(2)计算各顶点的函数值 $F(\boldsymbol{x}^{(j)}),j=1,2,\cdots,k$。选出好点 $\boldsymbol{x}^{(L)}$ 与坏点 $\boldsymbol{x}^{(H)}$。

$$\boldsymbol{x}^{(L)}:F(\boldsymbol{x}^{(L)})=\min\{F(\boldsymbol{x}^{(j)}),j=1,2,\cdots,k\} \tag{5.24a}$$

$$\boldsymbol{x}^{(H)}:F(\boldsymbol{x}^{(H)})=\max\{F(\boldsymbol{x}^{(j)}),j=1,2,\cdots,k\} \tag{5.24b}$$

(3)计算除坏点外其余各顶点之中心点 $\boldsymbol{x}_0$

$$\boldsymbol{x}_0=\frac{1}{k-1}\sum_{j=1}^{k}\boldsymbol{x}^{(j)},j\neq H \tag{5.25}$$

(4)计算映射点 $\boldsymbol{x}^{(R)}$

$$\boldsymbol{x}^{(R)}=\boldsymbol{x}_0+\alpha(\boldsymbol{x}_0-\boldsymbol{x}^{(H)}) \tag{5.26}$$

通常取 $\alpha=1.3$，检查 $\boldsymbol{x}^{(R)}$ 是否在可行域内。若 $\boldsymbol{x}^{(R)}$ 为非可行点，将映射系数缩半后再按上式改变映射点，直到 $\boldsymbol{x}^{(R)}$ 进入域内为止。

(5)构成新复合形。

计算映射点目标函数值 $F(\boldsymbol{x}^{(R)})$，并与坏点函数值 $F(\boldsymbol{x}^{(H)})$ 相比较，可能有两种情况。

①映射点优于坏点，即

$$F(\boldsymbol{x}^{(R)})<F(\boldsymbol{x}^{(H)})$$

在这种情况下，用 $\boldsymbol{x}^{(R)}$ 替换 $\boldsymbol{x}^{(H)}$，则可构成新的复合形。

②映射点次于坏点，即

$$F(\boldsymbol{x}^{(R)})>F(\boldsymbol{x}^{(H)})$$

这种情况往往是由于映射点过远引起的，可用缩半映射系数 $\alpha\leftarrow0.5\alpha$ 的办法把映射点拉近些，

若有 $F(\boldsymbol{x}^{(R)})<F(\boldsymbol{x}^{(H)})$，则又转化成第一种情况。

但也有可能经过多次 α 的减半，直到 α 已小于预先给定的很小正数 δ（例如，$\delta=10^{-5}$）时，仍不能使映射点优于坏点，则说明该映射方向不利。此时，应改换映射方向，取对次坏点

$$\boldsymbol{x}^{(SH)}:F(\boldsymbol{x}^{(SH)})=\max\{F(\boldsymbol{x}^{(j)}),j=1,2,\cdots,k,j\neq H\}$$

的映射。确定不包括 $\boldsymbol{x}^{(SH)}$ 在内的复合形顶点中心，并以此为映射轴心，计算 $\boldsymbol{x}^{(SH)}$ 的映射点 $\boldsymbol{x}^{(R)}$

$$\boldsymbol{x}^{(R)}=\boldsymbol{x}_0+\alpha(\boldsymbol{x}_0-\boldsymbol{x}^{(SH)}) \tag{5.27}$$

再转回本步骤的开始处，直至构成新复合形。

(6)判别终止条件。

当每一个新复合形构成之时，就用终止迭代的条件来判别是否应结束迭代。

由于在复合形逼近约束最优点的过程中，映射系数在不断地减半，复合形不断地缩小，即复合形各顶点之间的距离在逐渐地缩短。当复合形缩得很小时，各顶点的目标函数值必然十分近于相等。因此常用如下形式之一作为终止判据。

①各顶点与好点的函数值之差的均方根值小于误差限，即

$$\left\{\frac{1}{k}\sum_{j=1}^{k}\left[F(\boldsymbol{x}^{(j)})-F(\boldsymbol{x}^{(L)})\right]^2\right\}^{\frac{1}{2}}\leqslant\varepsilon \tag{5.28}$$

②各顶点与好点的函数值之差的平方和小于误差限，即

$$\sum_{j=1}^{k}\left[F(\boldsymbol{x}^{(j)})-F(\boldsymbol{x}^{(L)})\right]^2\leqslant\varepsilon \tag{5.29}$$

③各顶点与好点的函数值之差的绝对值之和小于误差限，即

$$\sum_{j=1}^{k}\left|F(\boldsymbol{x}^{(j)})-F(\boldsymbol{x}^{(L)})\right|\leqslant\varepsilon \tag{5.30}$$

如果不满足终止迭代条件，则返回步骤(2)继续进行下一次迭代。否则，可将最后复合形的好点 $\boldsymbol{x}^{(L)}$ 及其函数值 $F(\boldsymbol{x}^{(L)})$ 作为最优解输出，并结束运算。

图 5.14 是复合形法的流程图，子程序见附录。

四、讨论

在用直接法解决约束优化问题的方法中，复合形法是一种效果较好的方法。

由于这种方法不需要计算目标函数的导数，也不进行一维搜索，因此对目标函数和约束函数都没有特殊的要求，适用范围较广，程序编制也比较简单。但是，这种方法的收敛速度较慢，特别是当目标函数的维数较高和约束条件的数目增多时，这一缺点尤其显得突出。另外，复合形法不能用于解具有等式约束的优化问题。

关于复合形顶点的数目取多少为宜，要视具体情况而定。一般说来，为了防止在迭代计算中产生降维（也称退化），顶点数目取多一些较好。因为只要在 k 个顶点中有 $n+1$ 个顶点所构成的 n 个矢量线性无关，搜索就不会在降维的空间里进行。所以 k 值大些，降维的可能性就小些。但是从另一方面看，顶点数目多，显然会降低计算速度。为此，对于优化问题维数 $n\leqslant 5$ 时，通常取 $k=2n$；对于 $n>5$ 的优化问题，一般应适当减少顶点数目，取 $k=(1.25\sim1.5)n$（取整）。当然，顶点的最少数目不得低于 $n+1$ 个。

5.3.4 可行方向法

可行方向法是解决具有不等式约束优化问题的直接搜索法之一。对于问题

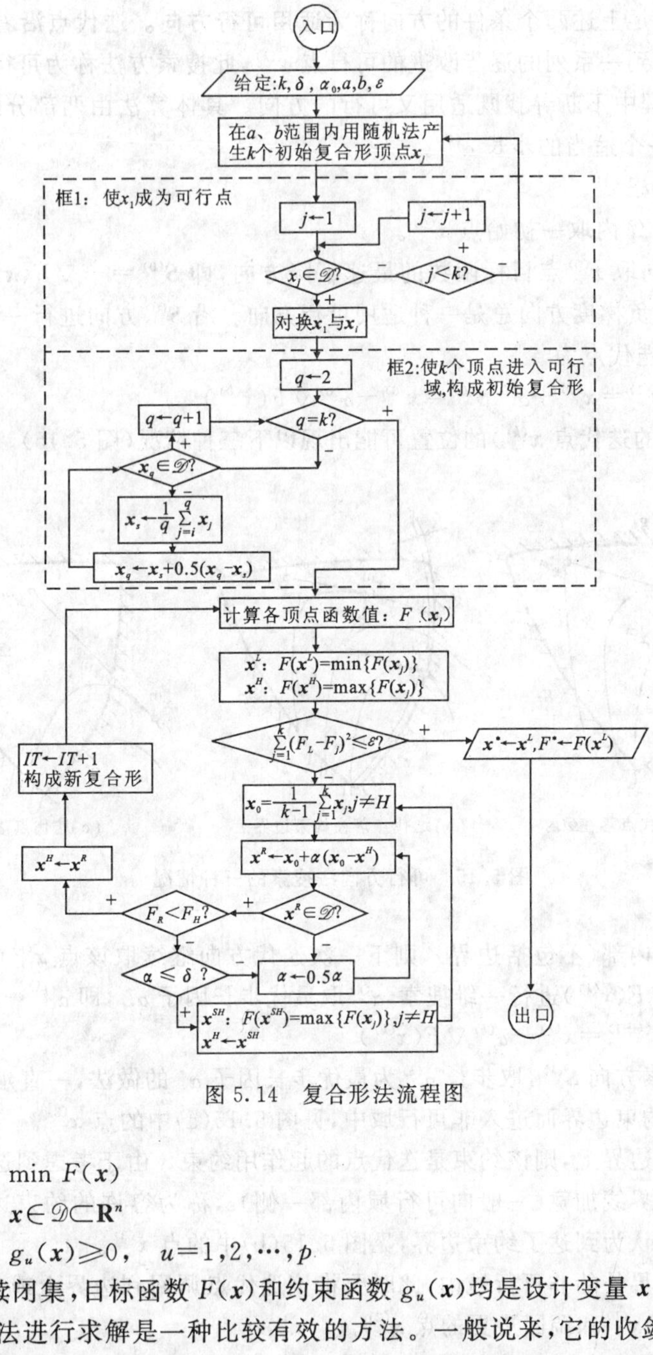

图 5.14 复合形法流程图

$$
\begin{aligned}
&\min F(\boldsymbol{x}) \\
&\boldsymbol{x} \in \mathscr{D} \subset \mathbf{R}^n \\
&\mathscr{D}: \quad g_u(\boldsymbol{x}) \geqslant 0, \quad u = 1, 2, \cdots, p
\end{aligned}
$$

若可行域 $\mathscr{D}$ 是连续闭集，目标函数 $F(\boldsymbol{x})$ 和约束函数 $g_u(\boldsymbol{x})$ 均是设计变量 $\boldsymbol{x}$ 的一阶可微连续函数，则用可行方向法进行求解是一种比较有效的方法。一般说来，它的收敛速度比较快，所以常应用于较高维的约束优化问题中。

可行方向法的基本思想是，从任一可行点 $\boldsymbol{x}^{(k)}$ 出发，寻找一个恰当的方向 $\boldsymbol{S}^{(k)}$ 和一个合适的步长因子 $\alpha^{(k)}$，使产生的新迭代点

$$\boldsymbol{x}^{(k+1)} = \boldsymbol{x}^{(k)} + \alpha^{(k)} \boldsymbol{S}^{(k)}$$

满足可行性与适用性条件，即

$$
\begin{cases}
g_u(\boldsymbol{x}^{(k+1)}) \geqslant 0, & u = 1, 2, \cdots, p \\
F(\boldsymbol{x}^{(k+1)}) < F(\boldsymbol{x}^{(k)})
\end{cases}
\tag{5.31}
$$

在每次迭代中，都能保证搜索是在可行域内进行(称为可行性)，并且目标函数值必须稳步地下降(称为适用性)，满足上述两个条件的方向称为**适用可行方向**。迭代点沿着一系列的适用可行方向移动，从而得到一系列的逐步改进的可行点 $\boldsymbol{x}^{(k)}$，此搜索方法称为**可行方向法**。该方法的关键是在迭代过程中不断寻找既适用又可行的方向。具体算法由两部分组成，选择一个可行方向 $\boldsymbol{S}^{(k)}$ 和确定一个适当的步长 $\alpha^{(k)}$。

一、基本搜索过程

首先，在可行域 $\mathscr{D}$ 内取一初始点 $\boldsymbol{x}^{(0)}$。

初始的搜索方向取 $\boldsymbol{x}^{(0)}$ 点目标函数的最速下降方向，即 $\boldsymbol{S}^{(0)}=-\nabla F(\boldsymbol{x}^{(0)})$。对于域内任一可行点，目标函数负梯度方向总是一种适用可行方向。沿 $\boldsymbol{S}^{(0)}$ 方向进行一维搜索，得最优步长为 $\alpha^{(0)}$，则第一个迭代点为

$$\boldsymbol{x}^{(1)}=\boldsymbol{x}^{(0)}+\alpha^{(0)}\boldsymbol{S}^{(0)}=\boldsymbol{x}^{(0)}-\alpha^{(0)}\nabla F(\boldsymbol{x}^{(0)})$$

迭代点 $\boldsymbol{x}^{(1)}$(或以后的迭代点 $\boldsymbol{x}^{(k)}$)的位置可能出现以下三种情况(图 5.15)。

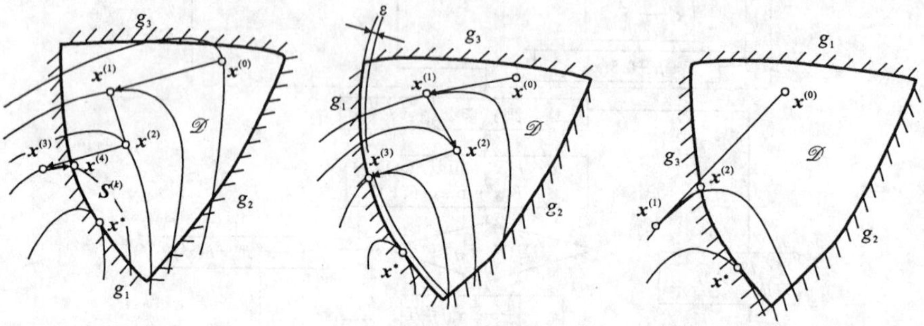

图 5.15 可行方向法搜索的三种情况

(1)落在可行域内部(不包括边界)，则下一次迭代方向继续取该点 $\boldsymbol{x}^{(k)}(k=1,2,\cdots)$ 的负梯度方向 $\boldsymbol{S}^{(k)}=-\nabla F(\boldsymbol{x}^{(k)})$ 进行一维搜索，$\alpha^{(k)}$ 取最优步长因子 α^*，即 $\alpha^{(k)}\leftarrow\alpha^*$，其迭代式为

$$\boldsymbol{x}^{(k+1)}=\boldsymbol{x}^{(k)}-\alpha^{(k)}\nabla F(\boldsymbol{x}^{(k)}) \tag{5.32}$$

这种以负梯度为搜索方向 $\boldsymbol{S}^{(k)}$，取步长 $\alpha^{(k)}$ 为最优步长因子 α^* 的做法，一直延续到迭代点落在约束边界上或超出约束边界而进入非可行域中，见图 5.15(a)中的点 $\boldsymbol{x}^{(3)}$。

(2)落在某约束边界上，则该约束是迭代点的起作用约束。由于考虑到迭代误差及设计的容许，往往将约束边界线加宽(一般向可行域内部一侧)ε，称为容许的约束边界。当 $\boldsymbol{x}^{(k)}$ 点落在此容许区域内，即认为到达了约束边界，见图 5.15(b)中的点 $\boldsymbol{x}^{(3)}$。

(3)落在约束边界外的非可行域内，此时要将该迭代点调回到边界上或在容许的边界上，见图 5.15(c)中的点 $\boldsymbol{x}^{(1)}$ 和调回边界的点 $\boldsymbol{x}^{(2)}$。

包括上述各种情况在内，最终都要使迭代点 $\boldsymbol{x}^{(k)}$ 到达约束边界上(或容许边界上)，以后的迭代就采用**适用可行方向** $\boldsymbol{S}^{(k)}$ 和一个**适当步长** $\alpha^{(k)}$ 进行搜索，其迭代式为

$$\boldsymbol{x}^{(k+1)}=\boldsymbol{x}^{(k)}+\alpha^{(k)}\boldsymbol{S}^{(k)} \tag{5.33}$$

其目的使下一个点 $\boldsymbol{x}^{(k+1)}$ 仍在可行域内，且目标函数值下降。一般情况，这种搜索是沿着起作用约束的边界以割线方式逐步逼近约束最优点 $\boldsymbol{x}^*$。

由上述可行方向法的基本搜索过程可知，如何寻求适用可行方向和适当的步长，使迭代点逐步逼近约束最优点，这是可行方向法要解决的两个基本问题。

二、适用可行方向的数学条件

对于不等式约束优化问题，数学模型见式(5.1)。在搜索过程中的迭代点要求满足适用性及可行性条件，如式(5.31)所示。这里讨论搜索过程中所用的适用可行方向 $\boldsymbol{S}$ 应满足的数学条件。

(1)适用性条件。

设在迭代点 $\boldsymbol{x}^{(k)}$ 处，搜索方向为 $\boldsymbol{S}^{(k)}$。$\boldsymbol{S}^{(k)}$ 以单位矢量表示

$$\boldsymbol{S}^{(k)}=[\cos\alpha_1 \quad \cos\alpha_2 \quad \cdots \quad \cos\alpha_n]^{\mathrm{T}}=[s_1 \quad s_2 \quad \cdots \quad s_n]^{\mathrm{T}} \tag{5.34}$$

搜索方向 $\boldsymbol{S}^{(k)}$ 满足适用性条件是指目标函数 $F(\boldsymbol{x})$ 沿该方向是下降的。用方向导数的概念来描述，即 $\boldsymbol{x}^{(k)}$ 点的目标函数 $F(\boldsymbol{x})$ 沿 $\boldsymbol{S}^{(k)}$ 的方向导数应小于零。按式(2.17b)可写出

$$\frac{\partial F(\boldsymbol{x}^{(k)})}{\partial \boldsymbol{S}^{(k)}}=\frac{\partial F(\boldsymbol{x}^{(k)})}{\partial x_1}\cos\alpha_1+\frac{\partial F(\boldsymbol{x}^{(k)})}{\partial x_2}\cos\alpha_2+\cdots+\frac{\partial F(\boldsymbol{x}^{(k)})}{\partial x_n}\cos\alpha_n<0$$

搜索方向 $\boldsymbol{S}^{(k)}$ 满足适用性的数学条件又可表示为[参见式(2.21)]：

$$\frac{\partial F(\boldsymbol{x}^{(k)})}{\partial \boldsymbol{S}^{(k)}}=[\nabla F(\boldsymbol{x}^{(k)})]^{\mathrm{T}}\boldsymbol{S}^{(k)}<0$$

或

$$\frac{\partial F(\boldsymbol{x}^{(k)})}{\partial \boldsymbol{S}^{(k)}}=-[\nabla F(\boldsymbol{x}^{(k)})]^{\mathrm{T}}\boldsymbol{S}^{(k)}>0 \tag{5.35}$$

用矢量点积表示

$$\frac{\partial F(\boldsymbol{x}^{(k)})}{\partial \boldsymbol{S}^{(k)}}=\|-\nabla F(\boldsymbol{x}^{(k)})\|\cdot\|\boldsymbol{S}^{(k)}\|\cdot\cos\theta_k>0$$

θ_k 是矢量 $-\nabla F(\boldsymbol{x}^{(k)})$ 与 $\boldsymbol{S}^{(k)}$ 的夹角。按上式

$$\theta_k=\angle[-\nabla F(\boldsymbol{x}^{(k)}),\boldsymbol{S}^{(k)}]<90^\circ \tag{5.36}$$

这说明，凡与目标函数负梯度矢量 $-\nabla F(\boldsymbol{x}^{(k)})$ 成锐角的矢量 $\boldsymbol{S}^{(k)}$ 都能满足适用性的要求。这一数学条件的几何意义见图5.16。

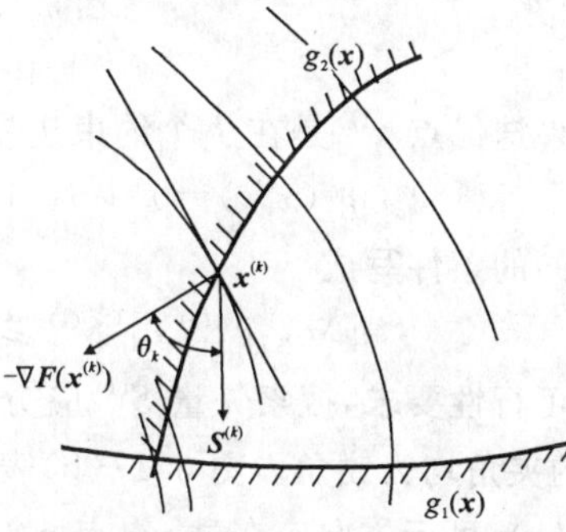

图5.16　适用性条件的几何意义

(2)可行性条件。

所谓满足可行性条件，是指沿该方向一定有可行点存在。即由 $\boldsymbol{x}^{(k)}$ 点出发，沿 $\boldsymbol{S}^{(k)}$ 方向，取适当步长 $\alpha^{(k)}$，则下一个迭代点

$$\boldsymbol{x}^{(k+1)}=\boldsymbol{x}^{(k)}+\alpha^{(k)}\boldsymbol{S}^{(k)} \tag{5.37}$$

必会在可行域内。实际上，可行点与非可行点的标志是该点的约束函数值。若 $\boldsymbol{x}^{(k)}$ 点的所有约束函数值都大于零，则它是可行域内部的可行点；若点 $\boldsymbol{x}^{(k)}$ 的某个约束函数值或某几个约束函数值等于零或接近于零，则该点是在边界上的可行点。这一个或几个约束是 $\boldsymbol{x}^{(k)}$ 点的起作用约束。

对于在某一约束 $g_j(\boldsymbol{x})$ 边界上的可行点 $\boldsymbol{x}^{(k)}$，其满足可行性要求的搜索方向 $\boldsymbol{S}^{(k)}$，一定是指向该起作用约束函数值的增大方向。这一要求也同样可用方向导数概念来描述，即在 $\boldsymbol{x}^{(k)}$ 点，该约束函数 $g_j(\boldsymbol{x})$ 沿 $\boldsymbol{S}^{(k)}$ 的方向导数应大于零。即有

$$\frac{\partial g_j(\boldsymbol{x}^{(k)})}{\partial \boldsymbol{S}^{(k)}}=\frac{\partial g_j(\boldsymbol{x}^{(k)})}{\partial x_1}\cos\alpha_1+\frac{\partial g_j(\boldsymbol{x}^{(k)})}{\partial x_2}\cos\alpha_2+\cdots+\frac{\partial g_j(\boldsymbol{x}^{(k)})}{\partial x_n}\cos\alpha_n\geqslant 0 \tag{5.38}$$

某起作用约束 $g_j(\boldsymbol{x}^{(k)})$ 的梯度为

$$\nabla g_j(\boldsymbol{x}^{(k)})=\left[\frac{\partial g_j(\boldsymbol{x}^{(k)})}{\partial x_1} \quad \frac{\partial g_j(\boldsymbol{x}^{(k)})}{\partial x_2} \quad \cdots \quad \frac{\partial g_j(\boldsymbol{x}^{(k)})}{\partial x_n}\right]^{\mathrm{T}}$$

则式(5.38)写为

$$[\nabla g_j(\boldsymbol{x}^{(k)})]^{\mathrm{T}}\boldsymbol{S}^{(k)}\geqslant 0 \tag{5.39}$$

若以 β_k 表示矢量 $\nabla g_j(\boldsymbol{x}^{(k)})$ 与 $\boldsymbol{S}^{(k)}$ 的夹角，则式(5.39)在几何意义上标志着

$$\beta_k=\angle[\nabla g_j(\boldsymbol{x}^{(k)}),\boldsymbol{S}^{(k)}]\leqslant 90°$$

这说明，为满足可行性要求，搜索矢量 $\boldsymbol{S}^{(k)}$ 与起作用的约束函数梯度矢量 $\nabla g_j(\boldsymbol{x}^{(k)})$ 的夹角应为锐角，如图 5.17(a)所示。

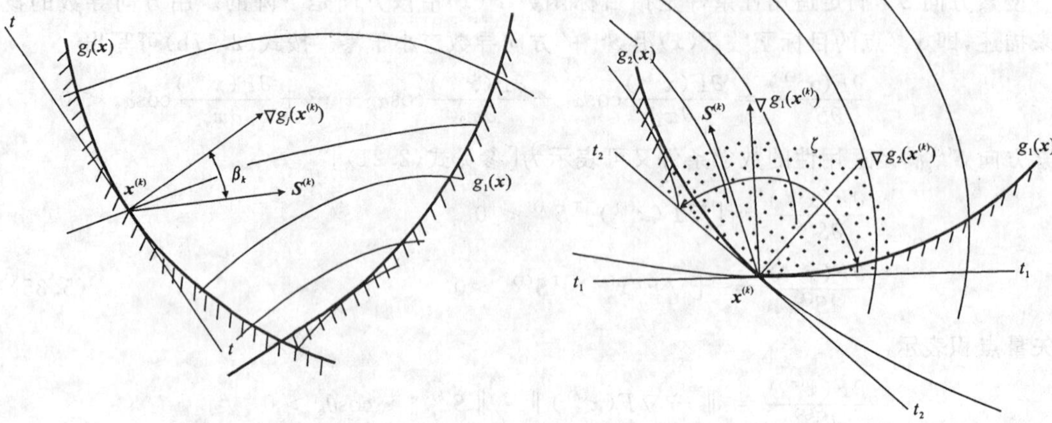

(a) $\boldsymbol{x}^{(k)}$在某一约束边界上　　(b) $\boldsymbol{x}^{(k)}$在两个约束边界的交点处

图 5.17　可行性条件的几何解释

如果迭代点 $\boldsymbol{x}^{(k)}$ 是在 J 个约束边界的相交处，则这些约束都是起作用约束，即有

$$g_j(\boldsymbol{x}^{(k)})=0,\quad j=1,2,\cdots,J$$

式(5.39)的条件写成

$$[\nabla g_j(\boldsymbol{x}^{(k)})]^{\mathrm{T}}\boldsymbol{S}^{(k)}\geqslant 0,\quad j=1,2,\cdots,J \tag{5.40}$$

为满足可行性要求，搜索矢量 $\boldsymbol{S}^{(k)}$ 应分别与 J 个起作用的约束梯度矢量 $\nabla g_j(\boldsymbol{x}^{(k)})$ $(j=1,2,\cdots,J)$ 的夹角均为锐角。图 5.17(b)表示了迭代点 $\boldsymbol{x}^{(k)}$ 在两个约束边界交点处的情况。对于约束 $g_1(\boldsymbol{x})$，可行方向应在过 $\boldsymbol{x}^{(k)}$ 点 $g_1(\boldsymbol{x})$ 曲线的切线 t_1-t_1 的上方，对于约束 $g_2(\boldsymbol{x})$，可行方向又应在 t_2-t_2 的右上方。它们形成一个公共区域 ζ。搜索矢量 $\boldsymbol{S}^{(k)}$ 应限制在该区域内。

(3)适用可行方向的数学条件。

综上所述，为使搜索方向 $\boldsymbol{S}^{(k)}$ 成为适用可行方向，其数学条件为同时满足式(5.35)与式(5.40)，即有

$$\begin{cases}[-\nabla F(\boldsymbol{x}^{(k)})]^{\mathrm{T}}\boldsymbol{S}^{(k)}>0\\ [\nabla g_j(\boldsymbol{x}^{(k)})]^{\mathrm{T}}\boldsymbol{S}^{(k)}\geqslant 0,\quad j=1,2,\cdots,J\end{cases} \tag{5.41}$$

式(5.41)数学条件的几何解释见图 5.18。

图 5.18(a)是 $J=1$ 的情况，适用可行方向 $\boldsymbol{S}^{(k)}$ 必须在一个既与 $-\nabla F(\boldsymbol{x}^{(k)})$ 又与 $\nabla g_j(\boldsymbol{x}^{(k)})$ 成锐角的扇形空间 ζ 内。图中直线比是 $g_1(\boldsymbol{x})$ 曲线在 $\boldsymbol{x}^{(k)}$ 点处的切线，直线 nn 是 $\boldsymbol{x}^{(k)}$ 点处负梯度矢量的法线。图 5.18(b)是 $J=2$ 的情况，$\boldsymbol{x}^{(k)}$ 点起作用的约束是 $g_1(\boldsymbol{x})$ 与 $g_2(\boldsymbol{x})$。ζ_1 是既与 $-\nabla F(\boldsymbol{x}^{(k)})$ 又与 $\nabla g_1(\boldsymbol{x}^{(k)})$ 成锐角构成的扇形空间，ζ_2 是既与 $-\nabla F(\boldsymbol{x}^{(k)})$ 又与 $\nabla g_2(\boldsymbol{x}^{(k)})$ 成锐角而构成的扇形空间。适用可行方向 $\boldsymbol{S}^{(k)}$ 必须是在两个扇形空间 ζ_1,ζ_2 的公共区域 ζ(此图中

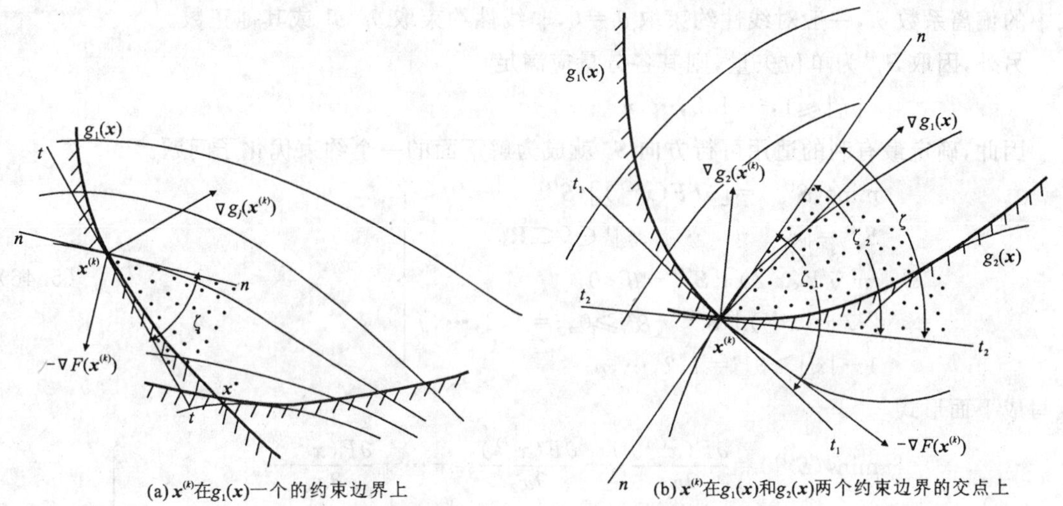

(a) $x^{(k)}$在$g_1(x)$一个的约束边界上　　(b) $x^{(k)}$在$g_1(x)$和$g_2(x)$两个约束边界的交点上

图 5.18　适用可行方向的几何解释

与 ζ_2 相同)之内。

对于三维及其以上的 n 维优化设计问题，适用可行方向 $S^{(k)}$ 是在一个与 $-\nabla F(x^{(k)})$ 及起作用约束梯度都构成锐角的锥体、超锥体的公共区域内。

三、最有利适用可行方向的确定

式(5.41)只提供了一个适用可行方向的范围。例如，二维问题适用可行方向的范围是一个扇形区域 ζ，多维问题则是一个锥体或超锥体。因此，还需从这个范围中选出一个确定的方向 $S^{(k)}$ 作为搜索方向。如果从这个范围中，能选出一个使目标函数下降最快的方向 S^*，则 S^* 方向就是一个最佳的适用可行方向，这正是我们所期望的。

为达到上述目的，应使目标函数 $F(x)$ 在 $x^{(k)}$ 点的方向导数为最小。目标函数 $F(x)$ 在 $x^{(k)}$ 点的方向导数为

$$\frac{\partial F(x^{(k)})}{\partial S^{(k)}}=[\nabla F(x^{(k)})]^{\mathrm{T}}S^{(k)} \tag{5.42}$$

式中，当 $\nabla F(x^{(k)})$ 是一个常矢量时，为使目标函数的方向导数最小，则可以归结为以适用可行方向 $S^{(k)}$[其矩阵见式(5.34)]为变量，式(5.42)为目标函数的求最小值问题，即

$$\min\phi(S^{(k)})=[\nabla F(x^{(k)})]^{\mathrm{T}}S^{(k)} \tag{5.43}$$

又变量 $S^{(k)}$ 仍必须满足式(5.41)所示的适用可行性数学条件，考虑到误差影响，将式(5.41)进行修正。

首先，对于适用性条件，引入条件余度 $\beta(\beta>0)$，则需满足条件

$$[-\nabla F(x^{(k)})]^{\mathrm{T}}S^{(k)}\geqslant\beta$$

或

$$[-\nabla F(x^{(k)})]^{\mathrm{T}}S^{(k)}-\beta\geqslant 0 \tag{5.44}$$

对于可行性条件，为保证适用可行方向 $S^{(k)}$ 沿约束面切线偏于可行域的一侧，引入方向 $S^{(k)}$ 的偏离系数 $\theta(\theta>0)$，则方向 $S^{(k)}$ 应满足条件

$$[\nabla g_j(x^{(k)})]^{\mathrm{T}}S^{(k)}\geqslant\beta\theta_j,\ j=1,2,\cdots,J$$

或写成

$$[\nabla g_j(x^{(k)})]^{\mathrm{T}}S^{(k)}-\beta\theta_j\geqslant 0,\ j=1,2,\cdots,J \tag{5.45}$$

式中的偏离系数 θ_j，一般对线性约束取 $\theta_j=0$，非线性约束取 $\theta_j=1$ 或其他正数。

另外，因取 $\boldsymbol{S}^{(k)}$ 为单位矢量，则其各分量应满足

$$|s_i|\leqslant 1, i=1,2,\cdots,n$$

因此，确定最有利的适用可行方向 $\boldsymbol{S}^*$ 就成为解下面的一个约束优化子问题。

$$\left.\begin{aligned}
&\min\phi(\boldsymbol{S}^{(k)})=[\nabla F(\boldsymbol{x}^{(k)})]^{\mathrm{T}}\boldsymbol{S}^{(k)}\\
&\boldsymbol{S}^{(k)}=[s_1\quad s_2\quad\cdots\quad s_n]^{\mathrm{T}}\in\mathscr{D}\subset\mathbf{R}^n\\
&\mathscr{D}:[-\nabla F(\boldsymbol{x}^{(k)})]^{\mathrm{T}}\boldsymbol{S}^{(k)}-\beta\geqslant 0\\
&[\nabla g_j(\boldsymbol{x}^{(k)})]^{\mathrm{T}}\boldsymbol{S}^{(k)}-\beta\theta_j\geqslant 0, j=1,2,\cdots,J\\
&1-|s_i|\geqslant 0, i=1,2,\cdots,n
\end{aligned}\right\}\tag{5.46}$$

或写成下面形式

$$\left.\begin{aligned}
&\min\phi(\boldsymbol{S}^{(k)})=\frac{\partial F(\boldsymbol{x}^{(k)})}{\partial x_1}s_1+\frac{\partial F(\boldsymbol{x}^{(k)})}{\partial x_2}s_2+\cdots+\frac{\partial F(\boldsymbol{x}^{(k)})}{\partial x_n}s_n\\
&\boldsymbol{S}^{(k)}=[s_1\quad s_2\quad\cdots\quad s_n]^{\mathrm{T}}\in\mathscr{D}\subset\mathbf{R}^n\\
&\mathscr{D}:G_1(\boldsymbol{S}^{(k)})=-\left[\frac{\partial F(\boldsymbol{x}^{(k)})}{\partial x_1}s_1+\frac{\partial F(\boldsymbol{x}^{(k)})}{\partial x_2}s_2+\cdots+\frac{\partial F(\boldsymbol{x}^{(k)})}{\partial x_n}s_n\right]-\beta\geqslant 0\\
&G_2(\boldsymbol{S}^{(k)})=\frac{\partial g_1(\boldsymbol{x}^{(k)})}{\partial x_1}s_1+\frac{\partial g_1(\boldsymbol{x}^{(k)})}{\partial x_2}s_2+\cdots+\frac{\partial g_1(\boldsymbol{x}^{(k)})}{\partial x_n}s_n-\beta\theta_1\geqslant 0\\
&\cdots\cdots\cdots\cdots\cdots\cdots\cdots\cdots\cdots\cdots\cdots\cdots\\
&G_{J+1}(\boldsymbol{S}^{(k)})=\frac{\partial g_J(\boldsymbol{x}^{(k)})}{\partial x_1}s_1+\frac{\partial g_J(\boldsymbol{x}^{(k)})}{\partial x_2}s_2+\cdots+\frac{\partial g_J(\boldsymbol{x}^{(k)})}{\partial x_n}s_n-\beta\theta_J\geqslant 0\\
&G_{J+2}(\boldsymbol{S}^{(k)})=1-|s_1|\geqslant 0\\
&\cdots\cdots\cdots\cdots\cdots\cdots\cdots\cdots\cdots\cdots\cdots\cdots\\
&G_{J+n+1}(\boldsymbol{S}^{(k)})=1-|s_n|\geqslant 0
\end{aligned}\right\}\tag{5.47}$$

式中，$G_i(\boldsymbol{S}^{(k)})(i=1,2,\cdots,J+n+1)$ 是优化子问题式(5.46)的约束条件。式(5.46)或式(5.47)是以 $\boldsymbol{S}^{(k)}=[s_1\quad s_2\quad\cdots\quad s_n]^{\mathrm{T}}$ 为变量的 n 维线性规划问题(其解法见第六章“线性规划”)，它的解为

$$\boldsymbol{S}^*=[s_1^*\quad s_2^*\quad\cdots\quad s_n^*]^{\mathrm{T}}$$

$\boldsymbol{S}^*$ 就是用可行方向法求解在点 $\boldsymbol{x}^{(k)}$ 处的最为有利的适用可行方向。

四、步长的确定

下面要讨论可行方向法基本搜索过程中的第二个基本问题——步长的确定。步长应根据当前迭代点位置的不同情况，分别或依次地采用最优步长 α^*、试验步长 α_t 和调整步长 α_c 的三种方法加以确定，现分述于下。

(1)最优步长的确定。

如果当前迭代点位置在可行域内，且离约束边界又较远时，则可先用最优步长 α^* 作为迭代步长。此时，其搜索方向不妨可以取目标函数的负梯度方向，它一定是一种可行方向。具体做法是：由当前迭代点 $\boldsymbol{x}^{(k)}$ 出发，沿 $-\nabla F(\boldsymbol{x}^{(k)})$ 进行一维搜索，获得该方向上的目标函数为最小的步长 α^*，于是求得下一个迭代点

$$\boldsymbol{x}^{(k+1)}=\boldsymbol{x}^{(k)}-\alpha^*\nabla F(\boldsymbol{x}^{(k)})\tag{5.48}$$

$\boldsymbol{x}^{(k)}$ 的位置会出现两种情况：一是它仍在可行域内，如图 5.19(a)；二是它已逸出可行域，如图 5.19(b)。对于第一种情况，可继续采用最优步长进行以后的迭代计算，直至迭代点落入非可

行域，从而转化为第二种情况。当出现了第二种情况时，则应将迭代点退回到在可行域内的前一个迭代点。现在可以认为当前迭代点已处在离约束边界不远的可行域内位置，接着便可采用试验步长法可确定迭代步长继续进行迭代。

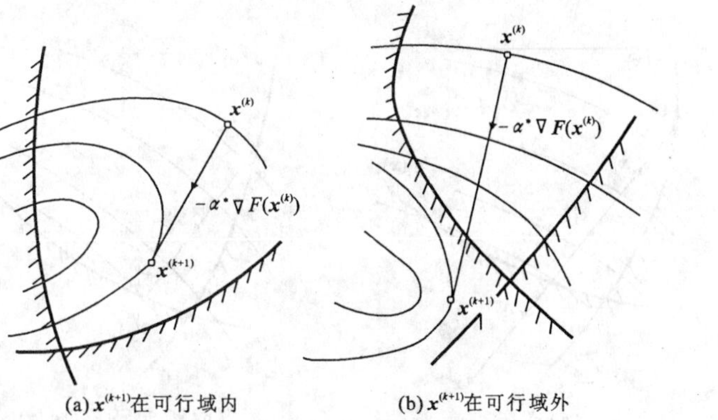

图 5.19　最优步长 α^* 的确定

(2)试验步长 α_t 的确定。

当迭代点 $x^{(k)}$ 已处于可行域内边界附近位置时，进一步搜索所用的方向，应采取最有利的适用可行方向 $S^{(k)}$，其步长采用试验步长 α_t。

选取试验步长 α_t，是按照使目标函数的下降率为 Δ_f 的原则来确定的。一般取 $\Delta_f=0.05\sim0.1$。

设在 $x^{(k)}$ 点，沿 $S^{(k)}$ 方向取试验步长为 α_t，得下一个迭代点为 $x_1^{(t)}$，则目标函数的下降量应为

$$F(x^{(k)})-F(x_1^{(t)})=\Delta_f|F(x^{(k)})| \tag{5.49}$$

为求出相应的步长 α_t，现将 $F(x)$ 在 $x^{(k)}$ 点按泰勒公式展开。由于 $x_1^{(t)}$ 是 $x^{(k)}$ 的一个邻近点，所以可只取展开式的线性部分，则有

$$\begin{aligned}F(x_1^{(t)})&\approx F(x^{(k)})+[\nabla F(x^{(k)})]^{\mathrm{T}}(x_1^{(t)}-x^{(k)})\\&=F(x^{(k)})+[\nabla F(x^{(k)})]^{\mathrm{T}}\alpha_t S^{(k)}\end{aligned} \tag{5.50}$$

联立式(5.49)、式(5.50)可整理得

$$\alpha_t=-\frac{|F(x^{(k)})|}{[\nabla F(x^{(k)})]^{\mathrm{T}}S^{(k)}}\Delta_f \tag{5.51}$$

由于 $S^{(k)}$ 是适用可行方向，当然满足适用性条件，则 $[\nabla F(x^{(k)})]^{\mathrm{T}}S^{(k)}<0$，显见式(5.51)中的 $\alpha_t>0$。

按式(5.51)确定 α_t 后，得下一个迭代点

$$x_1^{(t)}=x^{(k)}+\alpha_t S^{(k)} \tag{5.52}$$

通过计算 $x_1^{(t)}$ 点的约束函数值，判别 $x_1^{(t)}$ 点所在位置，可能有以下三种情况。

①$g_u(x_1^{(t)})\geqslant0,u=1,2,\cdots,p$，即所有的不等式约束全部满足。标志着 $x_1^{(t)}$ 点是可行域的内部点。出现此情况后，继续以试验步长 α_t 再前进，直至越出可行域为止，如图 5.20(a)所示，沿 $S^{(k)}$ 方向得到的点 $x_1^{(t)}$，$x_2^{(t)}$ 在可行域内，而点 $x_3^{(t)}$ 就越出了 $g_2(x)$的约束边界。

②迭代点 $x_1^{(t)}$ 的某约束函数值是一个很小的正数，即 $0\leqslant g_2(x_1^{(t)})\leqslant\delta$。$\delta$ 称为约束容差，通常取 $\delta=10^{-2}\sim10^{-3}$。此情况标志点 $x_1^{(t)}$ 很接近 $g_2(x)$这个约束边界且在可行域的一侧。与点 $x_1^{(t)}$ 相对应的步长 $\alpha_1^{(t)}$ 恰是所需要的，如图 5.20(b)所示。

③迭代点 $x_1^{(t)}$ 处的一个或几个约束函数值小于零，即迭代点已越出了可行域，如图 5.20(c)所示。

对于①、③两种情况，最后的迭代点 $x^{(t)}$ 都落在可行域外，而前一个迭代点则是在临近边界的可行域内。此时，为将迭代点 $x^{(t)}$ 调回到约束边界上，则需采用调整步长 α_c 的方法继续迭代。

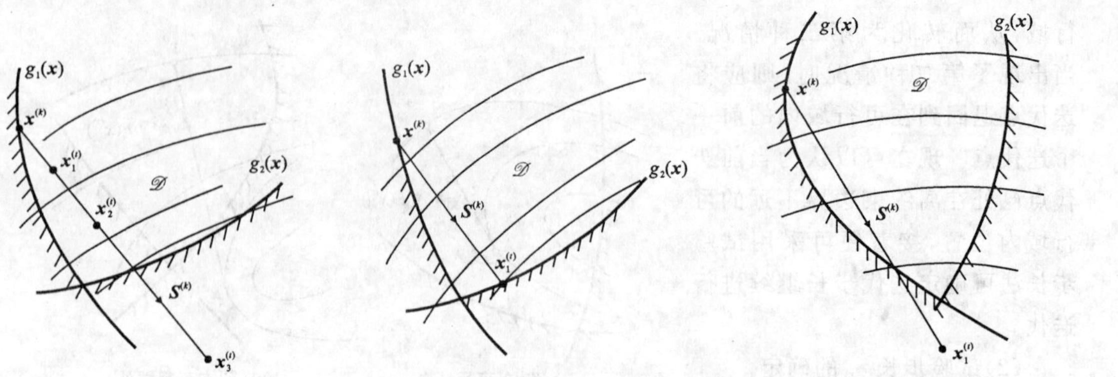

(a) $x_1^{(t)}$ 在$\mathscr{D}$内　　(b) $x_1^{(t)}\in\mathscr{D}$且靠近$g_2(x)$　　(c) $x_1^{(t)}$ 在$\mathscr{D}$之外

图 5.20　试验步长 α_t 的三种情况

(3)调整步长 α_c 的确定。

①给出约束边界容差带。

由于要将迭代点恰好调整到严格的约束边界上即 $g(\boldsymbol{x})=0$ 是困难的，也并不很必要，所以为了简化计算和减少试探次数，则对于约束边界需给一个允许的误差限。一般地，给约束边界规定适当的容差带，容差为 δ，

$$0\leqslant g_u(\boldsymbol{x})\leqslant\delta,\quad u=1,2,\cdots,p$$

δ 取值开始可给大些，如 $10^{-2}\sim10^{-3}$，当接近最优点时再减小一些，以提高终解的精度。如果需要，对不同的约束也可取不同的 δ。

当新的迭代点进入容差带，即可认为达到了约束边界。为安全起见，一般容差带都取在可行域一侧的范围内，如图 5.21 所示。

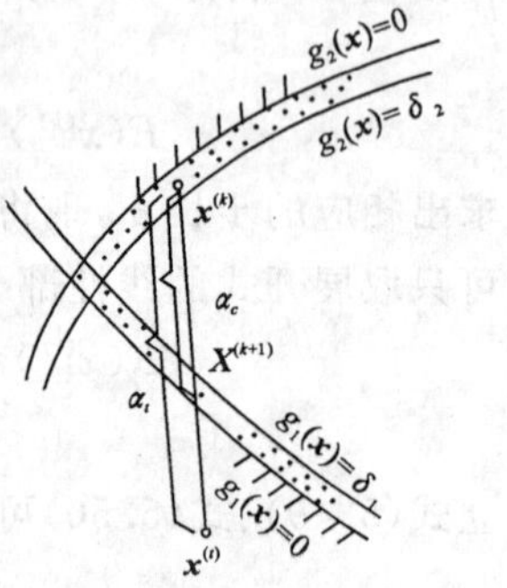

图 5.21　约束边界容差带

②用线性插值法确定调整步长 α_c，具体作法如下。

设以 $\boldsymbol{x}^{(k)}$，$\boldsymbol{x}^{(t)}$ 分别代表前一迭代点与出界点。从 $\boldsymbol{x}^{(k)}$ 点到 $\boldsymbol{x}^{(t)}$ 点的迭代步长为 α_t，设点 $\boldsymbol{x}^{(t)}$ 现已越出第 j 个约束 $g_j(\boldsymbol{x})$ 的边界。

由于 $\boldsymbol{x}^{(k)}$ 与 $\boldsymbol{x}^{(t)}$ 很接近，可看作 $\boldsymbol{x}^{(t)}$ 点是在 $\boldsymbol{x}^{(k)}$ 点的邻域里，所以将约束函数 $g_j(\boldsymbol{x})$ 在 $\boldsymbol{x}^{(k)}$ 点的某邻域里用下面的线性函数来近似代替[即在图 5.22(a)中，用直线代替曲线]

$$g_j(\boldsymbol{x})=A+B\alpha$$

式中，α 是作为变量的步长，待定常数 A、B 可由边界条件计算出，即

当 $\alpha=0$ 时，$g_j(\boldsymbol{x})|_{x=x^{(k)}}=g_j(\boldsymbol{x}^{(k)})=A$

当 $\alpha=\alpha_t$ 时，$g_j(\boldsymbol{x})|_{x=x^{(t)}}=g_j(\boldsymbol{x}^{(t)})=A+B\alpha_t$

由上两式解得

$$A=g_j(\boldsymbol{x}^{(k)})$$

$$B=\frac{g_j(\boldsymbol{x}^{(t)})-g_j(\boldsymbol{x}^{(k)})}{\alpha_t}$$

于是，对于约束函数 $g_j(\boldsymbol{x})$，在 $\boldsymbol{x}^{(k)}$ 点某邻域用如下的线性函数来代替

$$g_j(\boldsymbol{x})=g_j(\boldsymbol{x}^{(k)})+\frac{g_j(\boldsymbol{x}^{(t)})-g_j(\boldsymbol{x}^{(k)})}{\alpha_t}\alpha \tag{5.53}$$

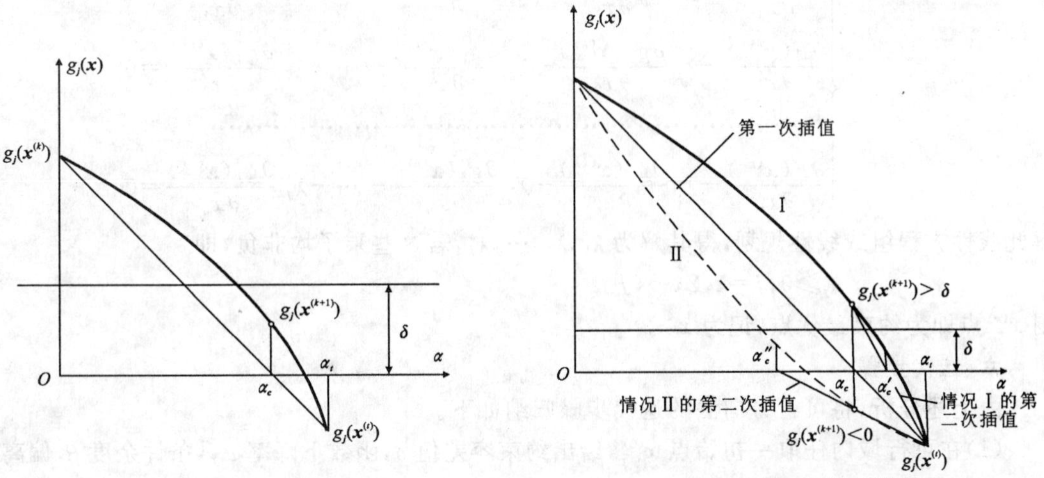

(a)线性插值原理　　　(b)第二次线性插值原理

图 5.22　调整步长 α_c 的确定

为将新的迭代点 $\boldsymbol{x}^{(k+1)}$ 调入容差带中部附近，取上式中的 $g_j(\boldsymbol{x})$ 为 $g_j(\boldsymbol{x}^{(k+1)})=\dfrac{\delta}{2}$，$\alpha=\alpha_c$。则可解出从 $\boldsymbol{x}^{(k)}$ 点到 $\boldsymbol{x}^{(k+1)}$ 点的调整步长 α_c 为

$$\alpha_c=\frac{\dfrac{\delta}{2}-g_j(\boldsymbol{x}^{(k)})}{g_j(\boldsymbol{x}^{(t)})-g_j(\boldsymbol{x}^{(k)})}\alpha_t \tag{5.54}$$

于是，调到约束边界上的迭代点

$$\boldsymbol{x}^{(k+1)}=\boldsymbol{x}^{(k)}+\alpha_c\boldsymbol{S}^{(k)} \tag{5.55}$$

见图 5.21。

由于用线性函数近似代替原非线性约束函数 $g_j(\boldsymbol{x})$，则得到的迭代点 $\boldsymbol{x}^{(k+1)}$ 的位置必然有误差，若发现 $g_j(\boldsymbol{x}^{(k+1)})>\delta$ 或 $g_j(\boldsymbol{x}^{(k+1)})<0$，说明 $\boldsymbol{x}^{(k+1)}$ 点处在约束边界容差带外面，如图 5.22(b)所示，此时则应再次做第二次或第三次线性插值，求出新的调整步长 α'_c 或 α''_c，直至 $\boldsymbol{x}^{(k+1)}$ 到达容差带内为止。

五、迭代终止准则

按上述的迭代方法，即可使迭代点沿着各约束边界，以割线的方式不断逼近约束最优点。该方法的迭代终止条件可采用库恩-塔克(K-T)条件。

其具体作法是：求出 $\boldsymbol{x}^{(k)}$ 点的目标函数梯度

$$\nabla F(\boldsymbol{x}^{(k)})=\left[\frac{\partial F(\boldsymbol{x}^{(k)})}{\partial x_1}\quad\frac{\partial F(\boldsymbol{x}^{(k)})}{\partial x_2}\quad\cdots\quad\frac{\partial F(\boldsymbol{x}^{(k)})}{\partial x_n}\right]^{\mathrm{T}}$$

和 J 个起作用的约束函数梯度

$$\nabla g_u(\boldsymbol{x}^{(k)})=\left[\frac{\partial g_u(\boldsymbol{x}^{(k)})}{\partial x_1}\quad\frac{\partial g_u(\boldsymbol{x}^{(k)})}{\partial x_2}\quad\cdots\quad\frac{\partial g_u(\boldsymbol{x}^{(k)})}{\partial x_n}\right]^{\mathrm{T}}$$

$$u=1,2,\cdots,J$$

代入 K-T 条件式(5.19)，得到以 $\lambda_1,\lambda_2,\cdots,\lambda_J$ 为变量的线性方程组

$$
\begin{cases}
\dfrac{\partial F(\boldsymbol{x}^{(k)})}{\partial x_1}-\lambda_1\dfrac{\partial g_1(\boldsymbol{x}^{(k)})}{\partial x_1}-\lambda_2\dfrac{\partial g_2(\boldsymbol{x}^{(k)})}{\partial x_1}-\cdots-\lambda_J\dfrac{\partial g_J(\boldsymbol{x}^{(k)})}{\partial x_1}=0\\
\dfrac{\partial F(\boldsymbol{x}^{(k)})}{\partial x_2}-\lambda_1\dfrac{\partial g_1(\boldsymbol{x}^{(k)})}{\partial x_2}-\lambda_2\dfrac{\partial g_2(\boldsymbol{x}^{(k)})}{\partial x_2}-\cdots-\lambda_J\dfrac{\partial g_J(\boldsymbol{x}^{(k)})}{\partial x_2}=0\\
\cdots\cdots\cdots\cdots\cdots\cdots\cdots\cdots\cdots\cdots\cdots\cdots\cdots\cdots\cdots\cdots\cdots\cdots\cdots\cdots\\
\dfrac{\partial F(\boldsymbol{x}^{(k)})}{\partial x_n}-\lambda_1\dfrac{\partial g_1(\boldsymbol{x}^{(k)})}{\partial x_n}-\lambda_2\dfrac{\partial g_2(\boldsymbol{x}^{(k)})}{\partial x_n}-\cdots-\lambda_J\dfrac{\partial g_J(\boldsymbol{x}^{(k)})}{\partial x_n}=0
\end{cases}
$$

解此线性方程组或线性规划，得其解为 $\lambda_1,\lambda_2,\cdots,\lambda_J$，若这些乘子均非负，即

$$\lambda_j \geqslant 0,\ j=1,2,\cdots,J$$

则 $\boldsymbol{x}^{(k)}$ 点即为约束最优点，记为 $\boldsymbol{x}^*$。

六、迭代步骤

由上述分析，将可行方向法的迭代步骤归纳如下。

(1)在可行域内任取一初始点 $\boldsymbol{x}^{(0)}$，给出约束容差值 δ，函数下降率 Δ_f，条件余度 β，偏离系数 θ。

(2)以 $\boldsymbol{x}^{(0)}\rightarrow\boldsymbol{x}^{(k)}$ 为始点，沿负梯度方向，即沿 $\boldsymbol{S}^{(0)}\rightarrow\boldsymbol{S}^{(k)}=-\nabla F(\boldsymbol{x}^{(k)})$ 进行一维搜索，得最优步长 $\alpha^{(k)}$，下一个迭代点

$$\boldsymbol{x}^{(k+1)}=\boldsymbol{x}^{(k)}-\alpha^{(k)}\nabla F(\boldsymbol{x}^{(k)})$$

(3)判别 $\boldsymbol{x}^{(k+1)}$ 的位置：若在可行域内且不接近边界，$\boldsymbol{x}^{(k)}\leftarrow\boldsymbol{x}^{(k+1)}$ 转步骤(2)；若在域内且接近某约束边界上，即 $0\leqslant\min\{g_u(\boldsymbol{x}^{(k)})\}\leqslant\delta$，$\boldsymbol{x}^{(k)}\leftarrow\boldsymbol{x}^{(k+1)}$ 转步骤(4)；若在可行域外，$\boldsymbol{x}^{(k)}\leftarrow\boldsymbol{x}^{(k+1)}$ 转步骤(7)。

(4)按线性规划数学模型式(5.47)确定最有利的适用可行方向 $\boldsymbol{S}^{(k)}$。

(5)计算试验步长 α_t。

$$\alpha_t=-\frac{|F(\boldsymbol{x}^{(k)})|}{[\nabla F(\boldsymbol{x}^{(k)})]^{\mathrm{T}}\boldsymbol{S}^{(k)}}\Delta_f$$

得试验点

$$\boldsymbol{x}^{(t)}=\boldsymbol{x}^{(k)}+\alpha_t\boldsymbol{S}^{(k)}$$

(6)判别 $\boldsymbol{x}^{(t)}$ 的位置：若 $\boldsymbol{x}^{(t)}$ 在可行域内部但尚未到达边界，则 $\boldsymbol{x}^{(k)}\leftarrow\boldsymbol{x}^{(t)}$ 转步骤(5)；若 $\boldsymbol{x}^{(t)}$ 在边界上即 $0\leqslant g_j(\boldsymbol{x}^{(t)})\leqslant\delta$，则 $\boldsymbol{x}^{(k)}\leftarrow\boldsymbol{x}^{(t)}$ 转步骤(9)；若 $\boldsymbol{x}^{(t)}$ 在域外，转步骤(7)。

(7)确定调整步长 α_c。

按式(5.54)求出调整步长 α_c，并求出

$$\boldsymbol{x}^{(c)}=\boldsymbol{x}^{(k)}+\alpha_c\boldsymbol{S}^{(k)}$$

(8) $\boldsymbol{x}^{(c)}\rightarrow\boldsymbol{x}^{(k)}$，判别条件 $0\leqslant g_j(\boldsymbol{x}^{(c)})\leqslant\delta$ 是否满足。若满足，转步骤(9)；若不满足，转步骤(7)。

(9)按库恩-塔克条件检验是否满足迭代终止准则，若不满足则转步骤(4)；若满足，$\boldsymbol{x}^{(k)}\rightarrow\boldsymbol{x}^*$，$F(\boldsymbol{x}^{(k)})\rightarrow F^*$，输出($\boldsymbol{x}^*$，$F^*$)并停止计算。

可行方向法的算法流程图见图 5.23。

5.3.5 惩罚函数法

前述的约束坐标轮换法、约束随机法、复合形法以及可行方向法，都是属于约束优化问题的直接法。这些方法都是在搜索过程中，使每个迭代点同时满足适用性、可行性两个条件，由此来直接处理约束条件。本节所述的惩罚函数法是属于约束优化的间接法。

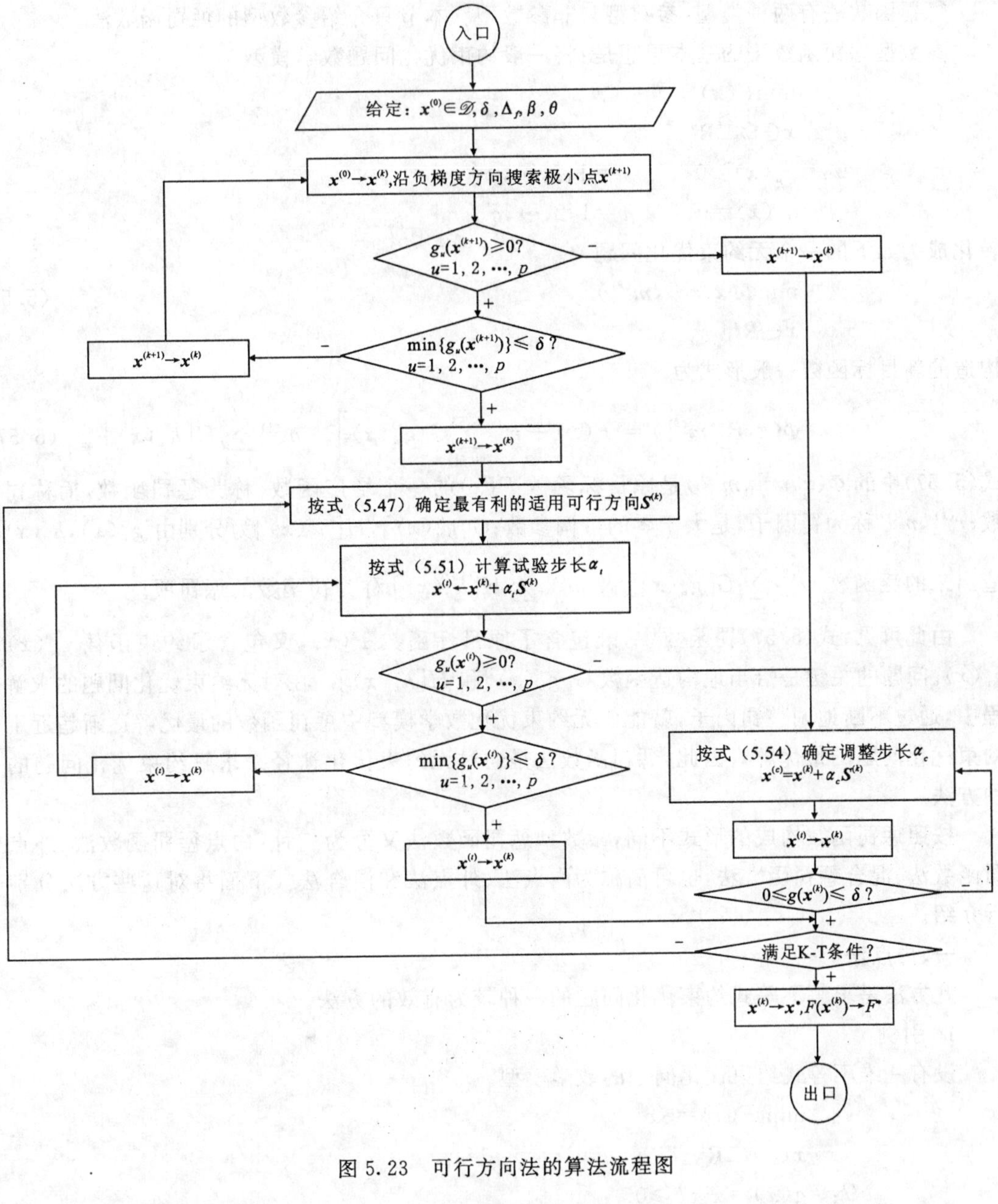

图 5.23　可行方向法的算法流程图

目前已有的许多著作和文献表明，对无约束优化方法的研究要比对约束优化方法的研究更为完善和成熟，并建立起了许多有效的、可靠的算法。如果能通过某种办法对约束条件加以处理，将约束优化问题转化成无约束优化问题，这样就可以直接用无约束优化方法来解约束优化问题。但是，这种转化必须满足如下两个前提条件：一是不破坏原约束问题的约束条件；二是最优解必须归结到原约束问题的最优解上去。

约束优化问题的间接法有多种，例如消元法、拉格朗日乘子法、惩罚函数法等，其中惩罚函数法应用最广。

惩罚函数法（简称罚函数法）的特点是能解等式约束、不等式约束以及两种约束兼有的优化问题，且基本构思简单，易编程序，使用效果较好。

惩罚函数法有两种类型：参数型与非参数型。本节只介绍参数型的惩罚函数法。

参数型惩罚函数法的基本思想是：将一般约束优化问题数学模型

$$
\begin{aligned}
&\min F(\boldsymbol{x})\\
&\boldsymbol{x}\in\mathscr{D}\subset\mathbf{R}^n\\
\mathscr{D}:\ &g_u(\boldsymbol{x})\geqslant 0,\qquad u=1,2,\cdots,p\\
&h_v(\boldsymbol{x})=0,\qquad v=1,2,\cdots,q
\end{aligned}
$$

转化成为如下的一个无约束优化问题

$$
\begin{aligned}
&\min\Phi(\boldsymbol{x},r^{(k)},m^{(k)})\\
&\boldsymbol{x}\in\mathbf{R}^n
\end{aligned}
\tag{5.56}
$$

构造的新目标函数一般形式为

$$
\Phi(\boldsymbol{x},r^{(k)}m^{(k)})=F(\boldsymbol{x})+r^{(k)}\sum_{u=1}^{p}G\Big[g_u(\boldsymbol{x})\Big]+m^{(k)}\sum_{v=1}^{q}H\Big[h_v(\boldsymbol{x})\Big]\tag{5.57}
$$

式(5.57)中的 $\Phi(\boldsymbol{x},r^{(k)},m^{(k)})$ 是原目标函数 $F(\boldsymbol{x})$ 的一个增广函数，称为惩罚函数，简称罚函数；$r^{(k)}$，$m^{(k)}$ 称为罚因子，是大于零的可调参数；$G[g_u(\boldsymbol{x})]$，$H[h_v(\boldsymbol{x})]$ 为分别由 $g_u(\boldsymbol{x})$，$h_v(\boldsymbol{x})$ 构造出来的泛函数。$r^{(k)}\sum\limits_{u=1}^{p}G[g_u(\boldsymbol{x})]$ 及 $m^{(k)}\sum\limits_{v=1}^{q}H[h_v(\boldsymbol{x})]$ 称为罚函数的惩罚项。

由此可见，式(5.57)罚函数中，既包含了原目标函数 $F(\boldsymbol{x})$，又包含了约束函数 $g_u(\boldsymbol{x})$ 和 $h_v(\boldsymbol{x})$。问题的关键是恰当地构造函数 $G[g_u(\boldsymbol{x})]$ 和 $H[h_v(\boldsymbol{x})]$。在对无约束优化问题的求解过程中，通过不断地调整罚因子，就能使无约束优化数学模型中惩罚函数的最优解逐渐趋近于原约束优化问题的最优解。因此，惩罚函数法是通过无约束优化途径来求解约束优化问题的一种方法。

按照惩罚函数构成的形式不同，参数型惩罚函数法又分为三种：内点惩罚函数法、外点惩罚函数法、混合惩罚函数法，也可简称为内点法、外点法和混合法。下面将对这些方法分别进行介绍。

一、内点法

此方法是求解不等式约束优化问题的一种较为有效的方法。

1. 引例

设有一维不等式约束优化问题的数学模型

$$
\begin{aligned}
&\min F(x)=\alpha x\\
&x\in\mathscr{D}\subset\mathbf{R}^1\\
\mathscr{D}:\ &g(x)=x-b\geqslant 0
\end{aligned}
$$

几何图形如图 5.24 所示。由图可见，该目标函数的可行域为 $x\geqslant b$，在可行域内目标函数单调上升，它的最优解显然是 $x^*=b$，$F^*=h$，见图 5.24(a)。

首先构造 $G[g(\boldsymbol{x})]=\dfrac{1}{g(\boldsymbol{x})}=\dfrac{1}{x-b}$，则罚函数形式为

$$
\Phi(x,r^{(k)})=F(x)+r^{(k)}\frac{1}{g(\boldsymbol{x})}=ax+r^{(k)}\frac{1}{x-b}
$$

为使读者对内点法有初步的认识，对上面的罚函数进行如下分析。

(1)本引例是只有不等式约束的优化问题，故只有一个惩罚项 $r^{(k)}\dfrac{1}{g(x)}$。

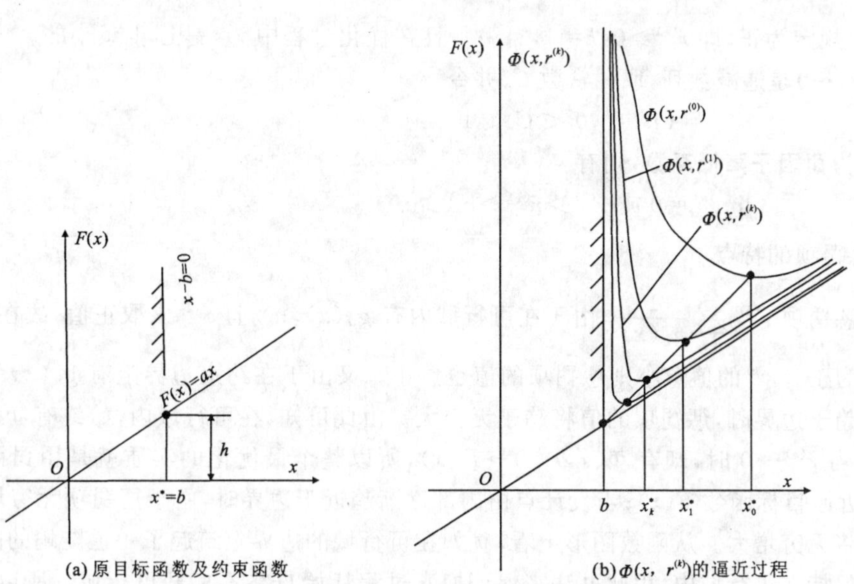

图 5.24　内点法引例的函数图形

(2)规定罚因子 $r^{(k)}$ 为某一正数，当迭代点在可行域内时，则惩罚项的值必为正值，因此必有

$$\Phi(x,r^{(k)})\geqslant F(x)$$

而且，当 x 越趋近于约束边界时，由于 $g(x)$ 越趋近于零，惩罚项 $r^{(k)}\dfrac{1}{g(x)}$ 增大，所以罚函数 $\Phi(x,r^{(k)})$ 的值也越大。当 $x\to b$ 时，罚函数的值将趋于 $+\infty$。因此，若初始点取在可行域内，当求函数 $\Phi(x,r^{(k)})$ 的极小值时，只要适当控制搜索步长，防止迭代点跨进非可行域，则所搜索到的无约束极小点 x^* 必可保持在可行域内。

(3)当对罚因子的取值由初始的 $r^{(0)}$ 逐渐变小时($r^{(0)}>r^{(1)}>\cdots$)，罚函数 $\Phi(x,r^{(k)})$ 将越来越逼近于原目标函数 $F(x)$，即罚函数曲线越来越接近于原函数 $F(x)=ax$ 的直线，如图 5.24(b)所示，对应罚函数 $\Phi(x,r^{(k)})$ 的最优点列 $x_0^*,x_1^*,\cdots$ 就不断趋近于原约束优化问题的最优点 $x^*=b$。

由此可见，如果选择一个可行点作为初始点 $x^{(0)}$，令其罚因子 $r^{(k)}$ 由大变小，通过求罚函数 $\Phi(x,r^{(k)})$ 的一系列无约束最优点，显见无约束最优点序列 x_k^* ($k=0,1,\cdots,$)将逐渐趋近于原约束优化问题的最优点 x^*，即 $x_0^*,x_1^*,x_2^*,\cdots,x_k^*,\cdots\to x^*$。

2. 内点罚函数的形式、惩罚项的特点及内点法的求解过程

(1)内点罚函数的形式。

对于具有不等式约束的优化问题

$$\begin{aligned}&\min F(\boldsymbol{x})\\&\boldsymbol{x}\in\mathscr{D}\subset\mathbf{R}^n\\&\mathscr{D}:\ g_u(\boldsymbol{x})\geqslant 0,\quad u=1,2,\cdots,p\end{aligned}$$

构造如下形式的内点罚函数

$$\Phi(\boldsymbol{x},r^{(k)})=F(\boldsymbol{x})+r^{(k)}\sum_{u=1}^{p}\frac{1}{g_u(\boldsymbol{x})}\tag{5.58}$$

罚因子 $r^{(k)}$ 规定为正，即 $r^{(k)}>0(k=1,2,\cdots)$，且在优化过程中 $r^{(k)}$ 是逐步减小的。为确保 $r^{(k)}$ $(k=0,1,2,\cdots)$是递减数列，取一常数 C，并令

$$r^{(k)} = Cr^{(k-1)}, 0 < C < 1 \tag{5.59}$$

称系数 C 为**罚因子降低系数**，则有

$$\lim_{k\to\infty} r^{(k)} = 0 \text{ 或 } r^{(0)}>r^{(1)}>r^{(2)}>\cdots \tag{5.60}$$

(2)惩罚项的特点。

关于惩罚项 $r^{(k)}\sum_{u=1}^{p}\frac{1}{g_u(\boldsymbol{x})}$，由于在可行域内有 $g_u(\boldsymbol{x})\geqslant 0$，且 $r^{(k)}$ 永取正值，故在可行域内惩罚项永为正。$r^{(k)}$ 的值愈小则惩罚项的值也愈小。又由于在约束边界上有 $g_u(\boldsymbol{x})=0$，因此，当设计点趋于边界时，惩罚项的值将趋于无穷大。由此可知，在可行域内，始终有 $\Phi(\boldsymbol{x},r^{(k)})>F(\boldsymbol{x})$。但当 $r^{(k)}\to 0$ 时，却有 $\Phi(\boldsymbol{x},r^{(k)})\to F(\boldsymbol{x})$，所以整个最优化的实质就是用罚函数 $\Phi(\boldsymbol{x},r^{(k)})$去逼近原目标函数 $F(\boldsymbol{x})$；当设计点由内部逐渐趋近于边界时，由于惩罚项无穷增大，则惩罚函数也将无穷增大。从函数图形上看，犹如在可行域的边界上筑起了一道陡峭的高墙，使迭代点自动保持在可行域内，用此办法来保证搜索过程从始自终不离开可行域。所以内点法也常称为围墙函数法。

(3)内点罚函数法的求解过程。

为了用惩罚函数 $\Phi(\boldsymbol{x},r^{(k)})$去逼近原目标函数 $F(\boldsymbol{x})$，则要用 $F(\boldsymbol{x})$及 $g_u(\boldsymbol{x})$构造一个无约束优化问题的数学模型

$$\min\Phi(\boldsymbol{x},r^{(k)}) = F(\boldsymbol{x}) + r^{(k)}\sum_{u=1}^{p}\frac{1}{g_u(\boldsymbol{x})} \tag{5.61}$$

$$\boldsymbol{x}\in\mathbf{R}^n$$

选取原约束优化问题的一个域内点为初始点 $\boldsymbol{x}^{(0)}$，初始罚因子 $r^{(0)}$，罚因子降低系数 C。用无约束优化方法求式(5.61)无约束优化问题的最优解，所得解为 $\boldsymbol{x}_0^*$。当 k 在增大的过程中，得到罚函数的无约束最优点序列为

$$\{\boldsymbol{x}_0^*,\boldsymbol{x}_1^*,\cdots,\boldsymbol{x}_k^*,\cdots\}$$

点列中各点均在可行域内部，随着 $k\to\infty$ 的过程，$r^{(k)}\to 0$，点列将趋近于原约束问题的最优解 $\boldsymbol{x}^*$。即

$$\lim_{k\to\infty}\boldsymbol{x}_k^* = \boldsymbol{x}^*$$

由此可知，内点法的序列无约束最优点 $\boldsymbol{x}_k^*$ 是保持在可行域内部且逐渐趋近于约束最优点 $\boldsymbol{x}^*$ 的，这也正是内点法名称的来由。

内点罚函数的构成还有其他许多形式，其中应用较多的如

$$\Phi(\boldsymbol{x},r^{(k)}) = F(\boldsymbol{x}) - r^{(k)}\sum_{n=1}^{p}\ln[g_u(\boldsymbol{x})] \tag{5.62}$$

等，这里不再赘述。

3. 初始点 $\boldsymbol{x}^{(0)}$ 的确定

由于内点法的搜索是在可行域内进行，显然初始点 $\boldsymbol{x}^{(0)}$ 必须是域内可行点，需满足

$$g_u(\boldsymbol{x}^{(0)})>0, u=1,2,\cdots,p$$

确定初始点常用如下两种方法。

(1)自定法。根据设计者的经验或已有的计算资料自行决定某一可行点作为初始点，这种方法在机械设计中，很多情况下是可以做到的。例如，进行某项设计的改进，那么原设计的参

数虽然不是最优的，但一般是可行的，因此可以取原设计方案的参数作为初始点。又例如在机构设计中，可以先用简易的图解法设计，这种图解设计的结果虽精确度较低，而且常常不是最优点，然而却是满足约束条件的，可将这结果作为初始点。

(2)搜索法。先任选一个设计点 $\boldsymbol{x}^{(k)}$ 作为初始点。在多数情况下，$\boldsymbol{x}^{(k)}$ 点不能满足全部约束条件。但可以通过对初始点约束函数值的检验，按其对每个约束的不满足程度加以调整，将 $\boldsymbol{x}^{(k)}$ 点逐步引入到可行域内，成为可行初始点。这就是搜索法，具体作法如下。

先任取一个设计点 $\boldsymbol{x}^{(k)}$，计算 $\boldsymbol{x}^{(k)}$ 点的诸约束函数值 $g_u(\boldsymbol{x}^{(k)})$，$u=1,2,\cdots,p$。若点 $\boldsymbol{x}^{(k)}$ 对于所有约束条件都满足，即在可行域内部(边界除外)，表示为

$$g_u(\boldsymbol{x}^{(k)})>0 \quad u=1,2,\cdots,p$$

说明 $\boldsymbol{x}^{(k)}$ 是可行点，取 $\boldsymbol{x}^{(0)}\leftarrow\boldsymbol{x}^{(k)}$；若在 p 个约束条件中有 s 个约束条件得到满足(不包括边界上)，则 $p-s$ 个约束条件不满足(包括约束边界上)，表示为

$$\begin{aligned}&g_u(\boldsymbol{x}^{(k)})>0, && u=1,2,\cdots,s\\&g_u(\boldsymbol{x}^{(k)})\leqslant 0, && u=s+1,s+2,\cdots,p\end{aligned}$$

这时，需从 $p-s$ 个不满足的约束函数值中求出其值最小者，即

$$g_m(\boldsymbol{x})=\min\{g_u(\boldsymbol{x}^{(k)}),u=s+1,s+2,\cdots,p\}$$

这标志着点 $\boldsymbol{x}^{(k)}$ 对第 m 个约束不满足的程度最严重。为使 $\boldsymbol{x}^{(k)}$ 点进入第 m 个约束的可行域一侧，则可通过求 $-g_m(\boldsymbol{x})$ 的极小值来进行，即

$$\begin{aligned}&\min[-g_m(\boldsymbol{x})]\\&\boldsymbol{x}\in\mathbf{R}^n\end{aligned}$$

与此同时还必须满足下面的要求：

①不破坏已满足的约束条件，即仍保持

$$g_u(\boldsymbol{x})>0,u=1,2,\cdots,s$$

②$p-s$ 个未被满足的约束条件中，除 $g_m(\boldsymbol{x})$ 以外的约束函数值都应有所改善，即要求

$$g_u(\boldsymbol{x})\geqslant g_u(\boldsymbol{x}^{(k)}),u=s+1,s+2,\cdots,p,u\neq m$$

综合这几方面的要求，可归纳为一个不等式约束优化问题

$$\left.\begin{aligned}&\min[-g_m(\boldsymbol{x})]\\&\boldsymbol{x}\in\mathscr{D}\subset\mathbf{R}^n\\&\mathscr{D}:g_u(\boldsymbol{x})\geqslant 0,u=1,2,\cdots,s\\&\quad g_u(\boldsymbol{x})-g_u(\boldsymbol{x}^{(k)})\geqslant 0,u=s+1,s+2,\cdots,p,u\neq m\end{aligned}\right\}\tag{5.63}$$

按照该数学模型解出的最优点 $\boldsymbol{x}^*$，至少比原设计点 $\boldsymbol{x}^{(k)}$ 多满足一个约束条件。

上述作法重复数次，直到所有的约束条件都得到满足，最终取得了一个在可行域内部的初始点 $\boldsymbol{x}^{(0)}$。

4. 关于几个参数的选择

(1)初始罚因子 $r^{(0)}$ 的选取。初始罚因子 $r^{(0)}$ 选择得是否恰当，将对解题的成败和速度产生相当大的影响。

如果 $r^{(0)}$ 值选得太大，则在一开始罚函数中的惩罚项的值将远远超出原目标函数的值，因此，它的第　次无约束极小点将远离原问题的约束最优点。在以后的迭代中，需要很长时间的搜索才能使序列无约束极小点逐渐向约束最优点逼近。

若 $r^{(0)}$ 取得过小，则在一开始惩罚项的作用甚小，在可行域内部的惩罚函数 $\Phi(\boldsymbol{x},r^{(0)})$ 与原目标函数 $F(\boldsymbol{x})$ 很相近，只是在约束边界附近罚函数值才突然增高。这样，使得其罚函数 $\Phi(\boldsymbol{x},$

$r^{(k)}$）在约束边界附近出现深沟谷地，罚函数的性态变得恶劣。一般来说，对于有深沟谷地性态差的函数，不仅搜索所需的时间长，而且很难使迭代点进入最优点的邻域，以至极易使迭代点落入非可行域而导致计算的失败。即使是用最稳定的无约束算法，迭代点仍有逸出可行域的危险。图 5.25 是一个一维优化问题当 $r^{(0)}$ 取得过小时罚函数性态变坏的情况。

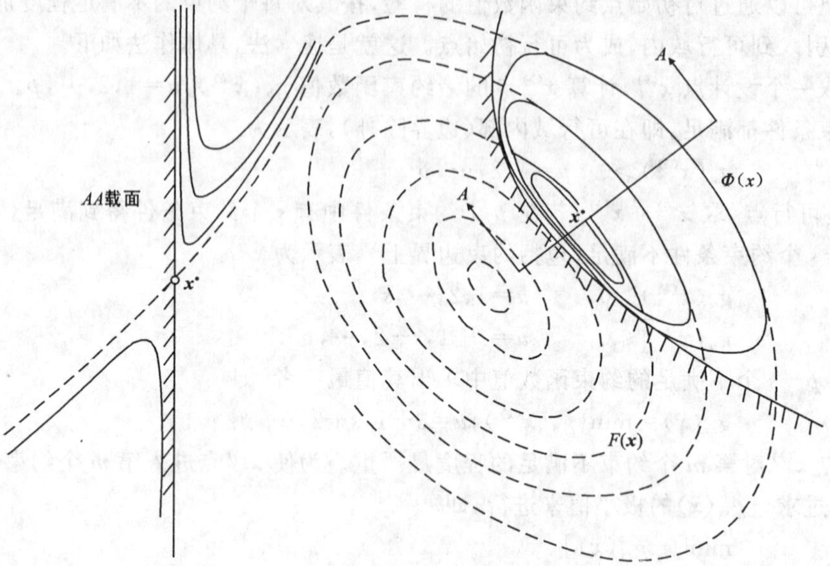

图 5.25　$r^{(0)}$ 过小时罚函数的性态

由于罚函数法的基本思想是构造一系列的罚函数，把前一个最优点作为下一次迭代的初始点，对这一系列的罚函数求其无约束最优点，通过序贯无约束最优点逐步逼近原目标函数的约束最优点，这是通过 $r^{(k)}$ 的递减而实现的函数逼近过程。所以 $r^{(0)}$ 的选取需合理。

根据经验，一般可取初始罚因子 $r^{(0)}=1\sim50$。也有资料提出如下建议：按惩罚项的初始值 $r^{(0)}\sum\limits_{u=1}^{p}\dfrac{1}{g_u(\boldsymbol{x}^{(0)})}$ 与目标函数的初始值 $F(\boldsymbol{x}^{(0)})$ 相近的原则确定 $r^{(0)}$，即取

$$r^{(0)}=\left|\frac{F(\boldsymbol{x}^{(0)})}{\sum\limits_{u=1}^{p}\dfrac{1}{g_u(\boldsymbol{x}^{(0)})}}\right| \tag{5.64}$$

（2）递减系数 C 的选择。关于罚因子递减系数 C 的选择，虽然一般认为对算法的成败和速度影响不大，但还是需要适当选用为好。

若 C 值选得较小，虽然罚因子下降快，可以减少无约束求优的次数，但因前后两次无约束最优点之间的距离较远，有可能使后一次无约束优化本身的迭代次数增多，而且使序列最优点的间隔加大，这就对向约束最优点逼近不利；相反，若 C 值选得较大，则无约束求优的次数就要增多。

通常建议取 $C=0.1\sim0.5$。

以上推荐的 $r^{(0)}$ 值与 C 值，并非对一切问题都适用。在实际计算中常常是根据不同的具体问题，通过若干次试算才能妥善地解决。

5. 终止准则

随着罚因子 $r^{(k)}$ 的值不断减小，罚函数的序列无约束最优点将越来越趋近于原约束优化问题的最优点。设罚函数 $\Phi(\boldsymbol{x},r^{(k)})$ 的无约束最优点列为

$$x_0^*,\ x_1^*,\ \cdots,\ x_k^*,\ \cdots$$

对应的罚函数值为

$$\Phi_0^*,\ \Phi_1^*,\ \cdots,\ \Phi_k^*,\ \cdots$$

则终止准则可用下述两者之一。

(1)相邻两次罚函数无约束最优点之间的距离已足够地小。设 ε_1 为收敛精度，一般取 $\varepsilon_1=10^{-4}\sim10^{-5}$，则需要满足

$$\|x_k^*-x_{k-1}^*\|\leqslant\varepsilon_1 \tag{5.65a}$$

(2)相邻两次罚函数值的相对变化量已足够地小。设 ε_2 为收敛精度，一般取 $\varepsilon_2=10^{-3}\sim10^{-4}$，则需要满足

$$\left|\frac{\Phi_k^*-\Phi_{k-1}^*}{\Phi_k^*}\right|\leqslant\varepsilon_2 \tag{5.65b}$$

6. 算法步骤

(1)构造内点罚函数 $\Phi(x^{(k)},r^{(k)})=F(x)+r^{(k)}\sum_{u=1}^{p}\frac{1}{g_u(x)}$；

(2)选择可行初始点 $x^{(0)}$、初始罚因子 $r^{(0)}$、罚因子降低系数 C、收敛精度 ε_1 或 ε_2，置 $k\leftarrow0$；

(3)对罚函数 $\Phi(x,r^{(k)})$ 无约束求优，即 $\min\Phi(x^{(k)},r^{(k)})$ 得最优点 x_k^*；

(4)当 $k=0$ 时转步骤(5)，否则转步骤(6)；

(5)置 $k\leftarrow k+1$，$r^{(k+1)}=Cr^{(k)}$，$x_{k+1}^{(0)}\leftarrow x_k^*$，并转步骤(3)；

(6)按式(5.65a)或式(5.65b)终止准则判别，若满足转步骤(7)，否则转(5)；

(7)$x^*\leftarrow x_k^*$，$F^*\leftarrow F(x_k^*)$，输出最优解(x^*,F^*)；

流程图见图 5.26。

7. 内点罚函数法的特点

内点法只适用于解不等式约束优化问题。由于内点法需要在可行域内部进行搜索，所以初始点 $x^{(0)}$ 必须在可行域内部选取可行设计点。

内点法的突出优点在于每个迭代点都是可行点，当迭代到达一定阶段时，尽管尚没有到达最优点，但也可以被接受为一个较好的近似解。在机械优化设计中，这种近似解虽还不是最优解，但已比初始方案有很大的改进，如果能较好地符合工程设计要求，则也可以被接受为一种最优方案，从而启示设计者可以灵活地从迭代点的序列中选取一个合适的点，作为工程实用解。

8. 应用举例

引自第一章第 1.1.1 节工程结构件优化设计中的桁架设计问题。其数学模型见节 1.2.4 数学模型表达式(1.7c)。重述如下

$$\min F(x)=1.57x_1\sqrt{5\,776+x_2^2}$$

$$x=[x_1\quad x_2]^{\mathrm T}\in\mathscr{D}$$

$$\mathscr{D}:\begin{cases}g_1(x)=70\,300-\dfrac{150\,000\sqrt{5\,776+x_2^2}}{0.785\,4x_1\cdot x_2}\geqslant0\\[2ex] g_2(x)=\dfrac{2.665(x_1^2+0.062\,5)\times10^7}{5\,776+x_2^2}-\dfrac{150\,000}{0.785\,4}\dfrac{\sqrt{5\,776+x_2^2}}{x_1\cdot x_2}\geqslant0\end{cases}$$

这是一个具有不等式约束的优化问题。采用内点法，建立罚函数

$$\Phi(x,r^{(k)})=F(x)+r^{(k)}\left[\frac{1}{g_1(x)}+\frac{1}{g_2(x)}\right]$$

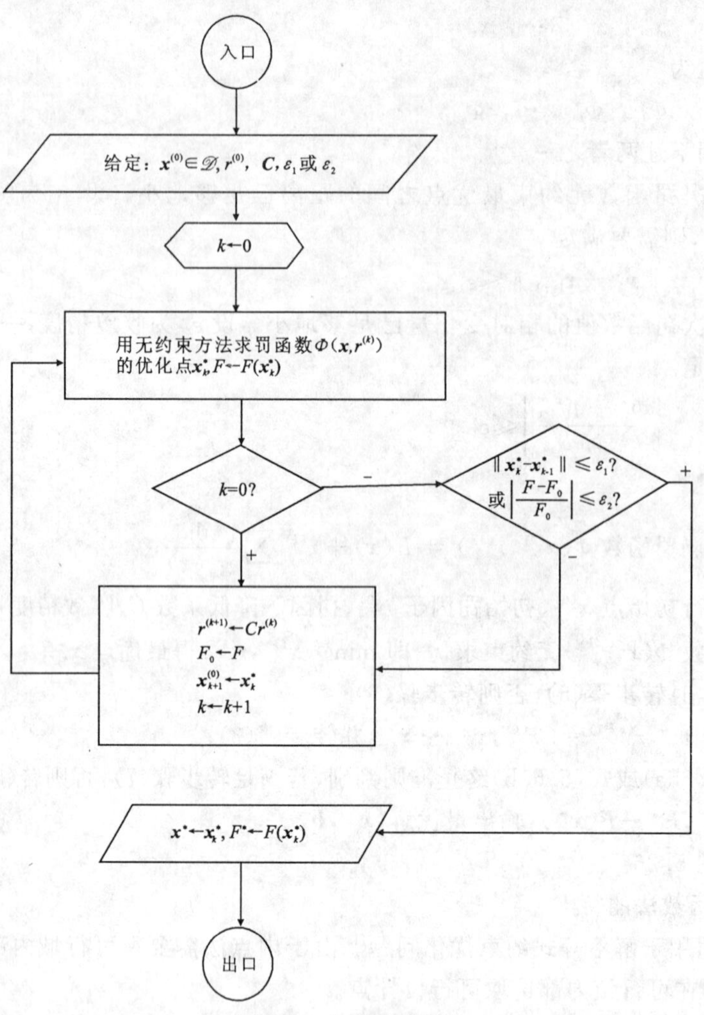

图 5.26　内点法流程图

将 $F(\boldsymbol{x}),g_1(\boldsymbol{x}),g_2(\boldsymbol{x})$关系式代入上式，取

$$r^{(0)}=10^7, C=0.1$$

当取罚因子 $r^{(k)}=10^7$、10^6、10^5 时，函数图形见图 5.27(a)、(b)、(c)。由图可知，随 $r^{(k)}$不断减小，罚函数的最优点 $\boldsymbol{x}_1^*,\boldsymbol{x}_2^*,\boldsymbol{x}_3^*$ 将从可行域内部逐渐趋近于原目标函数 $F(\boldsymbol{x})$的最优点 $\boldsymbol{x}^*$。

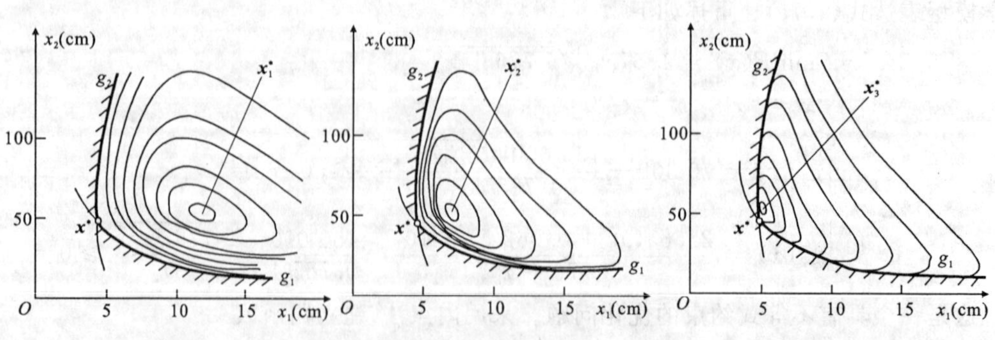

图 5.27　两杆桁架优化设计的内点罚函数图形

其最优解是

$$x^* = [4.77 \quad 51.31]^T$$

$$F^* = 686.73 \text{ cm}^3$$

二、外点法

外点法可以解不等式约束优化问题或等式约束优化问题。

1. 引例

借助前面内点法的一维优化问题作为引例，说明外点法的基本作法。

对于解不等式约束优化问题

$$\min F(x) = ax$$

$$x \in \mathscr{D} \subset \mathbf{R}^1$$

$$\mathscr{D}: \quad g(x) = x - b \geqslant 0$$

用外点法构造罚函数，具体构造形式如下

$$\Phi(x, r^{(k)}) = \begin{cases} ax, & x \geqslant b \\ ax + r^{(k)}(x-b)^2, & x < b \end{cases}$$

写成另一种形式

$$\Phi(x, r^{(k)}) = ax + r^{(k)}\{\min[0, (x-b)]\}^2$$

式中，$r^{(k)}$ 是罚因子；$r^{(k)}\{\min[0,(x-b)]^2\}$ 是惩罚项；$\Phi(\boldsymbol{x}, r^{(k)})$ 是外点法罚函数。

该函数图形见图 5.28。

此处的罚函数也是由原目标函数 $F(\boldsymbol{x})$ 与惩罚项而组成的。惩罚项中包含有可调整的参数 $r^{(k)}$ 与约束函数 $g(x)$。

由惩罚项的构造可知，若迭代点在可行域的内部，惩罚项的值为零，罚函数值与原目标函数值相等；而若在非可行域(即可行域的外部)，惩罚项是以约束函数的平方加大的，即迭代点违反约束越严重，惩罚项的值增加得也越大。因此，在非可行域中，必有 $\Phi(\boldsymbol{x}, r^{(k)}) > F(\boldsymbol{x})$，且罚因子 $r^{(k)}$ 愈大，惩罚作用越显著。

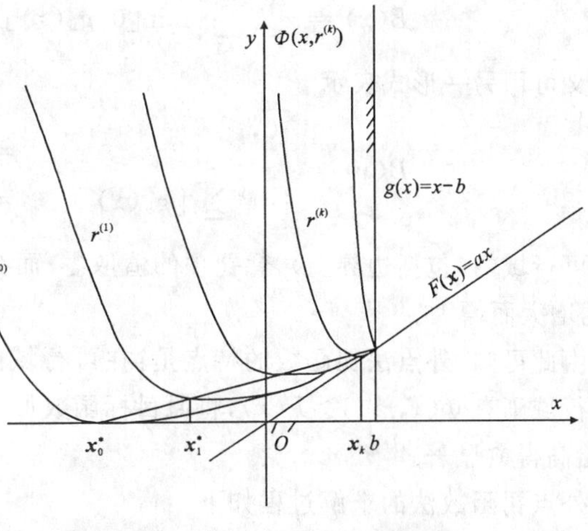

图 5.28 外点法引例的函数图形

图 5.28 所示为该优化问题用外点罚函数法求解时，对于不同罚因子而变化的罚函数曲线图形。外点法中所取罚因子 $r^{(k)}$ 为递增数列，随 k 的增加，$r^{(k)}$ 也增大，罚函数的无约束最优点序列为

$$\{\boldsymbol{x}_0^*, \ \boldsymbol{x}_1^*, \ \boldsymbol{x}_2^*, \ \cdots, \ \boldsymbol{x}_k^*, \ \cdots\}$$

该序列将趋近于原约束问题的最优点 $\boldsymbol{x}^*$，$\boldsymbol{x}^* = b$。值得注意的是，尽管 $r^{(k)}$ 增加直至趋于无穷大，但最终的近似最优点 $\boldsymbol{x}^*$ 仍在可行域的外部。这就是说，外点法构造的罚函数是使迭代点从可行域的外部逐渐逼近约束最优点，这也正是外点法名称的由来。

2. 外点罚函数的形式、惩罚项特点及外点法的求解过程

先讨论解不等式约束优化问题。

设有不等式约束优化问题

$$\min F(\boldsymbol{x})$$
$$\boldsymbol{x} \in \mathscr{D} \subset \mathbf{R}^n$$
$$\mathscr{D}: \quad g_u(\boldsymbol{x}) \geqslant 0, u=1,2,\cdots,p$$

构造外点法惩罚函数的常见形式如下

$$\begin{aligned}\Phi(\boldsymbol{x}, r^{(k)}) &= F(\boldsymbol{x}) + r^{(k)} \sum_{u=1}^{p} G[g_u(\boldsymbol{x})] \\ &= F(\boldsymbol{x}) + r^{(k)} \sum_{u=1}^{p} \left\{ \min[0, g_u(\boldsymbol{x})] \right\}^2 \end{aligned} \tag{5.66}$$

式中,罚因子 $r^{(k)}$ 规定取正。与内点法不同的是,在优化过程中 $r^{(k)}$ 取为递增数列

$$r^{(0)} < r^{(1)} < r^{(2)} \cdots < r^{(k)} < \cdots$$

为达此目的,引入罚因子递增系数 $C>1$,并令

$$r^{(k+1)} = C r^{(k)},$$

则将保证

$$\lim_{k \to \infty} r^{(k)} = \infty$$

惩罚项

$$B(\boldsymbol{x}) = r^{(k)} \sum_{u=1}^{p} \left\{ \min[0, g_u(\boldsymbol{x})] \right\}^2 \tag{5.67a}$$

的含义可用另一形式表示

$$B(\boldsymbol{x}) = \begin{cases} 0, & \text{当 } g_u(\boldsymbol{x}) \geqslant 0 \quad (\boldsymbol{x} \in \mathscr{D}) \\ r^{(k)} \sum\limits_{u=1}^{p} [g_u(\boldsymbol{x})]^2, & \text{当 } g_u(\boldsymbol{x}) < 0 \quad (\boldsymbol{x} \notin \mathscr{D}) \end{cases} \tag{5.67b}$$

即在可行域内(包括边界上),惩罚项的值取零;而在非可行域,惩罚项的值恒为正,且随罚因子 $r^{(k)}$ 的增大而增大。

由此可知,外点法罚函数的特点是:在可行域的内部及边界上有 $\Phi(\boldsymbol{x}, r^{(k)}) = F(\boldsymbol{x})$;而在非可行域则有 $\Phi(\boldsymbol{x}, r^{(k)}) > F(\boldsymbol{x})$,将原目标函数加大,使等值面抬高。罚因子 $r^{(k)}$ 愈大,增加愈烈,抬高得愈显著。

外点罚函数法的求解过程如下

用外点罚函数 $\Phi(\boldsymbol{x}, r^{(k)})$ 去逼近原目标函数 $F(\boldsymbol{x})$,依式(5.66)构造一个无约束优化问题数学模型

$$\left. \begin{aligned} &\min \phi(\boldsymbol{x}, r^{(k)}) = F(\boldsymbol{x}) + r^{(k)} \sum_{u=1}^{p} \{\min[0, g_u(\boldsymbol{x})]\}^2 \\ &\boldsymbol{x} \in \mathbf{R}^n \end{aligned} \right\}$$

任选初始点 $\boldsymbol{x}^{(0)}$,初始罚因子 $r^{(0)} > 0$,罚因子递增系数 $C>1$。

对于 $r^{(k)}$ 为某一值,通过对罚函数的无约束求优,可得最优点 $\boldsymbol{x}_k^*$。随着 k 的增大,可得到罚函数的无约束最优点列

$$\{\boldsymbol{x}_0^*, \boldsymbol{x}_1^*, \cdots, \boldsymbol{x}_k^*, \cdots\}$$

在 $k \to \infty$ 的过程中,点列将趋近于原问题的最优点。即

$$\lim_{k \to \infty} \boldsymbol{x}_k^* = \boldsymbol{x}^*$$

图 5.29 所示为用二维问题几何图形来解释外点法的优化过程。图 5.29(a)的实线是原目标函数等值线，虚线是罚函数等值线。它们在可行域的内部及边界上是相重合的；而在非可行域中，罚函数等值线的值增高了，说明只有在可行域的外部惩罚项才起到惩罚的作用。$r^{(k)}$ 值越大，其惩罚的作用越大。从图 5.29(b)可知，在起作用约束边界处罚函数的等值线变得越密集和越陡峭。随 $r^{(k)}$ 的增大，形成的罚函数的最优点列$\{\boldsymbol{x}_k^*, k=0,1,2,\cdots\}$将趋近于原约束优化问题的最优点 $\boldsymbol{x}^*$。但需注意，近似的最优点是落在边界处非可行域的一侧。

外点法的罚函数形式，除常用的式(5.67a)、式(5.67b)以外，还可用下面形式

$$\Phi(\boldsymbol{x},r^{(k)}) = F(\boldsymbol{x}) + r^{(k)}\sum_{u=1}^{p}\frac{1}{2}\Big[\,|\,g_u(\boldsymbol{x})\,| - g_u(\boldsymbol{x})\Big]^2 \tag{5.68}$$

3. 对几个问题的讨论

(1)初始点 $\boldsymbol{x}^{(0)}$ 的选取。

由上述外点法的特点不难看出，外点法的初始点 $\boldsymbol{x}^{(0)}$ 可以任选，即在可行域与非可行域选取均可。

(2)初始罚因子 $r^{(0)}$ 和递增系数 C 的选取。

在外点法中，初始罚因子 $r^{(0)}$ 选得是否恰当，对算法的成败和计算速度仍有着显著的影响。因此，选取时要谨慎。当 $r^{(0)}$ 选取过小，则序贯无约束求解的次数将增多，收敛速度慢；如果 $r^{(0)}$ 取得过大，则在非可行域中，罚函数比原目标函数要大得多，特别是在起作用约束边界处产生尖点，函数性态变坏，如图 5.29(b)所示，从而限制了某些无约束优化方法的使用，使计算失败。

递增系数 C 的取值，一般影响不太显著，但也不宜取得过大。通常取 $C=5\sim10$。

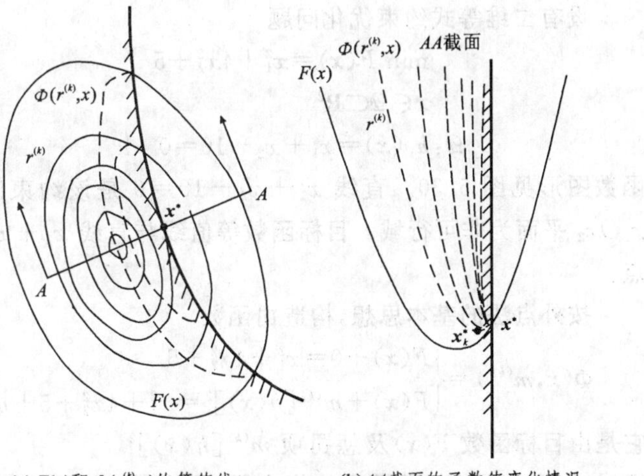

(a) $F(x)$和 $\Phi(r^{(k)},x)$的等值线　　(b)AA截面的函数值变化情况

图 5.29　外点法的几何解释

在实际的计算中，$r^{(0)}$，C 的取值经常是通过若干次试算而选取的。

(3)约束容差带。

如前所述，用外点法求解时，由于罚函数的无约束最优点列$\{\boldsymbol{x}_k^*, k=0,1,2,\cdots\}$是从可行域外部向约束最优点逼近的，所以最终取得的最优点一定是在边界的非可行域一侧。严格地说，它是一个非可行点。这对某些工程问题可能是不允许的。为了解决这一问题，可在约束边界的可行域一侧加一条容差带，如图 5.21。

这就相当于将约束条件改为

$$g_u(\boldsymbol{x}) - \delta_u \geqslant 0, \qquad u=1,2,\cdots,p$$

式中，δ_u 是容差量，一般可取 $\delta_u = 10^{-3} \sim 10^{-4}$。

(4)终止准则。

同内点法。

4. 算法步骤与流程图

算法步骤：

①任取初始点 $\boldsymbol{x}^{(0)}$；

②选取初始罚因子 $r^{(0)}$，递增系数 C，并置 $k \leftarrow 0$；

③求 $\min \Phi(\boldsymbol{x}, r^{(k)})$，得最优点 $\boldsymbol{x}_k^*$；

④当 $k=0$，转步骤⑤，否则转步骤⑥；

⑤$k \leftarrow k+1$，$r^{(k+1)} \leftarrow C r^{(k)}$，$\boldsymbol{x}_{k+1}^{(0)} \leftarrow \boldsymbol{x}_k^*$；并转步骤③；

⑥按终止准则判别，若满足则转步骤⑦，否则转步骤⑤；

⑦输出最优解($\boldsymbol{x}^*$，F^*)，停止计算。

外点法流程图与内点法基本相同，参考程序见附录。

5. 用外点罚函数法解等式约束优化问题

外点法不但可以解不等式约束优化问题，而且还可以解等式约束优化问题。下面通过一个二维问题来说明。

设有二维等式约束优化问题

$$\min F(\boldsymbol{x}) = x_1^2 + 4x_2^2 + 5$$
$$\boldsymbol{x} \in \mathscr{D} \subset \mathbf{R}^2$$
$$\mathscr{D}: h_1(\boldsymbol{x}) = x_1 + x_2 - 10 = 0$$

函数图形见图 5.30。直线 $x_1 + x_2 - 10 = 0$ 是该约束问题的可行域，这条直线以外的整个 $x_1 O x_2$ 平面为非可行域。目标函数等值线与直线 $x_1 + x_2 - 10 = 0$ 的切点 $\boldsymbol{x}^*$ 是该问题的最优点。

按外点法的基本思想，构造罚函数

$$\Phi(\boldsymbol{x}, m^{(k)}) = \begin{cases} F(\boldsymbol{x}) + 0 = x_1^2 + 4x_2^2 + 5 & \boldsymbol{x} \in \mathscr{D} \\ F(\boldsymbol{x}) + m^{(k)}[h(\boldsymbol{x})]^2 = x_1^2 + 4x_2^2 + 5 + m^{(k)}(x_1 + x_2 - 10)^2 & \boldsymbol{x} \notin \mathscr{D} \end{cases}$$

它是由目标函数 $F(\boldsymbol{x})$ 及惩罚项 $m^{(k)}[h(\boldsymbol{x})]^2$ 组成，在可行域上，惩罚项的值为零，罚函数的值与原目标函数的值相同；而在非可行域上惩罚项的值恒为正，罚函数大于原目标函数，即在可行域外惩罚项起到了惩罚作用。罚因子 $m^{(k)}$ 越大，则惩罚的作用越大。

随着罚因子 $m^{(k)}$ 的增大过程，求出一系列罚函数的无约束最优点列 $\{\boldsymbol{x}_k^*, k=1,2,\cdots\}$，在 $k \to \infty$ 的过程中，则点列将趋于原约束优化问题的最优解 $\boldsymbol{x}^*$。

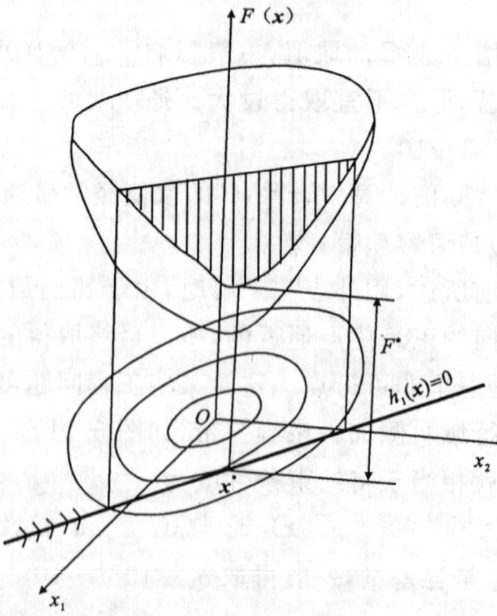

图 5.30　等式约束优化问题

此例可以推广到一般具有等式约束优化问题

$$\min F(\boldsymbol{x})$$
$$\boldsymbol{x} \in \mathscr{D} \subset \mathbf{R}^n$$
$$\mathscr{D}: \quad h_v(\boldsymbol{x}) = 0, v = 1, 2, \cdots, q$$

首先构造如下形式的外点罚函数

$$\Phi(\boldsymbol{x},m^{(k)}) = F(\boldsymbol{x}) + m^{(k)}\sum_{v=1}^{q}\left[h_v(\boldsymbol{x})\right]^2 \tag{5.69}$$

式中，罚因子 $m^{(k)}$ 规定取正，且是递增数列，即 $m^{(0)}<m^{(1)}<\cdots$

惩罚项 $m^{(k)}\sum_{v=1}^{q}\left[h_v(\boldsymbol{x})\right]^2$，在可行域上的值为零；而在非可行域上，惩罚项的值恒大于零。当 $m^{(k)}$ 增大时，其惩罚项的惩罚作用也越大。

罚函数 $\Phi(\boldsymbol{x},m^{(k)})$ 是由目标函数与惩罚项组成。在可行域上，罚函数与原目标函数值相等，即 $\Phi(\boldsymbol{x},m^{(k)})=F(\boldsymbol{x})$；而在非可行域上，由于惩罚项的值恒为正，将使 $\Phi(\boldsymbol{x},m^{(k)})>F(\boldsymbol{x})$。随着 $m^{(k)}$ 的增大，致使 $\Phi(\boldsymbol{x},m^{(k)})\gg F(\boldsymbol{x})$。为使罚因子 $m^{(k)}$ 是递增数列，令 $m^{(k+1)}=Cm^{(k)}$，罚因子的递增系数 $C>1$。

罚函数法解等式约束优化的整个求解过程，与用外点法解不等式约束优化问题相同。

6. 外点法的特点

外点法既可解不等式约束优化问题，也能解等式约束优化问题，这是它的重要优点。另外一个优点是其初始点 $\boldsymbol{x}^{(0)}$ 可任选，即在可行域中或非可行域中均可。其缺点是序列无约束最优点是一系列的非可行点，最终的迭代点虽然十分接近约束最优点，但它仍然是一个非可行点，这对于某些工程设计可能是不被允许的。为使最终的迭代点能落入可行域，必须设置约束容差带。

7. 应用举例

仍以两杆桁架问题为例[式(1.7c)]，试用外点法解之。

解：对于不等式约束优化问题，按外点法构造罚函数

$$\Phi(\boldsymbol{x},r^{(k)})=F(\boldsymbol{x})+r^{(k)}\{[\min(0,g_1(\boldsymbol{x}))]^2+[\min(0,g_2(\boldsymbol{x}))]^2\}$$

将式(1.7c)的 $F(\boldsymbol{x})$ 及 $g_1(\boldsymbol{x})$、$g_2(\boldsymbol{x})$ 代入上式后得到外点法的罚函数。

任选初始点 $\boldsymbol{x}^{(0)}$，取初始罚因子 $r^{(0)}=10^{-10}$，递增系数 $C=10$，求一系列的罚函数无约束最优解。

图 5.31(a)、(b)、(c)所示为当 $r^{(k)}=10^{-10}$、10^{-9}、10^{-7} 时罚函数 $\Phi(\boldsymbol{x},r^{(k)})$ 的等值线，以及对应的罚函数无约束最优点 $\boldsymbol{x}_k^*$。

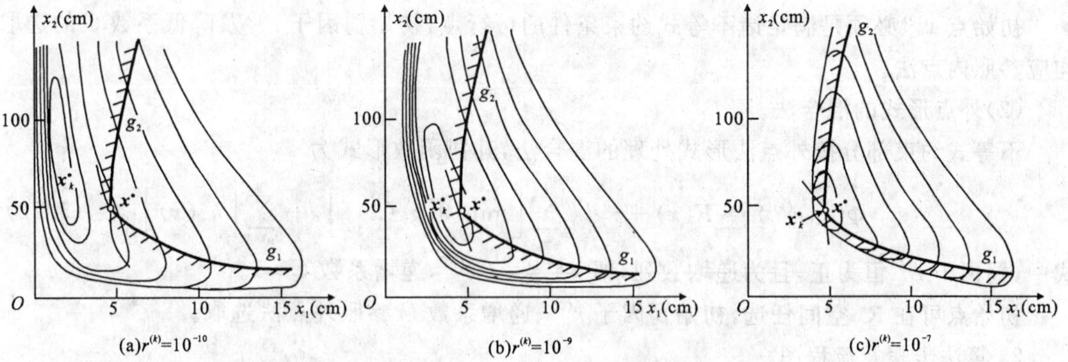

图 5.31　两杆桁架优化设计外点罚函数图形

当 $r^{(k)}=10^{-7}$ 时，罚函数的最优点是

$$x_k^* = \begin{bmatrix} 4.72 \\ 50.80 \end{bmatrix} \text{cm}$$

$$F_k^* = 677.42\ \text{cm}^2$$

该解处于可行域外。

三、混合法

用罚函数法解决具有等式约束和不等式约束的一般约束(GP 型)优化问题的方法,把它称为**混合罚函数法**,简称混合法。

1. 混合罚函数法的形式及特点

一般约束优化问题的数学模型

$$\min F(\boldsymbol{x})$$

$$\boldsymbol{x} \in \mathscr{D} \subset \mathbf{R}^n$$

$$\mathscr{D}: \begin{cases} g_u(\boldsymbol{x}) \geqslant 0, & u=1,2,\cdots,p \\ h_v(\boldsymbol{x}) = 0, & v=1,2,\cdots,q \end{cases}$$

用罚函数法将其转化为无约束优化问题

$$\min \Phi(\boldsymbol{x}, r^{(k)})$$

$$\boldsymbol{x} \in \mathbf{R}^n$$

罚函数是由原目标函数及包含约束函数的惩罚项组成。由于该问题的约束条件包含不等式约束与等式约束两部分。因此,惩罚项也应有对应的两部分组成。对应等式约束部分的只有外点法一种形式,而对应不等式约束部分的有内点法或外点法两种形式。因此,按照对不等式约束处理的方式不同,混合法惩罚函数也具有两种形式。

(1)内点形式的混合法。

不等式约束部分按内点法形式处理的混合法,其罚函数形式为

$$\Phi(\boldsymbol{x}, r^{(k)}, m^{(k)}) = F(\boldsymbol{x}) + r^{(k)} \sum_{u=1}^{p} \frac{1}{g_u(\boldsymbol{x})} + m^{(k)} \sum_{v=1}^{q} \left[h_v(\boldsymbol{x}) \right]^2 \tag{5.70}$$

对于等式部分惩罚项的惩罚因子 $m^{(k)}$ 是递增数列。为了统一用一个罚因子 $r^{(k)}$,且又按内点法形式,即 $r^{(k)}>0, r^{(k+1)}=Cr^{(k)}, 0<C<1$,将式(5.70)写成以下形式

$$\Phi(\boldsymbol{x}, r^{(k)}) = F(\boldsymbol{x}) + r^{(k)} \sum_{u=1}^{p} \frac{1}{g_u(\boldsymbol{x})} + \frac{1}{\sqrt{r^{(k)}}} \sum_{v=1}^{q} \left[h_v(\boldsymbol{x}) \right]^2 \tag{5.71}$$

初始点 $\boldsymbol{x}^{(0)}$ 必须是满足诸不等式约束条件的可行点,初始罚因子 $r^{(0)}$ 及降低系数 C 的选取均应参照内点法。

(2)外点形式的混合法。

不等式约束部分按外点法形式处理的混合法,其罚函数形式为

$$\Phi(\boldsymbol{x}, r^{(k)}) = F(\boldsymbol{x}) + r^{(k)} \left\{ \sum_{u=1}^{p} \left[\min\{0, g_u(\boldsymbol{x})\} \right]^2 + \sum_{v=1}^{q} \left[h_v(\boldsymbol{x}) \right]^2 \right\} \tag{5.72}$$

式中,罚因子 $r^{(k)}$ 恒为正,且为递增数列,即 $r^{(k+1)}=Cr^{(k)}$,递增系数 $C>1$。

初始点可在 $\mathbf{R}^n$ 空间任选,初始罚因子 $r^{(0)}$、递增系数 C 参照外点法选取。

2. 算法步骤及流程图

参照内点法与外点法。外点形式的混合法程序见附录。

3. 应用举例

例题 5.2 设有二维一般约束优化问题,数学模型为

$$\min F(\boldsymbol{x})=x_1^2+x_2^2-10x_1-16x_2+89$$

$$\boldsymbol{x}\in\mathscr{D}\subset\mathbf{R}^2$$

$$\mathscr{D}:\begin{cases}g_1(\boldsymbol{x})=10-x_1\geqslant 0\\ g_2(\boldsymbol{x})=x_2-1\geqslant 0\\ g_3(\boldsymbol{x})=10-x_2\geqslant 0\\ g_4(\boldsymbol{x})=x_1-x_2+1\geqslant 0\\ h(\boldsymbol{x})=x_2-x_1=0\end{cases}$$

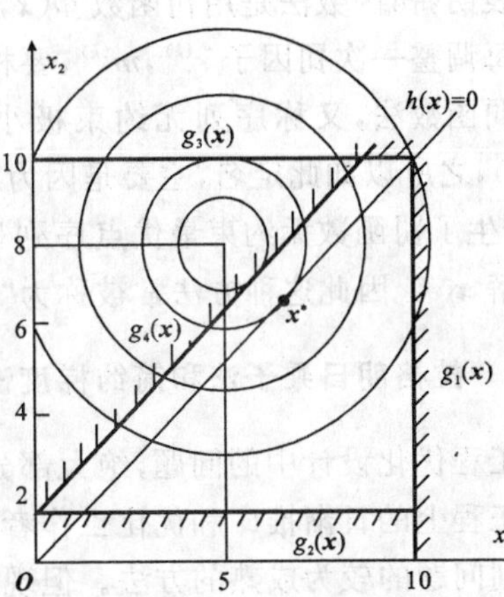

图 5.32　例 5.2 函数图形

目标函数等值线及约束曲线见图 5.32，最优点 $\boldsymbol{x}^*$ 既要在不等式约束所包围的区域内，同时又必须在等式约束 $h(\boldsymbol{x})=0$ 的直线上。试求该(GP型)约束优化问题的最优解。

解：首先写出罚函数。

用内点形式的混合法写出罚函数有

$$\Phi(\boldsymbol{x},r^{(k)})=F(\boldsymbol{x})+r^{(k)}\sum_{u=1}^{4}\frac{1}{g_u(\boldsymbol{x})}+\frac{1}{\sqrt{r^{(k)}}}\Big[h(\boldsymbol{x})\Big]^2$$

用外点形式的混合法写出罚函数为

$$\Phi(\boldsymbol{x},r^{(k)})=F(\boldsymbol{x})+r^{(k)}\left\{\sum_{u=1}^{4}\Big[\min\{0,g_u(\boldsymbol{x})\}\Big]^2+[h(\boldsymbol{x})]^2\right\}$$

将例题的目标函数及约束条件代入内点形式混合法罚函数中或外点形式混合法罚函数中。

选取初始点 $\boldsymbol{x}^{(0)}$、初始罚因子 $r^{(0)}$、递减系数 C(对于内点形式混合法)或递增系数 C(对于外点形式混合法)。选择无约束优化方法进行求解，即可获得结果。

四、罚函数法小结

接前面所述，罚函数法有内点法、外点法与混合法之分，不同方法的罚函数形式也不同。但是，它们仍能归结为如下统一的罚函数形式。

$$\Phi(\boldsymbol{x},r^{(k)},m^{(k)})=F(\boldsymbol{x})+r^{(k)}\sum_{u=1}^{p}G\Big[g_u(\boldsymbol{x})\Big]+m^{(k)}\sum_{v=1}^{q}H\Big[h_v(\boldsymbol{x})\Big]$$

式中，

$$\begin{cases}G[g_u(\boldsymbol{x})]=\begin{cases}\dfrac{1}{g_u(\boldsymbol{x})}\text{ 或 }-\ln(g_u(\boldsymbol{x}))\quad(\text{内点形式})\\ \{\min[0,g_u(\boldsymbol{x})]\}^2\quad(\text{外点形式})\end{cases}\\ H[h_v(\boldsymbol{x})]=[h_v(\boldsymbol{x})]^2\end{cases}\tag{5.73}$$

从解决问题的范围和罚函数的构造方式来看，内点法、外点法可以看作是混合法的特殊情况。

不论哪一种形式，惩罚项的函数值总是为正。因此，罚函数 $\Phi(\boldsymbol{x},r^{(k)},m^{(k)})$ 的值始终大于原目标函数 $F(\boldsymbol{x})$ 的值。为了使罚函数最终能收敛到原目标函数的同一最优解，可通过对参数 $r^{(k)}$，$m^{(k)}$ 的不断调整，使其惩罚项对 $F(\boldsymbol{x})$ 的惩罚作用在搜索过程中趋于减弱并终将消失。为此，惩罚项必须具有如下性质

$$\lim_{k\to\infty}r^{(k)}\sum_{u=1}^{p}G\Big[g_u(\boldsymbol{x}_k^*)\Big]=0\tag{5.74}$$

$$\lim_{k\to\infty}m^{(k)}\sum_{v=1}^{q}H\Big[h_v(\boldsymbol{x}_k^*)\Big]=0\tag{5.75}$$

从而必存在关系

$$\lim_{k\to\infty}\Phi(\boldsymbol{x}_k^*,r^{(k)},m^{(k)})=F(\boldsymbol{x}_k^*) \tag{5.76}$$

由此表明，罚函数法是用罚函数 $\Phi(\boldsymbol{x},r^{(k)},m^{(k)})$ 去逼近原目标函数 $F(\boldsymbol{x})$ 的一种函数逼近过程。

每调整一次罚因子 $r^{(k)},m^{(k)}$，要相应地对罚函数进行一次无约束优化问题求最优解。

罚函数法，又称序列无约束极小化技术（Sequential Unconstrained Minimization Technique），之所以如此定名，主要是因为对罚函数这个新的目标函数在一系列的无约束求优过程中，产生了罚函数无约束最优点序列 $\{\boldsymbol{x}_k^*,k=0,1,\cdots\}$，它将逐步地趋近于原约束优化问题的最优解 $\boldsymbol{x}^*$。因此这种方法常被称为"序贯无约束极小化方法"，简称为 SUMT 法。

5.3.6 拉格朗日乘子法和简约梯度法简介

工程优化设计中的问题，绝大部分是约束非线性规划问题，一般也较为复杂。随着优化技术在工程上的日渐推广和优化工作者的不断深入研究探索，目前已提供了一些求解约束非线性规划问题的较为成熟的方法。但现有的算法适用范围有限，某些算法的可靠性、解算速度以及精度等方面还不能令人满意，到目前为止尚没有适用于解一切非线性规划问题的算法。

前面讲过的罚函数法是当今的一种流行算法，该方法简单好用，但使用该方法时，各参数选取的恰当与否对收敛的速度产生很大的影响，更严重的是当罚因子 $r^{(k)}$ 不断减小（或增大），罚函数靠近约束边界处的变化愈来愈剧，函数的病态程度增加，使得求无约束问题的解变得很困难。因此，近年来许多学者和优化工作者提出了一些更为有效的优化方法及其应用软件，其中以拉格朗日乘子法和简约梯度法为典型。因为它们是目前解决一般非线性规划问题较为可靠而有效的方法，故受到人们的普遍重视。为此，本节对这两种方法的基本思想作一简单介绍。

一、拉格朗日(Lagrange)乘子法

拉格朗日乘子法也是一种将约束问题转化为无约束问题的求优方法。其基本思想是在原约束优化问题中引入一些待定系数（称为乘子），使之构成一个无约束的新的目标函数，且该新的目标函数的无约束优化解就是原约束问题的最优解。

拉格朗日乘子法是以约束最优解的一阶必要条件作为理论基础的。

1. 等式约束问题的拉格朗日乘子法

该方法是由鲍威尔与 Hestens 于 1969 年针对等式约束优化问题提出的。

若有等式约束非线性规划问题

$$\begin{aligned}&\min F(\boldsymbol{x})\\&\boldsymbol{x}\in\mathscr{D}\subset\mathbf{R}^n\\\mathscr{D}:\ &h_v(\boldsymbol{x})=0,v=1,2,\cdots,q\end{aligned} \tag{5.77}$$

引入 q 个**拉格朗日乘子** $\mu_v(v=1,2,\cdots,q)$，即引入乘子向量 $\boldsymbol{\mu}=[\mu_1\quad\mu_2\quad\cdots\quad\mu_q]^{\mathrm{T}}$，对于有 q 个等式约束条件的 n 维非线性规划问题，其拉格朗日函数为

$$L(\boldsymbol{x},\boldsymbol{\mu})=F(\boldsymbol{x})+\sum_{v=1}^{q}\mu_v h_v(\boldsymbol{x}) \tag{5.78}$$

式中，

$$\boldsymbol{x}=[x_1\quad x_2\quad\cdots\quad x_n]^{\mathrm{T}}$$
$$\boldsymbol{\mu}=[\mu_1\quad\mu_2\quad\cdots\quad\mu_q]^{\mathrm{T}}$$

若把 q 个待定乘子 $\mu_v(v=1,2,\cdots,q)$ 也作为变量，则拉格朗日函数 $L(\boldsymbol{x},\boldsymbol{\mu})$ 极值存在的必要条

件为

$$\begin{cases}\dfrac{\partial L}{\partial x_i}=0, & i=1,2,\cdots,n \\ \dfrac{\partial L}{\partial \mu_v}=0, & v=1,2,\cdots,q\end{cases} \tag{5.79}$$

式(5.78)的未知数为 $x_i(i=1,2,\cdots,n)$ 及 $\mu_v(v=1,2,\cdots,q)$，共有$(n+q)$个。方程组(5.79)中含有$(n+q)$个方程，因此可通过解该方程组求出$(n+q)$个数值，即 $x_1^*,x_2^*,\cdots,x_n^*,\mu_1^*,\mu_2^*,\cdots,\mu_q^*$，其中 $\boldsymbol{x}^*=[x_1^* \quad x_2^* \quad \cdots \quad x_n^*]^{\mathrm{T}}$ 即为式(5.77)具有等式约束非线性规划问题的解。

例题 5.3 用拉格朗日乘子法求下面非线性规划问题的最优解。

$$\min F(\boldsymbol{x})=x_1^2+x_2^2-x_1x_2-10x_1-4x_2+60$$

$$\boldsymbol{x}\in \mathscr{D}\subset \mathbf{R}^n$$

$$\mathscr{D}:\ h(\boldsymbol{x})=x_1+x_2-8=0$$

解:构造拉格朗日函数

$$\begin{aligned}L(\boldsymbol{x},\boldsymbol{\mu})&=F(\boldsymbol{x})+\mu_1h_1(\boldsymbol{x})\\&=x_1^2+x_2^2-x_1x_2-10x_1-4x_2+60+\mu(x_1+x_2-8)\end{aligned}$$

再求偏导数并令其等于零

$$\begin{cases}\dfrac{\partial L}{\partial x_1}=2x_1-x_2-10+\mu=0\\ \dfrac{\partial L}{\partial x_2}=2x_2-x_1-4+\mu=0\\ \dfrac{\partial L}{\partial \mu}=x_1+x_2-8=0\end{cases}$$

解上面方程组得

$$x_1=5,\ x_2=3,\ \mu_1=3$$

即得最优解

$$\boldsymbol{x}^*=[x_1^* \quad x_2^*]^{\mathrm{T}}=[5 \quad 3]^{\mathrm{T}}$$

$$F^*=F(\boldsymbol{x}^*)=17$$

综上所述，对于解等式约束优化问题的拉格朗日乘子法，其算法可归结如下。

对于具有等式约束优化问题数学模型式(5.77)，拉格朗日算法的过程是：

(1)引入拉格朗日函数

$$L(x_1,x_2,\cdots,x_n,\mu_1,\mu_2,\cdots,\mu_q)=F(\boldsymbol{x})+\sum_{v=1}^{q}\mu_vh_v(\boldsymbol{x})$$

(2)解含有 $x_i(i=1,2,\cdots,n)$、$\mu_v(v=1,2,\cdots,q)$，共$(n+q)$个未知数的如下方程组

$$\begin{cases}\dfrac{\partial L}{\partial x_i}=0, & i=1,2,\cdots,n \\ \dfrac{\partial L}{\partial \mu_v}=0, & v=1,2,\cdots,q\end{cases}$$

(3)其解为$(x_1^*,x_2^*,\cdots,x_n^*,\mu_1^*,\mu_2^*,\cdots,\mu_q^*)$，则 $\boldsymbol{x}^*=[x_1^* \quad x_2^* \quad \cdots \quad x_n^*]^{\mathrm{T}}$ 就是原约束优化问题的最优解。

2. 含不等式约束优化问题的拉格朗日乘子法

Rockafellar 于 1973 年将等式约束的拉格朗日乘子法推广到含有不等式约束的优化问题中。十多年来经过很多数学家及实际工作者的努力，这个方法日趋完善，并编了相应的程序，

现将这个方法介绍如下。

设含有等式和不等式约束的优化问题数学模型为

$$\begin{aligned}&\min F(\boldsymbol{x})\\&\boldsymbol{x}\in\mathscr{D}\subset\mathbf{R}^n\\&\mathscr{D}:\begin{cases}g_u(\boldsymbol{x})\geqslant 0, u=1,2,\cdots,p\\h_v(\boldsymbol{x})=0, v=1,2,\cdots,q\end{cases}\end{aligned}\tag{5.80}$$

为了将 p 个不等式约束转化为等式约束，引入 p 个**松弛变量** $zu(u=1,2,\cdots,p)$，将式(5.80)改写成仅含等式约束的数学模型

$$\begin{aligned}&\min F(\boldsymbol{x})\\&\boldsymbol{x}\in\mathscr{D}\subset\mathbf{R}^n\\&\mathscr{D}:\begin{cases}g_u(\boldsymbol{x})-z_u^2=0, u=1,2,\cdots,p\\h_v(\boldsymbol{x})=0,\quad v=1,2,\cdots,q\end{cases}\end{aligned}\tag{5.81}$$

式中的松弛变量 zu 以 z^2u 出现，是为了对新变量 zu 不再作 $zu>0$ 的限定。

对式(5.81)沿用解等式约束问题的拉格朗日乘子法，引入 $(p+q)$ 个拉格朗日乘子，即 λ_u $(u=1,2,\cdots,p)$ 及 $\mu_v(v=1,2,\cdots,q)$，构造式(5.80)非线性规划的拉格朗日函数

$$L(\boldsymbol{x},\boldsymbol{\mu},\boldsymbol{\lambda},z)=F(\boldsymbol{x})+\sum_{v=1}^{q}\mu_v h_v(\boldsymbol{x})+\sum_{u=1}^{p}\lambda_u\left[g_u(\boldsymbol{x})-z_u^2\right]\tag{5.82}$$

对式(5.82)求偏导得方程组

$$\begin{cases}\dfrac{\partial L}{\partial x_i}=0, i=1,2,\cdots,n\\\dfrac{\partial L}{\partial \mu_v}=0, v=1,2,\cdots,q\\\dfrac{\partial L}{\partial \lambda_u}=0, u=1,2,\cdots,p\\\dfrac{\partial L}{\partial z_u}=0, u=1,2,\cdots,p\end{cases}\tag{5.83}$$

式(5.83)的未知数为 $\boldsymbol{x},\boldsymbol{\mu},\boldsymbol{\lambda},z$，共有 $(n+q+2p)$ 个，与方程式数目相等，从而可以求得其解为

$$(x_1^*,x_2^*,\cdots,x_n^*,\mu_1^*,\mu_2^*,\cdots,\mu_q^*,\lambda_1^*,\lambda_2^*,\cdots,\lambda_p^*,z_1^*,z_2^*,\cdots,z_p^*)$$

式(5.80)含有等式和不等式约束非线性规划问题的最优解为

$$\boldsymbol{x}^*=[x_1^*\quad x_2^*\quad\cdots\quad x_n^*]^{\mathrm{T}}$$

$$F^*=F(\boldsymbol{x}^*)$$

以上的方法是一种需增加变量总数，并求解非线性方程组的方法。

3. 增广拉格朗日乘子法

上面讨论了具有一般约束优化问题的拉格朗日乘子法，此法在理论上已很成熟，但其应用的局限性很大。其原因在于，某些时候拉格朗日函数的海赛矩阵并不是正定的，因而拉格朗日函数关于 $\boldsymbol{x}$ 的极小常常是不存在的，此情况下就不能通过求拉格朗日函数的无约束极小来求解原约束优化问题的最优解。为此，鲍威尔和 Hestenes 提出了增广拉格朗日乘子法(Augmented Lagrange Method)，简称 ALM 法。20 世纪 70 年代以来，许多学者对此法进行了研究，使这个方法在计算上成为一个有效的方法，在收敛速度和数值稳定性上都比罚函数优越。

增广拉格朗日乘子法的主要思想是把罚函数法与拉格朗日乘子法结合起来，在罚函数中引入拉格朗日乘子，或者说在拉格朗日函数中引入惩罚项。当采用外点罚函数形式时，试图在

罚因子 $r^{(k)}$ 不超过某个适当大的正数情况下,通过调节拉格朗日乘子,逐次求解无约束优化问题的最优解,使之逼近原约束问题的最优解,力图避免在罚函数法中出现的数值计算上的困难。下面分两种情况加以介绍。

第一种情况:解等式约束优化问题的 ALM 法。

如式(5.77)的等式约束非线性规划,式(5.78)为该问题的拉格朗日函数,在此基础上按外点法形式增加惩罚项 $r^{(k)}\sum_{v=1}^{q}\left[h_v(\boldsymbol{x})\right]^2$,从而构成了增广拉格朗日函数

$$\begin{aligned}A(\boldsymbol{x},\boldsymbol{\mu},r^{(k)}) &= L(\boldsymbol{x},\boldsymbol{\mu})+r^{(k)}\sum_{v=1}^{q}\left[h_v(\boldsymbol{x})\right]^2\\ &= F(\boldsymbol{x})+\sum_{v=1}^{q}\mu_v h_v(\boldsymbol{x})+r^{(k)}\sum_{v=1}^{q}\left[h_v(\boldsymbol{x})\right]^2 \qquad (5.84)\end{aligned}$$

解题步骤同外点罚函数法,随着罚因子的不断增大使序列无约束的最优点逐渐逼近原问题的最优解。

第二种情况:解一般约束优化问题的 ALM 法。

对一般约束优化问题见式(5.80),解题思路如下所述。

(1)引入松弛变量 z_u 将不等式约束化为等式约束,见式(5.81)。

(2)引入拉格朗日乘子 $\mu_v(v=1,2,\cdots,q)$ 及 $\lambda_u(u=1,2,\cdots,p)$ 构造拉格朗日函数,见式(5.82)。

(3)增加惩罚项 $r^{(k)}\left\{\sum_{v=1}^{q}\left[h_v(\boldsymbol{x})\right]^2+\sum_{u=1}^{p}\left[g_u(\boldsymbol{x})-z_u^2\right]^2\right\}$,而构成增广拉格朗日函数

$$\begin{aligned}A(\boldsymbol{x},\boldsymbol{\mu},\boldsymbol{\lambda},\boldsymbol{z},r^{(k)}) = L(\boldsymbol{x},\boldsymbol{\mu},\boldsymbol{\lambda},\boldsymbol{z})+r^{(k)}\Bigg\{&\sum_{v=1}^{q}\left[h_v(\boldsymbol{x})\right]^2\\ &+\sum_{u=1}^{p}\left[g_u(\boldsymbol{x})-z_u^2\right]^2\Bigg\} \qquad (5.85a)\end{aligned}$$

或

$$\begin{aligned}A(\boldsymbol{x},\boldsymbol{\mu},\boldsymbol{\lambda},\boldsymbol{z},r^{(k)}) = F(\boldsymbol{x})&+\sum_{v=1}^{q}\mu_v h_v(\boldsymbol{x})+\sum_{u=1}^{p}\lambda_u\left[g_u(\boldsymbol{x})-z_u^2\right]\\ &+r^{(k)}\left\{\sum_{v=1}^{q}\left[h_v(\boldsymbol{x})\right]^2+\sum_{u=1}^{p}\left[g_u(\boldsymbol{x})-z_u^2\right]^2\right\} \qquad (5.85b)\end{aligned}$$

式中,$L(\boldsymbol{x},\boldsymbol{\mu},\boldsymbol{\lambda},\boldsymbol{z})$是拉格朗日函数,见式(5.82)。$A(\boldsymbol{x},\boldsymbol{\mu},\boldsymbol{\lambda},\boldsymbol{z},r^{(k)})$就是增广拉格朗日函数。

通过求式(5.85)的一系列无约束优化问题的求解,最终得最优解($\boldsymbol{x}^*,\boldsymbol{\mu}^*,\boldsymbol{\lambda}^*,\boldsymbol{z}^*$),从中取出分量

$$\boldsymbol{x}^*=\left[x_1^* \quad x_2^* \quad \cdots \quad x_n^*\right]^{\mathrm{T}}$$

它就是原约束优化问题式(5.80)的最优解

$$\boldsymbol{x}^*=\left[x_1^* \quad x_2^* \quad \cdots \quad x_n^*\right]^{\mathrm{T}}$$

$$F^*=F(\boldsymbol{x}^*)$$

可以证明,在某些并不苛刻的条件下,必定存在一个 M,对于一切满足 $r^{(k)}>M$ 的参数,$A(\boldsymbol{x},\boldsymbol{\mu},\boldsymbol{\lambda},\boldsymbol{z},r^{(k)})$的海赛矩阵总是正定的,因此增广拉格朗日函数式(5.85)总是有解的。并通过对增广拉格朗日函数的序列无约束求优,所得其解就是原约束优化问题的解。于是,求解式(5.80)的约束优化问题就转化成为求式(5.85)无约束优化问题,即求其增广拉格朗日函数的极值问题。

下面简单介绍 ALM 方法的特点:

(1)ALM 方法中的惩罚项是沿用外点法形式，所以对初始点的选择无限制，迭代点列可以从可行域外部逼近约束最优点。

(2)罚因子 $r^{(k)}$ 对方法的影响并不敏感，一般不需要将 $r^{(k)}$ 无限增加就可得到问题的解，与此同时可降低函数的病态，所以比罚函数有更好的效果。

二、简约梯度法简介

1963 年 Wolfe 将解线性规划的单纯形法(见第六章)推广到求解线性等式约束但目标函数为非线性的约束优化问题，提出了简约梯度法(The Reduced Gradieut Method)，简称 RG 法。1969 年 Abadie 和 Car-Pentier 又把简约梯度法推广到求解约束函数与目标函数都是非线性的一般约束优化问题，发展成为著名的广义简约梯度法(The Generalized Reduced Gradient Method)，简称 GRG 法。广义简约梯度法在计算速度和计算精度两个方面的指标都是相当好的，它是目前求解一般非线性规划问题的最有效方法之一。

1. 简约梯度法概述

简约梯度法用来解决线性等式约束的非线性规划问题。仿线性规划问题的标准型(见第六章)

$$\left.\begin{array}{ll} \min F(\boldsymbol{x}) & (\text{目标函数}) \\ \boldsymbol{x}\in\mathscr{D}\subset\mathbf{R}^n & \\ \mathscr{D}: A\boldsymbol{x}=B & (m\text{个线性等式约束}) \\ \boldsymbol{x}\geqslant 0 & (\text{边界不等式约束}) \end{array}\right\} \tag{5.86}$$

式中，

$$\boldsymbol{x}=[x_1 \quad x_2 \quad \cdots \quad x_n]^{\mathrm{T}}$$

$$A=\begin{bmatrix} a_{11} & a_{12} & \cdots & a_{1n} \\ a_{21} & a_{22} & \cdots & a_{2n} \\ \vdots & \vdots & & \vdots \\ a_{m1} & a_{m2} & \cdots & a_{mn} \end{bmatrix}^{\mathrm{T}} \quad (m\times n)\text{阶系数矩阵}$$

$$B=[b_1 \quad b_2 \quad \cdots \quad b_m]^{\mathrm{T}}$$

且 $m\leqslant n$

简约梯度法的基本思想是将 $\boldsymbol{x}$ 的全部分量 $x_1,x_2,\cdots,x_n$ 分成两部分，将其一部分当成自变量，另一部分当成因变量，根据约束条件 $A\boldsymbol{x}-B=0$，将因变量用自变量表示出来并代入目标函数，则原问题式(5.86)就变成了$(n-m)$维的且只有边界约束的简单问题了。具体处理方法如下。

对于有 m 个等式约束的优化问题，将 $\boldsymbol{x}$ 中的 m 个分量作为因变量记为 $\boldsymbol{x}^m$，余下 $q=(n-m)$个分量作为自变量，记为 $\boldsymbol{x}^q$，则将变量分成两部分

$$\boldsymbol{x}=[\boldsymbol{x}^m \quad \boldsymbol{x}^q]^{\mathrm{T}}$$

其中

$$\begin{cases} \boldsymbol{x}^m=[x_1 \quad x_2 \quad \cdots \quad x_m]^{\mathrm{T}} \\ \boldsymbol{x}^q=[x_{m+1} \quad x_{m+2} \quad \cdots \quad x_n]^{\mathrm{T}} \end{cases} \tag{5.87}$$

由 m 个线性约束方程可将因变量 $\boldsymbol{x}^m$ 用自变量 $\boldsymbol{x}^q$ 表示并代入目标函数，则有

$$F(\boldsymbol{x})=F(\boldsymbol{x}^m,\boldsymbol{x}^q)=f(\boldsymbol{x}^q) \tag{5.88}$$

于是目标函数变成了仅以 $\boldsymbol{x}^q$ 为变量的函数，式(5.86)变为 $\boldsymbol{x}^q\geqslant 0$ 的非负条件约束，且目标函数由 n 维降至$(n-m)$维，即式(5.86)转变为如下的数学模型

$$\left.\begin{array}{l} \min f(\boldsymbol{x}^q) \\ \boldsymbol{x}^q\in\mathscr{D}\subset\mathbf{R}^n \\ \mathscr{D}: \boldsymbol{x}^q\geqslant 0 \end{array}\right\} \tag{5.89}$$

式中，$\boldsymbol{x}^q=[x_1 \quad x_2 \quad \cdots \quad x_{n-m}]^{\mathrm{T}}$。经过上面的处理后，原问题式(5.86)就变成了只有边界约束，且维数为$(n-m)$的简单优化问题了。

将简化后的数学模型式(5.89)，再用加以修正的梯度法迭代求优。当然，这时的梯度是简约后的具有$(n-m)$个变量的目标函数$f(\boldsymbol{x}^q)$关于$\boldsymbol{x}^q$的梯度，故称为原目标函数$F(\boldsymbol{x})$的简约梯度，记为$r(\boldsymbol{x}^q)$，以上所述就是简约梯度法的基本思想。

简约梯度法的迭代步骤如下：

(1)选一个可行初始点$\boldsymbol{x}^{(0)}$，将其分成两部分

$$\boldsymbol{x}^{(0)}=\begin{bmatrix}\boldsymbol{x}^{m(0)}\\ \boldsymbol{x}^{q(0)}\end{bmatrix},\qquad k\Leftarrow 0$$

(2)对每个迭代点$\boldsymbol{x}^{(k)}$也分成两部分，即

$$\boldsymbol{x}^{(k)}=\begin{bmatrix}\boldsymbol{x}^{m(k)}\\ \boldsymbol{x}^{q(k)}\end{bmatrix}$$

计算简约梯度$r(\boldsymbol{x}^{q(k)})$，并按一定原则[25]确定搜索方向$\boldsymbol{p}^{(k)}$。

(3)沿$\boldsymbol{p}^{(k)}$方向求极小，得最优步长α_k，即通过一维求优$\min\{F(\boldsymbol{x}^{(k)})+\alpha\boldsymbol{p}^{(k)}\}$求$\alpha_k$，计算函数值$F(\boldsymbol{x}^{(k)}+\alpha_k\boldsymbol{p}^{(k)})$，而且为了满足约束$\boldsymbol{x}^{(k+1)}\geqslant 0$，需要使步长在限定的范围$0\leqslant\alpha_k\leqslant\alpha_{\max}$之内，$\alpha_{\max}$的确定方法见参考文献[25]。

(4)按终止准则　$\|\boldsymbol{x}^{(k+1)}-\boldsymbol{x}^{(k)}\|\leqslant\varepsilon_1$或$\|\boldsymbol{p}^{(k)}\|\leqslant\varepsilon_2$判断是否终止迭代。若满足终止准则式则输出最优解

$$\boldsymbol{x}^*\Leftarrow\boldsymbol{x}^{(k+1)},F^*\Leftarrow F(\boldsymbol{x}^{(k+1)})$$

否则，令　$k\Leftarrow k+1$返回步骤(2)。

2. 广义简约梯度法的基本思想

上面介绍的简约梯度法是用于求解线性等式约束条件的非线性目标函数最优化问题，而对于约束函数和目标函数均为非线性的最优化问题，则需用广义简约梯度法来求解。

GRG法的基本思想是将一般非线性约束优化问题中的不等式约束$g_u(\boldsymbol{x})\geqslant 0(u=1,2,\cdots,p)$，引进松弛变量$x_{n+u}(u=1,2,\cdots,p)$，将不等式约束改写成等式约束

$$\begin{cases}g_u(\boldsymbol{x})-x_{n+u}=0, & u=1,2,\cdots,p\\ x_{n+u}\geqslant 0, & u=1,2,\cdots,p\end{cases}\tag{5.90}$$

于是，将其一般约束优化问题转化为仅含等式约束的式(5.86)的形式后，再按简约梯度法求解。

当然，由于新的等式约束$(g_u(\boldsymbol{x})-x_{n+u}=0,u=1,2,\cdots,p)$是非线性的，难于将因变量像简约梯度法中所述的那样用自变量$\boldsymbol{x}^q$的显函数形式表示。事实上，在实际迭代中，所需要的仅仅是简约梯度$r(\boldsymbol{x}^q)$，即只要求出原目标函数$F(\boldsymbol{x})$的简约梯度便可以了，故此方法的关键在于求简约梯度。

对于非线性规划问题虽沿用了线性规划的某些思想，但其做法却不太相同。GRG法本身所需考虑的问题很多，所以造成了GRG方法的复杂性。这里只简单介绍其基本原理。据有关资料和文献介绍，从求解问题范围之广、收敛速度之快、求解精度之高等诸方面来看，GRG方法较之罚函数法均胜一筹。

习　题

1. 设约束优化问题的数学模型为

$$\min F(\boldsymbol{x})=x_1^2+4x_1+x_2^2-4x_2+10$$

$$\boldsymbol{x}\in\mathscr{D}\subset\mathbf{R}^2$$

$$\mathscr{D}:\begin{cases}g_1(\boldsymbol{x})=x_1-x_2+2\geqslant 0\\ g_2(\boldsymbol{x})=-x_1^2-x_2^2-2x_1+2x_2\geqslant 0\end{cases}$$

试用 K-T 条件判别点 $\boldsymbol{x}^{(k)}=[-1\quad 1]^{\mathrm{T}}$ 是否为最优点。

2. 设约束优化问题的数学模型

$$\min F(\boldsymbol{x})=1-2x_1-x_2^2$$

$$\boldsymbol{x}\in\mathscr{D}\subset\mathbf{R}^2$$

$$\mathscr{D}:\begin{cases}g_1(\boldsymbol{x})=6-x_1-x_2\geqslant 0\\ g_2(\boldsymbol{x})=x_1\geqslant 0\\ g_3(\boldsymbol{x})=x_2\geqslant 0\end{cases}$$

试用两个随机数 $y_1=-0.1$，$y_2=0.85$ 构成随机方向 $\boldsymbol{S}^{(k)}$，并由 $\boldsymbol{x}^{(k)}=[3\quad 1]^{\mathrm{T}}$ 沿该方向取步长 $\alpha^{(k)}=2$。计算各迭代点，确定最后一个适用可行点 $\boldsymbol{x}^{(k+1)}$，画出图形。

3. 已知约束优化问题的数学模型

$$\min F(\boldsymbol{x})=(x_1+20)^2+(x_2+20)^2$$

$$\boldsymbol{x}\in\mathscr{D}\subset\mathbf{R}^2$$

$$\mathscr{D}:\begin{cases}g_1(\boldsymbol{x})=x_1+30\geqslant 0\\ g_2(\boldsymbol{x})=x_1+x_2+20\geqslant 0\\ g_3(\boldsymbol{x})=x_2+30\geqslant 0\\ g_4(\boldsymbol{x})=6\,400-x_1^2-x_2^2\geqslant 0\end{cases}$$

试按比例作图表示复合形法的搜索过程，要求作五个复合形（不包括初始形），标出最后获得的最优点位置。已选定初始复合形顶点 $\boldsymbol{x}^{(1)}=[-10\quad 65]^{\mathrm{T}}$，$\boldsymbol{x}^{(2)}=[65\quad 40]^{\mathrm{T}}$，$\boldsymbol{x}^{(3)}=[50\quad 10]^{\mathrm{T}}$，映射系数 $\alpha=1$。

4. 设某优化问题的数学模型如下

$$\min F(\boldsymbol{x})=x_1^2+4x_2^2$$

$$\boldsymbol{x}\in\mathscr{D}\subset\mathbf{R}^2$$

$$\mathscr{D}:\begin{cases}g_1(\boldsymbol{x})=x_1+x_2-1\geqslant 0\\ g_2(\boldsymbol{x})=x_1\geqslant 0\\ g_3(\boldsymbol{x})=x_2+5\geqslant 0\end{cases}$$

试画出该问题的目标函数等值线和可行域，写出点 $\boldsymbol{x}^{(k)}=[6\quad -5]^{\mathrm{T}}$ 处的起作用约束，并在图上画出 $\boldsymbol{x}^{(k)}$ 点的可行方向区域 ζ。

5. 设某约束优化问题是

$$\min F(\boldsymbol{x})=x_1^2+9x_2^2-10$$

$$\boldsymbol{x}\in\mathscr{D}\subset\mathbf{R}^2$$

$$\mathscr{D}:\begin{cases}g_1(x)=-x_2^2-2x_1+18\geqslant 0\\ g_2(\boldsymbol{x})=x_1\geqslant 0\\ g_3(\boldsymbol{x})=x_2\geqslant 0\end{cases}$$

当前迭代点为 $x^{(k)}=[1\quad 4]^T$，取适用可行方向 $S^{(k)}=[3\quad -1]^T$ 和函数下降率 $\Delta_f=0.1$，试计算试验步长因子 α_t 和确定沿该方向的最后一个界内试验点 $x^{(t)}$。

6. 已知约束优化问题的数学模型

$$\min F(\boldsymbol{x})=(x_1-5)^2+(x_2-2)^2$$

$$\boldsymbol{x}\in\mathscr{D}\subset\mathbf{R}^2$$

$$\mathscr{D}:\begin{cases}g_1(\boldsymbol{x})=16-x_1^2-x_2^2\geqslant 0\\ g_2(\boldsymbol{x})=x_1\geqslant 0\\ g_3(\boldsymbol{x})=x_2\geqslant 0\end{cases}$$

当从 $x^{(k)}=[0\quad 3]^T$ 出发沿 $S^{(k)}=[0.894\,45\quad -0.447\,22]^T$ 方向以试验步长因子 $\alpha_t=0.559$ 到达 $x_8^{(t)}$ 时，已越出了 $g_1(\boldsymbol{x})$ 的约束边界。试在此种情况下计算调整步长因子 α_c，使迭代点 $x^{(k+1)}$ 退回可行域内。设容差带 $\delta=0.1$。

7. 已知不等式约束优化问题

$$\min F(\boldsymbol{x})=x_1+x_2$$

$$\boldsymbol{x}\in\mathscr{D}\subset\mathbf{R}^2$$

$$\mathscr{D}:\begin{cases}g_1(\boldsymbol{x})=-x_1^2+x_2\geqslant 0\\ g_2(\boldsymbol{x})=x_1\geqslant 0\end{cases}$$

试写出内点罚函数与外点罚函数，并选出内点法与外点法的初始迭代点。

8. 已知约束优化问题的数学模型

$$\min F(\boldsymbol{x})=x_1^2+x_2^2+x_3^2+2x_1x_4-x_2x_3$$

$$\boldsymbol{x}\in\mathscr{D}\subset\mathbf{R}^4$$

$$\mathscr{D}:\begin{cases}g_1(\boldsymbol{x})=x_1-x_3+x_4-8\geqslant 0\\ g_2(\boldsymbol{x})=x_2+x_1x_4+1\geqslant 0\\ h(\boldsymbol{x})=2x_1+x_2-6=0\end{cases}$$

试写出内点及外点形式的混合罚函数。

9. 已知目标函数为 $F(\boldsymbol{x})=x_2\sin x_2-4x_1$，受约束于 $1\leqslant x_1\leqslant 4, 0\leqslant x_2\leqslant 5, x_2\sin x_2-x_1^3=0$，试写出内点及外点形式的混合罚函数。

第六章　线性规划与单纯形法

在第一章第 1.2.4 节中提到，若优化数学模型中的目标函数及约束函数均为设计变量的线性函数，则此种优化问题就属于线性规划问题。例如第 1.1.4 节生产管理优化的问题就是线性规划问题的实例之一。此类问题在生产实际及社会生活中应用得很广泛，诸如：产品分配、运输合理路线、生产调度最优化、电子路线设计、资源分配、混料系统最优化等。另外，非线性规划问题中的某些优化方法也常借助于线性规划的概念与解法。例如非线性规划中的可行方向法，为寻求适用可行方向而归结为求解线性规划问题，对于拉格朗日乘子法的求解以及简约梯度法的求解问题都要借助于线性规划的解法。由此可见，线性规划在优化的应用问题中及优化方法的理论与算法中也占有一定的重要地位。

线性规划是数学规划中提出最早、在理论和算法的研究上都很完善的一个分支。因此，线性规划的数学模型规范，解法的理论研究深入严谨，算法成熟可靠。可以说，线性规划具有独特的性质和解法。

线性规划的计算方法通常可分为三大类：单纯形法、初等矩阵法与迭代法。其中较常用的是单纯形法。

6.1　线性规划的应用

一、线性规划的应用举例

例题 6.1　利润最高问题。

某工厂生产Ⅰ、Ⅱ型两种电器开关，它们的用料、耗电、耗时及所得利润列于表 6.1，每天限制消耗材料 3 500N，工时数为 300h，用电量 200kW。为获得利润最大，求每天生产Ⅰ、Ⅱ型电器开关各多少？

表 6.1　例 6.1 数据表

项目 / 型号	用料 (N)	耗时 (h)	耗电量 (kW)	利润 (元)
Ⅰ	8	2	4	50
Ⅱ	4	10	5	100

解：经分析，该问题的数学模型如下。

设每天生产Ⅰ型、Ⅱ型开关分别为 x_1, x_2 件，则设计变量为

$$\boldsymbol{x}=[x_1 \quad x_2]^{\mathrm{T}}$$

以利润建立目标函数为

$$F(\boldsymbol{x})=50x_1+100x_2$$

以工厂生产能力为限制条件有以下各项：

材料限制　$8x_1+4x_2\leqslant 3\,500$

工时限制　$2x_1+10x_2\leqslant 300$

电量限制　$4x_1+5x_2\leqslant 200$

变量非负条件

$$x_1\geqslant 0$$
$$x_2\geqslant 0$$

该数学模型中的目标函数及约束条件均是线性的，因此该优化问题属于线性规划问题。

例题 6.2　产品分配运输优化问题。

两个粮食产地 A_1,A_2，年产量分别为 a_1,a_2(t)，计划供应给三个供地 B_1,B_2,B_3，其需求量分别为 b_1,b_2,b_3(t)，产地到供地之间的每吨运费见表 6.2，问应如何运送使运费最省。参看图 6.1。

表 6.2　例 6.2 每吨运费表

供地 / 需求量 / 产地 / 每吨运价	B_1	B_2	B_3
需求量	b_1	b_2	b_3
A_1	c_{11}	c_{12}	c_{13}
A_2	c_{21}	c_{22}	c_{23}

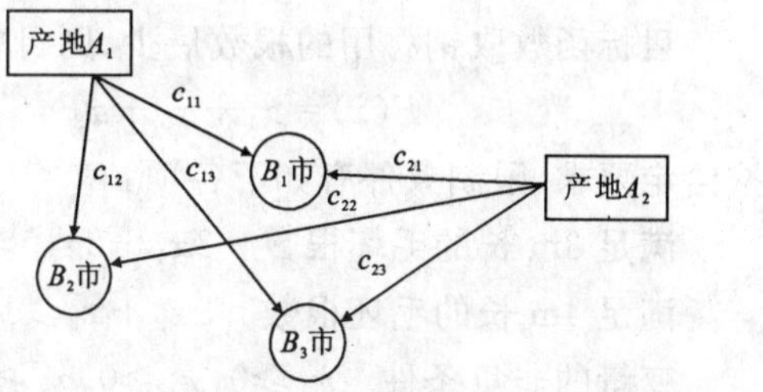

图 6.1　粮食运输路线与每吨的运费示意图

解：设 x_{11},x_{12},x_{13} 为产地 A_1 分别送到供地 B_1,B_2,B_3 三个城市的粮食吨数，x_{21},x_{22},x_{23} 为产地 A_2 分别送到供地 B_1,B_2,B_3 的粮食吨数，取设计变量

$$\boldsymbol{x}=[x_{11}\quad x_{12}\quad x_{13}\quad x_{21}\quad x_{22}\quad x_{23}]^{\mathrm{T}}$$

目标函数

$$F(\boldsymbol{x})=c_{11}x_{11}+c_{12}x_{12}+c_{13}x_{13}+c_{21}x_{21}+c_{22}x_{22}+c_{23}x_{23}$$

约束条件

$$x_{11}+x_{12}+x_{13}=a_1$$
$$x_{21}+x_{22}+x_{23}=a_2$$
$$x_{11}+x_{21}=b_1$$
$$x_{12}+x_{22}=b_2$$
$$x_{13}+x_{23}=b_3$$

变量的非负条件有

$$x_{11}\geqslant 0,x_{12}\geqslant 0$$
$$x_{21}\geqslant 0,x_{22}\geqslant 0$$
$$x_{31}\geqslant 0,x_{32}\geqslant 0$$

故此运输问题也是线性规划问题。

例题 6.3　下料问题。

将一批每根 10m 长的钢材，截成 3m 和 4m 两种长度规格的毛坯，要求每种尺寸的毛坯各不少于 100 根，试问如何截才能使钢材用得最少。

解：首先确定截料方案。不难分析，该下料问题可有三种不同截法，将这三种截料方案列于表 6.3。

表 6.3 例 6.3 截料方案表

每根分段数 \ 长度	方案 Ⅰ	方案 Ⅱ	方案 Ⅲ	每种毛坯总段数
3(m/段)	3	0	2	≥100
4(m/段)	0	2	1	≥100
用料(m/根)	9	8	10	
剩料(m/根)	1	2	0	

数学模型分析如下：

设方案Ⅰ、Ⅱ、Ⅲ所用钢材根数分别为 x_1, x_2, x_3，即此设计变量

$$\boldsymbol{x}=[x_1 \quad x_2 \quad x_3]^{\mathrm{T}}$$

目标函数取钢材用的根数最少，则目标函数为

$$F(\boldsymbol{x})=x_1+x_2+x_3$$

按给定要求，限制条件有如下各项：

满足 3m 长的毛坯根数　$3x_1+2x_3 \geqslant 100$

满足 4m 长的毛坯根数　$2x_2+x_3 \geqslant 100$

变量的非负条件　$x_1 \geqslant 0, x_2 \geqslant 0, x_3 \geqslant 0$，该问题也是线性规划问题。

二、二维线性规划的图解

为了理解线性规划的性质，以下对二维线性规划问题作图解分析。

例题 6.4　设有线性规划数学模型为

$$\min F(\boldsymbol{x})=-2x_1-5x_2+10$$

$$\boldsymbol{x} \in \mathscr{D} \subset \mathbf{R}^n$$

$$\mathscr{D}:\begin{cases} g_1(\boldsymbol{x})=x_2-x_1-4 \geqslant 0 \\ g_2(\boldsymbol{x})=-x_1-x_2+8 \geqslant 0 \\ g_3(\boldsymbol{x})=x_1 \geqslant 0 \\ g_4(\boldsymbol{x})=x_2 \geqslant 0 \end{cases}$$

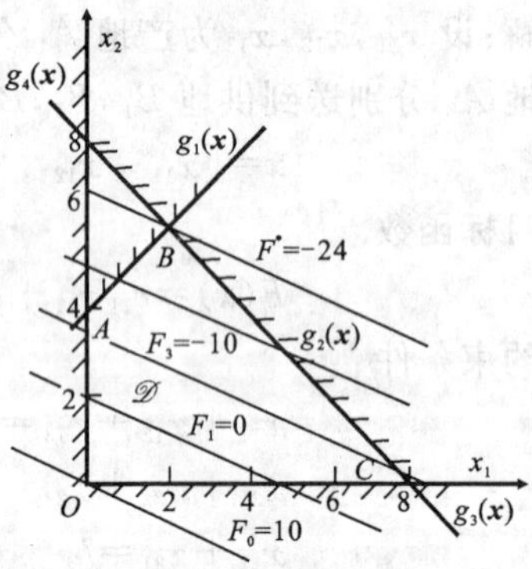

图 6.2　例 6.4 数学模型的几何表示

解：这是二维优化问题。若在设计平面中建立 x_1Ox_2 坐标系(见图 6.2)，则目标函数等值线为一系列的平行直线，图中以细实线表示。可行域是以 O, A, B, C 为顶点的凸多边形，即图中以粗实线围成的封闭形。

由图可见，随着等值线 $F_1, F_2, \cdots$，自下向上的平行移动，目标函数值越来越小，为满足约束条件，等值线移到极限情况为到达边界点 B。点 B 乃是凸多边形可行域的一个顶点，即是约束 $g_1(\boldsymbol{x})$ 与 $g_2(\boldsymbol{x})$ 两边界线的交点。图解得到最优解是

$$\boldsymbol{x}^*=[2 \quad 6]^{\mathrm{T}}$$

$$F^*=-24$$

理论上可以证明，如果线性规划的最优解存在，则其最优点必是约束凸多边形顶点中的一个，因此寻找最优点只需在多边形的有限个顶点中进行，而不必在整个可行域中搜索。可以推

断，三维及高维线性规划的最优点也一定会在可行域的多面体或超多面体的顶点上找到。

6.2　线性规划数学模型的标准形式

一、线性规划数学模型的一般形式

$$
\begin{aligned}
&\min F(\boldsymbol{x})=c_1x_1+c_2x_2+\cdots+c_nx_n \\
&\boldsymbol{x}=[x_1\quad x_2\quad \cdots\quad x_n]^{\mathrm T}\in\mathscr{D}\subset\mathbf{R}^n \\
&\mathscr{D}:\begin{cases}
g_1(\boldsymbol{x})=a_{11}x_1+a_{12}x_2+\cdots+a_{1n}x_n\geqslant b_1\\
g_2(\boldsymbol{x})=a_{21}x_1+a_{22}x_2+\cdots+a_{2n}x_n\geqslant b_2\\
\cdots\cdots\cdots\cdots\cdots\cdots\cdots\cdots\cdots\cdots\\
g_m(\boldsymbol{x})=a_{m1}x_1+a_{m2}x_2+\cdots+a_{mn}x_n\geqslant b_m\\
x_i\geqslant 0\ (i=1,2,\cdots,n)
\end{cases}
\end{aligned}
\tag{6.1}
$$

上式可简写为

$$
\left.
\begin{aligned}
&\min F(\boldsymbol{x})=\sum_{i=1}^{n}c_ix_i\\
&\boldsymbol{x}=[x_1\quad x_2\quad \cdots\quad x_n]^{\mathrm T}\in\mathscr{D}\subset\mathbf{R}^n\\
&\mathscr{D}:g_j(\boldsymbol{x})=\sum_{i=1}^{n}a_{ji}x_i\geqslant b_j,\ j=1,2,\cdots,m\\
&x_i\geqslant 0,\qquad\qquad i=1,2,\cdots,n
\end{aligned}
\right\}
\tag{6.2}
$$

或表示为矩阵式

$$
\left.
\begin{aligned}
&\min F(\boldsymbol{x})=C^{\mathrm T}\boldsymbol{x}\\
&\boldsymbol{x}\in\mathscr{D}\subset\mathbf{R}^n\\
&\mathscr{D}:A\boldsymbol{x}\geqslant B\\
&\boldsymbol{x}\geqslant 0
\end{aligned}
\right\}
\tag{6.3}
$$

式中，

$$\boldsymbol{x}=[x_1\quad x_2\quad \cdots\quad x_n]^{\mathrm T}$$

$$A=\begin{bmatrix}a_{11}&a_{12}&\cdots&a_{1n}\\a_{21}&a_{22}&\cdots&a_{2n}\\\cdots&\cdots&\cdots&\cdots\\a_{m1}&a_{m2}&\cdots&a_{mn}\end{bmatrix}$$

$$B=[b_1\quad b_2\quad \cdots\quad b_m]^{\mathrm T}$$

$$C=[c_1\quad c_2\quad \cdots\quad c_n]^{\mathrm T}$$

二、线性规划数学模型的标准形式

为了论述方便及单纯形法的求解需要，引入线性规划数学模型的标准形式如下：

$$
\begin{aligned}
&\min F(\boldsymbol{x})=c_1x_1+c_2x_2+\cdots+c_nx_n &&\text{（目标函数）}\\
&\mathrm{S\cdot t}\ \begin{cases}
a_{11}x_1+a_{12}x_2+\cdots+a_{1n}x_n=b_1\\
a_{21}x_1+a_{22}x_2+\cdots+a_{2n}x_n=b_2 \quad\text{（约束条件）}\\
\cdots\cdots\cdots\cdots\cdots\cdots\cdots\cdots\\
a_{m1}x_1+a_{m2}x_2+\cdots+a_{mn}x_n=b_m\\
x_i\geqslant 0,i=1,2,\cdots,n \quad\text{（非负条件）}
\end{cases}
\end{aligned}
\tag{6.4}
$$

或写成矩阵形式

$$\begin{cases}\min F(\boldsymbol{x})=C^{\mathrm{T}}\boldsymbol{x} & \text{(目标函数)}\\ \mathrm{S\cdot t}\quad A\boldsymbol{x}=B & \text{(约束方程)}\\ \boldsymbol{x}\geqslant 0 & \text{(非负条件)}\end{cases} \tag{6.5}$$

式中各矩阵分别为

$$\boldsymbol{x}=[x_1 \quad x_2 \quad \cdots \quad x_n]^{\mathrm{T}} \qquad \text{(决策向量)}$$

$$A=\begin{bmatrix} a_{11} & a_{12} & \cdots & a_{1n}\\ a_{12} & a_{22} & \cdots & a_{2n}\\ \cdots & \cdots & \cdots & \cdots\\ a_{m1} & a_{m2} & \cdots & a_{mn}\end{bmatrix} \tag{6.6}$$

$$B=[b_1 \quad b_2 \quad \cdots \quad b_m]^{\mathrm{T}} \qquad \text{(要求向量)}$$

$$C=[c_1 \quad c_2 \quad \cdots \quad c_n]^{\mathrm{T}} \qquad \text{(价值系数向量)}$$

n 为线性规划的维数，m 是线性规划的阶数。

三、将线性规划的一般形式化为标准形

在实际问题中，线性规划问题的数学模型各式各样，当采用单纯形法求解时，首先要将其线性规划问题的数学模型化为标准型。

1. 将等式约束右端化为非负

在等式约束中，若有某个 $b_i<0$，则在等式约束 $a_{j1}x_1+a_{j2}x_2+\cdots+a_{jn}x_n=b_j$ 的两端乘(－1)，化为

$$-(a_{j1}x_1+a_{j2}x_2+\cdots+a_{jn}x_n)=-b_j \tag{6.7}$$

2. 将求目标函数最大值问题化为求最小值问题

若原问题为 $\max f(\boldsymbol{x})=c_1x_1+c_2x_2+\cdots+c_nx_n$

可引入新目标函数 $F(\boldsymbol{x})=-f(\boldsymbol{x})$

则问题就变为求

$$\min F(\boldsymbol{x})=-(c_1x_1+c_2x_2+\cdots+c_nx_n) \tag{6.8}$$

3. 化不等式约束为等式约束

(1)若第 j 个约束条件为"≥"形式，即

$$a_{j1}x_1+a_{j2}x_2+\cdots+a_{jn}x_n\geqslant b_j$$

则需引进"剩余变量"$x_k\geqslant 0$，将不等式改为等式

$$a_{j1}x_1+a_{j2}x_2+\cdots+a_{jn}x_n-x_k=b_j \tag{6.9}$$

对于所引进的剩余变量 x_k，它在目标函数中的价值系数取为零，即原目标函数形式不变。

(2)若第 j 个约束条件为"≤"的形式，即

$$a_{j1}x_1+a_{j2}x_2+\cdots+a_{jn}x_n\leqslant b_j$$

则需引入"松弛变量"$x_k\geqslant 0$，将上面不等式变为等式

$$a_{j1}x_1+a_{j2}x_2+\cdots+a_{jn}x_n+x_k=b_j \tag{6.10}$$

在目标函数中松弛变量的价值系数取为零，即原目标函数形式不变。剩余变量、松弛变量可统称为松弛变量。当然，每添加一个松弛变量，问题的维数就增加一维，在约束条件中所增加的个数等于原不等式约束的个数。

从上述讨论可知，不同形式的线性规划问题均可化为标准形式。因而，对于标准形式所建立的理论与解法对各种表达形式的线性规划问题都是适用的。

6.3 线性规划的基本性质

下面举一例说明线性规划的基本概念与性质。

设线性规划的数学模型为

$$
\begin{aligned}
&\min F(\boldsymbol{x})=-60x_1-120x_2\\
&\boldsymbol{x}\in\mathscr{D}\subset\mathbf{R}^n\\
&\mathscr{D}:\begin{cases}g_1(\boldsymbol{x})=9x_1+4x_2\leqslant 360\\ g_2(\boldsymbol{x})=3x_1+10x_2\leqslant 300\\ g_3(\boldsymbol{x})=4x_1+5x_2\leqslant 200\\ g_4(\boldsymbol{x})=x_1\geqslant 0\\ g_5(\boldsymbol{x})=x_2\geqslant 0\end{cases}
\end{aligned}
\tag{6.11}
$$

本题的维数 $n=2$，约束数 $m=3$，为二维三阶线性规划问题。

首先引入松弛变量 x_3,x_4,x_5，将其化为标准形式

$$
\begin{aligned}
&\min F(\boldsymbol{x})=-60x_1-120x_2\\
&\text{S}\cdot\text{t}\begin{cases}9x_1+4x_2+x_3=360\\ 3x_1+10x_2+x_4=300\\ 4x_1+5x_2+x_5=200\\ x_i\geqslant 0\qquad (i=1,2,3,4,5)\end{cases}
\end{aligned}
\tag{6.12}
$$

现将原线性规划数学模型中的约束条件及非负条件以二维图形表示，如图 6.3 所示。

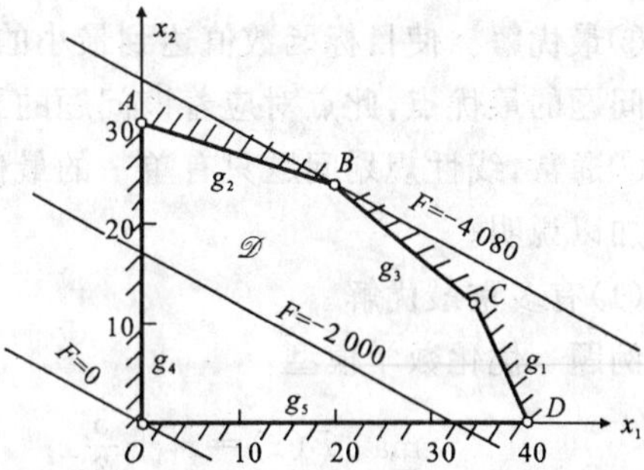

图 6.3　线性规划的基本概念和性质

线性规划的性质如下。

①对二维线性规划，可行域 $\mathscr{D}$ 为一个凸多边形。类似可推出，三维问题的可行域为外凸空间多面体，四维以上为一个外凸超空间多面体。总之，可行域 $\mathscr{D}$ 为一凸集。

②线性规划若存在可行域，则必有可行域的顶点，因此其中至少有一个顶点是最优点。

以上两性质在二维问题的图解中可直观看到，理论证明可参考有关文献。

③基本可行解。满足线性规划标准型中约束条件及非负条件的解称为**基本可行解**，它们即是可行域的各顶点，例如图 6.3 中的顶点 O,A,B,C,D 各点。

④基本变量与非基本变量。在基本可行解中，其值为零的变量称为**非基本变量**，而其值不为零的变量称为**基本变量**。

就式(6.12)线性规划标准型，设计变量为

$$\boldsymbol{x}=[x_1\quad x_2\quad x_3\quad x_4\quad x_5]^{\mathrm{T}}$$

其基本可行解为图 6.3 中凸域的各顶点，将其各解的坐标值列于表 6.4 中。

将其各基本可行解的基本变量与非基本变量列于表 6.5 中。

可见，随着基本可行解的不同，基本变量与非基本变量也随之而不同，所以不能离开基本可行解来谈哪些是基本变量，哪些是非基本变量。

表 6.4　图 6.3 各解的坐标值

基本可行解＼坐标值	x_1	x_2	x_3	x_4	x_5
O	0	0	360	300	200
A	0	30	240	0	50
B	20	24	84	0	0
C	$\frac{1\,000}{29}$	$\frac{360}{29}$	0	$\frac{2\,100}{29}$	0
D	40	0	0	180	40

表 6.5　图 6.3 中各顶点的基本变量和非基本变量

基 本 可 行 解＼变 量 类 别	基本变量	非基本变量
O	x_3,x_4,x_5	x_1,x_2
A	x_2,x_3,x_5	x_1,x_4
B	x_1,x_2,x_3	x_4,x_5
C	x_1,x_2,x_4	x_3,x_5
D	x_1,x_4,x_5	x_2,x_3

⑤最优解。使目标函数值达到最小的基本可行解，即为线性规划的解。图 6.3 中的点 B 为该问题的最优点，此点对应着该问题的最优解$(\boldsymbol{x}^*, F^*)$。

⑥通常，线性规划问题只有单一的最优解。但有时也会遇到一些特殊情况，我们可以通过图解加以说明。

(1)有多重最优解。

例题　优化数学模型

$$\max F(\boldsymbol{x})=x_1+\frac{5}{3}x_2$$

$$x\in\mathscr{D}\subset\boldsymbol{R}^n$$

$$\mathscr{D}:\begin{cases}g_1(\boldsymbol{x})=3x_1+x_2\leqslant 45\\ g_2(\boldsymbol{x})=3x_1+5x_2\leqslant 150\\ g_3(\boldsymbol{x})=x_1\geqslant 0\\ g_4(\boldsymbol{x})=x_2\geqslant 0\end{cases}$$

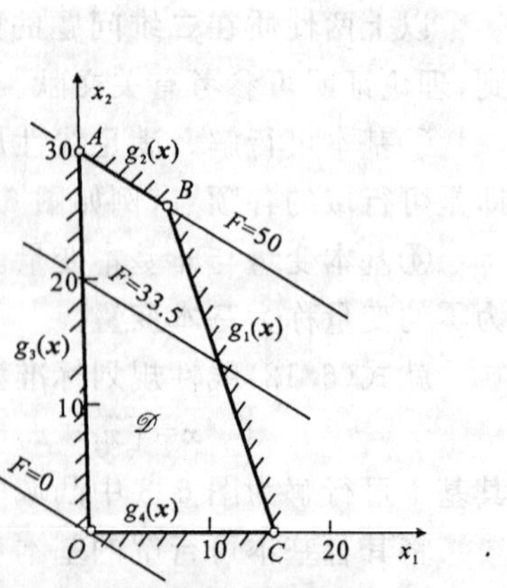

图 6.4　线性规划的多重解

该线性规划问题的图形如图 6.4 所示。在图中，目标函数等值线与可行域的一条边界 $g_2(\boldsymbol{x})$ 相平行，且目标函数值 $F=50$ 的线与 $g_2(\boldsymbol{x})$ 边界相重合，即等值线通过 A,B 两个顶点。此情况，两个顶点 A,B 都是最优解。实际上，AB 线段上的每一点都满足约束条件，且目标函数均最大，$F=50$。换言之，AB 线段上点的集合全部为最优解，则其最优解实际有无穷多,即为**多重最优解**。

(2)可行域不封闭。

例题 $\max F(\boldsymbol{x})=2x_1-x_2$

$$\boldsymbol{x}\in\mathscr{D}\subset\mathbf{R}^n$$

$$\mathscr{D}:\begin{cases}g_1(\boldsymbol{x})=2x_1+x_2\geqslant 1\\ g_2(\boldsymbol{x})=-x_1+x_2\leqslant 3\\ g_3(\boldsymbol{x})=x_1\geqslant 0\\ g_4(\boldsymbol{x})=x_2\geqslant 0\end{cases}$$

由图 6.5 可见,可行域不封闭。题目要求目标函数值的最大值,其等值线可沿增大方向无限地移过去,所以目标函数值 $F(\boldsymbol{x})$的最大值无穷增加,为寻找最优点,也必须向右下方无穷远处延伸。

(3)无可行域。

例如某问题的约束条件为

$$\begin{cases}g_1(\boldsymbol{x})=x_1+x_2\leqslant 10\\ g_2(\boldsymbol{x})=2x_1+x_2\geqslant 30\\ g_3(\boldsymbol{x})=x_1\geqslant 0\\ g_4(\boldsymbol{x})=x_2\geqslant 0\end{cases}\tag{6.13}$$

由图 6.6 可见,约束方程组围不成一个满足全部约束条件的公共区域,即不存在可行域。故此题不论目标函数如何均无解。

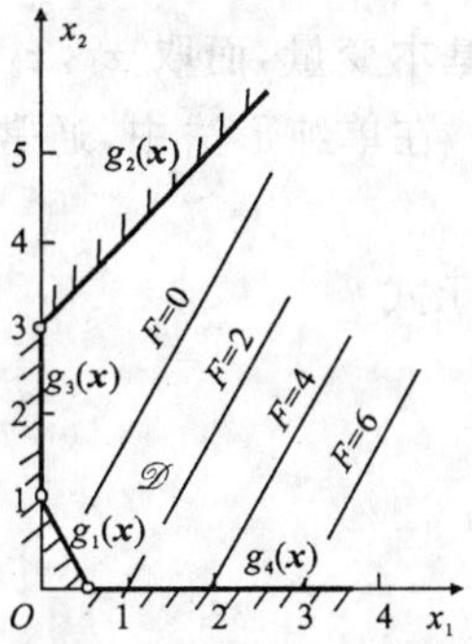

图 6.5 可行域不封闭

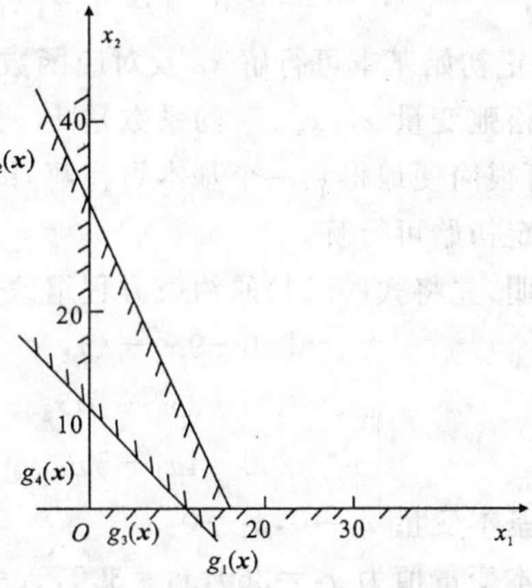

图 6.6 无可行域

6.4 单纯形法

单纯形法(Simplex Method)是解线性规划的一种主要方法。该法是丹茨(G. B. Dantzig)在 1949 年提出的,数十年来的计算实践证明它是非常有效且实用的方法。

线性规划标准型的矩阵式(6.5)中,m 个约束方程应是相互独立的,因而系数矩阵 A 的秩为 m,即为满秩矩阵。另外,由于原 m 个不等式约束条件在转化为标准型式时引入了 m 个松弛变量，使原来 n 个变量的线性规划问题变成为 $n'=n+m$ 个变量的线性规划问题。显然，标准型线性规划数学模型中必有 $n'>m$。在上述基础上我们进行下面的讨论。

一、单纯形法的基本思想

根据上述线性规划的基本原理，目标函数的最小值总可以在可行域 $\mathscr{D}$ 的某一个顶点达到，而且顶点的个数又是有限的。因此，就不必在整个可行域 $\mathscr{D}$ 中搜索最优点，只需对有限个顶点进行搜索即可。于是可找到一条使目标函数达到最小值点的途径：先任取一顶点 $\boldsymbol{x}_0$ 作为初始解，代入目标函数得 $F(\boldsymbol{x}_0)$，在此基础上，再换一顶点 $\boldsymbol{x}_1$，并使函数值有所下降，即使得 $F(\boldsymbol{x}_1)<F(\boldsymbol{x}_0)$，再换其他顶点 $\boldsymbol{x}_2,\boldsymbol{x}_3,\cdots$，依次做若干次迭代，经有限步迭代就可求出使目标函数值达到最小值的顶点，这样就求出了线性规划问题的最优解。

单纯形法的实质是：利用上述线性规划的基本原理及迭代法来求解线性规划问题的最优解。

二、算例

现以 6.3 节中式(6.11)的线性规划为例来说明单纯形法的解题思路与方法步骤(参看图 6.3)。

1. 引入变量

引入松弛变量 x_3,x_4,x_5，将其化为标准型

$$\min F(\boldsymbol{x})=-60x_1-120x_2$$

$$\text{S}\cdot\text{t}\begin{cases}9x_1+4x_2+x_3=360\\3x_1+10x_2+x_4=300\\4x_1+5x_2+x_5=200\\x_i\geqslant 0\quad(i=1,2,3,4,5)\end{cases}\tag{6.14}$$

2. 确定初始基本可行解 $\boldsymbol{x}_0$ 及对应函数值 F_0

由于松弛变量 x_3,x_4,x_5 的系数是 1，所以取 x_3,x_4,x_5 为基本变量，而取 x_1,x_2 为非基本变量，则可很简便地得到一个基本可行解，即图 6.3 中的 O 点。在单纯形法中，通常就用这种方法来确定初始可行解。

为简明，先将式(6.14)的约束方程组改为以基本变量的表示式

$$\begin{cases}x_3=360-9x_1-4x_2\\x_4=300-3x_1-10x_2\\x_5=200-4x_1-5x_2\end{cases}\tag{6.15}$$

取非基本变量 $x_1=0,x_2=0$

得基本变量值为 $x_3=360,x_4=300,x_5=200$

则初始基本可行解 $\boldsymbol{x}_0=[0\quad 0\quad 360\quad 300\quad 200]^{\mathrm{T}}$，将 $\boldsymbol{x}_0$ 代入目标函数可得对应函数值

$$F_0=0$$

式(6.14)的目标函数 $F(\boldsymbol{x})$ 中，x_1,x_2 的系数均为负，且要求 $x_i\geqslant 0(i=1,2,3,4,5)$，说明目标函数值还能再下降，故 $\boldsymbol{x}_0$ 不是该问题的最优解。为此尚须做变换顶点的计算。

3. 变换顶点

由图 6.3 可见，初始基本可行解 $\boldsymbol{x}_0$ 是坐标原点($x_1=0,x_2=0$)，相应的目标函数值 $F_0=0$，而可行域其他顶点(A,B,C,D)的 x_1,x_2 之值至少不全为零。因此，要使 x_1,x_2 之一或全部由零改变为正数，才能由原点变换到另一顶点，这里采取逐个改变变量的办法。对于当前非基本变量 x_1 与 x_2，先改变哪一个要以式(6.14)目标函数 $F(\boldsymbol{x})$ 下降最大为原则。显见，将 x_2 由

零变为正数其函数值下降最大，故先将 x_2 由零变为正，则 x_2 成为新的基本变量，称 x_2 为**进基变量**。

由于对应于某个基本可行解（可行域的某顶点）的基本变量值是与 m 个约束方程相一致的，因此在单纯形法中所取的基本变量也必为 m 个。本例题中的基本变量为 3 个。在变换顶点时，为维持两种变量的个数不变，必须从原顶点的基本变量 x_3,x_4,x_5 中，剔出一个变量使其成为非基本变量，这个变量称为**离基变量**。

究竟从 x_3,x_4,x_5 中先剔出哪个作为非基本变量，要作出一定的分析。观察式(6.15)，由于已选 x_2 为进基变量，为简明现将式中 x_2 的系数均变为 1，则将式(6.15)改写形式如下

$$\begin{cases} x_3=4\left(\dfrac{360}{4}-\dfrac{9}{4}x_1-x_2\right)=4\left(90-\dfrac{9}{4}x_1-x_2\right) \\ x_4=10\left(\dfrac{300}{10}-\dfrac{3}{10}x_1-x_2\right)=10\left(30-\dfrac{3}{10}x_1-x_2\right) \\ x_5=5\left(\dfrac{200}{5}-\dfrac{4}{5}x_1-x_2\right)=5\left(40-\dfrac{4}{5}x_1-x_2\right) \end{cases} \tag{6.16}$$

在这次顶点变换中，x_1 仍为非基本变量，即 $x_1=0$。而 x_2 作为进基变量，其值将由 0 变为正。为从 x_3,x_4,x_5 中取其中之一为非基本变量，令其值为零，其原则是必须不破坏各变量的非负条件，则应是式(6.16)各式等号右边之值最小者，显见是当中的第二式（因其常数项为 30，是式(6.16)各式常数最小的）。当 $x_4=0$ 时，肯定 x_3,x_5 均非负，故应选 x_4 为离基变量。

从式(6.16)中的第二式写出 x_2 的表达式，再将它代入第一、第三两式可得新的约束方程组为

$$\begin{cases} x_2=30-\dfrac{3}{10}x_1-\dfrac{1}{10}x_4 \\ x_3=240-\dfrac{39}{5}x_1+\dfrac{2}{5}x_4 \\ x_5=50-\dfrac{5}{2}x_1+\dfrac{1}{2}x_4 \end{cases} \tag{6.17}$$

因 x_1,x_4 为非基本变量，$x_1=0,x_4=0$，从上式解出基本变量 x_2,x_3,x_5，得新的基本可行解

$$\boldsymbol{x}_1=[0\quad 30\quad 240\quad 0\quad 50]^{\mathrm{T}}\quad \text{（对应图 6.3 中顶点 } A\text{）}$$

将式(6.17)中的 x_2 代入式(6.14)的 $F(\boldsymbol{x})$ 中，用非基本变量表示目标函数为

$$F(\boldsymbol{x}_1)=-24x_1+12x_4-3\,600 \tag{6.18}$$

由于上式 x_1 的系数仍为负，意味着目标函数值还可以再下降，所以 $\boldsymbol{x}_1$ 也非最优解。再作一次顶点变换。按同样的分析方法，取 x_1 为进基变量，x_5 为离基变量，进行一次新的迭代，得到新的方程

$$\begin{cases} x_1=20+\dfrac{1}{5}x_4-\dfrac{2}{5}x_5 \\ x_2=20-\dfrac{4}{25}x_4+\dfrac{3}{25}x_5 \\ x_3=84-\dfrac{29}{25}x_4+\dfrac{78}{25}x_5 \end{cases} \tag{6.19}$$

则新的基本可行解为

$$\boldsymbol{x}_2=[20\quad 24\quad 84\quad 0\quad 0]^{\mathrm{T}}\quad \text{（对应图 6.3 中顶点 } B\text{）}$$

目标函数表达式

$$F(\boldsymbol{x}_2)=\frac{34}{25}x_4+\frac{13}{25}x_5-4\,080 \tag{6.20}$$

由于式(6.20)中各变量的系数均已为正，又由于受到各变量非负条件限制(特别是 $x_4\geqslant 0$，$x_5\geqslant 0$)，函数值不可能再下降，故本次的基本可行解即为本题的最优解，即

$$\boldsymbol{x}^*=\boldsymbol{x}_2=[20\quad 24\quad 84\quad 0\quad 0]^{\mathrm{T}}$$

对应的最优函数值

$$F^*=-4\,080$$

三、小结

上述计算过程可归纳如下。

1. 将式(6.1)的线性规划数学模型的一般形式转化为标准型

引入 m 个松弛变量 $x_{n+1},x_{n+2},\cdots,x_{n+m}$，将一般形式的线性规划数学模型写成如下的标准型

$$\min F(\boldsymbol{x})=c_1x_1+c_2x_2+\cdots+c_nx_n$$
$$\mathrm{S\cdot t}\begin{cases}a_{11}x_1+a_{12}x_2+\cdots+a_{1n}x_n+x_{n+1}=b_1\\ a_{21}x_1+a_{22}x_2+\cdots+a_{2n}x_n+x_{n+2}=b_2\\ \cdots\cdots\cdots\cdots\cdots\cdots\cdots\cdots\cdots\cdots\cdots\\ a_{m1}x_1+a_{m2}x_2+\cdots+a_{mn}x_n+x_{n+m}=b_m\\ x_i\geqslant 0,\quad i=1,2,\cdots,n,n+1,\cdots,n+m\end{cases} \tag{6.21}$$

或用矩阵式表示为

$$\min F(\boldsymbol{x})=C\boldsymbol{x}$$
$$\mathrm{S\cdot t}\quad A\boldsymbol{x}=B \tag{6.22}$$
$$\boldsymbol{x}\geqslant 0$$

式中，$\boldsymbol{x}=[x_1\quad x_2\quad \cdots\quad x_n\quad x_{n+1}\quad \cdots\quad x_{n+m}]^{\mathrm{T}}$

$$A=\begin{bmatrix}a_{11} & a_{12} & \cdots & a_{1n} & 1 & 0 & \cdots & 0\\ a_{21} & a_{22} & \cdots & a_{2n} & 0 & 1 & \cdots & 0\\ \cdots & \cdots & \cdots & a_{ik} & \cdots & \cdots & \cdots & \cdots\\ a_{m1} & a_{m2} & \cdots & a_{mn} & 0 & 0 & \cdots & 1\end{bmatrix} \tag{6.23}$$

$$B=[b_1\quad b_2\quad \cdots\quad b_m]^{\mathrm{T}}$$
$$C=[c_1\quad c_2\quad \cdots\quad c_n\quad 0\quad 0\quad \cdots\quad 0]^{\mathrm{T}}$$

A 为 $m\times(m+n)$ 阶的增广矩阵。

2. 求初始基本可行解及相应目标函数值

对于上面的线性规划问题，变量数目为$(n+m)$个，约束方程为 m 个，由于变量数目多于约束方程数，则方程组有无穷多解。为了便于解题又保证变量的非负，自然想到：令 n 个变量值为零，再从包含 m 个约束方程的方程组中解出余下的 m 个变量，采取这种作法，其解唯一。当然，这里的 m 个约束方程必须是线性独立的。其中取值为零的变量即为非基本变量，从方程组中解出来 m 个非负变量为基本变量。由此可得到一个初始基本可行解 $\boldsymbol{x}_0$，并进而计算其对应的目标函数值 F_0。

例如，在式(6.21)表示的线性规划标准型数学模型中，取非基本变量为 $x_1=0,x_2=0,\cdots,x_n=0$，则基本变量值为 $x_{n+1}=b_1,x_{n+2}=b_2,\cdots,x_{n+m}=b_m$

所得基本初始可行解 $\boldsymbol{x}_0=[0\quad 0\quad \cdots\quad 0\quad b_1\quad b_2\quad \cdots\quad b_m]^{\mathrm{T}}$

$$F_0=0$$

3. 变换顶点

前面提到，可行域的每个顶点对应着一个基本可行解。因此，变换顶点的工作就是从一个基本可行解换到另一个基本可行解。一个基本可行解的变量是由一组基本变量与一组非基本变量组成的。所以变换基本可行解就是把基本可行解的一个基本变量与一个非基本变量相互置换，即从非基本变量中选出一个变量 x_k，又从基本变量中选择一个 x_z，两者互相交换，从而得到一个新的基本可行解。进基变量 x_k 和离基变量 x_z 的选择方法如下。

(1)进基变量 x_k 的选择。从一个基本可行解转换到另一个基本可行解，应使目标函数值有所下降。因此，从非基本变量中选取一个变量成为基本变量时，更应使目标函数值下降得尽可能地大，这就是选取 x_k 的原则。具体作法是：考察目标函数中非基本变量的系数，从中挑选负值并把绝对值最大的一个(因是求目标函数值极小)记作 c_k，则对应的变量就是所要选取的那个进基变量，记作 x_k。

(2)离基变量 x_z 的选择。从基本变量中选择 x_z 变换到非基本变量时应遵循的原则是：经过变换之后各变量的值仍满足非负要求(即 $x_i\geqslant0,i=1,2,\cdots,n,n+1,\cdots,n+m$)。这样才能得到一个新的基本可行解。具体的作法是，在式(6.23)的增广矩阵 A 的第 k 列系数向量中，计算 $\sigma_i=\left|\frac{b_i}{a_{ik}}\right|,i=1,2,\cdots,m$，从中挑选最小的，对应的行记为第 z 行，将相应的变量 x_z 变换成非基本变量。

将 x_k 与 x_z 互相对换，构成一组新的非基本变量与一组基本变量。令非基本变量的值为零，再解出基本变量的值，实质进行了一次以 a_{zk} 为框轴的高斯-若当消去运算，从而得到一个新的基本可行解。

4. 考查目标函数式，确定是否终止迭代运算

以新的非基本变量表示目标函数，若各变量的系数均非负，说明目标函数值不会因非负变量的改变而下降，则当前的基本可行解即为最优解，否则按上面做法继续迭代，直至找到最优解后停止迭代运算。

四、单纯形表

对于不太复杂的线性规划问题，可用单纯形表解决。即将单纯形法的迭代过程列成表格进行计算，既直观也方便。现以式(6.14)的线性规划问题为例说明单纯形表和求解过程。

1. 列出初始的单纯形表

将式(6.14)线性规划标准型中各变量的系数及常数列于表 6.6(称单纯形表)。

表 6.6　单纯形表一

基本变量	x_1	x_2	x_3	x_4	x_5	b_i	$\sigma_i=\frac{b_i}{a_{i2}}$
x_3	9	4	1	0	0	360	90
x_4	3	10	0	1	0	300	30
x_5	4	5	0	0	1	200	40
目标函数行	−60	−120	0	0	0	0	

初始基本解为

$$x_0=[0\quad 0\quad 360\quad 300\quad 200]^{\mathrm{T}}\qquad（非最优解）$$

2. 第一次迭代

(1)选取进基变量。

由表 6.6 可知，目标函数一行中 x_2 的系数为负且绝对值最大，故选 x_2 为进基变量，即 $x_k \Leftarrow x_2$。

(2)选取离基变量。

由表 6.6，$\min\left\{\left|\dfrac{b_i}{a_{i2}}\right|\right\}=\min\left\{\left|\dfrac{360}{4}\right|,\left|\dfrac{300}{10}\right|,\left|\dfrac{200}{5}\right|\right\}$

$$=\min\{90,30,40\}=30$$

因 x_4 对应的 σ_i 最小，故取 $z=4$，即取 x_4 为离基变量，$x_z \Leftarrow x_4$。

(3)列出第二张单纯形表。

随着变量的进基与离基，单纯形表中各变量的系数及 b_i 常数（以下简称表元素）要作相应的变换。欲使基本变量 x_2 所在列、进基变换后 x_2 所在行的那个位置表系数应为 1，而 x_2 所在列的其他表元素应为零（见表 6.7），为此，以 a_{22} 为框轴，做高斯-若当消元，步骤如下。

①将表 6.6 的第二行各元素均除以 10 后，填入表 6.7 的第二行，这样便可使 $a_{22}=1$。

②将表 6.7 的第二行各元素乘以(−4)，与表 6.6 第一行元素相加（目的是使 $a_{12}=0$），填入表 6.7 第一行。

③将表 6.7 的第二行各元素乘以(−5)，与表 6.6 第三行元素相加（使 $a_{32}=0$），填入表 6.7 第三行。

④将表 6.7 第二行各元素乘以 120，与表 6.6 目标函数值行的元素相加，填入表 6.7 第四行。

经上面的消元运算，即可得表 6.7 所列的新单纯形表。

表 6.7　单纯形表二

基本变量	x_1	x_2	x_3	x_4	x_5	b_i	$\dfrac{b_i}{a_{i1}}$
x_3	$\dfrac{39}{5}$	0	1	$-\dfrac{2}{5}$	0	240	≈30
x_2	$\dfrac{3}{10}$	1	0	$\dfrac{1}{10}$	0	30	100
x_5	$\dfrac{5}{2}$	0	0	$-\dfrac{1}{2}$	1	50	20
目标函数行	−24	0	0	12	0	−3 600	

新的基本可行解是

$$x_1=[0\quad 30\quad 240\quad 0\quad 50]^{\mathrm{T}}$$

$$F_1=-3\,600$$

3. 第二次迭代

方法步骤与第一次迭代相同。

(1)选取进基变量。

取 x_1 为进基变量，即 $x_k \Leftarrow x_1$。

(2)选取离基变量。

取 x_5 为离基变量，即 $x_z \Leftarrow x_5$。

(3)构造第三张单纯形表。

以 a_{13} 元素为枢轴做高斯-若当消元得表 6.8。

表 6.8 单纯形表三

基本变量	x_1	x_2	x_3	x_4	x_5	b_i	$\frac{b_i}{a_{ik}}$
x_3	0	0	1	$\frac{29}{25}$	$-\frac{78}{25}$	84	
x_2	0	1	0	$\frac{4}{25}$	$-\frac{3}{25}$	24	
x_1	1	0	0	$-\frac{1}{5}$	$\frac{2}{5}$	20	
目标函数行	0	0	0	$\frac{36}{5}$	$\frac{48}{5}$	$-4\,800$	

新的基本可行解

$$\boldsymbol{x}_2 = [20 \quad 24 \quad 84 \quad 0 \quad 0]^{\mathrm{T}}$$

$$F_2 = -4\,800$$

由于目标函数行的非基本变量系数均为非负，故此基本可行解即为最优解。即

$$\boldsymbol{x}^* = \boldsymbol{x}_2 = [20 \quad 24 \quad 84 \quad 0 \quad 0]^{\mathrm{T}}$$

$$F^* = -4\,800$$

习 题

1. 有某机床厂生产两种机床，两种产品生产每一台所需的原材料分别为 2t 和 3t，所需工时数分别为 4×10^3 h 和 8×10^3 h，而其产值分别为 4 万元和 6 万元。如果每月工厂能获得的原材料为 100t，总工时数为 120×10^3 h，现欲安排这两种机床的月产台数计划，使月产值最高，试写出这一优化问题的数学模型。

2. 已知二维线性规划的数学模型为

$$\min F(\boldsymbol{x}) = -3x_1 - x_2$$

$$\mathrm{S\cdot t}\begin{cases} g_1(\boldsymbol{x}) = -x_1 + 2x_2 \leqslant 10 \\ g_2(\boldsymbol{x}) = 4x_1 + 3x_2 \leqslant 24 \\ g_3(\boldsymbol{x}) = x_1 \geqslant 0 \\ g_4(\boldsymbol{x}) = x_2 \geqslant 0 \end{cases}$$

试画出可行域、目标函数等值线，写出最优解。

3. 将下面的线性规划问题写成标准型。

$$\max f(\boldsymbol{x}) = -x_1 + 2x_2 - 3x_3$$

$$\mathrm{S \cdot t}\begin{cases} x_1+x_2+x_3\leqslant 7 \\ x_1-x_2+x_3\geqslant 2 \\ 3x_1-x_2-2x_3=-5 \\ x_1\geqslant 0, x_2\geqslant 0 \end{cases}$$

4.已知线性规划数学模型为

$$\min F(\boldsymbol{x})=-200x_1-500x_2$$

$$\mathrm{S \cdot t}\begin{cases} g_1(\boldsymbol{x})=1.5x_1+5x_2\leqslant 40 \\ g_2(\boldsymbol{x})=2x_1+4x_2\leqslant 40 \\ g_3(\boldsymbol{x})=x_1\geqslant 0 \\ g_4(\boldsymbol{x})=x_2\geqslant 0 \end{cases}$$

要求画图说明该问题的几何意义，写出基本可行解、最优解，将各解的基本变量与非基本变量列表说明。

5.设线性规划问题

$$\min F(\boldsymbol{x})=-3x_1-2x_2$$

$$\mathrm{S \cdot t}\begin{cases} -x_1+2x_2\leqslant 4 \\ 3x_1+2x_2\leqslant 14 \\ x_1-x_2\leqslant 3 \\ x_1\geqslant 0, x_2\geqslant 0 \end{cases}$$

试用单纯形法求最优解，要求将迭代过程列出单纯形表。

第七章　关于机械优化设计中的几个问题

在前面几章中，讨论了优化设计中有关问题的基本理论以及在工程设计中较为常用的若干种优化方法。为了将这些原理和方法正确地应用于解决机械优化设计的实际问题，本章将介绍选择优化方法的原则、机械优化设计的过程以及在优化设计中常遇到的几个方面的问题，并对这几个方面作出必要的提示及说明其处理方法。

7.1　建立优化数学模型的有关问题

机械优化设计的数学模型是用以描述机械设计实际问题的数学表达式。其中，目标函数和约束函数是设计变量的函数，它们反映着设计问题中各种因素之间的内在关系以及受到的各种限制。数学模型要能正确、可靠地表达工程设计问题所要达到的目的。为达到这些要求，所建立的数学模型往往都是很复杂的。另外，还要求在数学上容易处理，力求用现有的优化方法求解，并使计算简便、可靠。因此，要建立一个完善的数学模型，要求设计者不但要掌握机械设计问题本身的规律，又要熟悉常用优化方法的原理及求解过程。

由于工程设计问题面很广，又各具不同特点，所建的优化数学模型也是各式各样的。至于怎样从实际的生产中或科技问题中抽象出优化数学模型，目前尚没有统一的方法可循，所以，建立数学模型工作属于一项研究、开发工作。如果没有这部分工作，最优化技术也将失去它的实际意义。可见，对一项工程设计问题建立起优化数学模型，是一件十分重要的工作。对于科技工作者，应将生产与科技中的实际问题与最优化技术密切联系，提供并积累经验与成果，以提高用现代设计手段处理实际工程问题的能力与水平。

在机械优化设计中，正确地建立优化数学模型，不仅是一项艰巨而复杂的工作，而且也是解决优化设计问题的关键与前提。在很多情况下，建立优化设计数学模型本身，就是一项很重要的研究课题。

优化数学模型总体包含三个内容：设计变量、目标函数及约束条件。它们的基本概念及意义在第一章中已作了介绍。而在本章中，笔者从机械优化设计应用角度来阐述对这些问题的认识。

7.1.1　关于设计变量的确定

工程设计总是包含许多设计参数。它们直接影响着设计质量、求最优解的过程、计算效率以及最终设计方案的优劣。在工程中，如果把所有与设计质量发生关系的参数都列入设计变量，这并非完全必要，同时也会使问题复杂化。所以在确定设计变量时，要对各种参数加以分析，从而进行取舍。

首先，设计变量必须是**独立变量**。要从有互相依赖关系的变量中剔除非独立变量。

图 7.1 所示为汽车前轮转向梯形机构。等腰梯形机构 $ABCD$ 中，给定机架长度 $L_{AD}=a$

(常数)。当汽车转弯时,为了保证所有车轮都处于纯滚动状态,要求从动件 CD 转角 ψ 与主动件 AB 转角 φ 保持某确定关系 $\psi=\psi(\varphi)$。下面分析它的独立设计变量。

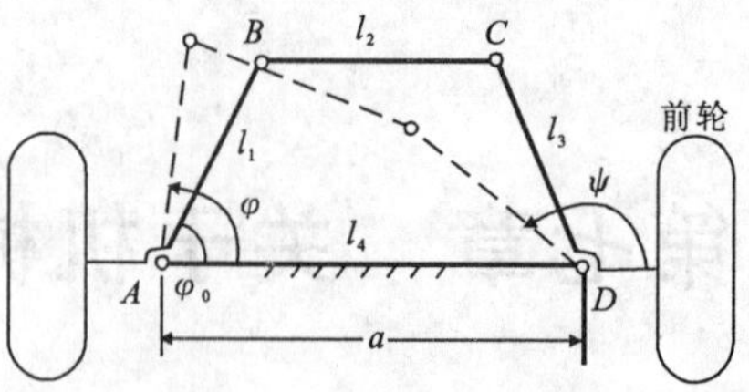

图 7.1 平面四杆机构

该四杆机构的参数有各杆长度:l_1, l_2, l_3, l_4 和初始角 φ_0,共 5 个参数。其中,$l_4=a$ 为已知,是设计常量;又 $l_1=l_3$,l_3 为非独立变量;又 $l_2=a-2l_1\cos\varphi_0$,l_2 是 l_1 与 φ_0 的函数,故 l_2 也为非独立变量。所以本问题的 5 个参数中,只有两个参数 l_2 和 φ_0 是独立变量,故取设计变量 $\boldsymbol{x}=[l_1 \quad \varphi_0]^{\mathrm{T}}=[x_1 \quad x_2]^{\mathrm{T}}$,属二维问题。

设计变量愈多,维数愈高,使设计的自由度愈大,表明考虑的因素越全面,容易得到较理想的优化结果;但维数愈高,会使目标函数、约束函数所包含的变量增多,导致计算量增大,并使优化过程更为复杂以及降低解题效率。所以,在建立目标函数时,确定设计变量的原则是在满足设计要求的前提下,尽可能减少设计变量的个数,即降低维数。其作法常常是对全部参数进行分析,把对设计问题影响小的或不适合作设计变量的某些参数(比如材料的许用应力、某些计算系数等),凭经验先确定下来,作为设计常量处理;而择其对目标函数影响显著的独立变量作为设计变量,以尽可能地降低设计问题的维数,减少计算工作量并降低求优的难度。

按设计问题维数的大小,通常把优化设计问题的规模分为三类:

维数是 2~10 的优化设计问题为小型优化问题;10~50 维的设计问题称为中型优化问题;50 维以上的称为大型优化设计问题。目前,非线性约束优化设计问题具有维数达 200 的大型优化设计问题已不罕见。

在机械优化设计中,还常会出现离散型的设计变量,关于此类问题在 7.4 节中再作说明与讨论。

7.1.2 关于目标函数的建立

优化设计数学模型中的目标函数 $F(\boldsymbol{x})$,是以设计变量表示设计问题所追求的某一种或几种性能指标的解析表达式,用它来评价设计方案的优劣程度。通常,设计所追求的性能指标也较多,建立目标函数,要针对影响质量和性能最为重要的、最显著的指标作为设计所追求的根本目标,写入目标函数中。例如,对于再现轨迹的机构设计,应按机构的轨迹误差最小建立目标函数;对于测量仪器或各种仪表设计,应以执行件的运动误差最小建立目标函数;对于大功率的重型机械设计,应以机械效率最高为追求目标建立目标函数,使其减少机器的摩擦、磨损与发热,以延长使用寿命;当对机械的动态特性提出要求,则应以动力学方面的问题,如以高平衡精度、振动小等方面建立目标函数;对于产量、批量很大的通用机械零、部件或运输机械,一般是尽可能使体积小、重量轻为追求的目标建立目标函数,以在满足承载能力的条件下,最大限度减少通用机械的材料消耗,降低生产成本。

所建立的目标函数 $F(\boldsymbol{x})$,可能只有一个目标函数 $F_1(\boldsymbol{x})$,即 $F(\boldsymbol{x})=F_1(\boldsymbol{x})$,称该目标函数为**单目标函数**;可能有几个同时兼顾的目标 $F_1(\boldsymbol{x}), F_2(\boldsymbol{x}), \cdots, F_k(\boldsymbol{x})$,即目标函数 $F(\boldsymbol{x})$ 由这多个目标函数组成,则称目标函数 $F(\boldsymbol{x})$ 为**多目标函数**。一般地,所包含的分目标函数愈多,设计结果越完善,但设计及求解的难度就增大。因此,在实际设计中,在满足设计性能要求的前提下,应尽量减少分目标的个数。

关于多目标函数问题，将在节 7.3 中专门叙述。

7.1.3 关于约束条件问题

设计约束是在设计中对设计变量所提出的种种限制来确定的。它们通常包括各种强度、刚度、稳定性条件以及涉及运动学、动力学及几何学等方面的限制。约束条件按表达式来分，有多种形式；按性质来分，有不同的称谓。如已经讨论过的显式约束与隐式约束，不等式约束与等式约束，边界约束与性能约束等。

在一项设计中，约束条件数往往很多。约束条件愈多计算量愈大，而且容易破坏算法的稳定性，所以在设计中应尽量减少约束条件的个数。

在众多的约束条件中，可能存在有消极约束。所谓**消极约束**是指在某些约束得到满足时，另一个或几个约束必然也会得到满足，其约束作用已被其他约束条件所覆盖。如果经分析能确认是消极约束，在建立数学模型时，应将其除掉。但是在一般情况下，消极约束是不容易被识别出来的，所以在很多时候，仍是将全部约束条件都列出来，不加区别地带入算法程序中进行求解计算。

目前，有的优化算法程序具有自动识别消极约束的功能。处理好消极约束，乃是提高优化设计计算效率及算法可靠度的重要方面之一。

7.2 数学模型中的尺度变换

在优化设计数学模型中，无论是设计变量还是约束函数以及目标函数的值各自都有其衡量的尺度。数学模型中的**尺度变换**问题，是指通过改变在设计空间中各坐标分量的比例，以改善数学模型性态的一种办法。不论从优化理论或在实际优化求解过程中，经过尺度变换后得到的数学模型，其性态都会大有改善，即变得“性态好”，这样可以加快优化计算的收敛速度，提高计算过程的稳定性，因而可更快地取得正确的计算结果。

尺度变换相当于对各坐标进行重新度量，所以又把尺度变换称为**标度**。

7.2.1 设计变量的尺度变换

在机械工程设计中，各设计变量的量纲多有不同，数量级也多不均衡，有时差别很大。例如动压滑动轴承优化设计中，如取设计变量为

$$\boldsymbol{x}=[\lambda \quad \delta \quad \mu]^{\mathrm{T}}=[x_1 \quad x_2 \quad x_3]^{\mathrm{T}}$$

式中，$x_1=\lambda=\dfrac{l}{D}$ 为轴承宽度 l 与直径 D 的比值，一般取 λ 为 $0.1\sim0.2$，无量纲；$x_2=\delta$ 为轴承的径向间隙，常用范围为 $0.012\sim0.15\text{mm}$；$x_3=\mu$ 为润滑油的动力黏度，一般取 $0.0065\sim0.07\text{Pa}\cdot\text{s}$。

三个设计变量的量纲不同，而且量值的数量级差别也很大。设计中如果直接使用 x_1，x_2，x_3 为设计变量，则各设计变量数值之间相差过大，在运算过程中会出现各设计变量的敏感度相差甚大，造成计算过程的不稳定以及收敛性很差，以至可能出现优化搜索中的“病态现象”。

为克服以上所述存在的问题，需要对设计变量作尺度变换，以期经尺度变换后的新设计变量在数量级方面相近以至相同。具体处理常采用以下方法。

一、用初始点 $\boldsymbol{x}^{(0)}$ 的各分量进行标度

假定原设计变量 $\boldsymbol{x}=[x_1 \quad x_2 \quad \cdots \quad x_n]^{\mathrm{T}}$，标度过的新设计变量 $\hat{\boldsymbol{x}}=[\hat{x}_1 \quad \hat{x}_2 \quad \cdots \quad \hat{x}_n]^{\mathrm{T}}$。选取初始点 $\boldsymbol{x}^{(0)}=[x_1^{(0)} \quad x_2^{(0)} \quad \cdots \quad x_n^{(0)}]^{\mathrm{T}}$。

取
$$\hat{x}_i=\frac{x_i}{k_i} \quad (i=1,2,\cdots,n) \tag{7.1}$$

式中，$k_i(i=1,2,\cdots,n)$ 称为**变换系数**，常取
$$k_i=x_i^{(0)} \quad (i=1,2,\cdots,n) \tag{7.2}$$

如果 $\boldsymbol{x}^{(0)}$ 点距最优点 $\boldsymbol{x}^*$ 不很远时，则标度过的新设计变量的各分量 $\hat{x}_i(i=1,2,\cdots,n)$ 的值都在常数 1 附近，至少也会使各设计变量的量级比较相近。

二、通过设计变量的变动范围进行标度

如果原设计变量具有边界约束，或虽无边界约束但可估计出设计变量的变动范围的情况。

当
$$x_i^l \leqslant x_i \leqslant x_i^v \quad (i=1,2,\cdots,n) \tag{7.3}$$

式中，$x_i^l, x_i^v(i=1,2,\cdots,n)$ 分别为设计变量的下、上界。

取
$$\hat{x}_i=\frac{x_i-x_i^l}{x_i^v-x_i^l} \quad (i=1,2,\cdots,n) \tag{7.4}$$

或
$$\hat{x}_i=\frac{x_i}{\bar{x}_i} \quad (i=1,2,\cdots,n) \tag{7.5}$$

式中，$\bar{x}_i$ 为 x_i 在变动范围内的平均值。

经过上述变换，数学模型的新变量为 $\hat{\boldsymbol{x}}$，在使用优化算法的求解过程中，可改善设计变量对数值变化灵敏度的反应，并提高计算过程的稳定性。经过求解，得到标度后的新变量最优点 $\hat{\boldsymbol{x}}^*=[\hat{x}_1^* \quad \hat{x}_2^* \quad \cdots \quad \hat{x}_n^*]$。此后，需对 $\hat{\boldsymbol{x}}^*$ 作反变换求得原设计变量的最优点 $\boldsymbol{x}^*=[x_1^* \quad x_2^* \quad \cdots \quad x_n^*]^{\mathrm{T}}$。

如是通过式(7.1)所作的尺度变换，则反变换后得
$$x_i^*=\hat{x}_i^* \cdot k_i \quad (i=1,2,\cdots,n) \tag{7.6}$$

如是通过(7.4)式作的变换，则反变换应是
$$x_i^*=\hat{x}_i^*(x_i^v-x_i^l)+x_i^l \quad (i=1,2,\cdots,n) \tag{7.7}$$

如果曾通过式(7.5)作的变换，则反变换应是
$$x_i^*=\hat{x}_i^* \cdot \bar{x}_i \quad (i=1,2,\cdots,n) \tag{7.8}$$

这种变换，实际是改变设计变量各坐标分量的比例，将其分别缩小或放大，以期改善各设计变量数值的均衡性，故称尺度变换或标度变换。

7.2.2 约束条件的尺度变换

约束优化数学模型中，具有众多的不等式约束条件：$g_u(\boldsymbol{x}) \geqslant 0, u=1,2,\cdots,p$。各约束的函数值在量级上有时也相差很悬殊。例如某问题设计变量的边界约束条件为

$$g_1(\boldsymbol{x})=x_k-0.01 \geqslant 0$$
$$g_2(\boldsymbol{x})=10\,000-x_k \geqslant 0$$

由上式可见，某设计变量 x_k 的变化对 $g_1(\boldsymbol{x}), g_2(\boldsymbol{x})$ 引起变化的灵敏度大不相同。特别是用罚函数法求解时，约束条件是构成惩罚项的重要因素。显然，灵敏度高的约束条件在迭代求解过程中会先得到满足，而灵敏度低的则对罚函数影响甚小，甚至于得不到考虑。这样，反映了各

约束所起的作用不同，使迭代点列 $\boldsymbol{x}^{(k)}$ 在迭代求解过程中不易向最优点 $\boldsymbol{x}^*$ 收敛。因此，需对约束函数进行尺度变换，使约束函数性态得以改善，这不论对哪一种优化算法，都将起到稳定搜索过程和加速收敛的作用。

约束尺度的差异多反映在边界约束上，所以常常对边界约束进行标度以图改善约束性态。

一般情况作法如下。

约束优化数学模型某些设计变量的边界约束为

$$x_1^l \leqslant x_1 \leqslant x_1^v,\quad x_2^l \leqslant x_2 \leqslant x_2^v,\quad \cdots,\quad x_k^l \leqslant x_k \leqslant x_k^v$$

约束函数表达式为

$$\begin{cases} g_1(\boldsymbol{x}) = x_1^v - x_1 \geqslant 0 \\ g_2(\boldsymbol{x}) = x_1 - x_1^l \geqslant 0 \\ g_3(\boldsymbol{x}) = x_2^v - x_2 \geqslant 0 \\ g_4(\boldsymbol{x}) = x_2 - x_2^l \geqslant 0 \\ \quad\vdots \\ g_{k_1}(\boldsymbol{x}) = x_k^v - x_k \geqslant 0 \\ g_{k_2}(\boldsymbol{x}) = x_k - x_k^l \geqslant 0 \end{cases} \tag{7.9}$$

其尺度变换的方法是将各约束函数除以一个常数，一般是用约束函数的边界值 x_k^l 或 x_k^v 去除以约束函数，而得到变换后的新约束如下：

$$\begin{cases} \hat{g}_1(\boldsymbol{x}) = 1 - \dfrac{x_1}{x_1^v} \geqslant 0 \\ \hat{g}_2(\boldsymbol{x}) = \dfrac{x_1}{x_1^l} - 1 \geqslant 0 \\ \quad\vdots \\ \hat{g}_{k_1}(\boldsymbol{x}) = 1 - \dfrac{x_k}{x_k^v} \geqslant 0 \\ \hat{g}_{k_2}(\boldsymbol{x}) = \dfrac{x_k}{x_k^l} - 1 \geqslant 0 \end{cases} \tag{7.10}$$

由式(7.10)可见，$\hat{g}_1(\boldsymbol{x}) \sim \hat{g}_{k_2}(\boldsymbol{x})$的值均得到一定的控制。如果说式(7.9)的灵敏度差别很大的话，那么经处理后的式(7.10)的灵敏度变化就比较均衡了，对迭代搜索最优解是大有好处的。当然，求出最优解后同样需作还原变换。

在机械优化设计中，对机械零件的强度、刚度以及齿轮齿数等方面的约束都可作类似的变换，使标度后的新约束值限制在一定的范围内。

例如，以 σ，$[\sigma]$分别表示零件的实际应力与许用应力，f，$[f]$分别表示零件的实际变形和容许变形量，z，$[z]$分别为齿轮的齿数和容许的最少齿数。设计中要求 $\sigma \leqslant [\sigma]$， $f \leqslant [f]$，$Z \geqslant [Z]$，写成约束函数为

$$\left.\begin{aligned} g_1(\boldsymbol{x}) &= [\sigma] - \sigma \geqslant 0 \\ g_2(\boldsymbol{x}) &= [f] - f \geqslant 0 \\ g_3(\boldsymbol{x}) &= Z - [Z] \geqslant 0 \end{aligned}\right\} \tag{7.11a}$$

上式经变换后，新形式约束为

$$
\begin{cases}
\hat{g}_1(\boldsymbol{x}) = 1 - \dfrac{\sigma}{[\sigma]} \geqslant 0 \\
\hat{g}_2(\boldsymbol{x}) = 1 - \dfrac{f}{[f]} \geqslant 0 \\
\hat{g}_3(\boldsymbol{x}) = \dfrac{Z}{[Z]} - 1 \geqslant 0
\end{cases} \tag{7.11b}
$$

上式各约束 $\hat{g}_1(\boldsymbol{x}) \sim \hat{g}_3(\boldsymbol{x})$ 的值均得到了一定控制，实现了约束值的无量纲化和规格化。

需要指出，当约束函数不是边界约束，而是某种性能约束，特别是约束函数表达式包含有两个或多个设计变量之间的除式时，就不能用某常数作除数而简单处理。这种情况，最好先将设计变量进行标度过后，再建立约束函数，这种作法，虽然使约束函数性态得以改善，但一般使表达式更为复杂。

7.2.3 目标函数的尺度变换

在优化设计问题中，有些非线性目标函数性态偏心或严重扭曲，在求解迭代过程中求优效率很低，且求优过程又很不稳定。更为严重时，求优过程的迭代点列 $\boldsymbol{x}^{(k)}$ $(k=1,2,\cdots)$ 最终并不能达到精度允许范围内的最优点。此情况，应对目标函数作尺度变换，处理后的新目标函数的性态可得以改善，以使求优过程顺利、加速，还可提高求最优解的可靠度。下面举一个简单例子予以说明。

设目标函数

$$
F(\boldsymbol{x}) = 144x_1^2 + 4x_2^2 - 8x_1x_2 \tag{7.12a}
$$

将上式写成如下形式

$$
F(\boldsymbol{x}) = [x_1 \quad x_2]\begin{bmatrix} 144 & -4 \\ -4 & 4 \end{bmatrix}\begin{bmatrix} x_1 \\ x_2 \end{bmatrix} \tag{7.12b}
$$

式中，海赛矩阵 $H(\boldsymbol{x}) = \begin{bmatrix} 144 & -4 \\ -4 & 4 \end{bmatrix}$ 正定，故目标函数的等值线为图 7.2(a)所示一簇偏心程度很大的椭圆。此情况在第二章中已有介绍。

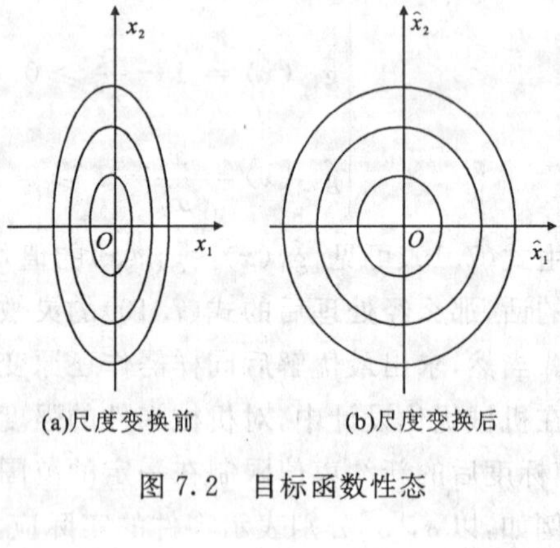

图 7.2 目标函数性态

为了改善以上不利情况，可对目标函数作尺度变换，令

$\hat{x}_1 = 12x_1, \hat{x}_2 = 2x_2$

则式(7.12a)、式(7.12b)变为

$$
\hat{F}(\hat{\boldsymbol{x}}) = \hat{x}_1^2 + \hat{x}_2^2 - \frac{1}{3}\hat{x}_1\hat{x}_2
$$

$$
= [\hat{x}_1 \quad \hat{x}_2]\begin{bmatrix} 1 & -\dfrac{1}{6} \\ -\dfrac{1}{6} & 1 \end{bmatrix}\begin{bmatrix} \hat{x}_1 \\ \hat{x}_2 \end{bmatrix} \tag{7.13}
$$

式(7.13)二阶偏导数矩阵为 $\begin{bmatrix} 1 & -\dfrac{1}{6} \\ -\dfrac{1}{6} & 1 \end{bmatrix}$，其主对角线的各元素值均为 1。

式(7.13)的等值线是以 $\hat{x}_1,\hat{x}_2$ 为坐标的新目标函数的图形[见图 7.2(b)],其椭圆的偏心程度得到了很大的改善,这样便会易于求其最优点 $\boldsymbol{x}^*$。

式(7.12a)或式(7.12b)表示的目标函数是一个二次型函数。通过式(7.12b)与式(7.13)的比较可知,经过适当的变换处理,使新目标函数的二阶偏导数矩阵主对角线各元素的值都是1,那么新目标函数 $F(\hat{\boldsymbol{x}})$ 的函数性态将大为改善。

从这个例子可以得到启发:对于多元的二次型函数,为达此目的可构造一个"系数"矩阵 K,令

$$\hat{\boldsymbol{x}} = K\boldsymbol{x} \tag{7.14}$$

通过分析,矩阵 K 应是如下结构

$$K = \begin{bmatrix} \sqrt{\dfrac{\partial^2 F}{\partial x_1^2}\Big/2} & & & 0 \\ & \sqrt{\dfrac{\partial^2 F}{\partial x_2^2}\Big/2} & & \\ & & \ddots & \\ 0 & & & \sqrt{\dfrac{\partial^2 F}{\partial x_n^2}\Big/2} \end{bmatrix} \tag{7.15}$$

k 为常数矩阵,对角线各元素为

$$k_1 = \sqrt{\frac{\partial^2 F}{\partial x_1^2}\Big/2}$$

$$k_2 = \sqrt{\frac{\partial^2 F}{\partial x_2^2}\Big/2}$$

$$\vdots$$

$$k_n = \sqrt{\frac{\partial^2 F}{\partial x_n^2}\Big/2}$$

标度后的新设计变量为

$$\begin{cases} \hat{x}_1 = k_1 x_1 \\ \hat{x}_2 = k_2 x_2 \\ \quad\vdots \\ \hat{x}_n = k_n x_n \end{cases} \tag{7.16}$$

再将目标函数 $F(\boldsymbol{x})$ 变换成 $F(\hat{\boldsymbol{x}})$,对标度后的新目标函数进行求优,将使目标函数性态大为改善,易于求得最优点 $\hat{\boldsymbol{x}}^*$。

当然,原目标函数最优解要经过反变换后而得 $x_1^* = \dfrac{1}{k_1}\hat{x}_1^*, x_2^* = \dfrac{1}{k_2}\hat{x}_2^*, \cdots, x_n^* = \dfrac{1}{k_n}\hat{x}_n^*$,原问题的最优解为

$$\boldsymbol{x}^* = [x_1^* \quad x_2^* \quad \cdots \quad x_n^*]^{\mathrm{T}} = \left[\frac{\hat{x}_1^*}{k_1} \quad \frac{\hat{x}_2^*}{k_2} \quad \cdots \quad \frac{\hat{x}_n^*}{k_n}\right]^{\mathrm{T}} \tag{7.17}$$

$$F^* = F(\boldsymbol{x}^*)$$

对于非二次型函数 $F(\boldsymbol{x})$,在设计空间的可行域内,矩阵 K 不是常数矩阵,因此不可能以一常数矩阵作为函数尺度变换系数。在这种情况下,可用初始点的二阶偏导数构造的 K 矩阵作首次尺度变换,再随迭代过程的进行,在每个迭代点上求出相应的二阶偏导数构造相应的

“系数”矩阵，以达到在初始变换基础上对尺度变换依次进行修正。

由上可以体会到，目标函数尺度变换的目的是为改善目标函数的性态。以此为出发点，采取了上述的变换措施，即通过按一定比例缩放各设计变量的尺度来完成整个的求优过程。

须指出，目标函数的尺度变换，对有些算法，特别是梯度方向法和共轭方向法的算法将有很大作用，而对直接算法并非全是如此。

总的说来，除二次型目标函数外，对目标函数作标度，从理论到实际处理上都是较为复杂的，尚待进一步研究完善。

7.3 多目标函数优化设计

在设计中，优化设计方案的好坏仅依赖于一项设计指标，即所建立的目标函数仅含一个目标的函数，这样的目标函数称为**单目标函数**，属**单目标优化设计**问题。在许多实际设计中，一个设计方案又期望有几项设计指标同时都达到最优值，这种在优化设计中同时要求两项及两项以上设计指标达到最优值的问题，称为**多目标优化设计**，目标函数称为**多目标函数**。

第一章 1.2.2 节中的飞剪机构优化设计就属于多目标优化设计问题。

又如齿轮减速器的设计，常有如下几方面要求：

(1)各传动轴间的中心距 a_i 尽可能小，以使减速器结构紧凑及体积小；

(2)所有齿轮体积的总和最小，以节约材料及降低成本；

(3)传动效率尽可能高，以节约能源消耗，减少摩擦及生热。

按以上要求分别建立目标函数 $f_1(\boldsymbol{x}), f_2(\boldsymbol{x}), f_3(\boldsymbol{x})$。由它们总体组成的目标函数就是多目标函数优化设计的另一例。

7.3.1 多目标优化设计数学模型

优化设计中，若有 m 个设计指标表达的目标函数要求同时达到最优，则表示为

$$F(\boldsymbol{x}) = [f_1(\boldsymbol{x}) \quad f_2(\boldsymbol{x}) \quad \cdots \quad f_m(\boldsymbol{x})]^{\mathrm{T}} \tag{7.18}$$

式(7.18)称为**向量目标函数**，是多目标函数；式中，$f_1(\boldsymbol{x}), f_2(\boldsymbol{x}), \cdots, f_m(\boldsymbol{x})$ 称为目标函数中的**各分目标函数**。

数学模型的一般表达式

$$\left.\begin{aligned} &\min F(\boldsymbol{x}) = [f_1(\boldsymbol{x}) \quad f_2(\boldsymbol{x}) \quad \cdots \quad f_m(\boldsymbol{x})]^{\mathrm{T}} \\ &\boldsymbol{x} = [x_1 \quad x_2 \quad \cdots \quad x_n] \in \mathscr{D} \subset \mathbf{R}^n \\ \mathscr{D}:\ &g_u(\boldsymbol{x}) \geqslant 0 \qquad (u = 1,2,\cdots,p) \\ &h_v(\boldsymbol{x}) = 0 \qquad (v = 1,2,\cdots,q < n) \end{aligned}\right\} \tag{7.19}$$

为了与单目标优化问题相区别，在目标函数前加 V，即表示为

$$V\text{—}\min F(\boldsymbol{x}) = [f_1(\boldsymbol{x}) \quad f_2(\boldsymbol{x}) \quad \cdots \quad f_m(\boldsymbol{x})]^{\mathrm{T}} \tag{7.20}$$

在多目标优化设计中，要求各分目标同时达到最优是最理想的情况。但在实际设计中，此种情况实属不多，很多情况下甚至是不可能的，因为有些时候各分目标的期望值是互相矛盾的。例如在机械设计中，零件的强度、刚度以及精度指标等很多技术性能要求与经济性能的要求往往是相互矛盾的。所以多目标优化设计有其自身的特点，并且也是复杂的。

7.3.2 多目标优化设计解的概念

在单目标优化设计中，对于各种性态函数，总可以通过对迭代点函数值的比较，找出全局

最优解，对任意两个解都能判断其优劣。而多目标优化问题与单目标则有根本区别，任意两个解之间，就不一定能判断出优劣之分。以下讨论多目标优化解的三种情况。

1. 绝对最优解

定义一：对于式(7.19)的多目标优化设计问题，若包括所有的 $j=1,2,\cdots,m$ 对于任意的设计点 $\boldsymbol{x}\in\mathscr{D}$ 都有 $f_j(\boldsymbol{x})\geqslant f_j(\boldsymbol{x}^*)$ 成立，则点 $\boldsymbol{x}^*$ 是多目标优化问题的**绝对最优解。**

图 7.3(a)表示了无约束一维双目标优化设计问题(即维数 $n=1$，分目标 $m=2$)。x^* 为绝对最优解的迭代点，即最优点，绝对最优解为(x^*,F^*)。

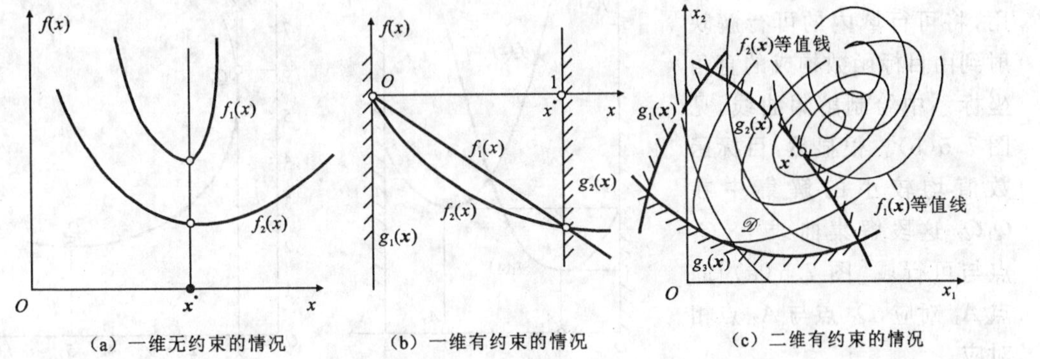

图 7.3 双目标函数的绝对最优解

图 7.3(b)表示了约束一维双目标优化设计解的情况。在可行域[0,1]中，绝对最优解发生在点 $x^*=1$ 处。存在绝对最优解为(x^*,F^*)。

图 7.3(c)所示为 $n=2,m=2$ 的约束双目标优化设计解的情况，点 $\boldsymbol{x}^*$ 是绝对最优点。

需指出，在多目标优化设计问题中，绝大多数问题根本不存在绝对最优解。因此，在某种意义下，求出合理的被认可的解作为多目标优化问题的最优解是一种可行的办法。

2. 有效解(非劣解)与劣解

定义二：对于式(7.19)的多目标优化设计问题，若不存在任意的 $\boldsymbol{x}\in\mathscr{D}$，使所有的 $j=1,2,\cdots,m$ 均成立 $f_j(\boldsymbol{x})\leqslant f_j(\boldsymbol{x}^*)$，则称 $\boldsymbol{x}^*$ 为**有效解**或**非劣解**。

例 7.1 设有一维的双目标优化问题($n=1,m=2$)为

$$V-\min F(x)=[f_1(x)\quad f_2(x)]^{\mathrm{T}}$$

$$f_1(x)=-\sqrt{2x-x^2}$$

$$f_2(x)=-x$$

$$\mathscr{D}:0\leqslant x\leqslant 2$$

其几何图形见图 7.4，取 $x=x^*=b$，该点是有效解。因为在可行域 $\mathscr{D}$ 内，任取另一点 x，不存在既有 $f_1(x)\leqslant f_1(b)$，又同时有 $f_2(x)\leqslant f_2(b)$。$x=b$ 的点满足有效解定义。

同理，区间[1,2]中的任一点都满足有效解定义。所以，区间[1,2]组成了**有效解**(非劣解)**集**。

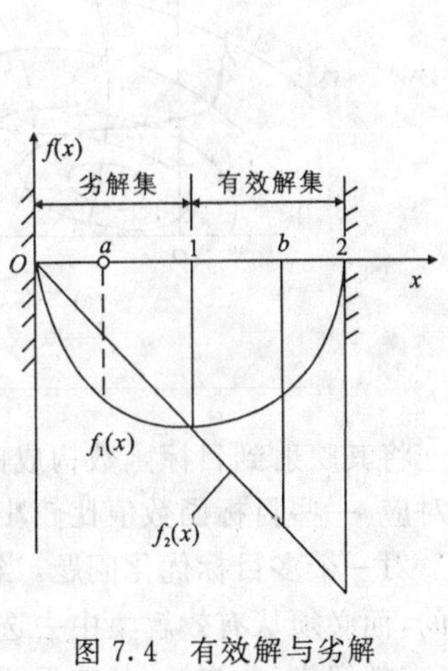

图 7.4 有效解与劣解

定义三：在可行域 $\mathscr{D}$ 内，除绝对最优解与有效解集以外，其余的设计点均称**劣解点**，劣解点的全部称为**劣解**

集。图 7.4 中 $x=a$ 属于劣解，区间[0,1]是劣解集。

例 7.2 设有一维的双目标优化设计问题为

$$V\text{—}\min F(x)=[f_1(x)\quad f_2(x)]^{\mathrm{T}}$$
$$f_1(x)=x^2-2x+2$$
$$f_2(x)=x^2-6x+11$$
$$\mathscr{D}:0\leqslant x\leqslant 4$$

见图 7.5(a)，在可行域[0,4]区间里，区间[1,3]为有效解集；区间[0,1]及[3,4]为劣解集。

为了明确有效解集的作用，将可行域内的可行解映射到由目标函数构成的直角坐标系中绘制解集曲线，见图 7.5(b)。很显然，目标函数值均较小的解集中在 Q_1Q_2 这段解集曲线上，Q_1 点与可行域[图 7.5(a)]的点 A_1 对应，Q_2 点与 A_2 点相对应。

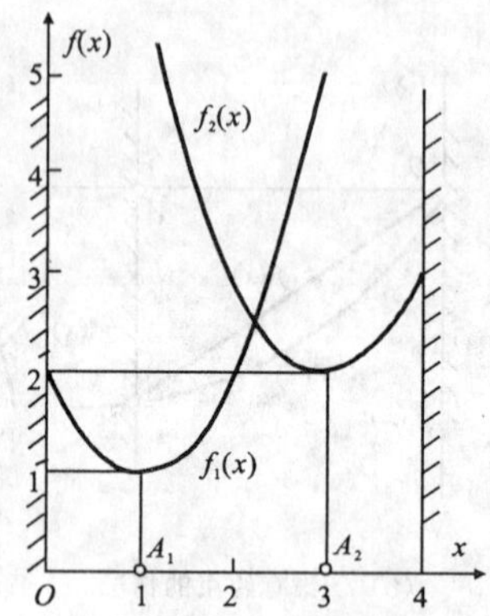

(a)有效解集与劣解集

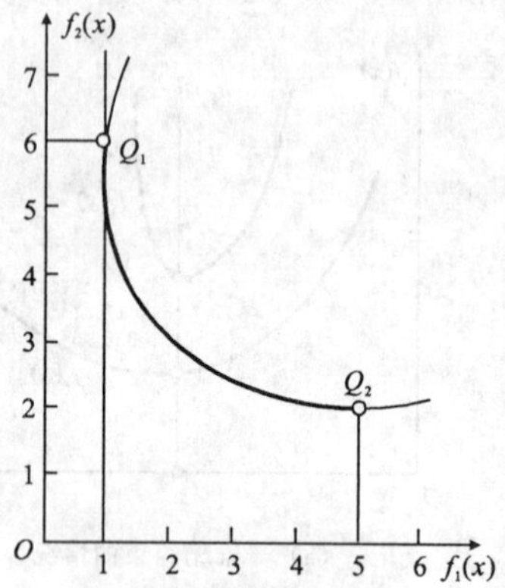

(b)有效解集曲线

图 7.5 有效解及解集曲线

本例所述优化问题不存在各分目标的共同最优解，即该双目标优化问题无绝对最优解，但可求出有效解集，即区间[1,3]，供求解使用。

例 7.3 设有某二维($n=2$)双目标($m=2$)优化问题，分目标函数为 $f_1(\boldsymbol{x})$，$f_2(\boldsymbol{x})$，可行域 $\mathscr{D}$ 及目标函数等值线见图 7.6(a)。

显见，该优化问题不存在绝对最优解，可行域 $\mathscr{D}$ 边界上 A_1 至 A_2 的一段曲线为有效解集，在可行域的其余部分全体构成劣解集。

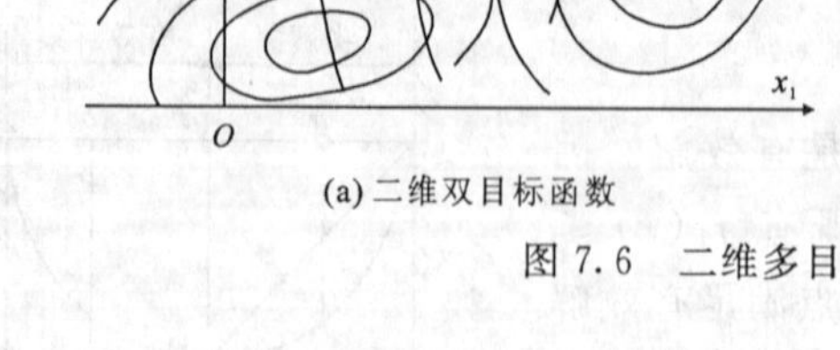

(a) 二维双目标函数

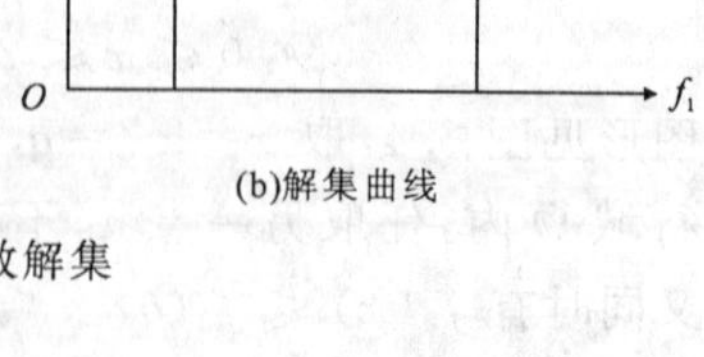

(b)解集曲线

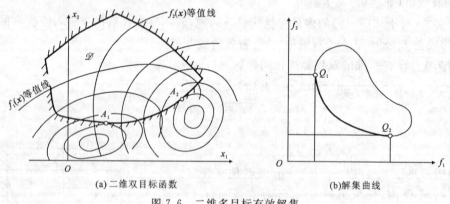

图 7.6 二维多目标有效解集

将其映射到目标函数构成的空间中，见图 7.6(b)，曲线 Q_1Q_2 与图 7.6(a)中的曲线 A_1A_2 相对应，一些目标函数值比较小的解集在曲线 Q_1Q_2 这一段上，Q_1Q_2 曲线为有效解集。

对一个多目标优化问题，当确定出有效解集与劣解集后，肯定是不该从劣解集中去取最终解的，而必须从有效解集中去选一个较好的解作为多目标优化的最终解。可见，在多目标优化中，有效解集(非劣解)起着重要的作用。

3. 最终解

如无某种特殊要求，一般应从有效解集（如图 7.6 中的 A_1A_2 曲线或 Q_1Q_2 曲线）中，选出一点作为最终解。若设计者根据设计问题的具体情况，要从中选出一个符合某种特殊要求的"满意"解则尚需对有效解集中的若干有效解进行评价和判断，再确定其最终解。

7.3.3　多目标优化问题的求解方法

设计中，多目标优化问题相当普遍，而各分目标的指标要求常常又多是相互矛盾的，由此造成了多目标优化求解的复杂与困难。虽然不少学者在这方面进行了许多专门的研究，也提供了一些求解的方法，但为获得一种普遍适用的、切实可行的简便方法尚需努力。在此，目前情况只能按照力求从有效解中选取好解的愿望，以及从工程中预先掌握的各分目标的变化规律出发来酌情选取多目标优化设计的最终解。

多目标优化求解方法大体分为两大类：其一是将多目标优化问题转化为一系列单目标优化问题求解；另一是将多目标重新构造成一个新的目标函数，即**评价函数**，从而将多目标优化求解转变为求评价目标函数的最优解。以下介绍几种常用的方法。

一、宽容分层序列法

该方法的基本思想是将式（7.20）中的 m 个分目标函数 $f_1(\boldsymbol{x}), f_2(\boldsymbol{x}), \cdots, f_m(\boldsymbol{x})$ 按工程中某种意义分清主次，按重要程度逐一排队，重要的目标函数排在前面，然后依次对分目标函数求各自的最优解，只是后一个目标函数求优应在前一个目标最优解的集合域内求优。但由于分目标函数的最优解常常是唯一的，其最优解域的集合只有一个设计点，那么求下一个目标函数的最优解就无意义了。

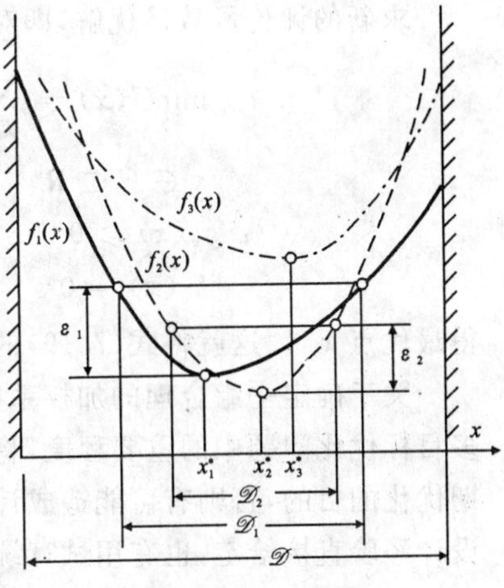

图 7.7　一维问题宽容分层序列法示意图

为了使分层序列法不失去在有效解中求最终解（选好解）的功能，则将各目标函数的最优值给予放宽，使在后一个分目标函数求优时，能在前一个最优值附近的某一范围内求优。具体作法如下。

对式（7.19）多目标优化设计问题，给各分目标函数最优值的宽容量分别是 $\varepsilon_1>0$，$\varepsilon_2>0$，…，$\varepsilon_{m-1}>0$，则宽容分层序列法的步骤如下（参见图 7.7）。

$$
\left.\begin{array}{l}
① \left\{\begin{array}{l}\min f_1(\boldsymbol{x}) \\ \boldsymbol{x} \in \mathscr{D}\end{array}\right\} \text{求解，得到最优解} (\boldsymbol{x}_1^*, f_1^*) \\
② \left\{\begin{array}{l}\min f_2(\boldsymbol{x}) \\ \boldsymbol{x} \in \mathscr{D}_1 \subset \{\boldsymbol{x} \mid f_1(\boldsymbol{x}) \leqslant f_1^* + \varepsilon_1\}\end{array}\right\} \Rightarrow (\boldsymbol{x}_2^*, f_2^*) \\
③ \left\{\begin{array}{l}\min f_3(\boldsymbol{x}) \\ \boldsymbol{x} \in \mathscr{D}_2 \subset \{\boldsymbol{x} \mid f_2(\boldsymbol{x}) \leqslant f_2^* + \varepsilon_2\}\end{array}\right\} \Rightarrow (\boldsymbol{x}_3^*, f_3^*) \\
\quad\vdots \\
ⓜ \left\{\begin{array}{l}\min f_m(\boldsymbol{x}) \\ \boldsymbol{x} \in \mathscr{D}_{m-1} \subset \{\boldsymbol{x} \mid f_{m-1}(\boldsymbol{x}) \leqslant f_{m-1}^* + \varepsilon_{m-1}\}\end{array}\right\} \Rightarrow (\boldsymbol{x}_m^*, f_m^*)
\end{array}\right\} \quad (7.21)
$$

或概括写为

$$
\left.\begin{array}{l}
① \left\{\begin{array}{l}\min f_1(\boldsymbol{x}) \\ \boldsymbol{x} \in \mathscr{D}\end{array}\right\} \Rightarrow (\boldsymbol{x}_1^*, f_1^*) \\
② \left\{\begin{array}{l}\min f_{i+1}(\boldsymbol{x}) \\ \boldsymbol{x} \in \mathscr{D}_i \subset \{\boldsymbol{x} \mid f_i(\boldsymbol{x}) \leqslant f_i^* + \varepsilon_i\}\end{array}\right\} \Rightarrow (\boldsymbol{x}_m^*, f_m^*) \\
\qquad (i=1,2,\cdots,m-1)
\end{array}\right\} \tag{7.22}
$$

取最后一个目标函数的最优点 $\boldsymbol{x}_m^*$ 作为多目标优化问题的最优点 $\boldsymbol{x}^*$。即 $\boldsymbol{x}_m^* \Rightarrow \boldsymbol{x}^*$。

二、线性加权法

线性加权法又称线性组合法,它是处理多目标优化问题常用的较简便的一种方法,按式(7.20)中各分目标函数的重要程度,对应地选择一组**加权系数** $\lambda_1, \lambda_2, \cdots, \lambda_m$。其界限为

$$
\sum_{j=1}^{m} \lambda_j = 1, \quad \lambda_j \geqslant 0 \quad (j=1,2,\cdots,m) \tag{7.23}
$$

用 $f_j(\boldsymbol{x})$ 与 $\lambda_j\,(j=1,2,\cdots,m)$ 的线性组合构成一个评价函数

$$
U(\boldsymbol{x}) = \sum_{j=1}^{m} \lambda_j f_j(\boldsymbol{x}) \tag{7.24}
$$

求新的评价函数最优解,即对下式求优

$$
\left.\begin{array}{l}
\min U(\boldsymbol{x}) = \sum\limits_{j=1}^{m} \lambda_j f_j(\boldsymbol{x}) \\
\boldsymbol{x} \in \mathscr{D} \subset \boldsymbol{R}^n \\
\mathscr{D}:\ g_u(\boldsymbol{x}) \geqslant 0 \\
\qquad h_v(\boldsymbol{x}) = 0
\end{array}\right\} \tag{7.25}
$$

得最优点 $\boldsymbol{x}^*$。这就将式(7.19)的多目标优化问题转化成求式(7.25)的单目标优化问题。

关于确定一组合理的加权系数 $\lambda_j\,(j=1,2,\cdots,m)$,希望能准确地反映各目标函数在整个多目标优化问题中的重要程度,将是一个困难且较复杂的问题。如果取得合理,则可以达到预期优化的目的,否则有可能造成计算谬误而失败。目前确定加权系数的方法,有的是设计者凭设计经验直接给定,也有用试算统计计算法。参考文献[42]用如下公式计算。

$$
\lambda_j = \frac{1}{f_j^*} \qquad (j=1,2,\cdots,m) \tag{7.26}
$$

其中,$f_j^* = \min\limits_{x \in \mathscr{D}} f_j(\boldsymbol{x}), j=1,2,\cdots,m$,即分目标在可行域内的最优目标函数值。式(7.26)的 λ_j 反映了各分目标函数值离开各自最优值的程度,适用于各分目标有同等重要性的场合。

关于如何选取加权系数的问题需再查阅这方面的其他专题资料。

三、理想点法

式(7.19)多目标优化问题中,先求出各分目标函数在可行域 $\mathscr{D}$ 内的最优解 $(\boldsymbol{x}_j^*, f_j^*)$ $(j=1,2,\cdots,m)$,最优函数值向量

$$
F^* = [f_1^* \quad f_2^* \quad \cdots \quad f_m^*]^{\mathrm{T}} \tag{7.27a}
$$

式(7.27a)称为理想解。

如果在本问题不存在绝对最优解的情况下,对于向量目标函数 $F(\boldsymbol{x}) = [f_1(\boldsymbol{x}) \quad f_2(\boldsymbol{x}) \quad \cdots \quad f_m(\boldsymbol{x})]^{\mathrm{T}}$ 来说理想解是得不到的,但要力求使各分目标函数值尽可能接近各自的理想值,则可以认为达到有效解中的选好解。

在实际的设计中,也常常按照设计者的经验与期望制定出一个合理的由各分目标函数值

构成的理想解

$$F^0 = [f_1^0 \quad f_2^0 \quad \cdots \quad f_m^0]^T \tag{7.27b}$$

将 f_j^* 与 $f_j^0 (j=1,2,\cdots,m)$ 在写法上统一为 $f_j^\Delta (j=1,2,\cdots,m)$，再构造设计方案与理想解之间的离差函数 $U(\boldsymbol{x})$，$U(\boldsymbol{x})$ 函数可取以下形式。

相对离差

$$U(\boldsymbol{x}) = \sum_{j=1}^{m}\left[\frac{f_j(\boldsymbol{x}) - f_j^\Delta}{f_j^\Delta}\right]^2 \tag{7.28a}$$

加权相对离差

$$U(\boldsymbol{x}) = \sum_{j=1}^{m}\lambda_j\left[\frac{f_j(\boldsymbol{x}) - f_j^\Delta}{f_j^\Delta}\right]^2 \tag{7.28b}$$

平方和加权离差

$$U(\boldsymbol{x}) = \sum_{j=1}^{m}\lambda_j(f_j(\boldsymbol{x}) - f_j^\Delta)^2 \tag{7.28c}$$

绝对值离差

$$U(\boldsymbol{x}) = \sum_{j=1}^{m}\lambda_j \mid f_j(\boldsymbol{x}) - f_j^\Delta \mid \tag{7.28d}$$

将式(7.18)的多目标函数构造出式(7.28a)～(7.28d)的单目标函数作为评价函数，用评价目标函数的解作为原多目标优化问题的最终解。其表达式为

$$\left.\begin{aligned} &\min U(\boldsymbol{x}) \\ &\boldsymbol{x} \in \mathscr{D} \subset \mathbf{R}^n \\ \mathscr{D}:\ &g_u(\boldsymbol{x}) \geqslant 0 \\ &h_v(\boldsymbol{x}) = 0 \end{aligned}\right\} \tag{7.29}$$

四、乘除法

该方法适合于处理下面问题。在式(7.18)中，按各分目标函数的性质可分成两类，两类的期望相反。其中一类是表现目标函数值愈小愈好，如追求体积小、重量轻、结构紧凑、原材料消耗少、加工成本和加工费低、磨损量和应力小等；另外一类表现为目标函数值愈大愈好，如产品产量指标、机械效率、零件强度及刚度、利润、承载能力等。建议如下构造评价函数

$$U(\boldsymbol{x}) = \frac{\sum_{j=1}^{s}\lambda_j f_j(\boldsymbol{x})}{\sum_{j=s+1}^{m}\lambda_j f_j(\boldsymbol{x})} \tag{7.30}$$

式中，$s(s \leqslant m)$ 为第一类分目标函数的个数，λ_j 为加权因子，$\lambda_j > 0$，$\sum_{j=1}^{m}\lambda_j = 1$。

例如，有两个分目标函数 $f_1(\boldsymbol{x})$ 和 $f_2(\boldsymbol{x})$，期望 $\min f_1(\boldsymbol{x})$ 与 $\max f_2(\boldsymbol{x})$。图 7.8 表示了目标函数解的域 $\mathscr{D}_f$。

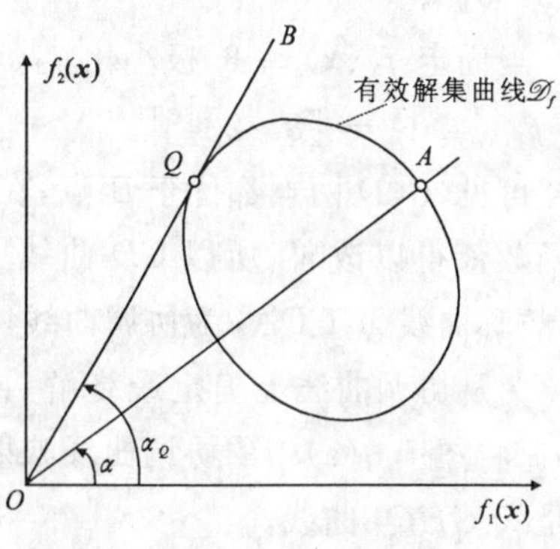

图 7.8　乘除法选好点位置

过有效解集曲线 $\mathscr{D}_f$ 上的任一点 A 作通过原点 O 的直线 OA，它的斜率为

$$\tan\alpha = \frac{f_2(\boldsymbol{x})}{f_1(\boldsymbol{x})}$$

当 $\alpha=\alpha_Q$ 时，即直线 OA 移到与域 $\mathscr{D}_f$ 边界的左上方相切时，必有 $\tan\alpha_Q$ 为最大，可认为此时已获得了较大的 $f_2(\boldsymbol{x})$ 和较小的 $f_1(\boldsymbol{x})$。因此，与切点 Q 对应的函数值 $f_1^*(\boldsymbol{x}_Q)$ 和 $f_2^*(\boldsymbol{x}_Q)$ 即为乘除法求得的有效解中的好解。

五、协调曲线法

这种方法是用来解决设计目标互相矛盾的多目标优化设计问题。为求得最终解，需对式(7.19)各分目标函数加以协调，以求在有效解集中选出好解，作为多目标优化问题的最终解。

现以两个分目标函数组成的多目标优化问题为例说明协调曲线法的原理。

设两个互相矛盾的分目标函数 $f_1(\boldsymbol{x})$，$f_2(\boldsymbol{x})$，可行域 $\mathscr{D}$ 及目标函数等值线见图 7.9(a)。

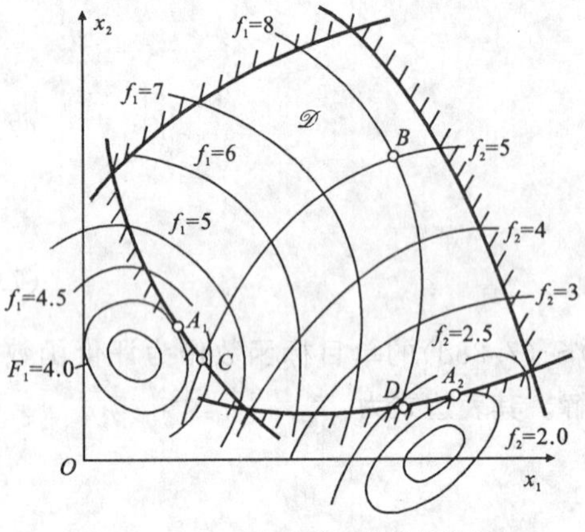

(a) 二维双目标函数的等值线

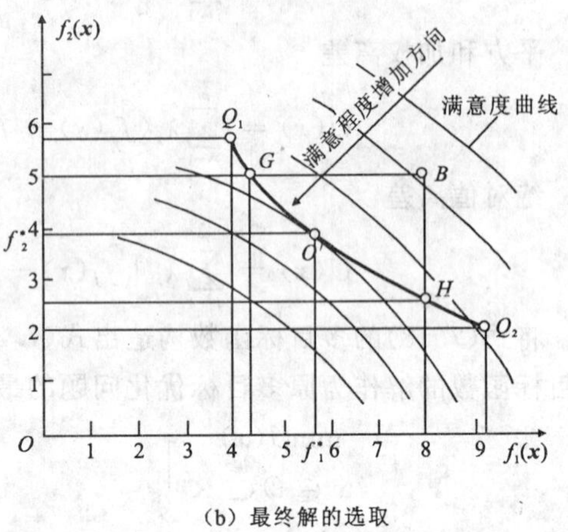

(b) 最终解的选取

图 7.9 协调曲线

两分目标的最优点分别在点 A_1 及 A_2，它们的分目标函数值为

$$[f_1 \quad f_2]_{A_1}^{\mathrm{T}}=[4 \quad 5.8]^{\mathrm{T}} \quad [f_1 \quad f_2]_{A_2}^{\mathrm{T}}=[9.2 \quad 2]^{\mathrm{T}}$$

在可行域 $\mathscr{D}$ 内任取一点 B，其分目标函数值为 $[f_1 \quad f_2]_B^{\mathrm{T}}=[8 \quad 5]^{\mathrm{T}}$

当固定 $f_2(\boldsymbol{x})\equiv 5$，极小化 $f_1(\boldsymbol{x})$ 得可行域边界点 C，C 点的分目标函数值为 $[f_1 \quad f_2]_C^{\mathrm{T}}=[4.3 \quad 5]^{\mathrm{T}}$。

当固定 $f_1(\boldsymbol{x})\equiv 8$，极小化 $f_2(\boldsymbol{x})$ 得到最优点在可行域 $\mathscr{D}$ 边界上 D 点，该点分目标函数值为 $[f_1 \quad f_2]_D^{\mathrm{T}}=[8 \quad 2.4]^{\mathrm{T}}$。

可见，C，D 两点都优于 B 点，在沿边界的 CD 曲线上任选一点代表的方案至少有一个目标函数值得以改善，所以 CD 曲线上任一点都优于 B 点。曲线 A_1CDA_2 代表着有效解的解集，故称曲线 A_1CDA_2 为**协调曲线**。最终解应从协调曲线上选取。

为从协调曲线上确定最终解，再以 $f_1(\boldsymbol{x})$，$f_2(\boldsymbol{x})$ 为坐标建立一个新的坐标系，见图 7.9(b)。将图 7.9(a)中的协调曲线映射到新的坐标系中，对应 A_1CDA_2 曲线映射到图 7.9(b)中的是 Q_1GHQ_2 曲线。

为在协调曲线上确定一个选好解，一般需另外一项指标，为此在图 7.9(b)中画出满意度曲线，随着满意程度的增加可使分目标函数值均有所下降，直到 O' 点，此点是从协调曲线上得出的最满意设计方案，其分目标函数值为 (f_1^*, f_2^*)。

如何确定满意度函数或满意度曲线，要根据工程实际情况而定。很多时候是依设计者的实践经验而设置，也可以根据实验数据而定。

在优化过程中，有时为了使某个具有较差值的分目标也能达到较为理想，则要以增大其他分目标函数值为代价，其主要思想是对各分目标函数进行协调，互相之间作出让步，最终取得一个工程实际能认可的满意的方案。

对于两个分目标以上的多目标优化问题，所画的协调曲线就变成三维空间的协调曲面或多维抽象空间的协调超曲面，此种情况下就不使用图形来表示了。

7.4 关于离散变量的优化设计问题

目前，在优化设计中所采用的方法，大多数是属于数学规划中连续变量的非线性约束最优化方法。但在工程设计中经常遇到有离散变量的问题，更多的是一种既有离散型变量又有连续型变量的混合型设计变量。例如在齿轮设计中的齿数是整型量，模数应是符合国家标准的离散量，而齿轮的宽度或传动中心距等都是连续变量，从设计变量的整体来看是属于混合型的。在机械设计中，为了不断提高标准化及规范化程度，有许多参数必须符合本行业的或国家的标准和规范。例如，齿轮的模数、螺旋弹簧的中径、轴承的孔径、螺栓的外径以及型钢的断面尺寸等必须符合标准或规范。因而就产生了离散变量的优化设计问题。

离散变量优化在数学规划和运筹学中很有意义，但也是相当困难的领域之一。由于变量的离散性，使数学分析中的经典极值理论已完全不适用于离散变量的优化问题。因此研究和发展离散优化的理论和方法是工程设计的需要。由于离散值有时可以容易地转化为整数，因而离散变量的优化问题属于整数规划的范畴。

整数规划(Integer Programming，简称 IP)，是一类部分变量或全部变量取整数值的数学规划，它在工程设计、经济计划、生产管理和科学研究等方面是很有实用价值的数学分支。

按目标函数和约束条件是否均为线性来进行分类，可将整数规划分为线性整数规划与非线性整数规划。按变量所包含的类型分为全整数规划(全部变量均为整数)和混合整数规划(部分变量为整数，余下为连续变量)。

整数规划的发展历史不长，于 1958 年由 R. E. Gomory 提出解线性整数规划的割平面法以后，才逐渐发展成为一个独立的最优化方法的新分支。对于整数规划，不能直接用连续变量的函数连续性、微分等数学方法，所以难度较大，加之发展的时间尚短，故其研究的深度、广度远未达到连续变量优化问题所具有的成熟程度，目前只能求解中、小规模的整数规划问题。对于非线性离散规划所作的研究工作就更少，至今还不能为工程设计提供一种完整的十分有效的通用算法。

20 世纪 70 年代，由于工程设计对非线性离散优化方法的迫切需要，以致等不到数学家们提供成熟精确的算法，工程界的科技人员根据一些实际问题，陆续提出了某些实用算法。这些方法虽然未必有严格的数学背景，但总归在一定的范围内颇有实用价值。

我国的 OPB-1 常用优化方法程序库中，就有一个程序名为 MDOD 的约束非线性混合离散变量的优化方法[29]。该方法可以求解约束非线性混合离散变量问题、无约束线性离散变量优化问题以及线性整数规划和混合整数规划问题。在陈立周等的一份研究报告中又对这一程序和方法作了详细的论述，并有了新的发展[43]。

7.4.1 离散变量优化设计的某些基本概念

一、离散设计变量及离散空间

在一个优化设计问题中，若有 m 个具有离散数值的设计变量表示为 $x_1,x_2,\cdots,x_m$（整数变量可以看成是它的一种特殊情况），称为**离散设计变量**，设计点用矩阵形式表示记为 $\boldsymbol{x}^{\mathrm{D}}=[x_1\quad x_2\quad\cdots\quad x_m]^{\mathrm{T}}$，由这 m 个离散设计变量实数轴所张的空间称为**离散子空间**，用 $\mathbf{R}^D$ 表示。

二、离散变量值域及其矩阵

由于在机械设计中的一切数据都是从小到大有序排列的，因此统一将各离散变量的一系列离散值均按由小到大安排在各实数轴上。设各离散变量记为 $x_i(i=1,2,\cdots,m)$，每个离散变量的一系列离散值记为 $q_{ij}(j=1,2,\cdots,J_i)$，则诸离散值的集合称为**离散变量的值域**，J_i 为第 i 个离散变量所具有的离散值数目。在优化设计的求解过程中，必须保证各离散变量均在上述的离散值域中取值，即取

$$x_{ij}=\{q_{ij}\},\qquad i=1,2,\cdots,m,\quad j=1,2,\cdots,J_i$$

为便于计算编程，常将各离散变量的值域用一个二维数组的矩阵 Q 来表示，其构造方法如下。

设离散变量的个数为 m，各个离散变量中的离散值个数为 J_i，而各 J_i 中的最大值为 J，即 $J=\max(J_i)$，则为了用矩阵形式来表示离散值域，就需要将 $J_i<J$ 的那些离散变量的离散值个数增补到 J 个。增补的方法是，将 $J_i<J$ 的每一个离散变量一系列离散值中的任一离散值添加重复数，直到使离散值补足 J 个为止。当然，重复离散值的添加位置仍应不破坏各离散值由小到大的排列次序。于是，离散值域可用如下矩阵表示

$$Q=\begin{bmatrix} q_{11} & q_{12} & \cdots & q_{1J} \\ q_{21} & q_{22} & \cdots & q_{2J} \\ \vdots & \vdots & & \vdots \\ q_{m1} & q_{m2} & \cdots & q_{mJ} \end{bmatrix} \tag{7.31}$$

矩阵 Q 称为**离散值域矩阵**，矩阵中各元素应满足

$$q_{i1}\leqslant q_{i2}\leqslant\cdots\leqslant q_{iJ},\quad i=1,2,\cdots,m$$

在设计中要使得每一个离散变量都在离散值域矩阵中取值。

三、离散变量的增量

离散变量 $x_i(i=1,2,\cdots,m)$ 在其实轴上相邻两离散值之间的距离，称为**离散变量的增量**，即

$$\begin{cases}\Delta_i^{+}=q_{i,j+1}-q_{ij}\\ \Delta_i^{-}=q_{i,j-1}-q_{ij}\end{cases} \tag{7.32}$$

在一般情况下，$|\Delta_i^{+}|\neq|\Delta_i^{-}|$。参阅图 7.10。

四、离散设计点与离散空间的几何描述

当离散变量 $x_i(i=1,2,\cdots,m)$ 在其离散值域中取不同的值时，便构成了**离散设计点**，这些点的集合构成了离散空间。

一维离散空间是在坐标轴上一些间隔点的集合，见图 7.10(a)。这些相互间隔的点就是离散设计点，每个离散点在坐标轴上的坐标值即为离散值。

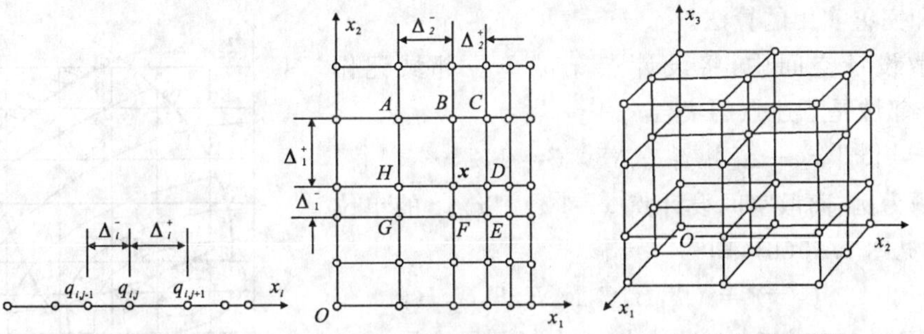

（a）一维离散空间　　（b）二维离散空间　　（c）三维离散空间

图 7.10　离散变量的设计空间

二维离散设计空间是坐标平面上离散点的集合，见图 7.10(b)。每个离散点的位置由两个坐标值确定，$\boldsymbol{x}=[x_1 \quad x_2]^{\mathrm{T}}$。通过每一个坐标轴上的离散值作对应坐标轴的垂线，这些相互直交的垂线在坐标平面构成的交点就是离散点，有时也称节点。全部节点的集合就是二维离散空间。

三维离散空间是在三维空间里离散点的集合，见图 7.10(c)。每个离散点对应有三个离散的坐标值，即 $\boldsymbol{x}=[x_1 \quad x_2 \quad x_3]^{\mathrm{T}}$。同理，对于三维离散设计变量，通过各坐标轴上一系列离散值作坐标轴垂直平面，则这些正交垂直平面的交点就是三维离散空间的离散点，形成了一个空间点阵。

更多维数的离散空间则依此类推，但已不能用几何图形来予以描述了。

离散变量必须在离散空间内选取，否则是无意义的。

五、离散变量优化设计的数学模型

离散变量优化设计的数学模型可表达为

$$\left.\begin{aligned}&\min F(\boldsymbol{x})\\&\boldsymbol{x}\in\mathscr{D}\subset\mathbf{R}^n\\&\boldsymbol{x}=[x_1 \quad x_2 \quad \cdots \quad x_n]^{\mathrm{T}}\in\mathbf{R}^D\\\mathscr{D}:\ &g_u(\boldsymbol{x})\geqslant 0,\quad u=1,2,\cdots,p\end{aligned}\right\}\tag{7.33}$$

混合离散变量优化设计问题的数学模型则表达为

$$\left.\begin{aligned}&\min F(\boldsymbol{x})\\&\boldsymbol{x}\in\mathscr{D}\subset\mathbf{R}^n\\&\boldsymbol{x}=[\boldsymbol{x}^D \quad \boldsymbol{x}^C]^{\mathrm{T}}\in\mathbf{R}^n=\mathbf{R}^D\cup\mathbf{R}^C\\\mathscr{D}:\ &g_u(\boldsymbol{x})\geqslant 0,\quad u=1,2,\cdots,p\end{aligned}\right\}\tag{7.34}$$

式中，$\boldsymbol{x}^D=[x_1 \quad x_2 \quad \cdots \quad x_m]^{\mathrm{T}}\in\mathbf{R}^D$ 称 m 维离散设计空间，$\boldsymbol{x}^C=[x_{m+1} \quad x_{m+2} \quad \cdots \quad x_n]^{\mathrm{T}}$ 是 $n-m$ 维的连续设计空间。一般情况，离散设计空间是有界的。如果 $\boldsymbol{x}^C$ 为空集，则为全离散优化问题；如果 $\boldsymbol{x}^D$ 为空集，则为连续变量优化问题。

六、离散优化设计的最优解

工程设计中，连续变量优化设计问题的最优解一般总是在某个约束面上或几个约束面的交界处。但离散变量的约束优化问题则不同，它的最优解必须取在离散点处，且应在可行域内(见图 7.11)。因此连续变量最优解的 K－T 条件对离散优化问题已不再适用。离散最优解可能在连续最优解附近，也可能相距甚远。所以对离散最优化问题还要进一步研究其理论，并继续开发和完善实用的算法。

在离散设计空间中，将设计点 $\boldsymbol{x}$ 的单位邻域记作 $U(\boldsymbol{x})$，这个邻域是下述点的集合

$$U(\boldsymbol{x}) = \{\boldsymbol{x} \mid x_i + \Delta_i^-,\ x_i + \Delta_i^+,\ i = 1,2,\cdots,n\}$$

以二维问题为例，离散空间设计点 $\boldsymbol{x}=[x_1 \quad x_2]^{\mathrm{T}}$ 的单位邻域 $U(\boldsymbol{x})$ 见图 7.10(b)，即

$$U(\boldsymbol{x}) = \{A,B,C,D,E,F,G,H\}$$

单位邻域 $U(\boldsymbol{x})$ 共包含 3^n 个设计点，n 为问题的维数。

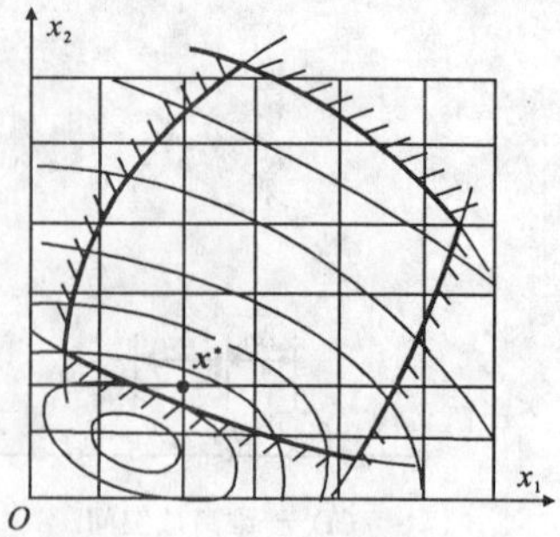

图 7.11　离散优化的最优点

离散最优点的定义是：设 $\boldsymbol{x}^*$ 为离散最优点，则应满足 $\boldsymbol{x}^* \in \mathscr{D}$，且对于所有 $\boldsymbol{x} \in U(\boldsymbol{x}) \cap \mathscr{D}$ 恒有

$$F(\boldsymbol{x}^*) < F(\boldsymbol{x}) \tag{7.35}$$

则称 $\boldsymbol{x}^*$ 为离散变量优化问题的局部最优点或称离散最优点。当目标函数 $F(\boldsymbol{x})$ 为凸函数，可行域为凸集时，此解 $\boldsymbol{x}^*$ 也是离散变量约束优化问题的全局离散最优解。

7.4.2　离散变量优化方法简介

离散变量优化问题是优化设计中比较困难的一个分支。由于离散值的不连续性，使得大部分数学规划的理论和算法对此分支无能为力。目前对离散问题也在进行理论研究，但多集中在线性离散规划和整数规划方面，而对非线性离散规划迄今还缺乏行之有效和简便可靠的算法。

近代，工程设计中对非线性离散优化方法的迫切需求使从事工程设计的研究人员在连续非线性优化方法的基础上，按离散变量的特点提出了一些解决非线性离散优化问题的算法。如凑整法、网格法、离散复合形法、离散随机法、离散惩罚函数法等。这些方法虽没有严格的数学理论依据，也不能保证可靠地、很有效地解决离散变量优化问题，但具有实用价值，一般可以得到一个较好的可行解。下面分别简要介绍一些常用的方法。

一、凑整法

所谓凑整法是指，先将全部设计变量权宜视为连续的，求得最优解后再圆整到邻近的离散值或整数值。这个办法实际上是按连续变量作优化设计，再作离散化的后处理。

现以一个二维优化问题为例予以说明。如图 7.12(a)所示的问题，设连续量的最优点为 $\boldsymbol{x}^* = [x_1^* \quad x_2^*]^{\mathrm{T}}$，$x_1^*$ 两侧的离散量为 $x_{1(小)}^*$ 和 $x_{1(大)}^*$，x_2^* 两侧的离散量为 $x_{2(小)}^*$ 和 $x_{2(大)}^*$，对应

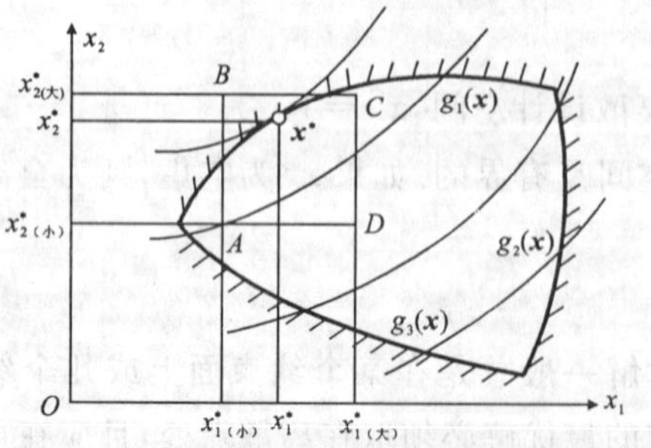

(a)一般的离散点选取

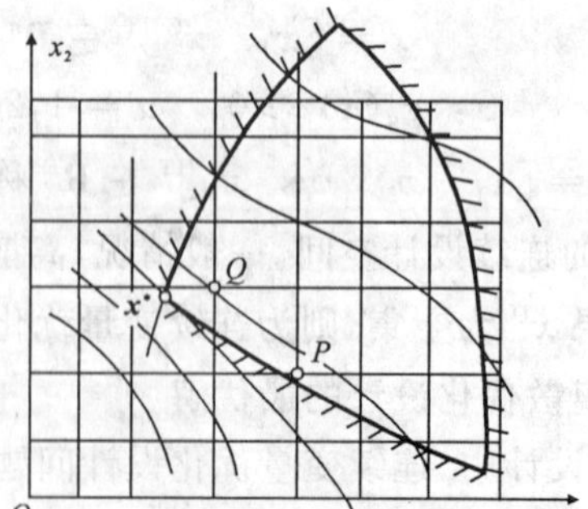

(b)可能的病态情况

图 7.12　凑整法的离散优化点

着 A,B,C,D 四个离散设计点。对这些离散点进行可行性检验，并对函数值作比较。点 B 为非可行点需剔除，比较 A,C,D 各点的函数值，得知 C 点为离散最优点。

这种方法同样可推广到 n 维优化问题中。设得到的连续型最优解为 $\boldsymbol{x}^* = [x_1^* \quad x_2^* \quad \cdots \quad x_k^* \quad \cdots \quad x_n^*]^{\mathrm{T}}$，如果设计变量中的 x_k 为离散变量，对分量 x_k^* 取其两侧的离散值 $x_{k(小)}^*$ 和 $x_{k(大)}^*$。若 n 个设计变量全为离散的，则在各分量的两侧均取离散值，得到由 2^n 个离散点组成的设计点集。剔除其中的非可行点，对其余可行点择其目标函数最小者即取作离散优化点输出。

这种方法虽然简单，但也存在一些问题，有时甚至不可行。这些问题主要表现在以下几个方面。

(1)凑整的工作量大。因为对 $\boldsymbol{x}^*$ 邻近的离散点均要检验其可行性和比较其函数值。当离散变量的数目 n 越大，则离散点数目 2^n 迅速猛增，其计算量显著地加大。

(2)在混合型离散优化设计问题中，若将连续优化解中的离散变量凑整处理后，可能使那些连续变量的优化解失去了意义。例如在变位齿轮设计中，先对齿数、模数、变位系数均以连续变量看待，解得连续优化解，随后又将模数取离散标准值，齿数取整，则原来变位系数的连续优化解可能已变得没有意义了。

(3)在某些情况下，对于离散优化设计问题用这样简单的凑整处理，可能导致最后离散化解的错误结果。例如图 7.12(b)中的情况，先按连续变量看待时的最优点是 $\boldsymbol{x}^*$，然后凑整处理时，取其附近可行离散点中函数值最小的节点 Q 作为离散优化点输出。但是，实际上的离散优化点应是距 $\boldsymbol{x}^*$ 较远的节点 P，输出结果发生错误。

二、网格法

网格法是离散优化问题的一种最简单的求优方法。它也可应用于混合离散变量的优化设计问题中。

设有混合型约束优化问题

$$\left.\begin{aligned}
&\min F(\boldsymbol{x})\\
&\boldsymbol{x} = [\boldsymbol{x}^D \quad \boldsymbol{x}^C]^{\mathrm{T}} \in \mathscr{D} \subset \mathbf{R}^n\\
&\boldsymbol{x}^D = [x_1 \quad x_2 \quad \cdots \quad x_m]^{\mathrm{T}}, \quad \boldsymbol{x}^C = [x_{m+1} \quad x_{m+2} \quad \cdots \quad x_n]^{\mathrm{T}}\\
&\mathbf{R}^n = \mathbf{R}^D \cup \mathbf{R}^C\\
\mathscr{D}\!:\; &g_u(\boldsymbol{x}) \geqslant 0, \quad u = 1,2,\cdots,p\\
&a_i \leqslant x_i \leqslant b_i, \quad i = 1,2,\cdots,n
\end{aligned}\right\} \tag{7.36}$$

对于离散设计变量 $\boldsymbol{x}^D$，在每个设计分量 x_i 的上下界限范围内，根据已知的离散值作出网格线或网格面；对于连续变量 $\boldsymbol{x}^C$ 也先以等距分隔或不等距分隔作网格线或网格面，然后对各网格节点逐一判别其可行性，剔除非可行节点，再逐一计算可行节点的函数值，通过函数值大小的比较，从中选出函数值最小的可行点。为了提高优化解的精度，对于当前最小函数值可行点中的那些连续变量各分量解的邻域范围内，将网格加密，再按上述方法确定细化网格以后的函数值最小可行点。当网格节点间距离小于预定要求时，便可停止迭代，输出离散优化点 $\boldsymbol{x}^*$。

网格点的迭代步骤如下。

(1)给定目标函数一个足够大的初始值 F_0，控制精度 ε，连续型设计变量 x_i 在已知区间 $[a_i,b_i]$ 内的等分数 $r_i(i = m+1, m+2, \cdots, n)$，离散型设计变量离散值域矩阵中的各元素 q_{ij} $(i = 1,2,\cdots,m; j = 1,2,\cdots,J)$。

(2)确定各节点的坐标值。连续设计变量按等分数目 r_i 进行等分，分割点距为

$$h_i = \frac{b_i - a_i}{r_i}, \quad i = m+1, m+2, \cdots, n \tag{7.37a}$$

节点的坐标按下式计算

$$x_i^{(j)} = a_i + j_i h_i, \quad j_i = 1,2,\cdots,r_{i-1} \tag{7.37b}$$

对离散变量,节点坐标为已知值 x_{ij}, $i=1,2,\cdots,m; j=1,2,\cdots,J$。

(3)检查各节点的可行性,计算 $g_u(\boldsymbol{x})$,将各 $g_u(\boldsymbol{x})<0$ 的非可行点剔除。

(4)计算各可行点的目标函数值 $F(\boldsymbol{x})$,取其中的最小者

$$\bar{F}^* = \min F(\boldsymbol{x}), \quad \boldsymbol{x} \rightarrow \bar{\boldsymbol{x}}^*$$

(5)终止准则。对于离散设计变量,经各节点目标函数的比较,其中函数值最小的就是离散变量的最优解。而对于连续变量部分,要检查网格间距 h_i 是否达到控制精度 ε。如果 $h_i > \varepsilon$,则以上次的最优点 $\boldsymbol{x}^*$ 为中心,再将网格间距进行细化,对 $\boldsymbol{x}^*$ 附近那些 $h_i > \varepsilon$ 的变量重取新的区间端点值

$$\begin{cases} a_i = \bar{x}_i^* - h_i \\ b_i = \bar{x}_i^* + h_i \end{cases} \tag{7.38}$$

再产生新的细化区间内的节点,重复上述步骤进行计算,直到全部 $h_i \leqslant \varepsilon$ 为止。最后细化网格中函数值最小的节点 $\boldsymbol{x}^*$ 即为输出最优点。

网格法简单,比凑整法更逼近于实际最优解。但是计算量很大,特别是当维数增大时,节点数目急剧增加。因此,网格法一般适用于维数较少的离散或混合离散优化设计问题。

三、离散复合形法

离散复合形法是在连续型设计变量复合形法基础上发展起来的。它的特点是在设计空间中直接搜索离散点,不仅可以搜索到离散优化点,而且可以大大加快搜索进程。因为搜索要在离散点上进行,所以要比连续空间搜索的点数少得多。对于中、小型离散优化设计问题,它的计算效率是相当高的。其基本原理与连续变量的复合形法相类似,过程包括产生初始复合形、在离散空间进行搜索、将复合形进行移动、缩小直至终止搜索。

1. 离散变量初始复合形的产生

对于 n 维离散设计变量的优化问题,通常取 k 个离散点作为顶点,规定 $k=2n+1$,构成 n 维多面体作为初始复合形。

设各离散设计变量的上下界范围为$[a_i, b_i]$, $i=1,2,\cdots,n$。开始可任意选取一个初始点 $\boldsymbol{x}^{(0)}$,它不一定要求是可行点,但各分量必须满足相应的上下界范围,然后按下述方法产生 $2n+1$个初始复合形的顶点。

第一个顶点

$$x_i^{(1)} = x_i^{(0)}, \quad i = 1,2,\cdots,n \tag{7.39}$$

第二个至第 $n+1$ 个顶点

$$\begin{cases} x_i^{(j+1)} = x_i^{(0)}, & i \neq j, \quad j = 1,2,\cdots,n \\ x_i^{(j+1)} = a_i, & i = j, \quad j = 1,2,\cdots,n \end{cases} \tag{7.40}$$

第 $n+2$ 至 $2n+1$ 个顶点

$$\begin{cases} x_i^{(j+1+n)} = x_i^{(0)}, & i \neq j, \quad j = 1,2,\cdots,n \\ x_i^{(j+1+n)} = b_i, & i = j, \quad j = 1,2,\cdots,n \end{cases} \tag{7.41}$$

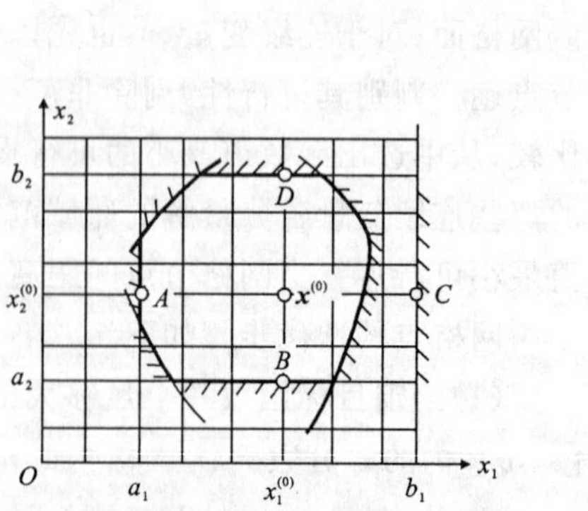

图 7.13 初始复合形的构成

以一个二维优化问题为例,如图 7.13 所示。取 $k=2n+1=5$,按 $i=1,2$ 和 $j=1,2$,根据上述规则可产

生 $\boldsymbol{x}^{(0)}$、A,B,C,D 共五个离散点，其中 C 为非可行点。当维数较高且约束条件较多时，要求各顶点均在可行域内是比较困难的，为此下面要构造一个有效函数 $E[F(\boldsymbol{x})]$来代替原目标函数 $F(\boldsymbol{x})$，以避开为寻找初始复合形各顶点全是可行点的困难。

2. 构造有效目标函数 $E[F(\boldsymbol{x})]$

由于产生初始复合形时，没有考虑到除边界约束以外的各性能约束，致使初始复合形顶点可能是非可行点。又在搜索求优对离散复合形的调整过程中，不可避免地出现搜索的离散点在非可行域中，同时又要求顶点的位置均应在节点上，所以在离散复合形方法中，不能像连续变量那样，通过将域外点拉入域内而得到可行点的办法，产生由可行顶点组成的初始复合形。对于离散变量优化问题的复合形法，是用约束条件来改造原目标函数 $F(\boldsymbol{x})$成为新目标函数 $E[F(\boldsymbol{x})]$的方法，这个新目标函数称为**有效目标函数**。它有如下定义：

$$E[F(\boldsymbol{x})]=\begin{cases}F(\boldsymbol{x}), & \boldsymbol{x}\in\mathscr{D}\\ M+S\cup M, & \boldsymbol{x}\overline{\in}\mathscr{D}\end{cases}\tag{7.42}$$

式中，M 为比 $F(\boldsymbol{x})$值在数量级上大得多的常数，$S\cup M$ 是与所有违反约束量的总和成正比的一个量。通常取

$$\begin{aligned}S\cup M&=C+\sum_{u=1}^{s}g_u(\boldsymbol{x}),\\ &\boldsymbol{x}\overline{\in}\mathscr{D}\end{aligned}\tag{7.43}$$

式中，C 为常数，$u=1,2,\cdots,s$ 是点 $\boldsymbol{x}\overline{\in}\mathscr{D}$ 违反约束的标号。

图 7.14 为二维有效目标函数构成的示意图。在可行域 $\mathscr{D}$ 内，有效目标函数为原目标函数 $F(\boldsymbol{x})$，而在非可行域部分的有效目标函数值，按设计点 $\boldsymbol{x}$ 违反约束程度的增加而增大。$E[F(\boldsymbol{x})]$的图形像一个向可行域 $\mathscr{D}$ 内倾斜的"漏斗"，在非可行域的设计点上有效目标函数值加大。这种处理方法，对构造初始复合形以及为求优的搜索过程起到关键性的作用。

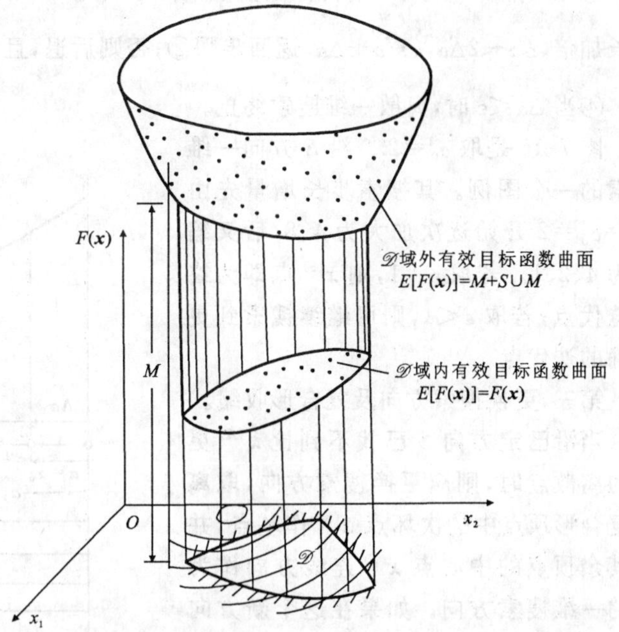

图 7.14　二维有效目标函数

3. 离散变量复合形的移动及收缩

构造初始复合形后，计算各顶点的目标函数值，并按数值大小排序，将有效目标函数最大的设计点称为最坏点，最小者称最好点。为了在移动复合形过程中，使各顶点能保持在各离散点上，不再沿用连续变量复合形算法中的固定格式，如反射、延伸、收缩等，而是选取一个好的方向进行一维搜索，具体方法如下。

第一，确定一维搜索方向 $\boldsymbol{S}$。

将离散复合形各顶点中的最坏点记作 $\boldsymbol{x}^{(H)}$，除坏点以外，其余各顶点的几何中心称为中心

点，记作 $x^{(C)}$。中心点各分量按下式计算

$$x_i^{(C)} = \frac{1}{2n}\sum_{\substack{j=1\\j\neq H}}^{2n} x_i^{(j)}, \quad i = 1,2,\cdots,n \tag{7.44}$$

搜索方向 S 取为由坏点 $x^{(H)}$ 向中心点 $x^{(C)}$ 方向，即

$$S = x^{(C)} - x^{(H)} \tag{7.45}$$

期望沿此方向目标函数值有所下降。

第二，采用步长加速法作一维搜索。

设定一维搜索初始步长 α_0（一般取 $\alpha_0 = 1.2 \sim 2.0$）和一维搜索精度 ε。从坏点 $x^{(H)}$ 出发，沿式(7.45)所确定的方向 S 用步长加速法作一维搜索，迭代式是

$$\begin{cases} x^{(k)} = x^{(H)} + \alpha S \\ x^{(k)} \leftarrow \langle x^{(k)} \rangle \end{cases} \tag{7.46a}$$

或用分量表示的迭代式

$$\begin{cases} x_i^{(k)} = x_i^{(H)} + \alpha S_i \\ x_i^{(k)} \leftarrow \langle x_i^{(k)} \rangle, \quad i = 1,2,\cdots,n \end{cases} \tag{7.46b}$$

式中，$\langle x^{(k)} \rangle$ 是与 $x^{(k)}$ 距离最近的离散点，$\langle x_i^{(k)} \rangle$ 是离散点 $\langle x^{(k)} \rangle$ 的各分量的离散值。

一维搜索步骤如下。

①置步长 $\alpha \leftarrow 0$，步长增量 $\Delta\alpha \leftarrow \alpha_0$，$\alpha \leftarrow \alpha + \Delta\alpha$，$k=1$。

②由式(7.46a)或(7.46b)求迭代点 $x^{(k)}$，并按式(7.42)计算有效目标函数值 $E^{(k)}$。

③比较点 $x^{(H)}$ 与 $x^{(k)}$ 的目标函数值，若 $E^{(H)} > E^{(k)}$，以 $x^{(k)}$ 替代坏点 $x^{(H)}$，即 $x^{(H)} \leftarrow x^{(k)}$，且步长加倍，$\Delta\alpha \leftarrow 2\Delta\alpha$，$\alpha \leftarrow \alpha + \Delta\alpha$，返回步骤②；否则后退，且 $\Delta\alpha \leftarrow \dfrac{\Delta\alpha}{2}$，$\alpha \leftarrow \alpha - \Delta\alpha$，返回步骤②。

④当 $\Delta\alpha < \varepsilon$ 时，离散一维搜索终止。

图 7.15 是取 $\alpha_0 = 2.0$ 沿 S 方向一维搜索的一个图例。其搜索步长增量先由 $\Delta\alpha = \alpha_0 = 2$ 开始逐次加大为 4、8，后又缩减为 4、2、1。若取 $\varepsilon = 1$，则 $x^{(6)}$ 点即为终止迭代点；若取 $\varepsilon < 1$，则可继续搜索到更精确的迭代点。

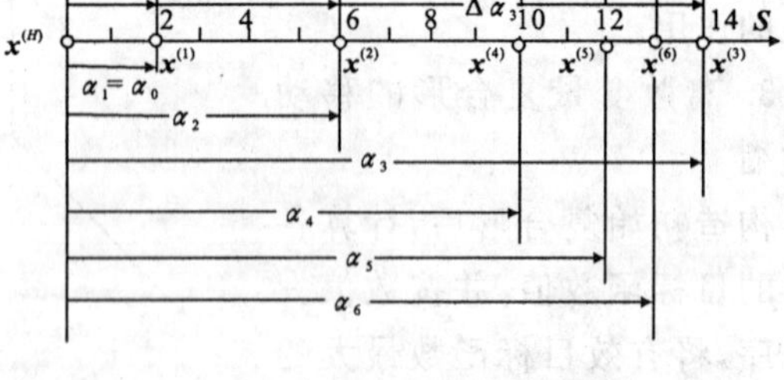

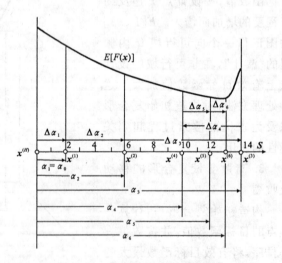

图 7.15 复合形移动的一维搜索

第三，更换搜索方向及复合形收缩。

当沿已定方向 S 已找不到比 $x^{(H)}$ 更好的离散点时，则应更换搜索方向，取离散复合形顶点中的次坏点 $x^{(R)}$ 作基点，并与其余顶点的中心点 $x^{(C)}$ 连线方向作为新的一维搜索方向。如果在这个新方向上仍找不到比基点函数值更小的点，则继续可以用第三坏点、第四坏点、… 向其余顶点的中心点连线方向作一维搜索。如果在所有方向均找不到好点，则可将离散复合形各顶点均向最好点 $x^{(L)}$ 方向收缩1/3，构成新的离散复合形，再进行新的搜索。

第四，离散复合形法终止准则。

若将离散复合形各顶点某一设计变量 x_i 坐标值中的最大值与最小值之差 d_i 称为最大坐

标差,那么当 d_i 小于该设计变量的离散增量值 Δ_i 的数目达到一定程度时可终止迭代,即

$$\left.\begin{aligned}(a_i) &= \max\{x_i^{(j)}, j = 1,2,\cdots,2n+1\}\\(b_i) &= \min\{x_i^{(j)}, j = 1,2,\cdots,2n+1\}\\d_i &= \langle a_i\rangle - \langle b_i\rangle, \quad i = 1,2,\cdots,n\end{aligned}\right\} \tag{7.47}$$

式中 $\langle a_i\rangle$ 和 $\langle b_i\rangle$ 是指离 (a_i) 和 (b_i) 距离最近的离散坐标值。当 $d_i<\Delta_i$ 的数目达到预定的 N 值时,即终止迭代。N 为按搜索精度要求预先给定的正整数,且必有 $N\leqslant n$。

4. 离散复合形法的迭代步骤和流程图

离散复合形法的迭代步骤归纳如下。

①选取一个符合变量边界条件的初始顶点 $\boldsymbol{x}^{(0)}$,确定各设计变量的上界值 b_i 和下界值 a_i,规定收敛准则中 $d_i<\Delta_i$ 的预定数目 $N(1\leqslant N\leqslant n)$。

②按式(7.39)～(7.41)产生 $2n+1$ 个离散变量复合形的顶点,计算各顶点的有效目标函数值,并按其大小排序。

③挑选出坏点 $\boldsymbol{x}^{(H)}$,计算其余各顶点的几何中心点 $\boldsymbol{x}^{(C)}$,计算有效目标函数值 $E[F(\boldsymbol{x}^{(C)})]$。

④按式(7.45)确定的方向 $\boldsymbol{S}$ 进行一维搜索。若找到较好的离散点,则进行下一步;否则转向第⑥步。

⑤计算复合形各顶点诸设计变量的最大坐标差 d_i,当 $d_i<\Delta_i$ 的数目达到预定 N 值时,转向第⑦步;否则,用新点代替坏点,构成新的复合形,完成一次复合形的移动,转向第③步。

⑥更换一维搜索方向,或在更换所有方向都找不到更好迭代点时,收缩复合形向好点 $\boldsymbol{x}^{(L)}$ 靠拢,转向第③步。

⑦结束计算。

这种离散变量复合形法,在解决工程设计问题时,多数是成功的,且对于 $n<20$ 的情况,其计算效率也比较高。

图 7.16 为离散复合形法的算法流程图。

四、离散型罚函数法

罚函数法是解决连续变量优化问题的重要方法之一。将它推广到解决有离散变量的优化设计问题中,就是离散型罚函数法。

离散变量优化求解问题,关键是使求解过程中的迭代点取在离散变量空间的各离散点上,即迭代点的各离散变量均取在离散值上。利用罚函数的特点,建立惩罚项,使之当设计点与离散点不相吻合时要受到惩罚,用惩罚项数值的影响迫使其收敛到离散点上。基于以上思路,按照离散性的要求,构造离散型惩罚项的原则是:当设计点在离散空间上时,即 $\boldsymbol{x}^{(D)}\in\mathbf{R}^D$,取惩罚项 $Q(\boldsymbol{x}^{(D)})=0$;当设计点不在离散空间上时,即 $\boldsymbol{x}^{(D)}\overline{\in}\mathbf{R}^D$,取惩罚项 $Q(\boldsymbol{x}^{(D)})>0$。

1. 离散罚函数的构造及分析

通常按类似于连续变量中的内点罚函数法,用以下的形式构造离散变量优化问题的罚函数

$$\Phi(\boldsymbol{x}, r_1^{(k)}, r_2^{(k)}) = F(\boldsymbol{x}) + r_1^{(k)}G[g_u(\boldsymbol{x})] + r_2^{(k)}Q(\boldsymbol{x}^D) \tag{7.48}$$

式中,$Q(\boldsymbol{x}^{(D)})$ 为离散性惩罚项;$G[g_u(\boldsymbol{x})]$ 为违反约束的惩罚项;$r_1^{(k)}, r_2^{(k)}$ 为惩罚因子,$k=0,1,2,\cdots$。

构造以上的罚函数后,就将离散变量的约束优化问题转化为连续变量的无约束优化问题,

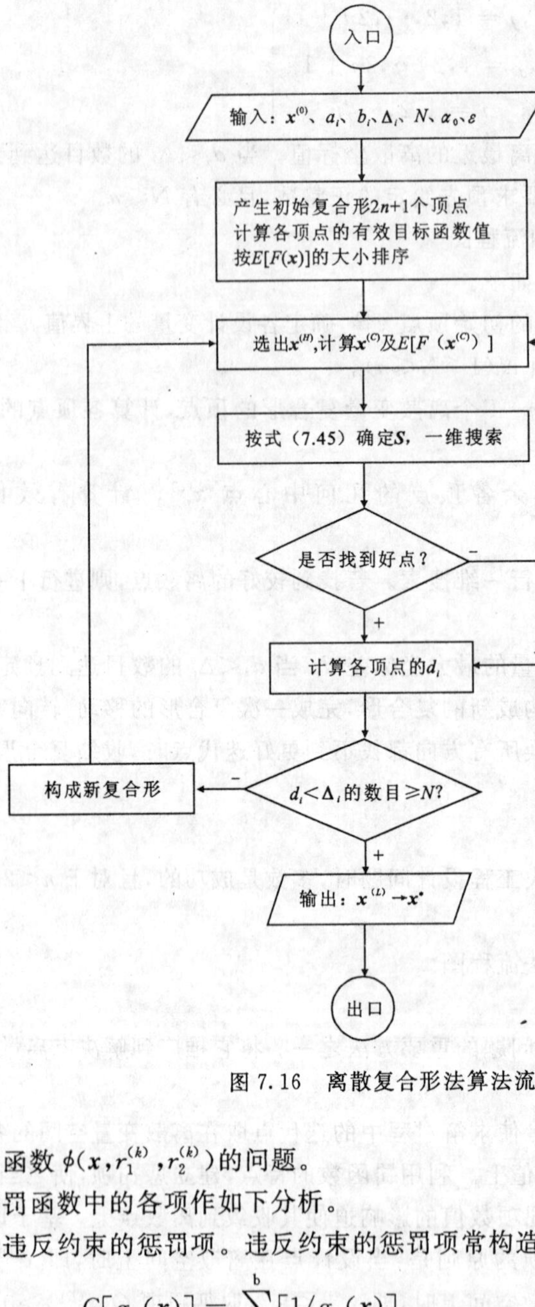

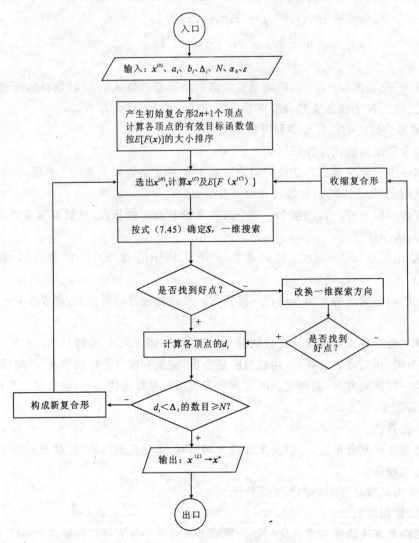

图 7.16　离散复合形法算法流程图

即极小化罚函数 $\phi(x,r_1^{(k)},r_2^{(k)})$ 的问题。

下面就罚函数中的各项作如下分析。

①关于违反约束的惩罚项。违反约束的惩罚项常构造成如下形式

$$G[g_u(x)]=\sum_{u=1}^{b}[1/g_u(x)] \tag{7.49}$$

当设计点 x 在可行域内时，$G[g_u(x)]>0$，设计点越接近约束边界，$G[g_u(x)]$值越大。随着设计点趋于某约束边界面上时，违反约束的惩罚项 G 将趋于无穷大，迫使迭代点保持在可行域内。

②关于离散惩罚项。常构造如下形式

$$Q(x^D)=\sum_{i=1}^{m}[4q_i(1-q_i)]^{\beta^{(k)}} \tag{7.50}$$

式中，$i=1,2,\cdots,m$ 是指混合离散型优化问题中的 m 个离散变量。其中

$$\begin{cases} q_i = \dfrac{x_i - x_{i,j}}{x_{i,j+1} - x_{i,j}} \\ x_{i,j} \leqslant x_i \leqslant x_{i,j+1}, \quad i = 1,2,\cdots,m \end{cases} \tag{7.51}$$

$x_{i,j}$ 和 $x_{i,j+1}$ 为第 i 个离散变量在 x_i 附近两相邻的离散值；x_i 为在相邻离散值 $x_{i,j}$ 和 $x_{i,j+1}$ 之间的任意坐标值；$\beta^{(k)}$ 为随迭代次数不同而取不同值的一个指数，规定 $\beta^{(k)}>1$。

式(7.50)的离散惩罚项 $Q(\boldsymbol{x}^D)$ 是一个对称函数。当式中的 q_i 为特殊值时，惩罚项 $Q(x_i)$ 的值如下：

$q_i=0$，对应设计变量 x_i 在离散值 $x_{i,j}$ 处，即 $x_i=x_{i,j}$（见式 7.51），$Q(x_i)=0$；

$q_i=1$，对应设计变量 x_i 在离散值 $x_{i,j+1}$ 处，即有 $x_i=x_{i,j+1}$，此时也有 $Q(x_i)=0$；

当 $q_i=0.5$ 时，对应设计变量 x_i 的值处于离散值 $x_{i,j}$ 与 $x_{i,j+1}$ 的平均值处，即 $x_i=(x_{i,j}+x_{i,j+1})/2$，此时有 $Q(x_i)=1$。

取 q_i 为一系列的值，并取不同的指数 $\beta^{(k)}$ 时得到的离散惩罚项 $Q(\boldsymbol{x}^D)$ 的对称曲线如图 7.17 所示。

在某一离散变量 x_i^D 坐标轴上，有相类似的情况，当迭代点处于坐标轴上的各离散值 $x_{i,j-1}, x_{i,j}, x_{i,j+1}$ 点上时，惩罚项 $Q(x_i^D)=0$，而在离散值之间的中点上，其惩罚项 $Q(x_i^D)=1$，它的变化曲线如图 7.18 所示。

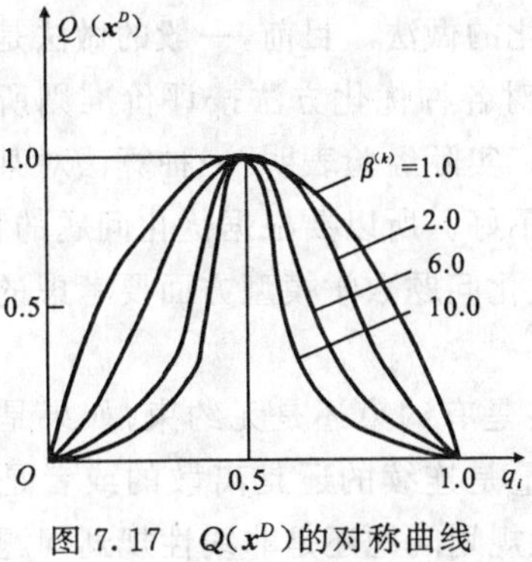

图 7.17　$Q(\boldsymbol{x}^D)$ 的对称曲线

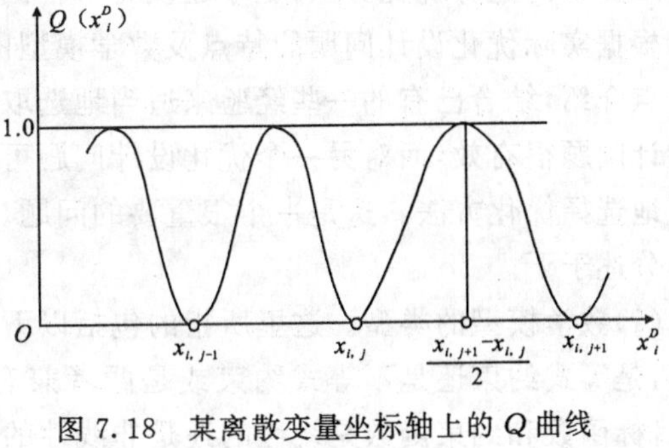

图 7.18　某离散变量坐标轴上的 Q 曲线

③关于罚因子 r 和指数 β 的选取。

违反约束的罚因子 $r_1^{(k)}$ 取递降的数列，即

$$r_1^{(0)} > r_1^{(1)} > \cdots > r_1^{(k)} > r_1^{(k+1)} > \cdots$$

令 $r_1^{(k+1)}=C_1 r_1^{(k)}$，递减系数 C_1 通常在 0.025～0.5 范围内选取。当 $k\to\infty$，则 $r_1^{(k)}\to 0$。

离散罚因子 $r_2^{(k)}$ 取递增数列，即

$$r_2^{(0)} < r_2^{(1)} < \cdots < r_2^{(k)} < r_2^{(k+1)} < \cdots$$

若令 $r_2^{(k+1)}=C_2 r_2^{(k)}$，则递增系数 $C_2>1$，通常取值为 $C_2=\sqrt{1/C_1}$。

指数 $\beta^{(k)}$ 取递减数列，$\beta^{(0)}>\beta^{(1)}>\beta^{(2)}>\cdots$，若令 $\beta^{(k+1)}=C_3\beta^{(k)}$，则递减系数 $C_3<1$，一般取 $C_3=1/1.2$。

④离散罚函数法的解法实质。

由罚函数的表达式(7.48)和罚因子 $r_1^{(k)}$，$r_2^{(k)}$，指数 $\beta^{(k)}$ 的逐次变化规律可知，随着迭代次数 k 的不断增加，使两惩罚项 $r_1^{(k)} G[g_u(\boldsymbol{x})] \to 0$ 和 $r_2^{(k)} Q(\boldsymbol{x}^D) \to 0$，从而使迭代点逐步收敛到可行域 $\mathscr{D}$ 内的离散点上，且有

$$\min \Phi(\boldsymbol{x}, r_1^{(k)}, r_2^{(k)}) \rightarrow \min F(\boldsymbol{x})$$

因此,离散罚函数法的实质,就是把一个约束离散变量的优化设计问题转化为一系列的无约束连续变量的优化设计问题,这与第五章所述的 SUMT 法是相类似的。

2. 离散罚函数法的算法步骤

①输入离散变量 x_i 的各离散值，给定初始值 $\boldsymbol{x}^{(0)}$，$r_1^{(0)}$，$r_2^{(0)}$，$\beta^{(0)}$ 和无约束极小化的收敛精度 ε。

②调用无约束优化方法程序求 $\Phi(\boldsymbol{x}, r_1^{(k)}, r_2^{(k)})$ 的优化点 $\boldsymbol{x}^*(r_1^{(k)}, r_2^{(k)})$。

③当 $k=0$ 时,转步骤④;否则转步骤⑤。

④$k \leftarrow k+1$, $r_1^{(k)} \leftarrow C_1 r_1^{(k)}$, $r_2^{(k)} \leftarrow C_2 r_2^{(k)}$, $\beta^{(k)} \leftarrow C_3 \beta^{(k)}$, $\boldsymbol{x}^{(0)} \leftarrow \boldsymbol{x}^*(r_1^{(k)}, r_2^{(k)})$,转步骤②。

⑤判断终止准则,若 $\| \boldsymbol{x}^*(r_1^{(k)}, r_2^{(k)}) - \boldsymbol{x}^{(0)} \| > \varepsilon$,则转步骤④;否则转下步。

⑥输出优化解 $\boldsymbol{x}^* \leftarrow \boldsymbol{x}^*(r_1^{(k)}, r_2^{(k)})$, $F^* \leftarrow F(\boldsymbol{x}^*)$。

7.5 优化方法的选择及评价准则

7.5.1 选择优化方法需考虑的问题

对优化设计问题,在建立了数学模型之后,就要选择一个恰当的优化方法,来进行最优解的求解。如何选择优化方法,至今还没有一种固定的规范化的做法。目前,一般的做法是由设计者根据实际优化设计问题的特点及数学模型的特点,再对各种优化方法按评价准则所作的优缺点介绍,结合已有的一些经验来适当地选取某种算法。实际经验表明,一种算法对某个优化设计问题很有效,而对另一个优化设计问题可能效果就不好。所以要根据优化问题的特点,恰当地选择优化方法。这是一个很重要的问题。下面就优化问题数学模型方面要考虑的一些因素分述于下。

(1)数学模型的类型。这里所指的包括以下几个方面:是有约束还是无约束;如果是有约束的,是等式约束还是不等式约束或是两者兼有;设计变量是连续的还是离散的或者是混合的;目标函数和约束函数是线性的还是非线性的,即属线性规划问题还是非线性规划问题等。

(2)优化设计问题的规模大小。主要是指设计变量的多少和约束条件的多少。

(3)目标函数和约束函数是否连续和有凸性,是否存在一阶和二阶导数等。

7.5.2 优化方法的评价准则

近年来我国在优化方法及其程序研制方面的工作发展很快。最近几十年来,我国和国外都已研制了一批优化方法的算法软件。比如国外的 ANSYS 中的优化软件包,MATLAB 中的优化工具箱和我国的常用优化方法程序库 OPB-1 等就为我们推广应用优化技术提供了良好的基础和先进的手段。有了先进且实用的算法软件,工程设计人员只需懂得优化算法的基本原理和软件的使用方法,就可以得心应手地使用这些软件去解决工程优化设计的实际问题。

为了比较不同算法的特性以及相应软件的技术水平,就得要一个合理的评价准则来加以衡量。下面简述几个主要的评价准则。

1. 可靠性

算法的可靠性是指在合理的精度要求下,在一定的计算时间或一定的迭代次数内求出最优解的成功率。它表征了算法对各种优化数学模型的解题能力。能够解出的问题越多,可靠性就越高。判定一种算法程序在解题中成功或失败的标准，一般从两个方面来认定：其一是获得解的精度是否可以被接受；其二是获得一定解精度所耗费的计算机机时是否在允许的限度以内。

2. 有效性

算法的有效性是指解题的效率。可用算法所耗费的解题时间或计算目标函数和约束函数值的次数以及求导数值的次数之总和来衡量。软件的有效性从实用角度来看是十分重要的。因为过长的计算时间，不仅会使程序的使用者感到厌烦和难以接受，而且还将增加计算机的机时费用。

3. 健壮性

算法的健壮性又称稳定性。它是指该软件和算法诊断和处理在计算过程中出现异常情况的能力，即程序抗数学模型病态的能力或求解病态问题的适应性。如果在程序中采取了对解算问题的预检、计算过程的监督、异常情况的处理以及出错后进行诊断和报告等措施，那么程序就能很好处理或解决一些病态问题，也即具有良好的健壮性。程序的健壮性与可靠性之间有着密切的关联，但又有明显的区别。有良好的健壮性必然会提高软件的可靠性，但可靠性又不完全反映在健壮性方面。

4. 易用性

易用性是指软件使用的方便性和统一性。比如：有好的操作使用说明书，可使用户易于使用和乐于接受；在算法中对一些需要确定的参数值在程序中给以设定或根据不同情况自动检索取值，免去用户自拟输入的手续，即采用省缺参数的方法；在运行过程中，采用人机对话的方式，使用户随时可以了解当前的运行状态；在大型程序库中，要求对各种方法能做到用户编写的函数子程序及原始信息的形式统一，技术文件和使用手册格式的统一等。

以上只是对优化算法及其程序软件的一些主要评价准则。实际上，要全面、客观地评价一种算法或一个程序软件的优劣还是一件相当复杂和困难的问题，也是一项值得进一步研究探讨的课题。

习　题

1. 设已知目标函数为如下的二次型函数：$F(\boldsymbol{x})=x_1^2+25x_2^2$。今拟通过使目标函数的二阶偏导数矩阵主对角线各元素为 1 的方法来改善目标函数的性态。试确定新的设计变量 $\hat{x}_1,\hat{x}_2$ 与原设计变量 x_1,x_2 之间的尺度变换关系式，写出尺度变换后的新目标函数 $F(\hat{\boldsymbol{x}})$，并作出尺度变换前后 $F=5.0$ 的等值线图形。

2. 已知目标函数 $F(\boldsymbol{x})=36x_1^2+x_2^2-6x_1x_2$。试通过尺度变换构造一个新的目标函数 $F(\hat{\boldsymbol{x}})$，使其海赛矩阵的主对角线元素均为 1。

3. 设有两个一维目标函数 $f_1(x)=x^2-4x+4$ 和 $f_2(x)=x^2-2x+2$，受约束于 $0\leqslant x\leqslant 4$。试确定此多目标函数的有效解集与劣解集。

4. 在第 3 题中，试建立以 $f_1(x)$ 为横坐标和 $f_2(x)$ 为纵坐标的有效解集曲线，并按下述两个要求分别求出多目标函数的最终解：

(1)满足 $f_1(x)=f_2(x)$ 的 x_1^*，$f_1(x_1^*)f_2(x_1^*)$；

(2)满足 $\min[f_1(x)+f_2(x)]$ 的 x_2^*，$f_1(x_2^*)$，$f_2(x_2^*)$。

5. 设已知某优化问题有如下两个目标函数

$$f_1(\boldsymbol{x})=(x_1-1)^2+(x_2-2)^2$$

$$f_2(\boldsymbol{x})=(x_1-3)^2+(x_2-1)^2$$

受约束于 $g(\boldsymbol{x})=1-x_2\geqslant 0$，试求：

(1)该多目标函数的可行点有效解集；

(2)求解满足 $f_1(\boldsymbol{x})=f_2(\boldsymbol{x})$ 要求的约束最优解 $\boldsymbol{x}^*$，$f_1(\boldsymbol{x}^*)$ 和 $f_2(\boldsymbol{x}^*)$。

6. 某优化问题的两个目标函数及约束条件同第5题。若其中的第一个目标函数 $f_1(\boldsymbol{x})$ 较为重要，给出函数值的宽容量为 $\varepsilon_1=0.2$。试用宽容分层序列法求此多目标函数的约束最优解 $\boldsymbol{x}^*$，$f_1(\boldsymbol{x}^*)$，$f_2(\boldsymbol{x}^*)$。

7. 设已知两个目标函数 $f_1(x)=x^2-2x+2$ 和 $f_2(x)=x^2-6x+12$。今采用线性加权法构成新目标函数 $U(x)=\lambda_1 f_1(x)+\lambda_2 f_2(x)$，$0\leqslant x\leqslant 4$。试求：

(1)按 $\lambda_j=1/f_j^*(j=1,2)$ 确定加权系数 λ_1 和 λ_2，写出新目标函数；

(2)求解新目标函数的约束优化解 x^*，$U(x^*)$，$f_1(x^*)$，$f_2(x^*)$；

(3)画出函数曲线 $f_1(x)$，$f_2(x)$ 和 $U(x)$，判断 x^* 是否为多目标函数的有效解。

8. 设在齿轮优化设计中有两个离散变量：模数 m、小齿轮齿数 Z_1，它们在上下界范围内的离散值分别为

m——2.0，2.5，3.0，4.0；

Z_1——20，21，22，23，24，26，28。

(1)写出离散变量 $\boldsymbol{x}=[x_1\quad x_2]^{\mathrm{T}}=[m\quad Z_1]^{\mathrm{T}}$ 的离散值域矩阵 Q；

(2)写出设计点 $\boldsymbol{x}=[2.5\quad 24]^{\mathrm{T}}$ 的单位邻域 $U(\boldsymbol{x})$ 的全部设计点；

(3)写出在点 $\boldsymbol{x}=[2.5\quad 24]^{\mathrm{T}}$ 处离散变量的增量 Δ_1^+、Δ_1^- 和 Δ_2^+、Δ_2^-。

第八章　机械优化设计应用实例

优化设计是一种现代设计方法，在机械设计中有着广泛的应用。近些年来，优化设计所解决的问题，量大面广，可以说成效卓著。从机构的最优化综合到机械零部件以至整机或系统的优化设计都做了大量的工作，这些成果已经产生了深刻的社会效益与明显的经济效益。本章仅列举几个较为简单而又具代表性的应用实例，以说明机械优化设计中数学模型建立的方法以及优化设计技术在机械设计中的应用。

8.1　连杆机构的优化设计[44]

连杆机构运动学设计的基本问题，可以归结为实现已知运动规律和已知运动轨迹两大类。解这类问题过去都是采用契贝雪夫的函数最佳逼近方法。但其计算复杂，并当机构的设计参数较少时，逼近精度不高。然而，若采用最优化方法去解决，不但很简便，而且十分有效。因此，目前对连杆机构的运动综合问题采用优化方法已很普遍。连杆机构的优化设计不只局限于运动学设计，在动力学的设计中同样也是十分成功的。

本节通过一个铰链四杆机构实现主、从动构件给定函数关系的设计问题，来说明最优化方法在连杆机构运动学综合方面的应用。

设 φ_0，ψ_0 分别为对应于摇杆在右极限位置时曲柄和摇杆的位置角（图 8.1），它们是以机架杆 AD 为基线逆时针方向度量的角度。

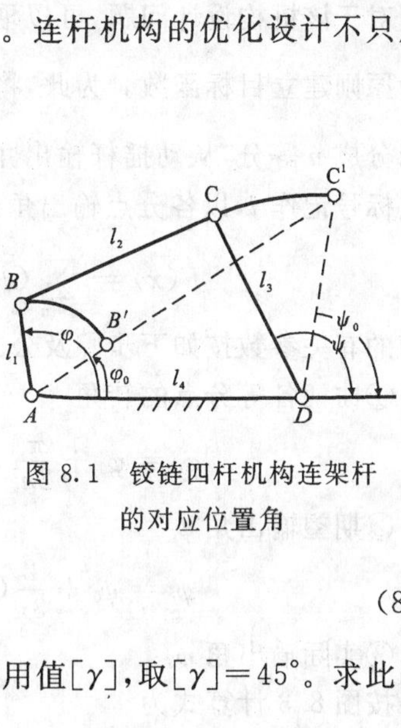

图 8.1　铰链四杆机构连架杆的对应位置角

要求设计一曲柄摇杆机构，当曲柄由 φ_0 转至 $\varphi_0+90°$ 时，摇杆的输出角 ψ 与曲柄转角 φ 之间实现如下的函数关系

$$\psi=\psi_0+\frac{2}{3\pi}(\varphi-\varphi_0)^2 \tag{8.1}$$

并要求在给定的运动范围内，机构的最小传动角不得小于许用值$[\gamma]$，取$[\gamma]=45°$。求此问题最优解，优化设计的过程及方法如下。

一、建立优化问题的数学模型

1. 确定设计变量

铰链四杆机构按主、从动连架杆给定的转角对应关系进行设计时，各杆长度按同一比例缩放并不影响主、从动杆转角的对应关系。因此可把曲柄长度作为单位长度，即令 $l_1=1$，其余三杆表示为曲柄长度的倍数，用其相对长度 l_2，l_3，l_4 作为变量。值得注意的是，在没有仔细分析以前似乎本问题与初始角 φ_0，ψ_0 也有关系，所以变量好像应为 l_2，l_3，l_4，φ_0 和 ψ_0 五个。但是经过分析发现，变量 φ_0 和 ψ_0 并不是独立变量，而是杆长的函数。按图 8.1 可以写出如下的函数

关系式

$$\varphi_0 = \arccos\left[\frac{(l_1+l_2)^2 - l_3^2 + l_4^2}{2(l_1+l_2)l_4}\right] \tag{8.2}$$

$$\psi_0 = \arccos\left[\frac{(l_1+l_2)^2 - l_3^2 - l_4^2}{2l_3 l_4}\right] \tag{8.3}$$

可见 φ_0 和 ψ_0 已由机构的四个相对杆长所决定，当取 $l_1=1$ 时独立变量只有 l_2, l_3, l_4 三个。

为了进一步缩减设计变量，还可以在这三个独立变量中预先选定一个。根据机构在机器中的许可空间，可以适当预选机架的长度，本题取 $l_4=5$。

经过上述分析与处置，独立变量只有 l_2, l_3。所以最后确定该优化问题的设计变量

$$\boldsymbol{x} = [l_2 \quad l_3]^{\mathrm{T}} = [x_1 \quad x_2]^{\mathrm{T}} \tag{8.4}$$

是一个二维优化问题。

2. 建立目标函数

机构学理论已经证明，用铰链四杆机构实现两连架杆对应转角的函数关系，由于机构独立参数的数目最多为五个，因此只能近似地实现预期的运动要求。在本题中，从动摇杆欲实现式(8.1)所示的输出角 ψ 的函数关系(图 8.2 中的实曲线)，而机构实际上只能实现图 8.2 中虚线 ψ_s 所示的近似关系。

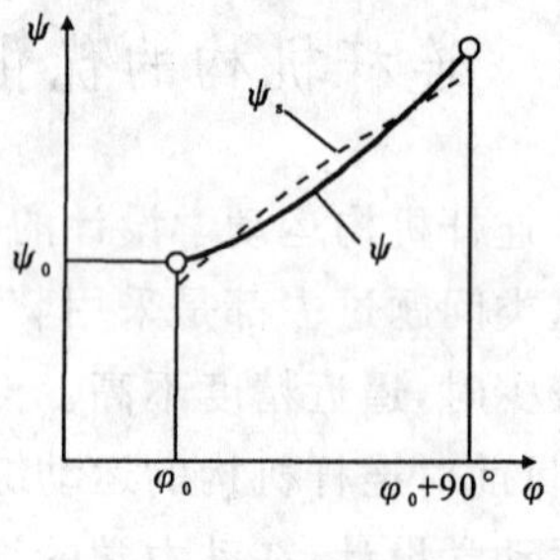

图 8.2 输出角函数图

对于该机构设计问题，可以取机构输出角的平方偏差最小为原则建立目标函数。为此，将曲柄转角为 $\varphi_0 \sim \varphi_0 + \frac{\pi}{2}$ 的区间分成 n 等分，从动摇杆输出角也有相对应的分点。若各分点标号记作 i，以各分点输出角的偏差平方总和作为目标函数，则有

$$F(\boldsymbol{x}) = \sum_{i=0}^{n} (\psi_i - \psi_{si})^2 \tag{8.5}$$

式中的有关参数按如下步骤及公式计算。

①曲柄各等分点的转角

$$\varphi_i = \varphi_0 + \frac{\pi}{2n} i, \qquad i = 0,1,2,\cdots,n \tag{8.6}$$

②期望输出角 ψ_i

$$\psi_i = \psi_0 + \frac{2}{3\pi}(\varphi_i - \varphi_0)^2, \qquad i = 0,1,2,\cdots,n \tag{8.7}$$

③实际输出角 ψ_{si}

按图 8.3 计算式为

$$\psi_{si} = \begin{cases} \pi - \alpha_i - \beta_i, & 0 \leqslant \varphi_i \leqslant \pi \quad [\text{图 } 8.3(\text{a})] \\ \pi - \alpha_i + \beta_i, & \pi < \varphi_i \leqslant 2\pi \quad [\text{图 } 8.3(\text{b})] \end{cases} \tag{8.8}$$

式中，$\alpha_i, \beta_i, \gamma_i$ 由图 8.3 得

$$\begin{cases} \alpha_i = \arccos\left(\dfrac{r_i^2 + x_2^2 - x_1^2}{2r_i x_2}\right) \\ \beta_i = \arccos\left(\dfrac{r_i^2 + 24}{10 r_i}\right) \\ r_i = \sqrt{26 - 10\cos\varphi_i} \end{cases} \tag{8.9}$$

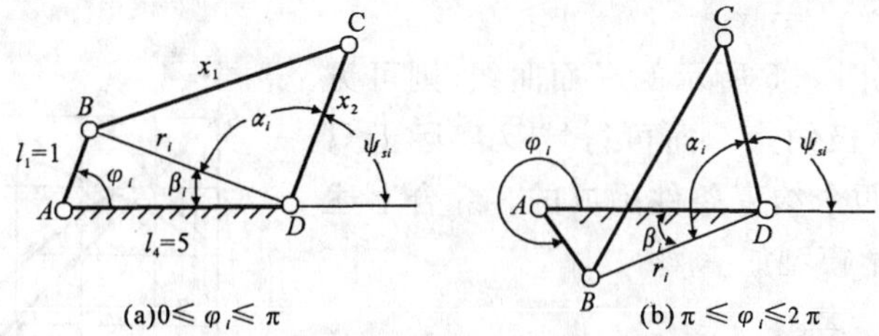

图 8.3 机构的实际输出角

于是由式(8.2)～式(8.9)就构成了一个目标函数的数学表达式。对应于每一个机构设计方案 $\boldsymbol{x}$,即可算出输出角的偏差平方总和 $F(\boldsymbol{x})$。

3. 确立约束条件

本题的设计受到两个方面的限制,其一是保证铰链四杆机构满足曲柄存在的条件,其二是在传递运动过程中的最小传动角大于 45°。

(1)按传动角要求建立约束条件。

由图 8.4(a)的传动角最小值位置用余弦定理写出

$$\cos\gamma=\frac{36-x_1^2-x_2^2}{2x_1x_2}\leqslant\cos45^\circ$$

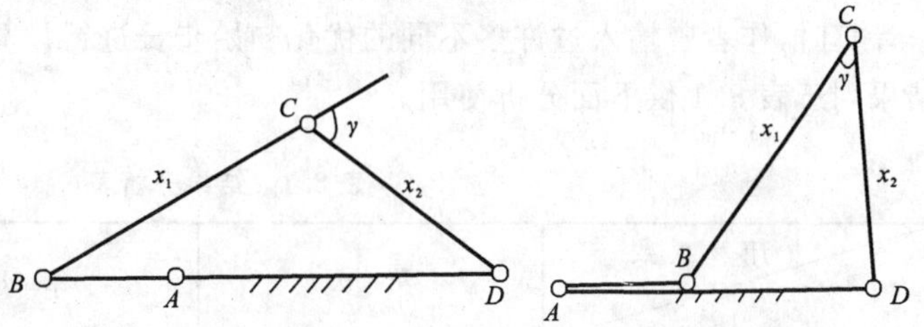

图 8.4 最小传动角的位置

整理得约束条件

$$g_1(\boldsymbol{x})=x_1^2+x_2^2+1.414x_1x_2-36\geqslant0$$

同理用图 8.4(b)的传动角最小位置写出

$$\cos\gamma=\frac{x_1^2+x_2^2-16}{2x_1x_2}\leqslant\cos45^\circ$$

整理得约束条件

$$g_2(\boldsymbol{x})=-x_1^2-x_2^2+1.414x_1x_2+16\geqslant0$$

(2)按曲柄存在条件建立约束条件。

$$l_2\geqslant l_1$$
$$l_3\geqslant l_1$$
$$l_1+l_4\leqslant l_2+l_3$$
$$l_1+l_2\leqslant l_3+l_4$$
$$l_1+l_3\leqslant l_2+l_4$$

写成约束条件有

$$g_3(\boldsymbol{x})=x_1-1\geqslant0$$
$$g_4(\boldsymbol{x})=x_2-1\geqslant0$$
$$g_5(\boldsymbol{x})=x_1+x_2-6\geqslant0$$
$$g_6(\boldsymbol{x})=x_2-x_1+4\geqslant0$$

$$g_7(\boldsymbol{x}) = x_1 - x_2 + 4 \geqslant 0$$

将全部约束条件画成图 8.5 所示的平面曲线，则可见 $g_3(\boldsymbol{x}) \sim g_7(\boldsymbol{x})$ 均是消极约束。而可行域 $\mathscr{D}$ 实际上只是由 $g_1(\boldsymbol{x})$ 与 $g_2(\boldsymbol{x})$ 两个约束条件围成的。综合上述分析，本题的优化数学模型如下

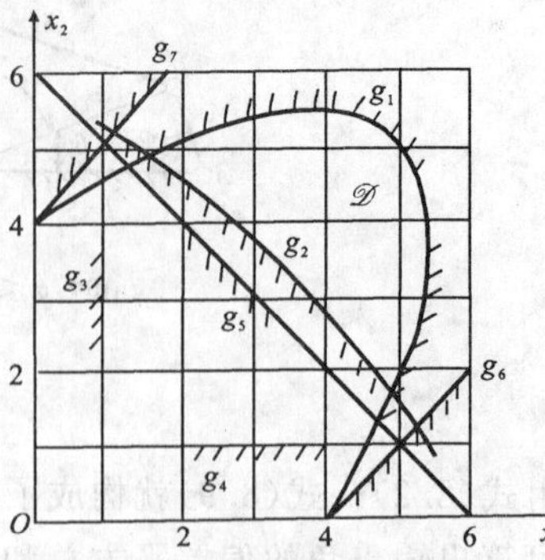

图 8.5　约束条件曲线

$$\left.\begin{aligned} &\min F(\boldsymbol{x}) = \sum_{i=0}^{n}(\psi_i - \psi_{si})^2 \\ &\boldsymbol{x} \in \mathscr{D} \subset \mathbf{R}^2 \\ &\mathscr{D}:\ g_1(\boldsymbol{x}) = x_1^2 + x_2^2 + 1.414x_1x_2 - 36 \geqslant 0 \\ &\qquad g_2(\boldsymbol{x}) = -x_1^2 - x_2^2 + 1.414x_1x_2 + 16 \geqslant 0 \end{aligned}\right\} \tag{8.10}$$

二、选择优化方法及结果分析

该题维数较低，用哪一种优化方法都适宜。这里选用约束坐标轮换法。

计算时，作者曾输入过许多不同的优化初始步长进行计算，这里只从中选出三次计算的优化结果列于表 8.1 供下面分析使用。

表 8.1　结果分析表

项目 \ 计算次数		第一次	第二次	第三次
输入数据	初始点 $\boldsymbol{x}^{(0)}$	$[4.5\quad 4.0]^{\mathrm{T}}$		
	初始步长 $\alpha^{(0)}$	0.1	0.01	0.001
输出结果	最优点 $\boldsymbol{x}^*$	$[4.9\quad 2.4]^{\mathrm{T}}$	$[4.14\quad 2.31]^{\mathrm{T}}$	$[5.59\quad 3.35]^{\mathrm{T}}$
	最优值 F^*	0.012 8	0.007 63	0.117
	φ_0	22°24′20″	26°04′20″	29°46′22″
	ψ_0	73°39′58″	99°50′04″	77°33′50″

由上面的计算结果可以看出，第二次计算结果应为最优解。即

$$\boldsymbol{x}^* = [l_2^*\quad l_3^*]^{\mathrm{T}} = [4.14\quad 2.31]^{\mathrm{T}}$$
$$F^* = 0.007\,63$$
$$\varphi_0 = 26°04'20''$$
$$\psi_0 = 99°50'04''$$

l_2^*，l_3^* 为相对杆长。最后，可根据机构的结构设计需要，按一定的比例尺缩放，即可求出机构实际杆长 L_1, L_2, L_3, L_4。

下面对表中第一、第三次结果进行分析。

第一次计算：初始步长 $\alpha^{(0)}=0.1$，输出结果为 $\boldsymbol{x}_1^*=[4.9\quad 2.4]^{\mathrm{T}}$，$F_1^*=0.012\,8$，由图 8.6 可知离实际最优点甚远。产生这种情况的原因是 $\alpha^{(0)}$ 取得太大。当迭代点到达上述位置时，由于此处目标函数等值线是下凹的，在该点四周的迭代点均失败，因此就误作为最优解输出。此解称为伪最优解。消除此故障的办法是：规定足够小的正数 ε，当步长 $\alpha>\varepsilon$ 时，即使四周迭

代点均失败也不终止迭代,而是将 α 减半,直至达到 $\alpha \leqslant \varepsilon$ 为止。

第三次计算:$\alpha^{(0)}=0.001$,步长虽然很小,但所得结果仍很差,原因是,在给定 $\boldsymbol{x}^{(0)}=[4.5\quad 4.0]^{\mathrm{T}}$ 及 $\alpha^{(0)}=0.001$的条件下,迭代点达到了临近约束边界的死点。在它四周的迭代点或是函数值增大,或是落入非可行域,于是终止迭代,输出了伪最优解。这就是在约束坐标轮换法中曾阐明过的退化现象。克服这一弊病的办法,是采取不同的初始点和步长,进行多次运算后,择其最优的方案作为问题的最优解。迭代的路线见图 8.6。

本题用罚函数法求解效果会更好些。

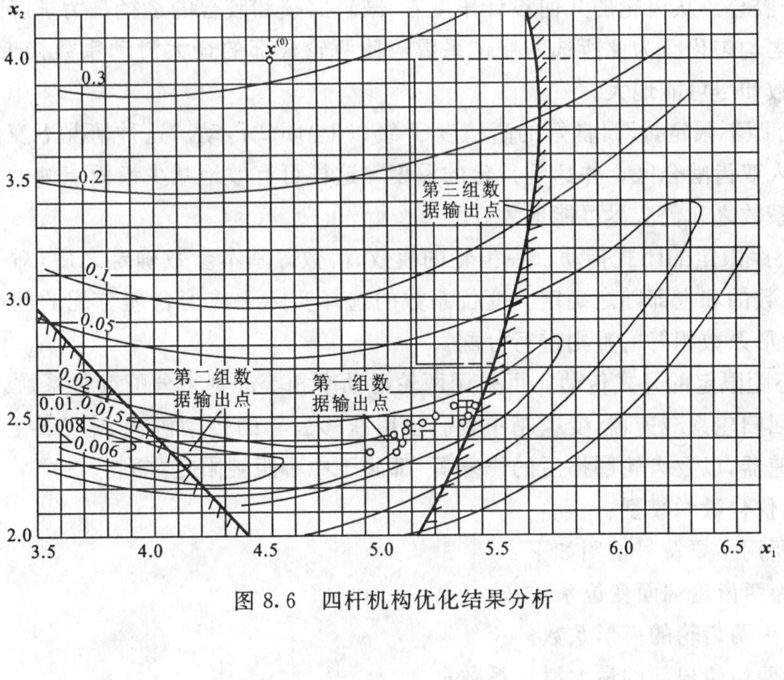

图 8.6　四杆机构优化结果分析

8.2　齿轮变位系数的优化选择[17]

在渐开线齿轮传动的参数选择方面,变位系数的确定是一个重要内容。合理地选择齿轮变位系数,能较大幅度地提高齿面接触疲劳强度,并减轻齿面的磨损和有利于防止胶合。

到目前为止,在已有的各种变位系数的选择方法中,普遍认为(前苏联)Т. Н. Болотовская 等提出的封闭图是较为完善的一种。它可以从百余幅封闭图中,较迅速而方便地按齿轮不同工况确定合理的变位系数。但是,随着设计方法的发展和设计要求的提高,已逐渐显示它的某些不足之处。它主要不能适应当前正在蓬勃发展着的计算机辅助设计所提出的要求。另外,由于封闭图齿数组合的不连续性,在许多情形下不得不用近似的组合来代替,以致产生误差。

这里,用优化方法来解决齿轮传动各种工况下的最佳变位系数选择问题就可弥补这一不足。

齿轮的应用非常广泛,工作情况繁杂,而变位系数的选择是与齿轮传动的设计类型及工作情况有着密切的关系。为此,把齿轮的各种工作情况加以综合,可分为六种情况,并相应地提出了选择的准则。

一、选择变位系数的准则

Ⅰ. 中心距不限定，润滑良好的软齿面(HB≤350)闭式传动。这种传动的齿轮主要失效形式为因齿面接触疲劳强度不足而产生点蚀。选择变位系数的准则应使传动获得尽可能大的变位系数和，从而增大传动的啮合角，以最大限度地提高齿面接触强度。

Ⅱ. 中心距不限定，润滑良好的硬齿面(HB>350)闭式传动。齿根弯曲疲劳折断将是这种情况的主要失效形式。选择变位系数应力求使一对齿轮获得相近的齿形系数，以达到等弯曲强度的效果。在满足此条件的情况下，仍尽可能使之具有较大的变位系数和。

Ⅲ. 中心距不限定，润滑不良的开式、半开式传动，或高、低速重载齿轮传动。前者易于磨损，后者易于胶合。从齿轮的几何设计角度看，减轻磨损和胶合的途径是力求降低两轮齿面的滑动率并使之均匀化。为此所选的变位系数应使两轮根部的最大滑动系数接近相等，同时使两轮变位系数和尽可能地大。

Ⅳ. 中心距不限定，润滑良好的高精度(7 级以上)闭式传动。这种情况下变位系数的选择应使节点进入双齿啮合区，并达到预定的深度，这样可有效地减少齿面点蚀的可能性。与此同时，变位系数之和仍应尽可能地大。

Ⅴ. 中心距限定的闭式传动。在齿轮的模数、齿数等基本参数确定之后，对一定的中心距而言，变位系数的和也即随之确定。变位系数的选择实际上成为合理分配的问题。在闭式传动中，可用齿形系数相等的准则进行分配。

Ⅵ. 中心距限定的开式传动。可采用两轮滑动率相等准则来分配变位系数。

同心式回归轮系减速器，变速箱中具有公用滑移齿轮的传动机构，中心距已标准化、系列化的普通减速器，以及齿轮磨损后的修复等，都属于中心距被限定之列。

二、建立优化数学模型

下面对所用主要符号说明如下：

x_{t_1}，x_{t_2} 为两齿轮端面变位系数；

Y_{F_1}，Y_{F_2} 为两齿轮的齿形系数；

η_1，η_2 为两齿轮根部的最大滑动系数；

$[\varepsilon]$为重合度的许用值；

$[s_a^*]$为齿顶厚的许用值；

α_t，α'_t 为端面压力角、端面啮合角；

α_{at_1}，α_{at_2} 为两轮端面齿顶圆压力角；

d_{a_1}，d_{a_2} 为两轮齿顶圆直径；

z_1，z_2 为两轮齿数；

h_{an}^* 为法面齿顶高系数；

β 为斜齿轮的分度圆螺旋角；

α_{B_1}，α_{B_2} 为两轮齿廓工作段根部点的压力角；

δ 为节点进入双齿啮合区的深度系数。

1. 选择设计变量

设计变量取为两齿轮的端面变位系数 x_{t_1} 与 x_{t_2}，即

$$\boldsymbol{x}=[x_{t_1}\quad x_{t_2}]^{\mathrm{T}} \tag{8.11}$$

2. 建立目标函数

根据对选择变位系数准则的分析，按其六种不同情况建立三种不同的目标函数，分述如

下。

(1)对于情况Ⅰ、Ⅱ、Ⅲ、Ⅳ,由于所追求的指标是变位系数和最大,因此目标函数为

$$F(\boldsymbol{x}) = -(x_{t_1} + x_{t_2}) \tag{8.12}$$

(2)对于情况Ⅴ,取两轮齿形系数之差的绝对值为目标函数

$$F(\boldsymbol{x}) = |Y_{F_1} - Y_{F_2}| \tag{8.13}$$

(3)对于情况Ⅵ,取两轮根部滑动率之差的绝对值为其目标函数

$$F(\boldsymbol{x}) = |\eta_1 - \eta_2| \tag{8.14}$$

3. 列出约束条件

约束条件包括不等式约束条件与等式约束条件两部分。

(1)不等式约束条件

不等式约束条件是考虑到所选变位系数必须满足的传动基本要求。它们包括:齿轮无根切,必要的重合度,必要的齿顶厚,无过渡曲线干涉。

(1)保证两齿轮均无根切,其约束条件为

$$g_1(\boldsymbol{x}) = x_{t_1} - h_{an}^* \cos\beta + \frac{z_1}{2}\sin^2\alpha_t \geqslant 0 \tag{8.15}$$

$$g_2(\boldsymbol{x}) = x_{t_2} - h_{an}^* \cos\beta + \frac{z_2}{2}\sin^2\alpha_t \geqslant 0 \tag{8.16}$$

(2)重合度不小于许用值,其约束条件为

$$g_3(\boldsymbol{x}) = \frac{1}{2\pi}[z_1(\tan\alpha_{at_1} - \tan\alpha'_t) + z_2(\tan\alpha_{at_2} - \tan\alpha'_t)] - [\varepsilon] \geqslant 0 \tag{8.17}$$

(3)齿顶厚系数不小于许用值,其约束条件为

$$g_4(\boldsymbol{x}) = d_{a_1}\left(\frac{0.5\pi + 2x_{t_1}\tan\alpha_t}{z_1} - \mathrm{inv}\alpha_{at_1} + \mathrm{inv}\alpha_t\right) - [s_a^*] \geqslant 0 \tag{8.18}$$

$$g_5(\boldsymbol{x}) = d_{a_2}\left(\frac{0.5\pi + 2x_{t_2}\tan\alpha_t}{z_2} - \mathrm{inv}\alpha_{at_2} + \mathrm{inv}\alpha_t\right) - [s_a^*] \geqslant 0 \tag{8.19}$$

(4)无过渡曲线干涉,其约束条件为

$$g_6(\boldsymbol{x}) = -\frac{z_2}{z_1}(\tan\alpha_{at_2} - \tan\alpha'_t) - \tan\alpha_t + \tan\alpha'_t + \frac{4(h_{an}^*\cos\beta - x_{t_1})}{z_1\sin2\alpha_t} \geqslant 0 \tag{8.20}$$

$$g_7(\boldsymbol{x}) = -\frac{z_1}{z_2}(\tan\alpha_{at_1} - \tan\alpha'_t) - \tan\alpha_t + \tan\alpha'_t + \frac{4(h_{an}^*\cos\beta - x_{t_2})}{z_2\sin2\alpha_t} \geqslant 0 \tag{8.21}$$

(2)等式约束条件

等式约束条件是根据不同工况的特殊要求而建立的,又可以分为四种,应根据不同的工况选择其中之一。

(a)对于情况Ⅱ,要求两轮齿形系数相等,则建立等式约束条件为

$$h_1(\boldsymbol{x}) = Y_{F_1} - Y_{F_2} = 0 \tag{8.22}$$

齿形系数 Y_F 的计算公式参阅国家标准《渐开线圆柱齿轮承载能力计算方法》。

(b)对于情况Ⅲ,要求齿轮根部的滑动率相等,则建立等式约束条件为

$$h_1(\boldsymbol{x}) = \eta_1 - \eta_2 = 0 \tag{8.23}$$

滑动率算式为

$$\eta_1 = \left(1 + \frac{z_1}{z_2}\right)\frac{\tan\alpha'_t - \tan\alpha_{B_2}}{\tan\alpha_{B_2}}$$

$$\eta_2 = \left(1+\frac{z_2}{z_1}\right)\frac{\tan\alpha'_t - \tan\alpha_{B_1}}{\tan\alpha_{B_1}}$$

$$\tan\alpha_{B_1} = \tan\alpha'_t - \frac{z_1}{z_2}(\tan\alpha_{at_1} - \tan\alpha'_t)$$

$$\tan\alpha_{B_2} = \tan\alpha'_t - \frac{z_2}{z_1}(\tan\alpha_{at_2} - \tan\alpha'_t)$$

(c)对于情况Ⅳ,要求啮合节点进入双齿啮合区的大齿轮顶部端,深度为δm。则等式约束条件为

$$h_1(\boldsymbol{x}) = \delta_2 - \delta = 0 \tag{8.24}$$

式中,δ_2 是实际深度系数,按下式计算

$$\delta_2 = \frac{z_1}{2}\cos\alpha_t(\tan\alpha_{at_1} - \tan\alpha'_t) - \pi\cos\alpha_t$$

(d)对于情况Ⅴ、Ⅵ,则变位系数必须满足预定的中心距要求。若满足中心距要求的变位系数和为 C,则等式约束条件为

$$h_1(\boldsymbol{x}) = x_{t_1} + x_{t_2} - C = 0 \tag{8.25}$$

式(8.15)～式(8.25)构成了一个包括不等式与等式约束条件的六种一般型(GP 型)的约束函数的数学模型。

四、计算实例

已知润滑良好的 7 级精度直齿圆柱齿轮传动的参数如下:法面压力角 $\alpha_n=20°$,法面齿顶高系数 $h_{an}^*=1.0$,法面径向间隙系数 $c_n^*=0.25$,齿数 $z_1=50$,$z_2=80$。许用齿顶厚系数$[s_a^*]=0.25$,重合度许用值$[\varepsilon]=1.2$,节点进入双齿啮合区深度系数 $\delta=0.6$,中心距不限定。求该齿轮副的法面变位系数 x_{n_1},x_{n_2} 的最优值。

解:

(1)根据前面的分析,该问题应按情况Ⅳ选择准则处理,建立优化数学模型,是一个二维的具有七个不等式约束和一个等式约束的一般型(GP 型)约束优化问题。其数学模型如下。

$$\min F(\boldsymbol{x}) = -(x_{t_1} + x_{t_2})$$

$$\boldsymbol{x} \in \mathscr{D} \subset \mathbf{R}^2$$

$$\mathscr{D}:\ g_u(\boldsymbol{x}) \geqslant 0,\quad u = 1,2,\cdots,7 \qquad [\text{式}(8.15) \sim \text{式}(8.21)]$$

$$h_1(\boldsymbol{x}) = \delta_2 - \delta = 0 \qquad [\text{式}(8.24)]$$

(2)选择优化方法,进行优化计算,写出计算结果。

该问题是 GP 型约束优化问题,用混合罚函数法求解,所得结果如下。

$$x_{n_1}^* = 1.296,\quad x_{n_2}^* = 0.326,\quad s_{a_1} = 0.565$$

$$s_{a_2} = 0.866,\quad \varepsilon = 1.437,\quad \delta_2 = 0.590$$

8.3 行星减速器的优化设计[45]

行星减速器具有体积小、传动比大的突出优点,是一种应用十分广泛的机械传动装置。但是这种减速器的设计计算比较复杂。

行星减速器的体积、重量及其承载能力,主要取决于传动参数的选择。设计问题一般是在给定传动比和输入扭矩的情况下,确定行星轮的个数,各轮齿数、模数和齿轮宽度等参数。由于行星减速器在结构上的特殊性,各齿轮的齿数不能任意选取,必须严格按照一定的配齿条件

进行计算。常规的设计方法是，先选择行星轮的个数，再按配齿条件进行配齿，这种配齿计算的结果不是唯一的，能获得多种配齿方案，可根据结构布置和设计者的经验，从中选择一组齿数方案，再按强度计算模数、齿宽等参数。在选择参数方案时，往往没有明确的评价指标，如果要选择一组既能满足要求又比较好的设计方案，则必须从多种方案的大量计算中通过比较来选择。即使这样，也还不能得到最优的方案。因此，行星减速器的优化设计是一个具有实际意义的课题。

下面以应用最为广泛的单排 2K-H 行星减速器（NGW 型）为例说明优化设计的数学模型建立和计算结果及其分析处理。

为了简化问题的讨论，这里仅涉及标准齿轮的行星减速器。

图 8.7 是减速器的简图。1，3 为中心轮，2 是行星轮，H 为系杆。齿轮 1 为输入件，H 为输出件。

原始数据为：传动比 $u=4.64$，输入扭矩 $T_1=1\,117$ N·m，齿轮材料均用 38 SiMnMo 钢，表面淬火硬度 HRC=45～55，选取行星轮个数 $C=3$。

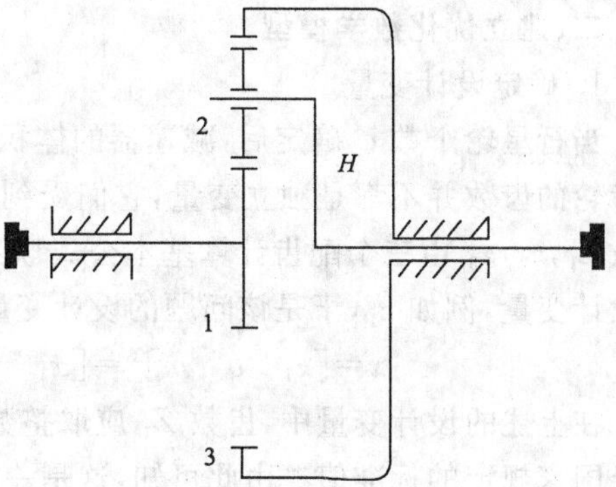

图 8.7　NGW 行星减速器简图

试按减速器获得最小体积准则确定该减速器的主要参数，要求传动比相对误差

$$\Delta u \leqslant 0.01$$

现有方案的设计参数是：齿数 $Z_1=22$，$Z_2=29$，$Z_3=80$，齿宽 $b=52$mm，模数 $m=5$mm，供参考。

解：

一、配齿计算的基本公式

行星减速器各轮齿数的关系必须同时满足下面四个条件：传动比条件、装配条件、同轴条件和邻接条件。这就是所谓行星减速器的配齿条件。这里，先按前三个条件列出配齿计算公式，以便建立目标函数，最后一个条件在设计约束中考虑。

(1)传动比条件。

单排 2K-H 机构的传动比是

$$u=1+\frac{z_3}{z_1}$$

由此得齿数关系之一

$$z_3=(u-1)z_1 \tag{8.26}$$

(2)装配条件。

装配条件指 C 个行星轮应在同一圆周上均匀分布，而且同时与两个中心轮 1，3 的轮齿正确啮合所必须满足的条件。

$$\frac{z_1+z_3}{C}=T$$

式中，T 为任意正整数。由此得齿数关系之二，即

$$z_1+z_3=CT \tag{8.27}$$

(3)同轴条件。

同轴条件指齿轮 1 与 3 的轴心线必须在一条直线上，即

$$d_1+2d_2=d_3$$

由于相互啮合的齿轮必须具有相同的模数，且这里只讨论标准齿轮，因此应满足的齿数关系之三。

$$z_1+2z_2=z_3 \tag{8.28}$$

式(8.26)、式(8.27)、式(8.28)是配齿计算的基本公式。

二、建立优化数学模型

1. 确定设计变量

当行星轮个数 C 确定后，减速器的体积取决于齿轮的齿数 z_1,z_2,z_3，齿宽 b 和模数 m。而各齿轮的齿数并不都是独立变量，它们受到式(8.26)、式(8.27)、式(8.28)的制约。由于三个函数 z_1,z_2,z_3 由三个配齿计算基本公式联系着，齿数又必须是整数，所以只需取其中的一个为设计变量，例如 z_1，于是该问题的设计变量是

$$\boldsymbol{x}=[z_1 \quad b \quad m]^{\mathrm{T}}=[x_1 \quad x_2 \quad x_3]^{\mathrm{T}} \tag{8.29}$$

在上述的设计变量中，齿数 Z_1 应取整数，一般情况下齿轮宽度 b 也应取为整数，而模数应符合国家规定的标准值。由此可知，这是一个离散变量的优化设计问题。本例中，可先将它们以连续变量对待进行优化，然后再作离散化处理，见本节解题步骤中的四。

2. 建立目标函数

题目要求按减速器体积最小为设计准则。因此，可取中心轮 1 和行星轮 2 的体积和作为目标函数，即

$$V=\frac{\pi}{4}(d_1^2+Cd_2^2)b \tag{8.30}$$

式中，d_1 为齿轮 1 的分度圆直径；d_2 为齿轮 2 的分度圆直径；b 为齿轮的宽度。

将 $d_1=mz_1$，$d_2=mz_2$ 代入式(8.30)，并引入配齿关系式(8.26)和式(8.28)，经整理得

$$F(\boldsymbol{x})=\frac{\pi}{16}m^2z_1^2b[4+(u-2)^2C] \tag{8.31}$$

考虑到式(8.29)，并将 $u=4.64$，$C=3$ 代入式(8.31)中，建立起目标函数

$$F(\boldsymbol{x})=4.891x_1^2x_2x_3^2 \tag{8.32}$$

3. 确立约束条件

(1)齿面接触强度。

该轮系中有外啮合齿轮副和内啮合齿轮副。由于内啮合齿轮的接触强度高于外啮合，故在齿面接触疲劳强度计算方面只需考虑外啮合副的接触强度条件作为设计约束。

按齿面接触强度公式

$$d_1\geqslant 2.32\sqrt[3]{\frac{kT_1}{\phi_d}\left(\frac{Z_uZ_E}{[\sigma]_H}\right)^2}\ (\mathrm{mm}) \tag{8.33}$$

式中，T_1 为齿轮 1 的输入扭矩(N·m)；ϕ_d 为齿宽系数，$\phi_d=b/d_1$；$[\sigma]_H$ 为齿轮的接触疲劳许用应力(MPa)；其他系数的意义见参考文献[41]。

若令 $$A_H=2.32^3k\left(\frac{Z_uZ_E}{[\sigma]_H}\right)^2$$

则式(8.33)简化为

$$Z_1^2m^2b\geqslant A_HT_1$$

得约束条件

$$g_1(\boldsymbol{x})=x_1^2x_2x_3^2-A_HT_1\geqslant 0 \tag{8.34}$$

(2)齿根弯曲疲劳强度。

由于各齿轮的材料及热处理均相同，则小齿轮 1 根部弯曲强度最弱，因此取轮 1 的弯曲强度来建立约束条件。

齿根弯曲疲劳强度计算公式

$$m\geqslant\sqrt[3]{\frac{2kT_1}{\phi_d z_1}\left(\frac{Y_{Fa}Y_{sa}}{[\sigma]_F}\right)}\text{(mm)} \tag{8.35}$$

式中，$[\sigma]_F$ 为齿轮的弯曲疲劳许用应力(MPa)；Y_{Fa} 为齿形系数，近似取为 $4.69-0.63\ln z_1$；Y_{sa} 为应力校正系数。

令 $$A_F=2k\left(\frac{Y_{sa}}{[\sigma]_F}\right)$$

则式(8.35)简化为

$$z_1bm^2\geqslant A_FT_1(4.69-0.63\ln z_1)$$

得约束条件

$$g_2(\boldsymbol{x})=x_1x_2x_3^2-A_FT_1(4.69-0.63\ln x_1)\geqslant 0 \tag{8.36}$$

(3)行星轮的邻接条件。

行星轮的邻接条件是指行星轮之间不应因互相碰撞而无法安装。由图 8.8 知，邻接条件应满足

$$d_{a_2}\leqslant 2a\sin\frac{\pi}{C}$$

式中，$d_{a_2}=m(Z_2+2h_a^*)$

$$a=\frac{m}{2}(Z_1+Z_2)$$

由式(8.26)和式(8.28)导出

$$z_2=\frac{1}{2}(u-2)z_1$$

对于正常齿制($h_a^*=1.0$)，邻接条件写作

$$\frac{u-2}{2}z_1+2\leqslant z_1\left(1+\frac{u-2}{2}\right)\sin\frac{\pi}{C}$$

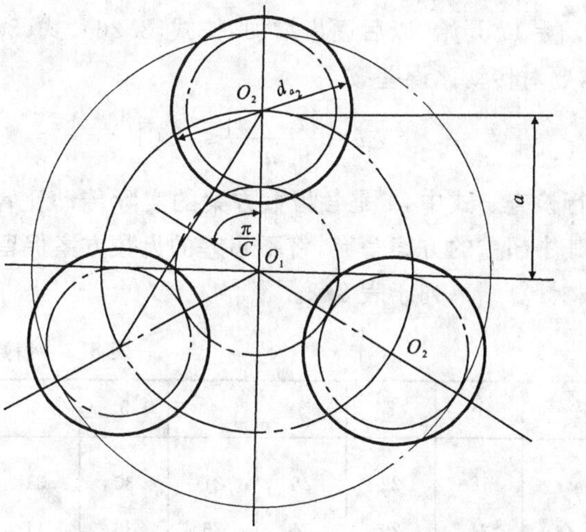

图 8.8 行星轮的邻接条件

得约束条件

$$g_3(\boldsymbol{x})=\left[\left(1+\frac{u-2}{2}\right)\sin\frac{\pi}{C}-\frac{u-2}{2}\right]x_1-2\geqslant 0 \tag{8.37}$$

(4)其他界限约束。

齿宽限制 $b\geqslant 10$mm，有

$$g_4(\boldsymbol{x})=x_2-10\geqslant 0 \tag{8.38}$$

模数限制 $m\geqslant 2$mm，有

$$g_5(\boldsymbol{x})=x_3-2\geqslant 0 \tag{8.39}$$

齿宽推荐范围：$5m\leqslant b\leqslant 17m$，有

$$g_6(\boldsymbol{x})=x_2-5x_3\geqslant 0 \tag{8.40}$$

$$g_7(\boldsymbol{x})=17x_3-x_2\geqslant 0 \tag{8.41}$$

小齿轮不发生根切，$z_1\geqslant 17$，有

$$g_8(\boldsymbol{x})=x_1-17\geqslant 0 \tag{8.42}$$

式(8.35)～式(8.42)共八个不等式约束条件。

从而建立了行星减速器优化设计的数学模型。它是一个具有八个不等式约束的三维优化问题。

三、选择优化方法及计算结果

本题采用了复合形法求解，复合形顶点数取 $k=6$。迭代终止精度 $\varepsilon=10^{-4}$。初始复合形的一个顶点取自原设计方案的参数，它是一个可行点

$$\boldsymbol{x}^{(0)}=[22\quad 52\quad 5]^{\mathrm{T}}$$

其余顶点由随机法产生。通过计算，得连续型最优解

$$\boldsymbol{x}^*=[22.55\quad 53.26\quad 4.35]^{\mathrm{T}} \tag{8.43}$$

$$F^*=2.5028\times 10^6\ \mathrm{mm}^3$$

四、对计算结果的分析与处理

上述连续型最优解需要离散化，齿数 z_1 必须取整，而且取整后的齿数 z_1 与相应所取的齿数 z_2，z_3 仍需满足配齿条件。为此，要进行如下的配齿计算。对于齿轮 1 从无根切的最少齿数 $Z_1=17$ 开始，以后逐齿增加，按式(8.26)、式(8.27)、式(8.28)计算齿数，每得一组整数齿方案，要对传动比误差按

$$\Delta u=\frac{|u'-u|}{u}\leqslant 0.01$$

进行检查。式中，u' 是各齿数方案的实际传动比；u 是题目要求的传动比。在检查的过程中，将其中超差的方案舍弃，将不超差的齿数方案保留，一直计算到预先规定的组数为止。

计算结果列于表 8.2。

表 8.2　齿数方案

序号	1	2	3	4	5	6	7	8	9	10	11	12
Z_1	18	22	26	27	30	31	35	36	39	40	41	43
Z_2	24	29	34	36	36	41	46	48	51	53	55	56
Z_3	66	80	94	99	108	113	127	132	141	146	151	155

对于式(8.43)所得设计方案中，连续型齿数 $Z_1=22.55$，在齿数方案表中与它上下相近的齿数是 22、26；式(8.43)中齿宽 $b=53.26$，应圆整为 53 或 54；对于模数 $m=4.35$，必须标准化，取 4 或 4.5。将这些取整后的参数组合成解的组，见表 8.3。

经过比较，应取方案 1。

$$Z_1=22,\ b=53\mathrm{mm},\ m=4.5\mathrm{mm}$$

由表 8.2 查得与 $Z_1=22$ 对应的

$$Z_2=29,\ Z_3=80$$

按这个离散化的优化方案计算其最优值为

$$F^* = 4.891(x_1^*)^2 x_2^* (x_3^*)^2 = 2.540\,6 \times 10^6 \text{mm}^3$$

而原设计方案的目标函数值为

$$F(x^{(0)}) = 3.077 \times 10^6 \text{mm}^3$$

可见，优化方案与原方案相比，其体积可减小 17.5%。在大量生产中，这将取得很显著的经济效果。

表 8.3　参数解的组合表

方案序号	Z_1	b (mm)	m (mm)	是否可行解	F^* (mm^3)
1	22	53	4.5	是	$2.540\,6\times10^6$
2	22	53	4.0	否	
3	22	54	4.5	是	$2.588\,5\times10^6$
4	22	54	4.0	否	
5	26	53	4.5	是	$3.548\,4\times10^6$
6	26	53	4.0	是	$2.803\,7\times10^6$
7	26	54	4.5	是	$3.615\,3\times10^6$
8	26	54	4.0	是	$2.856\,6\times10^6$

8.4　弹簧的优化设计

弹簧应用广泛，种类繁多。本节只介绍普通圆柱形压缩螺旋弹簧的优化设计。

设计弹簧时，通常是根据最大工作载荷、所允许的变形以及对结构方面的要求等来确定弹簧丝直径、弹簧中径、工作圈数、弹簧自由高度等。按照常规的设计方法，需要进行多次反复运算，才能取得一个满足设计要求的方案，但还不是最优方案。因此，采用优化设计方法来设计弹簧，这是一件很有意义的工作。

下面以一个实例来说明。

有一内燃机的气门弹簧，已知它的工作条件参数是：安装高度 $h_1 = 50.8$mm，初载荷 $F_1 = 272$N，最大工作载荷 $F_2 = 680$N，工作行程 $h = 10.16$mm，弹簧工作频率 $f_r = 50$Hz，弹簧工作温度为126℃。弹簧丝材料为50CrVA，油淬回火，喷丸处理。设计的参数要求是：弹簧中径范围 20mm$\leqslant D_2 \leqslant$50mm，总圈数 $4 \leqslant n_1 \leqslant 50$，支承圈数 $n_2 = 1.75$，旋绕比 $C \geqslant 6$，安全系数取 1.2，弹簧刚度相对误差不超过 0.01。试按重量最轻原则优选出弹簧的参数方案。

一、建立弹簧优化数学模型

(1)确定设计变量。

影响弹簧重量的参数有弹簧钢丝直径 d、弹簧中径 D_2、弹簧总圈数 n_1。它们都是独立的参数。故取这三个参数为设计变量。

$$\boldsymbol{x} = [d \quad D_2 \quad n_1]^T = [x_1 \quad x_2 \quad x_3]^T \tag{8.44}$$

与 8.3 节中行星齿轮减速器优化设计的设计变量相类似，本节中的弹簧设计变量 d, D_2, n

也应取成整数或标准值，是一个离散变量的优化设计问题。这里，我们仅以连续变量对待来说明数学建模的方法，随后的离散化处理再按第七章的 7.4.2 节所述凑整法进行。

(2)建立目标函数。

该问题是追求弹簧重量最轻为目标，因此，以弹簧重量作为目标函数

$$W=\frac{\pi}{4}d^2(\pi D_2)n_1\rho$$

式中，ρ 为钢丝材料的重度，$\rho=7.8\times10^{-5}\text{N/mm}^3$。

将 ρ 的具体数值代入，并用 x_1,x_2,x_3 代表设计变量，可写出目标函数

$$F(\boldsymbol{x})=1.925\times10^{-4}x_1^2x_2x_3 \tag{8.45}$$

(3)确立约束条件。

按照弹簧的使用要求，依据对圆柱形压缩螺旋弹簧的设计与计算公式，可列出如下各项设计约束。

①疲劳强度条件。

按题目要求，疲劳强度安全系数 S 不小于许用的安全系数 $S_{\min}$，即满足

$$S\geqslant S_{\min}$$

取

$$S_{\min}=1.2$$

$$S=\frac{\tau_0}{\left(\dfrac{2\tau_s-\tau_0}{\tau_s}\right)\tau_a+\left(\dfrac{\tau_0}{\tau_s}\right)\tau_m}$$

式中，τ_s 为弹簧材料的剪切屈服极限，可取

$$\tau_s=0.5\sigma_b=740\text{N/mm}^2 \qquad (\sigma_b\text{ 为抗拉强度极限})$$

τ_0 为弹簧材料的脉动循环疲劳极限，考虑到弹簧的材料、工作温度、可靠度、热处理等因素，确定为

$$\tau_0=365.4\text{N/mm}^2$$

τ_a 为剪应力幅，

$$\tau_a=k\frac{8F_aD_2}{\pi d^3}$$

τ_m 为平均剪应力，

$$\tau_m=k_s\frac{8F_mD_2}{\pi d^3}$$

其中：

k 为曲度系数，按近似式计算有

$$k=\frac{1.6}{(D_2/d)^{0.14}}$$

k_s 为应力修正系数，按下式确定

$$k_s=1+\frac{0.615d}{D_2}$$

F_a 为载荷幅，

$$F_a=\frac{1}{2}(F_2-F_1)=204\text{N}$$

F_m 为平均载荷，

$$F_m=\frac{1}{2}(F_2+F_1)=476\text{N}$$

将 k，k_s，F_a，F_m 代入 τ_a，τ_m 中，得

$$\tau_a=\frac{831.2x_2^{0.86}}{x_1^{2.86}}$$

$$\tau_m=\frac{1\ 212.12x_2}{x_1^3}+\frac{745.46}{x_1^2}$$

经整理得约束条件

$$g_1(\boldsymbol{x})=\frac{365.4}{\frac{1\ 256.24x_2^{0.86}}{x_1^{2.86}}+\frac{590.3x_2}{x_1^3}+\frac{363.03}{x_1^2}}-1.2\geqslant 0 \tag{8.46}$$

②稳定性条件。

防止失稳的条件是最大工作载荷 F_2 不大于压缩弹簧稳定性的临界载荷 F_C，即

$$F_2\leqslant F_C$$

临界载荷按下式计算

$$F_C=0.813H_0K\left[1-\sqrt{1-\frac{6.85}{\mu^2}\left(\frac{D_2}{H_0}\right)^2}\right]$$

式中，H_0 为弹簧自由高度，它等于压并高度 H_b 与压并变形量 λ_b 之和，即

$$H_0=H_b+\lambda_b$$

其中 $H_b\approx(n_1-0.5)d$

取 $\lambda_b\approx 1.2\lambda$ （λ 为弹簧的最大变形量）

弹簧最大变形量

$$\lambda=\frac{F_2}{K}=\frac{680}{40.2}=16.92(\text{mm})$$

K 为要求弹簧具有的刚度

$$K=\frac{F_2-F_1}{h}=\frac{680-272}{10.16}=40.2(\text{N/mm})$$

μ 为长度折算系数，按一端固定，一端铰支考虑，取 $\mu=0.7$。

D_2 为弹簧中径。

于是有约束条件

$$g_2(\boldsymbol{x})=32.68[(x_3-0.5)x_1+20.304]\left\{1-\sqrt{1-13.98\left[\frac{x_2}{(x_3-0.5x_1)x_1+20.304}\right]^2}\right\}-680\geqslant 0 \tag{8.47}$$

③无共振条件。

弹簧在高频率变载荷的作用之下，为避免发生共振现象，应进行无共振条件的验算，设弹簧工作频率为 f_r，一阶自振频率为 f，无共振的条件为

$$13f_r\leqslant f$$

已知 $f_r=50\text{Hz}$，一端固定一端铰支的钢制弹簧自振频率为

$$f=3.56\times 10^5\ \frac{d}{n_1D_2^2}$$

于是得约束条件为

$$g_3(\boldsymbol{x})=3.56\times10^5\ \frac{x_1}{x_2^2x_3}-650\geqslant0 \tag{8.48}$$

④弹簧不致并圈的条件。

为了保证弹簧在最大工作载荷作用下不发生并圈现象，则要求弹簧在最大载荷 F_2 作用下的高度 H_2 大于压并高度 H_b，即

$$H_2>H_b$$

$$H_2=H_1-h=50.8-10.16=40.64(\text{mm})$$

$$H_b=(n_1-0.5)d=(x_3-0.5)x_1$$

于是有约束条件

$$g_4(\boldsymbol{x})=40.64-(x_3-0.5)x_1\geqslant0 \tag{8.49}$$

⑤刚度误差要求。

设按弹簧的受力与变形的要求，弹簧应有的刚度为 K，而按已选参数计算得的弹簧实际刚度为 K_a，题意规定其相对误差不超过 0.01。即

$$\left|\frac{K_a-K}{K}\right|\leqslant0.01$$

弹簧实际刚度表示为

$$K_a=\frac{Gd^4}{8D_2^3n}$$

式中，G 为材料剪切弹性模量，合金钢 $G=8.1\times10^4\text{N/mm}^2$；$n$ 为弹簧工作圈数，弹簧两端磨平，支承圈数取 1.75，则 $n=n_1-1.75$。

得约束条件为

$$g_5(\boldsymbol{x})=0.402-\left|\frac{1.0125\times10^4x_1^4}{x_2^3(x_3-1.75)}-40.2\right|\geqslant0 \tag{8.50}$$

⑥旋绕比条件。

设计要求旋绕比 $C\geqslant6(C=D_2/d)$，则有约束条件

$$g_6(\boldsymbol{x})=\frac{x_2}{x_1}-6\geqslant0 \tag{8.51}$$

⑦其他界限约束。

弹簧中径范围：$20\leqslant D_2\leqslant50$，则有约束条件

$$g_7(\boldsymbol{x})=x_2-20\geqslant0 \tag{8.52}$$

$$g_8(\boldsymbol{x})=50-x_2\geqslant0 \tag{8.53}$$

弹簧总圈数的限制：$4\leqslant n_1\leqslant50$，则有约束条件

$$g_9(\boldsymbol{x})=x_3-4\geqslant0 \tag{8.54}$$

$$g_{10}(\boldsymbol{x})=50-x_3\geqslant0 \tag{8.55}$$

综合上面的分析与计算，建立起了该弹簧优化问题的数学模型。该优化问题是一个三维的具有 10 个不等式约束条件的优化问题。

二、选择优化方法并进行计算

该问题维数较低，可采用约束随机法。选取初始点 $\boldsymbol{x}^{(0)}=[6\quad40\quad6.5]^{\mathrm{T}}$，给定初始步长 $\alpha^{(0)}=0.05$。

三、计算结果

最优点 $\boldsymbol{x}^*=[x_1^*\quad x_2^*\quad x_3^*]^{\mathrm{T}}=[d^*\quad D_2^*\quad n_1^*]=[5.83\quad37.17\quad7.34]^{\mathrm{T}}$

最优值 $F^* = 1.78\text{N}$

上面的最优解是连续型的，需进一步作离散化处理，此处从略。

8.5 双级圆柱齿轮减速机优化设计

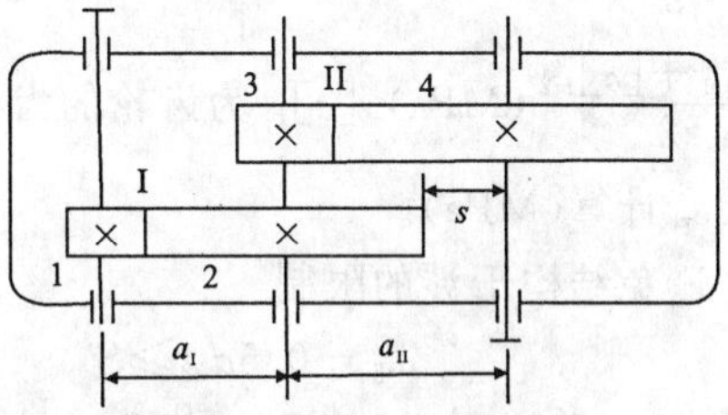

图 8.9 双级圆柱齿轮减速机

双级圆柱齿轮减速机(图 8.9)是应用广泛的通用部件之一。通常的设计方法是：根据给定的传递功率 P、输出轴的转速 n、总传动比 u 及寿命要求等原始数据，参照规范推荐或经验类比预先选择若干参数，然后按照强度、刚度以及其他方面的要求进行必要的计算，再确定或验算某些参数，如果经计算发现某些参数选得不合理，再作适当修改，直到比较合理为止。

按照这样的传统设计方法，每一个设计者会设计出不同方案的减速机。这是因为在设计过程中，有许多参数的选择往往是由设计者的经验或进行类比确定的，带有一定程度的随意性。例如传动比的分配、齿数、螺旋角、齿宽等参数大多是按设计资料的推荐值由设计者在一定的范围内自定。所以，这样设计出来的各种减速机方案虽然一般都是可用的，但它们的优劣程度不同。如果要想获得一个较优的方案，就需要多取几种不同组合的参数进行计算后再作比较来择取其优者。这样的设计方法不仅使设计人员消耗大量的精力和时间用于重复性的繁杂计算，而且由于人力所限仍不能取得一种最优的设计方案。

下面把它描述为一个优化设计问题。

首先，提出一个评价设计优劣程度的标准。对于减速机来说，希望在传递一定功率、转速和满足寿命要求下使两级齿轮具有最小的体积，以期减小减速机的整体体积和重量。

两级齿轮传动的齿轮体积总和是

$$V = \frac{\pi}{4}\left[b_{\text{I}}(d_1^2 + d_2^2) + b_{\text{II}}(d_3^2 + d_4^2)\right]$$

$$= \frac{\pi}{4}\left[\frac{m_{n\text{I}}^2 z_1^2 (1 + u_{\text{I}}^2) b_{\text{I}}}{\cos^2\beta_{\text{I}}} + \frac{m_{n\text{II}}^2 z_3^2 (1 + u_{\text{II}}^2) b_{\text{II}}}{\cos^2\beta_{\text{II}}}\right] \tag{8.56}$$

式中，d_1, d_2, d_3, d_4 是各齿轮分度圆直径；$b_{\text{I}}, b_{\text{II}}$ 是两级传动齿轮宽度；$\beta_{\text{I}}, \beta_{\text{II}}$ 是两级齿轮螺旋角；$u_{\text{I}}, u_{\text{II}}$ 是两级传动比，$u_{\text{I}} = \dfrac{z_2}{z_1}$，$u_{\text{II}} = \dfrac{z_4}{z_3}$；$m_{n\text{I}}, m_{n\text{II}}$ 是两级齿轮法面模数；z_1, z_3 是两级小齿轮齿数。

在选择上述各参数时，当然要受到许多方面的限制。例如，高速级齿轮的齿面接触和齿根弯曲疲劳强度的限制。

$$d_1 \geqslant \sqrt[3]{\frac{2K_{\text{I}} T_1}{\phi_{d\text{I}} \varepsilon_{\alpha\text{I}}} \cdot \frac{u_{\text{I}} + 1}{u_{\text{I}}} \left(\frac{Z_H Z_E}{[\sigma]_H}\right)_{\text{I}}^2} \quad (\text{mm}) \tag{8.57}$$

$$m_{n\text{I}} \geqslant \sqrt[3]{\frac{2K_{\text{I}} T_1 Y_{\beta\text{I}} \cos^2\beta_{\text{I}}}{\phi_{d\text{I}} z_1^2 \varepsilon_{\alpha\text{I}}} \left(\frac{Y_{Fa} Y_{sa}}{[\sigma]_F}\right)_{\text{I}}} \quad (\text{mm}) \tag{8.58}$$

低速级齿轮的齿面接触和齿根弯曲疲劳强度的限制

$$d_3 \geqslant \sqrt[3]{\frac{2K_{\text{Ⅱ}}T_3}{\phi_{d\text{Ⅱ}}\varepsilon_{\alpha\text{Ⅱ}}} \cdot \frac{u_{\text{Ⅱ}}+1}{u_{\text{Ⅱ}}}\left(\frac{Z_H Z_E}{[\sigma]_H}\right)^2_{\text{Ⅱ}}} \quad (\text{mm}) \tag{8.59}$$

$$m_{n\text{Ⅱ}} \geqslant \sqrt[3]{\frac{2K_{\text{Ⅱ}}T_3 Y_{\beta\text{Ⅱ}}\cos^2\beta_{\text{Ⅱ}}}{\phi_{d\text{Ⅱ}} z_3^2 \varepsilon_{\alpha\text{Ⅱ}}}\left(\frac{Y_{Fa}Y_{sa}}{[\sigma]_F}\right)_{\text{Ⅱ}}} \quad (\text{mm}) \tag{8.60}$$

式中，T_1，T_3 为作用在啮合副小齿轮上的扭矩（N·m）；$\phi_{d\text{Ⅰ}}$、$\phi_{d\text{Ⅱ}}$ 为两级传动的齿宽系数（$\phi_d=\dfrac{b}{d}$）；$[\sigma]_H$ 为齿轮的齿面接触疲劳许用应力，取一对齿轮许用应力的平均值 $[\sigma]_H=\dfrac{[\sigma]_{H1}+[\sigma]_{H2}}{2}$（MPa）；$[\sigma]_F$ 为齿轮的齿根弯曲疲劳许用应力，啮合副中按两轮（$Y_{Fa}Y_{sa}/[\sigma]_F$）之较大者计算（MPa）。

避免结构干涉的限制

$$a_{\text{Ⅱ}}-0.5d_{a2} \geqslant S \tag{8.61}$$

式中，S 为齿轮 2 的齿顶圆到低速轴轴心线的最小许可距离。

传动比分配合理的要求

$$u_{\text{Ⅰ}}=(1.3\sim1.4)u_{\text{Ⅱ}}$$

即

$$\sqrt{1.3u} \leqslant u_{\text{Ⅰ}} \leqslant \sqrt{1.4u} \tag{8.62}$$

式中，u 为总传动比。这样分配传动比有利于两级齿轮有合理的浸油高度。

此外，考虑到结构尺寸的合理性及一般工艺条件等方面的因素，对某些参数给出一定的选择范围

$$\left.\begin{aligned} &2 \leqslant m_n \leqslant 10 \\ &17 \leqslant z \leqslant 120 \\ &u_{\text{Ⅰ}} \leqslant 6 \\ &8^\circ \leqslant \beta \leqslant 15^\circ \end{aligned}\right\} \tag{8.63}$$

上述各种限制是对设计提出的一些约束。

双级圆柱齿轮减速机的优化设计问题可叙述如下：求一组设计参数（变量）$m_{n\text{Ⅰ}}$，$m_{n\text{Ⅱ}}$，Z_1，Z_3，$\beta_{\text{Ⅰ}}$，$\beta_{\text{Ⅱ}}$，$b_{\text{Ⅰ}}$，$b_{\text{Ⅱ}}$ 和 $u_{\text{Ⅰ}}$，在满足式（8.57）～式（8.63）诸不等式的限制（约束）条件下，使两对齿轮的体积和 V 为最小。

应用最优化方法来解决上面的问题，就能够有目的地选择一组最好的参数方案，达到预期的设计最佳效果。

按以上分析，建立优化数学模型如下。

一、确定设计变量

式（8.56）所涉及的参数共 10 个。但在确定设计变量时要作如下分析。

按式（8.62），当总传动比 u 给定后，在推荐值范围内任选 $u_{\text{Ⅰ}}$，随之 $u_{\text{Ⅱ}}=\dfrac{u}{u_{\text{Ⅰ}}}$ 也完全确定了。所以 $u_{\text{Ⅰ}}$ 与 $u_{\text{Ⅱ}}$ 中独立变量只有一个，取 $u_{\text{Ⅰ}}$ 为设计变量。

关于齿轮宽度 $b_{\text{Ⅰ}}$ 及 $b_{\text{Ⅱ}}$。当齿宽系数 $\phi_{d\text{Ⅰ}}$，$\phi_{d\text{Ⅱ}}$ 取定后，则齿宽

$$\left.\begin{aligned} b_{\text{Ⅰ}} &= \phi_{d_1} d_1 = \psi_{d_1}\frac{m_{n1}\cdot z_1}{\cos\beta_1} \\ b_{\text{Ⅱ}} &= \phi_{d_2} d_2 = \psi_{d_2}\frac{m_{n2}\cdot z_2}{\cos\beta_2} \end{aligned}\right\} \tag{8.64}$$

可见齿宽 b 是由 m_n，z，β 及常数 ϕ_d 决定的。所以 $b_{\text{Ⅰ}}$，$b_{\text{Ⅱ}}$ 不是独立变量。

因此式(8.56)中所包含的10个参数中，其独立变量实际只有 $m_{n\mathrm{I}}, Z_1, \beta_{\mathrm{I}}, u_{\mathrm{I}}, m_{n\mathrm{II}}, Z_3, \beta_{\mathrm{II}}$ 共七个。故设计变量为

$$\begin{aligned}\boldsymbol{x} &= [m_{n\mathrm{I}} \quad z_1 \quad \beta_{\mathrm{I}} \quad u_{\mathrm{I}} \quad m_{n\mathrm{II}} \quad z_3 \quad \beta_{\mathrm{II}}]^{\mathrm{T}} \\ &= [x_1 \quad x_2 \quad x_3 \quad x_4 \quad x_5 \quad x_6 \quad x_7]^{\mathrm{T}}\end{aligned} \tag{8.65}$$

二、建立目标函数

以减速机体积最小为追求的目标。按式(8.56)建立目标函数。

$$F=\frac{\pi}{4}\left[\frac{m_{n\mathrm{I}}^2 \cdot Z_1^2 \cdot (1+u_{\mathrm{I}}^2) \cdot b_{\mathrm{I}}}{\cos^2\beta_{\mathrm{I}}}+\frac{m_{n\mathrm{II}} \cdot Z_3^2 \cdot (1+u_{\mathrm{II}}^2) \cdot b_{\mathrm{II}}}{\cos^2\beta_{\mathrm{II}}}\right]$$

将式(8.64)、式(8.65)代入上式，并整理后得

$$F(\boldsymbol{x})=\frac{\pi}{4}\left\{\frac{\phi_{d\mathrm{I}} \cdot x_1^3 \cdot x_2^3(1+x_4^2)}{\cos^3 x_3}+\frac{\phi_{d\mathrm{II}} \cdot x_5^3 \cdot x_6^3\left[1+(\frac{u}{x_4})^2\right]}{\cos^3 x_7}\right\} \tag{8.66}$$

三、列出约束条件

第一部分：满足接触强度和弯曲强度方面，参见式(8.57)～式(8.60)，并代入必要的几何关系式，经整理后得

$$g_1(\boldsymbol{x})=\left(\frac{x_1 \cdot x_2}{\cos x_3}\right)^3-\frac{2K_{\mathrm{I}}\, T_1}{\psi_{d\mathrm{I}} \cdot \varepsilon_{\alpha\mathrm{I}}}\left(\frac{x_4+1}{x_4}\right)\left(\frac{Z_H \cdot Z_E}{[\sigma]_H}\right)_{\mathrm{I}}^2 \geqslant 0 \tag{8.67}$$

$$g_2(\boldsymbol{x})=\left(\frac{x_5 \cdot x_6}{\cos x_7}\right)^3-\frac{2K_{\mathrm{II}}\, T_3}{\psi_{d\mathrm{II}} \cdot \varepsilon_{\alpha\mathrm{II}}}\left(\frac{x_4+1}{x_4}\right)\left(\frac{Z_H \cdot Z_E}{[\sigma]_H}\right)_{\mathrm{II}}^2 \geqslant 0 \tag{8.68}$$

$$g_3(\boldsymbol{x})=x_1^3-\frac{2K_{\mathrm{I}}\, T_1 Y_{\beta\mathrm{I}} \cos^2 x_3}{\psi_{d\mathrm{I}} \cdot x_2^2 \varepsilon_{\alpha\mathrm{I}}}\left(\frac{Y_{Fa} Y_{sa}}{[\sigma]_F}\right)_{\mathrm{I}} \geqslant 0 \tag{8.69}$$

$$g_4(\boldsymbol{x})=x_5^3-\frac{2K_{\mathrm{II}}\, T_3 Y_{\beta\mathrm{II}} \cos^2 x_7}{\psi_{d\mathrm{II}} \cdot x_6^2 \varepsilon_{\alpha\mathrm{II}}}\left(\frac{Y_{Fa} Y_{sa}}{[\sigma]_F}\right)_{\mathrm{II}} \geqslant 0 \tag{8.70}$$

第二部分：按结构及传动比要求。参见式(8.61)及式(8.62)。

式(8.61)中的

$$a_{\mathrm{II}}=\frac{m_{n\mathrm{II}}(Z_3+Z_4)}{2\cos\beta_{\mathrm{II}}}=\frac{x_5 \cdot x_6(1+\frac{u}{x_4})}{2\cos x_7}$$

$$d_{a2}=\frac{m_{n\mathrm{I}} Z_2}{\cos\beta_{\mathrm{I}}}+2h_{an}^* m_{n\mathrm{I}}=\frac{x_1\, x_2\, x_4}{\cos x_3}+2h_{an}^* x_1$$

代入式(8.61)中，经整理后得

$$g_5(\boldsymbol{x})=\frac{x_5 x_6(1+\frac{i}{x_4})}{\cos x_7}-\frac{x_1\, x_2\, x_4}{\cos x_3}-2h_{an}^* x_1-2S \geqslant 0 \tag{8.71}$$

按式(8.62)有

$$g_6(\boldsymbol{x})=x_4-\sqrt{1.3u} \geqslant 0 \tag{8.72}$$

$$g_7(\boldsymbol{x})=\sqrt{1.4u}-x_4 \geqslant 0 \tag{8.73}$$

第三部分：几个参数取值范围限制参见式(8.63)。

$$\left.\begin{aligned}
&g_8(\boldsymbol{x})=x_1-2\geqslant 0\\
&g_9(\boldsymbol{x})=10-x_1\geqslant 0\\
&g_{10}(\boldsymbol{x})=x_5-2\geqslant 0\\
&g_{11}(\boldsymbol{x})=10-x_5\geqslant 0\\
&g_{12}(\boldsymbol{x})=x_2-17\geqslant 0\\
&g_{13}(\boldsymbol{x})=120-x_2\geqslant 0\\
&g_{14}(\boldsymbol{x})=x_6-17\geqslant 0\\
&g_{15}(\boldsymbol{x})=120-x_6\geqslant 0\\
&g_{16}(\boldsymbol{x})=6-x_4\geqslant 0\\
&g_{17}(\boldsymbol{x})=\frac{15\pi}{180}-x_3\geqslant 0\\
&g_{18}(\boldsymbol{x})=x_3-\frac{8\pi}{180}\geqslant 0\\
&g_{19}(\boldsymbol{x})=\frac{15\pi}{180}-x_7\geqslant 0\\
&g_{20}(\boldsymbol{x})=x_7-\frac{8\pi}{180}\geqslant 0
\end{aligned}\right\}\tag{8.74}$$

该优化设计问题是具有 7 个设计变量及 20 个不等式约束的七维非线性规划问题。

附录一　常用优化方法的 BASIC 语言参考程序

第一部分　总说明

本附录共有 12 个优化方法子程序，在本附录的第二部分中列出。其中，1～4 是用于解一维优化问题的子程序；5～7 是用于解 n 维无约束优化问题的子程序；8～11 是解 n 维约束优化问题的子程序；12 是用于解具有不等式约束并兼有等式约束优化问题的子程序。每个子程序后都有程序使用说明和应用举例，供读者做习题或有其他需要时参考。子程序的语句标号范围以及输入数据、输出数据的标识符分别列表说明于下。

各子程序及使用者自编程序段的语句标号范围

序号	语句标号范围	程序名	程序内容
	1～500	自　编	主程序
1	1000～1032	II	进退法子程序
2	1200～1275	SP	格点法子程序
3	1400～1445	GS	黄金分割法子程序
4	1600～1730	QI	二次插值法子程序
5	1000～2510	PO	鲍威尔法子程序
6	8100～8126	VP	五点差分法求梯度子程序
7	1000～3170	DFP	DFP 变尺度法子程序
8	7000～7080	CCA	约束坐标轮换法子程序
9	4200～4460	CRR	约束随机方向法子程序
10	4800～5142	COM	复合形法子程序
11	5200～8018	EP	外点罚函数法子程序
12	5200～8090	MP	外点形式混合罚函数法子程序
	8000～8099	自　编	求函数值的子程序： (1) 求一维及 n 维无约束优化问题的目标函数值 FX； (2) 用直接法求约束优化问题的目标函数值 FX 及约束函数值 G(I)，I=1～KG； (3) 对约束优化问题用罚函数法时求罚函数值 $\phi(x,r^k)$（程序中用 FX）。
	9000～9900		(4) 用罚函数法时，求原目标函数值 FU 及约束函数值 G(I)，I=1～KG。

程序的主要标识符

标识符	公式符	说明
X0	x_0	初始点。在一维问题中为简单变量，在 n 维中为数组
H0	h_0	进退法的初始进退距
A，B	a，b	一维搜索中为区间端点坐标；复合形法中为产生随机初始顶点的变量上下限
N	n	格点法中为内分点数目，n 维优化问题为中维数
AL0	α_0	在约束坐标轮换法和随机法中为初始步长。在复合形法中为初始映射系数（建议取 1～1.3）
KG		约束条件总数
NI		不等式约束条件数
M	M	约束随机法中在某个迭代点产生随机方向的最大数目（建议取 20～100）
K	k	复合形法中的复合形顶点数目
DL	δ	复合形法中映射系数的最小许用值
R0	r_0	罚函数法中的初始罚因子
C	C	外罚、外混罚函数法中的罚因子递增系数（$C>1$）
E	ε	一维方法的终止迭代精度。约束坐标轮换法、约束随机法、复合形法的终止迭代精度
E1	ε_1	n 维优化问题中的一维搜索精度
EP	ε	鲍威尔法的终止迭代精度
ED	ε	DFP 法的终止迭代精度
ES	ε	罚函数法的终止迭代精度
X	x^*	各程序输出的最优点。在一维问题中为简单变量。在 n 维问题中为数组
F	F^*	各程序输出的最优目标函数值

第二部分　子程序

1. 进退法

程序名　Ⅱ

功　能　确定一维优化问题搜索的初始单峰区间

子程序

```
1000 REM FILE NAME：II
1002 REM DETERMINATION OF THE INITIAL INTERVAL
1004 H=H0
1006 X1=X0：X=X1：GOSUB 8000：Y1=FX
```

```
1008 X2=X1+H: X=X2: GOSUB 8000: Y2=FX
1010 IF Y2<Y1 GOTO 1020
1012 H=-H0: X3=X1: Y3=Y1
1014 X1=X2: Y1=Y2: X2=X3: Y2=Y3
1020 H=2*H
1022 X3=X2+H: X=X3: GOSUB 8000: Y3=FX
1024 IF Y2>=Y3 GOTO 1014
1026 IF H<0 GOTO 1030
1028 A=X1: B=X3: GOTO 1032
1030 A=X3: B=X1
1032 RETURN
```

使用说明 在主程序输入语句中，输入下列数据：初始点 X0 和初始进退距 H0。

应用举例 试用进退法确定函数 $f(x)=3x^3-8x+9$ 的一维搜索初始单峰区间$[a,b]$，给定：$x_0=0, h_0=0.1$。

解：编制主程序和函数子程序，并按如下次序连接

```
1 REM MAIN PROGRAM
2 PRINT "INPUT: X0, H0"
3 INPUT X0, H0
4 GOSUB 1000
6 LPRINT "PRIMAL DATA"                  } 主程序
8 LPRINT "X0="; X0,"H0="; H0
10 LPRINT "INITIAL INTERVAL"
12 LPRINT "A="; A,"B="; B
14 END
```

接语句标号为 1000～1032 的子程序 II

```
8000 REM OBJECTIVE FUNCTION
8005 FX=3*X^3-8*X+9                      } 函数子程序
8010 RETURN
```

输入已知数据，即可输出如下结果

```
PRIMAL DATA
X0=0          H0=0.1
INITIAL   INTERVAL
A=0.3         B=1.5
```

2. 格点法

程序名 SP

功　能 解一维优化问题

子程序

```
1200 REM FILE NAME: SP
1205 REM SPACING POINTS METHOD
1215 X=A: GOSUB 8000: M=FX
1235 FOR K=1 TO N
1240 X=A+(B-A) * K/(N+1)
1241 GOSUB 8000: Y=FX
1245 IF Y>=M GOTO 1255
1250 M=Y: XM=X
1255 NEXT K
1260 A1=XM-(B-A)/(N+1):B=XM+(B-A)/(N+1):A=A1
1265 IF(B-A)>E GOTO 1215
1270 X=XM: GOSUB 8000: F=FX
1275 RETURN
```

使用说明 在主程序的输入语句中，输入下面数据：初始区间端点值 A，B 及内分点数目 N、收敛精度 E。A，B 值也可以与子程序Ⅱ连用求出。

应用举例 试用格点法求一维目标函数 $f(x)=4x^2-12x+10$ 的最优解。已知 $x_0=0$，$h_0=0.1$，N=4，$\varepsilon=0.2$。

解： 编制主程序和函数子程序，并按如下次序连接

```
15 REM MAIN PROGRAM                                  ┐
16 PRINT "INPUT: X0, H0, N, E"                       │
17 INPUT X0, H0, N, E                                │
21 LPRINT "PRIMAL DATA"                              │
22 LPRINT "X0="; X0,"H0="; H0,"N="; N,"E="; E        ├主程序
23 GOSUB 1000                                        │
24 GOSUB 1200                                        │
25 LPRINT "OPTIMUM RESULTS"                          │
27 LPRINT "X="; X,"F="; F                            │
29 END                                               ┘
```

接语句标号为 1000～1032 的子程序Ⅱ和标号为 1200～1275 的子程序 SP

```
8000 REM OBJECTIVE FUNCTION ┐
8005 FX=4 * X^2-12 * X+10   ├函数子程序
8010 RETURN                 ┘
```

输入已知数据，即可输出如下结果

```
PRIMAL DATA
X0=0          H0=0.1          N=4          E=0.2
OPTIMUM RESULTS
X=1.525 6      F=1.002 621
```

3. 黄金分割法

程序名 GS

功　能 解一维优化问题

子程序

```
1400 REM FILE NAME GS
1405 REM GOLDEN SECTION METHOD
1410 X1=A+0.382*(B-A):X=X1
1411 GOSUB 8000: Y1=FX
1415 X2=A+0.618*(B-A):X=X2
1416 GOSUB 8000: Y2=FX
1420 IF Y1<Y2 GOTO 1430
1425 A=X1: X1=X2: Y1=Y2: X2=A+0.618*(B-A)
1426 X=X2: GOSUB 8000: Y2=FX: GOTO 1435
1430 B=X2: X2=X1: Y2=Y1: X1=A+0.382*(B-A)
1431 X=X1: GOSUB 8000: Y1=FX
1435 IF B-A>E GOTO 1420
1440 X=0.5*(B+A): GOSUB 8000: F=FX
1445 RETURN
```

使用说明 在主程序输入语句中，输入初始单峰区间的端点 A，B 及收敛精度 E。A，B 值也可以与子程序 II 连用求出。

应用举例 试用黄金分割法求目标函数 $f(x)=8\sin x+10$ 的最优解。已知：$x_0=0$，$h_0=0.1,\varepsilon=0.001$。

解：编制主程序及函数子程序，并按如下次序连接

```
30 REM MAIN PROGRAM: MGS
31 PRINT "INPUT: X0, H0, E"
32 INPUT X0, H0, E
34 GOSUB 1000
36 GOSUB 1400
38 LPRINT "PRIMAL DATA"
40 LPRINT "X0="; X0,"H0="; H0,"E="; E
42 LPRINT "OPTIMUM RESULTS"
44 LPRINT "X="; X,"F="; F
46 END
```
}主程序

接语句标号为 1000～1032 的子程序 II 和标号为 1400～1445 的子程序 GS

```
8000 FX=8*SIN(X)+10
8005 RETURN
```
}函数子程序

输入已知数据，即可输出如下结果

```
PRIMAL DATA
X0=0          H0=0.1          E=0.001
OPTIMUM RESULTS
X=-1.570 585          F=2
```

4. 二次插值法

程序名 QI

功　能 解一维优化问题

子程序

```
1600 REM FILE NAME:QI
1602 REM QUADRATIC INTERP-
     OLATION METHOD
1604 X1=A: X3=B
1610 X2=0.5* (X1+X3)
1615 X=X1: GOSUB 8000: F1=FX
1620 X=X2: GOSUB 8000: F2=FX
1625 X=X3:GOSUB 8000:F3=FX
1630 K=1
1635 C1=(F3-F1)/(X3-X1)
1636 C2=((F2-F1)/(X2-X1)-C1)
     /(X2-X3)
1640 IF C2=0 GOTO 1715
1645 XP=0.5*(X1+X3-C1/C2):X=XP
1646 GOSUB 8000:FP=FX
1655 IF(XP-X1)*(X3-XP)<=0
     GOTO 1715
1660 IF K=1 GOTO 1670
1665 IF ABS(XP-X0)<=E GOTO
     1720
1666 X0=XP
1670 IF XP>X2 GOTO 1690
1675 IF F2<FP GOTO 1685
1680 X3=X2:F3=F2:X2=XP:F2
     =FP:GOTO 1710
1685 X1=XP:F1=FP:GOTO 1710
1690 IF F2<FP GOTO 1700
1695 X1=X2:F1=F2:X2=XP:F2
     =FP:GOTO 1710
1700 X3=XP:F3=FP
1710 K=K+1:GOTO 1635
1715 X=X2:F=F2:GOTO 1730
1720 X=XP:F=FP
1730 RETURN
```

使用说明 在主程序输入语句中，需输入如下数据：初始搜索区间的端点 A，B 和收敛精度 E。A，B 也可与子程序Ⅱ连用后求出。

应用举例 试用 QI 子程序求函数 $f(x)=8x^3-2x^2-7x+3$ 的最优解，已知 $x_0=0$，$H_0=0.1$，$\varepsilon=0.01$。

解：编制主程序和函数子程序，并按如下次序连接

```
50 REM MAIN PROGRAM: MQI
51 PRINT "INPUT: X0, H0, E"
52 INPUT X0, H0, E
53 LPRINT "PRIMAL DATA"
54 LPRINT "X0="; X0,"H0="; H0,"E="; E
56 GOSUB 1000
58 GOSUB 1600
60 LPRINT "OPTIMUM RESULTS"
62 LPRINT "X="; X,"F="; F
64 END
```
（以上为主程序）

接语句标号为 1000～1032 的子程序Ⅱ和标号为 1600～1730 的子程序 QI

```
8000 FX=8*X^3-2*X^2-7*X+3
8005 RETURN
```
（以上为函数子程序）

输入已知数据，即可输出如下结果

```
PRIMAL DATA
X0=0        H0=0.1        E=0.01
OPTIMUM RESULTS
X=0.627 504 5        F=-0.203 356 7
```

5. 鲍威尔法

程序名 PO

功　能 解 n 维（$n\geqslant2$）无约束优化问题

子程序

```
1000 REM FILE NAME:PO
1002 REM POWELLS METHOD
1006 FOR I=1 TO N
1008 FOR J=1 TO N+1
1010 SS(I,J)=0
1012 NEXT J
1014 SS(I,I)=1
1016 NEXT I
1018 FOR I=1 TO N
1020 XX1(I)=X0(I):X(I)=X0(I)
1022 NEXT I:GOSUB 8000:F1=FX:
     F0=F1
1024 DLT=-1
1026 FOR J=1 TO N
1028 FOR I=1 TO N
1031 NEXT I:GOSUB 1040
1032 DF=F0-F:F0=F
1033 IF DF<=DLT GOTO 1035
1034 DLT=DF:M=J
1035 NEXT J:GOTO 2400
1040 REM DETERMINATION OF
     THE INITIAL INTERVAL
1041 H=H0
1042 FOR I=1 TO N
1044 X1(I)=X0(I):X(I)=X1(I)
1046 NEXT I
1048 GOSUB 8000:Y1=FX
1050 FOR I=1 TO N
1052 X2(I)=X1(I)+H*S(I):X(I)=
     X2(I)
```

```
1030 S(I)=SS(I,J):X0(I)=X(I)
1054 NEXT I
1056 GOSUB 8000:Y2=FX
1058 IF Y2<Y1 GOTO 1074
1060 H=-H0
1062 FOR I=1 TO N
1064 X3(I)=X1(I)
1066 NEXT I:Y3=Y1
1068 FOR I=1 TO N
1070 X1(I)=X2(I):X2(I)=X3(I)
1072 NEXT I:Y1=Y2:Y2=Y3
1074 H=2*H
1076 FOR I=1 TO N
1078 X3(I)=X2(I)+H*S(I):X(I)=
     X3(I)
1080 NEXT I:GOSUB 8000:Y3=FX
1082 IF Y2>=Y3 GOTO 1068
1084 IF H<0 GOTO 1092
1086 FOR I=1 TO N
1088 A(I)=X1(I):B(I)=X3(I)
1090 NEXT I:GOTO 1400
1092 FOR I=1 TO N
1094 A(I)=X3(I):B(I)=X1(I)
1096 NEXT I
1400 REM FILE NAME:GS
1402 REM GOLDEN SECTION
     METHOD
1406 FOR I=1 TO N
1408 XP1(I)=A(I)+0.382*(B(I)-
     A(I))
1409 X(I)=XP1(I)
1410 NEXT I:GOSUB 8000:Y1=FX
1412 FOR I=1 TO N
1414 XP2(I)=A(I)+0.618*(B(I)-
     A(I))
1415 X(I)=XP2(I)
1416 NEXT I:GOSUB 8000:Y2=FX
1418 IF Y1<Y2 GOTO 1432
1420 FOR I=1 TO N
1422 A(I)=XP1(I):XP1(I)=XP2(I)
1424 NEXT I:Y1=Y2
1426 FOR I=1 TO N
1428 XP2(I)=A(I)+0.618*(B(I)-
     A(I))
1429 X(I)=XP2(I)
1430 NEXT I:GOSUB 8000:Y2=FX:
     GOTO 1444
1432 FOR I=1 TO N
1434 B(I)=XP2(I):XP2(I)=XP1(I)
1436 NEXT I:Y2=Y1
1438 FOR I=1 TO N
1440 XP1(I)=A(I)+0.382*(B(I)-
     A(I))
1441 X(I)=XP1(I):NEXT I
1442 GOSUB 8000:Y1=FX
1444 L=0
1446 FOR I=1 TO N
1448 L=L+(B(I)-A(I))^2
1450 NEXT I
1452 L=SQR(L)
1454 IF L>E1 GOTO 1418
1456 FOR I=1 TO N
1458 X(I)=0.5*(B(I)+A(I))
1460 NEXT I:GOSUB 8000:F=FX
1462 RETURN
2400 SDX=0
2402 FOR I=1 TO N
2404 SDX=SDX+(X(I)-XX1(I))^2
2406 NEXT I
2408 IF SDX<=EP GOTO 2510
2410 FOR I=1 TO N
2412 XX2(I)=X(I)
2414 NEXT I:F2=F
2422 FOR I=1 TO N
2444 SS(I,N+1)=X(I)-XX1(I)
2446 S(I)=SS(I,N+1)
2447 X0(I)=X(I)
2448 NEXT I:GOSUB 1040
2466 FOR I=1 TO N
```

```
2467 XK(I)=X(I)
2468 XX3(I)=2*XX2(I)-XX1(I):
     X(I)=XX3(I)
2470 NEXT I: GOSUB 8000: F3=FX
2472 Q=(F1-2*F2+F3)*(F1-F2
     -DLT)^2
2474 D=0.5*DLT*(F1-F3)^2
2476 IF F3>=F1 GOTO 2496
2478 IF Q>=D GOTO 2496
2480 FOR J=M+1 TO N+1
2482 FOR I=1 TO N
2484 SS(I,J-1)=SS(I,J)
2486 NEXT I
2488 NEXT J
2490 FOR I=1 TO N
2492 X0(I)=XK(I)
2494 NEXT I: GOTO 1018
2496 IF F2>=F3 GOTO 2504
2498 FOR I=1 TO N
2500 X0(I)=XX2(I)
2502 NEXT I: GOTO 1018
2504 FOR I=1 TO N
2506 X0(I)=XX3(I)
2508 NEXT I: GOTO 1018
2510 RETURN
```

使用说明 在主程序的输入语句中，需输入下列参数：优化问题的维数 N，初始迭代点 X0（由 N 个元素组成的一维数组），初始进退距 H0，一维搜索的精度 E1，鲍威尔迭代精度 EP。

应用举例 利用本子程序求二维目标函数 $F(\boldsymbol{x})=x_1^2+x_2^2-x_1x_2-10x_1-4x_2+60$ 的最优解。已知：$\boldsymbol{x}^{(0)}=[5 \quad 2]^{\mathrm{T}}$，$h_0=1.0$，$\varepsilon_1=0.001$，$\varepsilon=0.000\,1$。

解：编制主程序及函数子程序，并按如下次序连接

```
80 REM MAIN PROGRAM: MPOW                                  ⎫
81 PRINT "INPUT: N, E1, EP, H0"                            ⎪
82 INPUT N, E1, EP, H0                                     ⎪
83 PRINT "INPUT: X01, X02"                                 ⎪
84 DIM X(N),X0(N),XX1(N),XX2(N),XX3(N),S(N),               ⎪
   SS(N,N+1),A(N),B(N),XP1(N),XP2(N),XK(N)                 ⎪
85 INPUT X0(1),X0(2)                                       ⎪
86 LPRINT "PRIMAL DATA"                                    ⎬主程序
88 LPRINT "N="; N,"E1="; E1,"EP="; EP,"H0=";               ⎪
   H0,"X01="; X0(1),"X02=";X0(2)                           ⎪
90 GOSUB 1000                                              ⎪
92 LPRINT "****************************"                   ⎪
94 LPRINT "OPTIMUM RESULTS"                                ⎪
96 LPRINT "X1="; X(1),"X2=";X(2),"F=";F                    ⎪
98 END                                                     ⎭
```

接语句标号为 1000～2510 的子程序 PO

```
8000 REM OBJECTIVE FUNCTION
8002 FX=X(1)^2+X(2)^2-X(1)*X(2)-10*X(1)-4*X(2)+60
8004 RETURN
```

（8000～8004：函数子程序）

输入已知数据，即可输出如下结果

```
PRIMAL DATA
N=2      E1=0.001      EP=0.0001      H0=1      X01=5      X02=2
****************************
OPTIMUM RESULTS
X1=8.00294      X2=6.002027      F=8.000011
```

6. 五点差分法

程序名 VP

功　能 用五点差分法求函数 $F(\boldsymbol{x})$任一点的梯度值。

方法公式 运用插值原理，建立插值多项式 $P_n(\boldsymbol{x})$近似替代原函数 $f(x)$，建立数值公式

$$f'(x)\approx P'_n(x)$$

称为插值型的求导公式。

五点差分公式取五个节点

$$x_i=x_3-(i-3)h \qquad (i=1,2,3,4,5)$$

每个节点的函数值分别为 $f_i(i=1,2,3,4,5)$，则 x_3 点的一阶导数 $f'(x_3)$的近似值为

$$T=(f_1+8f_4-8f_2-8f_5)/12h$$

子程序

```
8100 REM FIVE POINT CENTRAL FORMULA
8102 FOR I=1 TO N
8104 IF X(I)=0 GOTO 8108
8106 TT=X(I)/100: GOTO 8110
8108 TT=0.01
8110 FOR J=1 TO 5
8112 IF J=3 GOTO 8120
8114 X(I)=X(I)+(J-3)*TT
8116 GOSUB 8000:Z(J)=FX
8118 X(I)=X(I)-(J-3)*TT
8120 NEXT J
8122 T(I)=(Z(1)+8*Z(4)-8*Z(2)-Z(5))/12/TT
8124 NEXT I
8126 RETURN
```

程序说明

此子程序用于 DFP 法求目标函数的梯度。

7. DFP 变尺度法

程序名 DFP

功 能 解 n 维（$n \geqslant 2$）无约束优化问题

子程序

```
1000 REM FILE NAME: DFP
1020 REM SUBPROGRAM OF DFP
1040 ⎫
  ⋮  ⎪
  ⋮  ⎪
1096 ⎪
     ⎬(同鲍威尔法子程序相应序号的内容)
1400 ⎪
  ⋮  ⎪
  ⋮  ⎪
1462 ⎭
```

```
3000 REM FILE NAME: DFP
3002 REM DFP METHOD
3008 FOR I=1 TO N
3010 X(I)=X0(I)
3011 NEXT I
3020 GOSUB 8100: GOSUB 8000
3022 K=1
3024 FOR I=1 TO N
3026 FOR J=1 TO N
3028 AA(I,J)=0
3030 NEXT J
3032 AA(I,I)=1
3034 NEXT I
3035 FOR I=1 TO N
3036 S(I)=-T(I)
3037 NEXT I
3038 Q=0
3039 FOR I=1 TO N
3040 Q=Q+T(I)^2
3041 NEXT I
3042 Q=SQR(Q)
3048 IF Q<=ED GOTO 3170
3049 IF K=1 GOTO 3140
3056 FOR I=1 TO N
3058 FOR J=1 TO N
3060 C(I,J)=SI(I)*SI(J)
3062 D(I,J)=Y(I)*Y(J)
3064 NEXT J
3066 NEXT I
3068 FOR I=1 TO N
3070 FOR J=1 TO N
3072 HH(I,J)=0
3074 FOR L=1 TO N
3076 HH(I,J)=HH(I,J)+AA(I, L)
     *D(L,J)
3078 NEXT L
3080 NEXT J
3082 NEXT I
3084 FOR I=1 TO N
3086 FOR J=1 TO N
3088 U(I,J)=0
3090 FOR L=1 TO N
3092 U(I,J)=U(I,J)+HH(I,L)*AA(L,J)
3093 NEXT L: NEXT J: NEXT I
3094 W1=0: W2=0
3096 FOR I=1 TO N
```

```
3050 FOR I=1 TO N
3052 SI(I)=X(I)-SI(I):Y(I)
     =T(I)-Y(I)
3054 NEXT I
3102 FOR J=1 TO N
3106 R(I)=R(I)+Y(J) * AA(J,I)
3108 NEXT J
3110 NEXT I
3112 FOR I=1 TO N
3114 W2=W2+R(I) * Y(I)
3116 NEXT I
3118 FOR I=1 TO N
3120 FOR J=1 TO N
3122 M(I,J)=C(I,J)/W1
3124 P(I,J)=U(I,J)/W2
3126 AA(I,J)=AA(I,J)+M(I,J)-P
     (I, J)
3128 NEXT J
3130 NEXT I
3132 FOR I=1 TO N
3133 S(I)=0
3134 FOR J=1 TO N
3136 S(I)=S(I)-AA(I,J) * T(J)
3098 W1=W1+SI(I) * Y(I)
3099 NEXT I
3100 FOR I=1 TO N
3101 R(I)=0
3138 NEXT J: NEXT I
3140 FOR I=1 TO N
3142 SI(I)=X(I):Y(I)=T(I)
3143 NEXT I
3144 FOR I=1 TO N
3145 X0(I)=X(I)
3146 NEXT I
3147 GOSUB 1040: GOSUB 8100
3150 K=K+1
3152 IF K>N GOTO 3156
3154 GOTO 3038
3156 Q=0
3158 FOR I=1 TO N
3160 Q=Q+T(I)^2
3162 NEXT I
3163 Q=SQR(Q)
3164 IF Q<=ED GOTO 3170
3166 GOTO 3022
3170 RETURN
```

使用说明

(1) 在主程序中，定维语句之前需输入下面参数的数据：N，H0，E1，ED；定维语句之后再输入 X0。

(2) 求目标函数梯度值时，需调用五点差分求梯度子程序 VP。

应用举例 试用 DFP 变尺度法求二维目标函数 $F(\boldsymbol{x})=x_1^2+x_2^2-x_1x_2-10x_1-4x_2+60$ 的最优解。已知 $\boldsymbol{x}^{(0)}=[2\quad 3]^T$。$h_0=1.0$，$\varepsilon_1=0.01$，$\varepsilon=0.01$。

解：编制主程序和函数子程序，并按如下次序连接。

```
300 REM MAIN PROGRAM OF DFP METHOD:MDFP
301 PRINT "INPUT:N,H0,E1,ED"
302 INPUT N,H0,E1,ED
304 DIM X(N),X0(N),SI(N),Y(N),T(N),S(N),R(N),AA(N,N),
    C(N,N),D(N,N),HH(N,N),U(N,N),M(N,N),P(N,N)
305 PRINT "INPUT:X01,X02"
306 INPUT X0(1),X0(2)
310 LPRINT "PRIMAL DATA"
312 LPRINT "N=";N,"H0=";H0,"E1=";E1,"ED=";ED,"X01=";
    X0(1),"X02=";X0(2)
313 GOSUB 3000
314 LPRINT "*************************"
316 LPRINT "OPTIMUM RESULTS"
318 LPRINT "X1=";X(1),"X2=";X(2),"F=";F
320 END
```
} 主程序

接语句标号为 1000~3170 的子程序 DFP
接语句标号为 8100~8126 的求梯度子程序 VP

```
8000 REM OBJECTIVE FUNCTION
8001 FX=X(1)^2+X(2)^2-X(1)*X(2)-10*X(1)-4*X(2)+60
8004 RETURN
```
} 函数子程序

输入已知数据,即输出如下结果

PRIMAL DATA

N=2   H0=1   E1=0.01   ED=0.01   X01=2   X02=3

****

OPTIMUM RESULTS

X1=8.000 63   X2=6.004 285   F=8.000 015

8. 约束坐标轮换法

程序名　CCA

功　能　求解 n 维 ($n \geqslant 2$) 具有不等式约束优化问题的最优解

子程序

```
7000 REM FILE NAME:CCA              7029 NEXT I:GOTO 7040
7004 REM CONSTRAINED COOR-          7030 X(J)=X0(J)-AL0
     DINATES ALTERNATION            7032 GOSUB 8000:F=FX
     METHOD                         7033 FOR I=1 TO KG
7008 FOR I=1 TO N                   7034 IF G(I)>=0 GOTO 7036
7010 X(I)=X0(I)                     7035 GOTO 7066
```

```
7012 NEXT I: GOSUB 8000: F=FX
7013 FOR I=1 TO FG
7014 IF G(I)>=0 GOTO 7016
7015 GOTO 7076
7016 NEXT I
7017 F0=F      7018 K=0
7022 FOR J=1 TO N
7023 X(J)=X0(J)+AL0
7024 GOSUB 8000:F=FX
7026 FOR I=1 TO KG
7027 IF G(I)>=0 GOTO 7029
7028 GOTO 7030
7058 F0=F:AL=2*AL:GOTO 7046
7062 X0(J)=X0(J)+AL/2
7064 K=1
7066 NEXT J
7068 IF K=0 GOTO 7072
7070 GOTO 7018
7036 NEXT I: GOTO 7037
7037 IF F>=F0 GOTO 7066
7038 AL=-AL0: GOTO 7046
7040 IF F>=F0 GOTO 7030
7045 AL=AL0
7046 X(J)=X0(J)+AL
7050 GOSUB 8000:F=FX
7052 FOR I=1 TO KG
7053 IF G(I)>=0 GOTO 7055
7054 GOTO 7062
7055 NEXT I
7056 IF F>=F0 GOTO 7062
7072 IF AL<=E GOTO 7080
7074 AL=AL/2:GOTO 7018
7076 LPRINT "NON-FEASIBLE
     INITIAL POINT"
7080 RETURN
```

使用说明 在主程序的输入语句中，按排列顺序给出如下数据：N，AL0，E，KG；X0（I），I=1～N。然后由语句 GOSUB 7000 转入本节子程序。

使用者需自编主程序（标号为 1～500）及求目标函数值与约束函数值的子程序（标号从 8000 开始）。将主程序、CCA 子程序、求函数的子程序连接起来，即可运算。

应用举例 试用约束坐标轮换法求不等式约束优化问题

$$\min F(\boldsymbol{x})=(x_1-8)^2+(x_2-8)^2$$

$$\boldsymbol{x}\in\mathscr{D}\subset\mathbf{R}^n$$

$$\mathscr{D}:\begin{cases}g_1(\boldsymbol{x})=x_1\geqslant 0\\ g_2(\boldsymbol{x})=x_2-1\geqslant 0\\ g_3(\boldsymbol{x})=11-x_1-x_2\geqslant 0\end{cases}$$

的最优解。已知：$\boldsymbol{x}^{(0)}=[2.1\quad 3.5]^{\mathrm{T}}$，$\varepsilon=0.001$，$\alpha_0=0.1$

解：编制主程序及函数子程序，并按如下次序连接

```
400 REM MAIN PROGRAM: MCCA                                  ⎫
401 PRINT "INPUT: N, AL0, E, KG"                            ⎪
402 INPUT N, AL0, E, KG                                     ⎪
403 PRINT "INPUT: X01, X02"                                 ⎪
404 DIM X(N),G(KG),X0(N)                                    ⎪
405 INPUT X0(1),X0(2)                                       ⎪
406 LPRINT "PRIMAL DATA"                                    ⎬主程序
408 LPRINT "N="; N,"AL0="; AL0,"E="; E,"KG="; KG,           ⎪
    "X01="; X0(1),"X02=";X0(2)                              ⎪
410 GOSUB 7000                                              ⎪
412 LPRINT "OPTIMUM RESULTS"                                ⎪
414 LPRINT "X1=";X(1),"X2=";X(2),"F=";F                     ⎪
420 END                                                     ⎭
```

接标号为7000～7080子程序CCA

```
8000 FX=(X(1)-8)^2+(X(2)-8)^2  ┐
8004 G(1)=X(1)                 │
8006 G(2)=X(2)-1               ├函数子程序
8008 G(3)=11-X(1)-X(2)         │
8020 RETURN                    ┘
```

输入已知数据，运算后输出如下结果

```
PRIMAL DATA
N=2    AL0=0.11    E=0.001    KG=3    X01=2.1    X02=3.5
OPTIMUM RESULTS
X1=5.51    X2=5.37    F=13.117
```

9. 约束随机方向法

程序名 CRR

功　能 求解 n 维($n\geqslant 2$)具有不等式约束优化问题的最优解

子程序

```
4200 REM FILE NAME: CRR
4202 REM CONSTRAINED RAN-
     DOM RAY METHOD
4210 AL=AL0
4220 FOR I=1 TO N
4230 X(I)=X0(I)
4240 NEXT I: GOSOB 8000
4400 FOR I=1 TO KG
4401 IF G(I)<0 GOTO 4458
4402 NEXT I: F0=FX
4403 K=1: J=0
4409 SM=0
4410 FOR I=1 TO N
4412 Y(I)=-1+2*RND(1)
4414 SM=SM+Y(I)^2
4416 NEXT I
4418 FOR I=1 TO N
4420 S(I)=Y(I)/SQR(SM):X(I)
     =X0(I)+AL*S(I)
4422 NEXT I
4424 GOSUB 8000:F=FX
4425 FOR I=1 TO KG
4426 IF G(I)>=0 GOTO 4428
4427 GOTO 4432
4428 NEXT I
4430 IF F<F0 GOTO 4446
4432 IF J=0 GOTO 4436
4434 GOTO 4408
4436 K=K+1
4438 IF K>M GOTO 4442
4440 GOTO 4409
4442 IF AL<E GOTO 4460
4444 AL=AL/2: GOTO 4408
4446 FOR I=1 TO N
4448 X0(I)=X(I)
4450 NEXT I: F0=F: J=1
4452 FOR I=1 TO N
4454 X(I)=X0(I)+AL*S(I)
4456 NEXT I: GOTO 4424
4458 LPRINT "NON-FEASIBLE
     INITIAL POINT"
4460 RETURN
```

使用说明　在主程序的输入语句中，按排列顺序给出如下数据：N，AL0，E，KG，

M；X0(I)，I＝1～N。然后由语句 GOSUB 4200 转入本节子程序。

使用者需自编主程序及求目标函数与约束函数值的子程序(标号从 8000 始)。将主程序、子程序 CRR 及函数子程序连接起来，即可运算。

应用举例 试用约束随机法求下面具有不等式约束优化问题

$$\min F(\boldsymbol{x})=(x_1-8)^2+(x_2-8)^2$$

$$\boldsymbol{x}\in\mathscr{D}\subset\mathbf{R}^2$$

$$\mathscr{D}:\begin{cases}g_1(\boldsymbol{x})=x_1\geqslant 0\\ g_2(\boldsymbol{x})=x_2-1\geqslant 0\\ g_3(\boldsymbol{x})=11-x_1-x_2\geqslant 0\end{cases}$$

的最优解。已知：$\alpha_0=0.4,\varepsilon=0.01,M=50,\boldsymbol{x}^{(0)}=[2\quad 3]^T$。

解：编制主程序及函数子程序，并按如下次序连接。

主程序：

```
400 REM MAIN PROGRAM：MCRR
401 PRINT "INPUT：N，AL0，E，KG，M"
402 INPUT N，AL0，E，KG，M
404 DIM X(N),G(KG),X0(N),S(N),Y(N)
405 PRINT "INPUT：X01，X02"
406 INPUT X0(1),X0(2)
407 LPRINT "PRIMAL DATA"
408 LPRINT "N="；N,"AL0="；AL0,"E="；E,"KG="；KG,
    "M="；M
409 LPRINT "X01=";X0(1),"X02=";X0(2)
410 GOSUB 4200
412 LPRINT "OPTIMUM RESULTS"
414 LPRINT "X1=";X0(1),"X2=";X0(2),"F=";F0
420 END
```

接标号为 4200～4460 的子程序 CRR

函数子程序：

```
8000 FX=(X(1)-8)^2+(X(2)-8)^2
8004 G(1)=X(1)
8006 G(2)=X(2)-1
8008 G(3)=11-X(1)-X(2)
8020 RETURN
```

输入已知数据，经运算即输出如下结果

```
PRIMAL DATA
N=2    AL0=0.4    E=0.01    KG=3    M=50
X01=2    X02=3
OPTIMUM RESULTS
X1=5.533 926    X2=5.466 002    F=12.502 67
```

10. 复合形法

程序名 COM

功　能 求解 n 维（$n \geqslant 2$）具有不等式约束优化问题的最优解

子程序

```
4800 REM FILE NAME: COM
4803 Z=0
4812 NEXT I
4815 FOR J=1 TO K
4818 FOR I=1 TO N
4821 R(I,J)=RND(1)
4824 NEXT I
4827 NEXT J
4830 FOR J=1 TO K
4833 FOR I=1 TO N
4836 XX(I,J)=AA(I)+R(I,J)*(BB
     (I)-AA(I))
4839 NEXT I
4842 NEXT J
4845 M=0
4848 FOR J=1 TO K
4851 FOR I=1 TO N
4854 X(I)=XX(I,J)
4857 NEXT I
4860 GOSUB 8000
4863 FOR L=1 TO KG
4866 IF G(L)<0 THEN 4871
4869 NEXT L:GOTO 4874
4871 M=M+1
4872 NEXT J
4873 IF M=K THEN 4815
4874 FOR J=1 TO K
4875 FOR I=1 TO N
4876 X(I)=XX(I,J)
4877 NEXT I
4878 GOSUB 8000
4879 FOR L=1 TO KG
4880 IF G(L)<0 GOTO 4890
4806 FOR I=1 TO N
4809 AA(I)=A:BB(I)=B
4897 FOR J=2 TO K
4899 FOR I=1 TO N
4902 X(I)=XX(I,J)
4905 NEXT I
4908 GOSUB 8000
4911 FOR L=1 TO KG
4914 IF G(L)<0 GOTO 4920
4917 NEXT L: GOTO 4948
4920 Q=J
4926 FOR I=1 TO N
4927 D=0
4929 FOR L=1 TO Q-1
4932 D=D+XX(I,L)
4935 NEXT L
4938 XS(I)=D/(Q-1)
4940 XX(I,Q)=XS(I)+(XX(I,Q)
     -XS(I))/2
4941 X(I)=XX(I,Q)
4944 NEXT I: GOSUB 8000
4945 FOR L=1 TO KG
4946 IF G(L)<0 GOTO 4926
4947 NEXT L
4948 NEXT J
4950 FOR J=1 TO K
4953 FOR I=1 TO N
4956 X(I)=XX(I,J)
4959 NEXT I
4962 GOSUB 8000
4965 F(J)=FX
4968 NEXT J
4971 FH=F(1)
```

```
4881 NEXT L
4882 FOR I=1 TO N
4883 C=XX(I,1)
4884 XX(I,1)=X(I)
4885 XX(I,J)=C
4886 NEXT I
4887 GOTO 4897
4890 NEXT J
4998 NEXT J
5001 P=0
5004 FOR J=1 TO K
5007 P=P+(F(L)-F(J))^2
5010 NEXT J
5013 IF P<=E THEN 5130
5016 AL=AL0
5019 FOR I=1 TO N
5022 X0(I)=0:XR(I)=0
5025 FOR J=1 TO K
5028 X0(I)=X0(I)+XX(I,J)
5031 NEXT J
5034 XH(I)=XX(I,H)
5037 X0(I)=(X0(I)-XH(I))/(K-1)
5040 NEXT I
5043 FOR I=1 TO N
5046 XR(I)=X0(I)+AL*(X0(I)-
     XH(I))
5049 X(I)=XR(I)
5052 NEXT I
5055 GOSUB 8000:FR=FX
5058 FOR M=1 TO KG
5061 IF G(M)>=0 GOTO 5067
5064 GOTO 5070
5067 NEXT M
5068 GOTO 5073
4974 FOR J=1 TO K
4977 IF F(J)<FH THEN 4983
4980 FH=F(J):H=J
4983 NEXT J
4986 FL=F(1)
4989 FOR J=1 TO K
4992 IF F(J)>FL THEN 4998
4995 FL=F(J):L=J
5070 AL=AL/2
5071 GOTO 5043
5073 FOR I=1 TO N
5076 X(I)=XH(I)
5079 NEXT I:GOSUB 8000:FH=FX
5082 IF FR<FH THEN 5118
5085 IF AL>DL GOTO 5070
5091 FF=F(1):F(1)=FH:F(H)=
     F(1)
5094 FSH=F(2)
5097 FOR J=2 TO K
5100 IF F(J)<FSH THEN 5106
5103 FSH=F(J):SH=J
5106 NEXT J
5109 FOR I=1 TO N
5112 XX(I,H)=XX(I,SH)
5115 NEXT I:GOTO 5019
5118 FOR I=1 TO N
5121 XX(I,H)=XR(I)
5124 NEXT I
5127 Z=Z+1:GOTO 4950
5130 FOR I=1 TO N
5133 X(I)=XX(I,L)
5136 NEXT I
5139 F=FL
5142 RETURN
```

使用说明 在主程序的输入语句中，按排列顺序给出如下数据：N，K，E，DL，AL0，A，B，KG。然后由语句 GOSUB 4800 转入 COM 子程序。

使用者自编主程序及求目标函数值与约束函数值的子程序（标号从 8000 始）。将主程序与 COM 子程序及求函数子程序（标号从 8000 始）连接，即可运算。

应用举例 试用复合形法求下面具有不等式约束优化问题

$$\min F(\boldsymbol{x})=[(x_1-3)^2-9]x_2^3/27\sqrt{3}$$

$$x \in \mathscr{D} \subset \mathbf{R}^2$$

$$\mathscr{D}:\begin{cases} g_1(\boldsymbol{x}) = x_1 + \sqrt{3}x_2 \geqslant 0 \\ g_2(\boldsymbol{x}) = \dfrac{x_1}{\sqrt{3}} - x_2 \geqslant 0 \\ g_3(\boldsymbol{x}) = -x_1 - \sqrt{3}x_2 + 6 \geqslant 0 \\ g_4(\boldsymbol{x}) = x_1 \geqslant 0 \\ g_5(\boldsymbol{x}) = x_2 \geqslant 0 \end{cases}$$

的最优解。已知：$k=3$，$\varepsilon=0.01$，$\delta=0.01$，$\alpha_0=1$，$a=0$，$b=11$.

解：编制主程序及函数子程序，并按如下次序连接。

```
400 REM MAIN PROGRAM：MCOM
401 PRINT "INPUT：N，K，E，DL，AL0，A，B，KG"
402 INPUT N，K，E，DL，AL0，A，B，KG
404 DIM AA(N),BB(N),R(N,K),XX(N,K),X(N),XS(N),F(K),
    X0(N),XH(N),XR(N),XSH(N),G(KG)
406 LPRINT "PRIMAL DATA"
408 LPRINT "N="；N,"K="；K,"E="；E,"DL="；DL,"AL0="；AL0
409 LPRINT "A="；A,"B="；B,"KG="；KG
410 GOSUB 4800
412 LPRINT "OPTIMUM RESULTS"
414 LPRINT "X1=";X(1),"X2=";X(2),"F=";F
420 END
```
主程序

接标号为 4800～5142 的子程序 COM

```
8000 FX=((X(1)-3)^2-9)*X(2)^3/27/SQR(3)
8004 G(1)=X(1)+SQR(3)*X(2)
8006 G(2)=X(1)/SQR(3)-X(2)
8008 G(3)=-X(1)-SQR(3)*X(2)+6
8010 G(4)=X(1)
8012 G(5)=X(2)
8020 RETURN
```
函数子程序

输入已知数据，经运算输出结果如下

```
PRIMAL DATA
N=2     K=3     E=0.01     DL=0.01     AL0=1
A=0     B=11     KG=5
OPTIMUM RESULTS
X1=2.227 544     X2=1.268 44     F=-0.366 721
```

11. 外点罚函数法

程序名 EP

功　能 求解 n 维（$n \geqslant 2$）具有不等式约束优化问题的最优解。

子程序

```
5200 REM FILE NAME：EP
5206 R=R0
5208 K=1
5210 GOSUB 1000
5212 IF K=1 GOTO 5216
5214 IF ABS((FU-F00)/F00)<=ES GOTO 5230
5216 K=K+1
5218 R=R*C
5220 FOR I=1 TO N
5222 X0(I)=X(I)
5224 NEXT I
5226 F00=FU
5228 GOTO 5210
5230 GOSUB 9000
5231 F=FU
5232 RETURN
8000 REM CALCULATION OF EXTERIOR PENALTY FUNCTION VALUE
8002 FX=X(1)^2+X(2)^2-X(1)*X(2)-10*X(1)-4*X(2)+60
8003 GOSUB 9000
8004 SG=0
8005 FOR I=1 TO KG
8006 IF G(I)>=0 GOTO 8008
8007 GOTO 8012
8008 NEXT I
8009 GOTO 8017
8012 FOR I=1 TO KG
8014 SG=SG+G(I)^2
8016 NEXT I
8017 FX=FU+R*SG
8018 RETURN
```

使用说明　在主程序的输入语句中，按顺序给出数据：N，KG，H0，R0，C，E1，EP，ES，X0(I)，I=1～N。然后由语句 COSUB 5200 转本节子程序。

使用者需自编主程序和标号从 9000 开始的求原目标函数值 FU 及约束函数值 G(I)

(I=1～KG)的子程序。将主程序与子程序 PO、子程序 EP 以及函数子程序连接起来进行运算。

应用举例 试用外点罚函数法求下面约束优化问题的最优解

$$\min F(\boldsymbol{x})=(x_1-8)^2+(x_2-8)^2$$

$$\boldsymbol{x}\in\mathscr{D}\subset\mathbf{R}^2$$

$$\mathscr{D}:\begin{cases}g_1(\boldsymbol{x})=x_1\geqslant 0\\ g_2(\boldsymbol{x})=x_2-1\geqslant 0\\ g_3(\boldsymbol{x})=11-x_1-x_2\geqslant 0\end{cases}$$

给定初始数据：$h_0=0.1$，$r^{(0)}=0.001$，$c=2$，$\varepsilon_1=0.01$，$\varepsilon_p=0.01$，$\varepsilon_s=0.01$，$x^{(0)}=[10\quad 10]^{\mathrm{T}}$。

解：编制主程序及函数子程序，并按如下次序连接

```
100 REM MAIN：MEP
101 PRINT "INPUT：N，KG，H0，R0，C，E1，EP，ES"
102 INPUT N，KG，H0，R0，C，E1，EP，ES
103 DIM X(N),X0(N),XX1(N),XX2(N),XX3(N),S(N),
    SS(N,N+1),A(N),B(N)
104 DIM XP1(N),XP2(N),G(KG),XK(N)
105 PRINT "INPUT:X01,X02";INPUT X0(1),X0(2)
106 LPRINT "PRIMAL DATA"
107 LPRINT "N="，N,"KG="；KG,"H0="；H0,"R0="；R0,
    "C="；C,"E1="；E1,"EP="；EP
108 LPRINT "ES="；ES,"X01="；X0(1),"X02=";X0(2)
110 GOSUB 5200
114 LPRINT "OPTIMUM RESULTS"
116 LPRINT "X1="；X(1),"X2=";X(2),"F=";F
120 END
```
（以上为主程序）

接标号为 1000～2510 的子程序 PO，继之接标号为 5200～8018 的子程序 EP

```
9000 REM FUNCTIN
9004 FU=(X(1)-8)^2+(X(2)-8)^2
9006 G(1)=X(1)
9008 G(2)=X(2)-1
9014 G(3)=11-X(1)-X(2)
9020 RETURN
```
（以上为函数子程序）

输入已知数据，经运算输出如下结果

```
PRIMAL DATA
N=2        KG=3        H0=0.1        R0=0.001        C=2
E1=0.01    EP=0.01     ES=0.01       X01=10          X02=10
OPTIMUM RESULTS
X1=5.732 58      X2=5.226 96      F=12.830 9
```

12. 外点形式混合罚函数法

程序名 MP

功　能 求解 n 维($n \geqslant 2$)兼有等式和不等式约束优化问题的最优解。

子程序

```
5200 REM FILE NAME：MP
5206 R=R0
5208 K=1
5210 GOSUB 1000
5212 IF K=1 GOTO 5216
5214 IF ABS((FU-F00)/F00)<=ES
     GOTO 5230
5216 K=K+1
5218 R=R*C
5220 FOR I=1 TO N
5222 X0(I)=X(I)
5224 NEXT I
5226 F00=FU
5228 GOTO 5210
5230 GOSUB 9000
5231 F=FU
5232 RETURN
8000 REM CALCULATION OF EX-
     TERIOR PENALTY FUNCTION
     VALUE
8003 GOSUB 9000
8004 SG=0
8005 FOR I=1 TO KG
8006 IF G(I)>=0 GOTO 8008
8007 GOTO 8012
8008 NEXT I
8009 GOTO 8018
8012 FOR I=1 TO NI
8014 SG=SG+G(I)^2
8016 NEXT I
8018 NE=KG-NI
8020 QG=0
8022 IF NE=0 GOTO 8028
8024 FOR I=1 TO NE
8025 QG=QG+G(NI+I)^2
8026 NEXT I
8028 FX=FU+R*(SG+QG)
8090 RETURN
```

使用说明 在主程序的输入语句中，按排列顺序给出数据：N，KG，H0，R0，C，E1，EP，ES，NI，X0(I)，(I=1～N)。然后由语句 GOSUB5200 转本节子程序。

该方法属外点混合罚函数法，故初始点 x_0 可任取，不受可行域限制。

使用者需编制主程序和标号从 9000 开始的求原目标函数值 FU 及约束函数值 G(I)（I=1～KG）的子程序。将主程序、子程序 PO、子程序 EP 以及函数子程序连接起来，即可运算。

应用举例 试用混合罚函数法求下面一般约束优化问题

$$\min F(\boldsymbol{x})=(x_1-2)^2+(x_2-1)^2$$

$$\boldsymbol{x}\in\mathcal{D}\subset\mathbf{R}^2$$

$$\mathcal{D}:\begin{cases}g_1(\boldsymbol{x})=-0.25x_1^2-x_2^2+1\geqslant 0\\ g_2(\boldsymbol{x})=x_1-2x_2+1=0\end{cases}$$

的最优解。已知：$h_0=0.1$，$r_0=0.1$，$C=10$，$\varepsilon_1=0.1$，$\varepsilon_p=0.1$，$\varepsilon_s=0.5$，$\boldsymbol{x}^{(0)}=[2\quad 1]^{\mathrm{T}}$。

解：编制主程序及函数子程序，并按如下次序连接。

```
100 REM MAIN: MMP
101 PRINT "INPUT: N, KG, H0, R0, C, E1, EP, ES, NI"
102 INPUT N, KG, H0, R0, C, E1, EP, ES, NI
103 DIM X(N),X0(N),XX1(N),XX2(N),XX3(N),S(N),
    SS(N,N+1),A(N),B(N)
104 DIM XP1(N),XP2(N),G(KG),XK(N)
105 PRINT "INPUT:X01,X02":INPUT X0(1),X0(2)
106 LPRINT "PRIMAL DATA"
107 LPRINT "N="; N,"KG="; KG,"H0="; H0,"R0="; R0,
    "C="; C,"E1="; E1,"EP="; EP
108 LPRINT"ES="; ES,"X01=";X0(1),"X02=";X0(2),"NI=";NI
110 GOSUB 5200
114 LPRINT"OPTIMUM RESULTS"
116 LPRINT "X1=";X(1),"X2=";X(2),"F=";F
120 END
```

}主程序

接语句标号为 1000～2510 的子程序 PO，继之接标号为 5200～8090 的子程序 MP

```
9000 REM OBJECTIVE FUNCTION
9004 FU=(X(1)-2)^2+(X(2)-1)^2
9006 G(1)=-0.25*X(1)^2-X(2)^2+1
9008 G(2)=X(1)-2*X(2)+1
9030 RETURN
```

}函数子程序

输入已知数据，经运算输出如下结果

```
PRIMAL DATA
N=2       KG=2       NI=1        H0=0.1     R0=0.1
C=10      E1=0.1     EP=0.1      ES=0.5
X01=2     X02=1
OPTIMUM RESULTS
X1=0.816 284     X2=0.898 3     F=1.411 53
```

附录二　常用优化方法C语言参考程序包

第一部分　使用说明

一、软硬件环境

该软件在DOS操作系统下，Turbo C（2.0版本或更高版本）集成环境编译运行。因此要求使用者熟悉Turbo C的集成环境。

硬件设备要求：计算机为386机型或更高档次，显示器VGA模式，256色，640/480分辨率或性能更佳的显示器。

二、本程序包特点及功能

此软件具有界面友好、直观、操作灵活方便等特点。假如您的计算机支持鼠标，您就可将鼠标和键盘配合使用，灵活地进行操作；否则在键盘上，使用上下、左右键进行操作。

此软件实现西文状态下显示汉字，并且建立自己的汉字库，因而不需要汉字系统的支持，这样既解脱了汉字系统下操作的不便，又使得操作在汉字的提示下进行，整个运行的界面是下拉式菜单操作，使用非常方便。

本软件是配合本书而编制的。在优化方法内容上，除了附录一已有的各方法外，还增加了无约束优化的梯度法和坐标轮换法，约束优化的内点罚函数法和约束线性规划的平纯形法。其目的是使本书中的各优化方法得以软件实现。它的基本功能用于凸集、凸函数条件下，无约束及约束优化问题的最优解。其内容有：一维优化方法中的格点法、黄金分割法、二次插值法；多维无约束优化方法中的坐标轮换法、鲍威尔法、梯度法、DFP变尺度法；多维约束优化方法中的约束坐标轮换法、约束随机方向法、约束复合型法、罚函数内点法、罚函数外点法；线性规划中的单纯形法。

三、启动运行

1. 假如您的计算机有Turbo C系统软件，您只需将软盘上的YOUHUA目录的所有文件，连同YOUHUA目录拷入您的TC子目录，并且将YOUHUA.H头文件拷入TC目录的INCLUDE子目录；否则请您运行软盘上的INSTALL.COM文件，它将把Turbo C 2.0系统软件及优化的所有文件拷入您的计算机，具体操作如“INSTALL C：回车”，这样将完成软件的安装。

2. 进入Turbo C集成环境，请打开YOU _ TC.PRG工程文件，同时注意修改OPTION菜单下的选项，使之与您的驱动器一致。用project菜单项的open选项，选择YOUHUA目录下的YOU _ TC.PRG工程文件。

3. 此软件提供缺省的目标函数。如果您想改变目标函数，则打开YOUHUA目录下的FUNC1.C、FUNC2.C或FUNC3.C文件（FUNC1.C是一维目标函数，FUNC2.C是多维无约束目标函数，FUNC3.C是多维约束目标函数）。然后根据FUNC1.C、FUNC2.C、FUNC3.C的模式进行编辑，并且函数的名字不能改变，编辑好后存盘。在编辑多维约束优化时，您想增加约束函数，则请您按g1，g2，g3，g4，…，g9的顺序编辑约束函数；当您想改变它的目标函数时，请您编辑 fff 函数；最后请您按照 head 函数的模式编辑 head 函数，将 fff 函数放在最后。

4. 以上工作完成后，按下 CTRL+F9 或集成环境 RUN 菜单下的 RUN 项。

四、操作说明

1. 软件运行后出现一个动画图形，并有音乐伴奏。随即按任意键继续运行。

2. 原始数据的输入：(注意各个输入值之间用逗号隔开)

例：请输入：维数 N，迭代精度 E

(用户输入) input：2，0.001 (回车)

请输入：初始点 X0

(用户输入) input：4，5 (回车)

(原始数据的输入应注意初始点范围及精度，否则不会出现结果)

3. 在罚函数内、外点法中，已给出罚因子 C 和 Detai 的范围，建议在此范围内输入。例：C (5—10)，则表示 C 的取值在 5 到 10 之间。

4. 当编辑目标函数时应注意，变量的下标取值从 0 开始，如果是一维问题，则不必带下标。

例：ff(x)=x * x+sin(x) * 9.0(一维优化问题)

f(x)=x[0] * x[0]+x[1] * x[1](多维优化问题)

5. 无约束优化只能解少于 10 维的问题，约束优化能解少于 9 个不等式约束的问题，单纯形法解不超过 4 个不等式约束的优化问题。

6. 单纯形法的原始数据输入：先输入约束数和变量数，接着按照转换为标准型 AX=B (矩阵式)，先按行输入 A 数组，各数之间用逗号隔开，A 数组输入完毕，继续输入目标函数各个变量的系数 (同书中的单纯形表一致)，再接下来一行输入 B。

7. 当完成一种优化方法计算时，按任意键返回主菜单。

第二部分　C 语言程序

```
/*    进退法子程序(用于一维优化问题)  */
/     p[0],p[1]返回搜索区间左右端点   /
void jintui(float x1,float h0,float p[ ])
{
    float x2,x3,y1,y2,y3;
    y1=f(x1);x2=x1+h0;y2=ff(x2);
    if (y2>=y1)
    {
        h0=-h0;x3=x1;y3=y1;x1=x2;
        y1=y2;x2=x3;y2=y3;
    }
    h0=2 * h0;x3=x2+h0;y3=ff(x3);
    while(y2>=y3)
    {
```

```
        x1=x2;y1=y2;x2=x3;y2=y3;
        h0=2*h0;x3=x2+h0;y3=ff(x3);
    }
    if(h0<0){p[0]=x3;p[1]=x1;}
    else{p[0]=x1;p[1]=x3;}
}
```

```
/*          格点法程序          */
/*  功能：解一维优化问题       */
#include "a:\function.c"
#include "a:\jintuifa.c"
#include "stdio.h"
#include "math.h"
main( )
{
    float a0,x0,h0,a,b,e,x,y,p[2];
    int k,n;
    printf("请输入初始点 x0,步长 h0,区间整数 n,迭代精度 e\n");
    scanf("%f,%f,%d,%f",&x0,&h0,&n,&e);
    jintui(x0,h0,p);
    a=p[0];b=p[1];
    printf("a=%f,b=%f\n",a,b);
    while(b-a>e)
    {
        h0=ff(a);
        for(k=1;k<=n;k++)
        {x=a+(b-a)*k/(n+1);y=ff(x);
          if(y<h0){h0=y;x0=x;}
        }
        a0=x0-(b-a)/(n+1);b=x0+(b-a)/(n+1);a=a0;
    }
    x=x0;y=ff(x);
    printf("目标函数的最优解:\n");
    printf("x*=%f,y*=%f\n",x,y);
}
```

```
/*          黄金分割法程序        */
/*  功能：解一维优化问题       */
#include "a:\function.c"
#include "a:\jintuifa.c"
```

```
#include "stdio.h"
#include "math.h"
main( )
{
    float h0,x1,x2,x3,y1,y2,y3,a=0.0,b=0.0,e,p[2];
    printf("请输入初始点 x1,步长 h0,迭代精度 e\n");
    scanf("%f,%f,%f",&x1,&h0,&e);
    jintui(x1,h0,p);
    a=p[0];b=p[1];
    printf("a=%5.3f,b=%5.3f\n",a);
    x1=a+0.382*(b-a);y1=ff(x1);
    x2=a+0.618*(b-a);y2=ff(x2);
    while(b-a>e)
    {
      if(y1<y2)
        {b=x2;x2=x1;y2=y1;
          x1=a+0.382*(b-a);y1=ff(x1);}
      else
        {a=x1;x1=x2;y1=y2;
          x2=a+0.618*(b-a);y2=ff(x2);}
    }
    x2=0.5*(a+b);y2=ff(x2);
    printf("目标函数最优解:\n");
    printf("x*=%f,y*=%f\n",x2,y2);
}

/*          二次插值程序          */
/*   功能: 解一维优化问题   */
#include "a:\function.c"
#include "a:\jintuifa.c"
#include "stdio.h"
#include "math.h"
main( )
{
    float c1,c2,a0,xm,ym,x1,h0,x2,x3;
    float p[2],y1,y2,y3,a,b,e,x,y,x0;
    int k=1;
    printf("请输入初始点 x1,步长 h0,迭代精度 e\n");
    scanf("%f,%f,%f",&x1,&h0,&e);
    jintui(x1,h0,p);
```

```
    a=p[0];b=p[1];
    printf("a=%5.3f,b=%5.3f\n",a);
    x1=a;x3=b;x2=0.5*(a+b);x0=x1;
    y1=ff(x1);y2=ff(x2);y3=ff(x3);
    do{
        c1=(y3-y1)/(x3-x1);
        c2=((y2-y1)/(x2-x1)-c1)/(x2-x3);
        if(fabs(c2)<=1.0e-6) {xm=x2;ym=y2;break;}
        x=0.5*(x1+x3-c1/c2);y=ff(x);
        if((x-x1)*(x3-x)<=0){xm=x2;ym=y2;break;}
        if(k>1)
            if(fabs(x-x0)<=e) {xm=x;ym=y;break;}
        x0=x;k=k+1;
        if(x>x2)
        {
          if(y2<y) {x3=x;y3=y;}
          else {x1=x2;y1=y2;x2=x;y2=y;}
        }
        else
        {
          if(y2<y) {x1=x;y1=y;}
          else {x3=x2;y3=y2;x2=x;y2=y;}
        }
    }while(1);
    printf("目标函数最优解:\n");
    printf("x*=%f, y*=%f\n",xm,ym);
}

/*          文件名:fuzi.c          */
/*  此子程序完成 x0→x1 赋值   */
void fuzi(float x0[ ],float x1[ ],int n)
{
  int i;
  for(i=0;i<n;i++)x1[i]=x0[i];
}

/*            文件名:add.c              */
/*  功能:s 方向,h 步长,变量 x 的变化  */
void add(float x[ ],float h,float s[ ],int n)
{
```

```
    int i;
    for(i=0;i<n;i++)   x[i]=h*s[i]+x[i];
}
```

```
/*           文件名:jintui.c              */
/*   进退法子程序(用于多维优化问题)   */
void jintui(float x[ ],float h0,float p[ ],float s[ ],int n)
{
    float x1,x2,x3,y1,y2,y3,x0[10];
    x1=0.0;y1=f(x);x2=x1+h0;
    fuzi(x,x0,n);add(x0,x2,s,n);y2=f(x0);
    if(y2>=y1)
    {h0=-h0;x3=x1;y3=y1;x1=x2;
     y1=y2;x2=x3;y2=y3;}
    h0=2*h0;x3=x2+h0;
    fuzi(x,x0,n);add(x0,x3,s,n);y3=f(x0);
    while(y2>=y3)
    {
      x1=x2;y1=y2;x2=x3;y2=y3;
      h0=2*h0;x3=x2+h0;
      fuzi(x,x0,n);add(x0,x3,s,n);y3=f(x0);
    }
    if(h0<0.0)   {p[0]=x3;p[1]=x1;}
    else{p[0]=x1;p[1]=x3;}
}
```

```
/*   文件名:huangjin.c   */
/*   黄金分割法子程序   */
void huangjin(float x[ ],float e,float s[ ],int n)
{
    float h0=0.1,x1,x2,x3,y1,y2,y3,a,b,p[2],x0[10];
    jintui(x,h0,p,s,n);
    a=p[0];b=p[1];
    x1=a+0.382*(b-a);fuzi(x,x0,n);add(x0,x1,s,n);y1=f(x0);
    x2=a+0.618*(b-a);fuzi(x,x0,n);add(x0,x2,s,n);y2=f(x0);
    while(b-a>e)
    {
      if(y1<y2)
        {b=x2;x2=x1;y2=y1;
          x1=a+0.382*(b-a);fuzi(x,x0,n);add(x0,x1,s,n);y1=f(x0);}
```

```
    else
        {a=x1;x1=x2;y1=y2;
         x2=a+0.618*(b-a);fuzi(x,x0,n);add(x0,x2,s,n);y2=f(x0);}
    }
    add(x,0.5*(a+b),s,n);
}
```

```
/*          文件名 tidu.c          */
/*    五点差分求梯度子程序        */
#include "math.h"
float tidu(float x[ ],int i)
{
    float h,f1[5],x1;
    int j;
    if(fabs(x[i])<1.0e-6) h=0.01;
    else h=x[i]/100.0;
    x1=x[i];
    for(j=0;j<5;j++)
    if(j!=2)
    {x[i]=x1+(j-2)*h;f1[j]=f(x);}
    x[i]=x1;
    return((f1[0]+8*f1[3]-8*f1[1]-f1[4])/(12*h));
}
```

```
/*              坐标轮换法              */
/*    解 n 维(n≥2)无约束优化问题      */
#include "math.h"
#include "stdio.h"
#include "a:\function.c"
#include "a:\fuzi.c"
#include "a:\add.c"
#include "a:\jintui.c"
#include "a:\huangjin.c"
main( )
{
    float x0[10],x1[10],e,total,ym,ss[10][10];
    int k,i,j,n;
    printf("请输入:维数 n,迭代精度 e:\n");
    scanf("%d,%f",&n,&e);
    printf("请输入:初始点:\n");
```

```
for(i=0;i<n;i++)
scanf("%f,",&x0[i];
for(i=0;i<n;i++)
for(k=0;k<n;k++)
  if(k=i)  ss[i][k]=1.0;
  else ss[i][k]=0.0;
do{
    for(i=0;i<n;i++)  x1[i]=x0[i];
    for(i=0;i<n;i++)  huangjin(x1,e,ss+i,n);
    total=0.0;
    for(i=0;i<n;i++)
    total=(x1[i]-x0[i])*(x1[i]-x0[i])+total;
    if(sqrt(total)<e) break;
    for(i=0;i<n;i++) x0[i]=x1[i];
}while(1);
printf("目标函数最优解:\n");
for(i=0;i<n;i++)
  printf("x(%d)=%f,",i+1,x1[i]);
printf("\ny*=%f\n",f(x1));
}

/*                 鲍威尔法                    */
/*  功能:解n维(n≥2)无约束优化问题          */
#include "stdio.h"
#include "math.h"
#include "a:\function.c"
#include "a:\fuzi.c"
#include "a:\add.c"
#include "a:\jintui.c"
#include "a:\huangjin.c"
main( )
{
    float x0[10],x1[10],e,total,ym,ss[10][10],s[10];
    float x11[10],x2[10],f1,f2,f3,p,q,max;
    int k,i,m,j,n;
    printf("请输入:维数 n,迭代精度 e:\n");
    scanf("%d,%f",&n,&e);
    printf("请输入:初始点:\n");
    for(i=0;i<n;i++)
      scanf("%f,",&x0[i]);
```

```
for(i=0;i<n;i++)
for(k=0;k<n;k++)
  if(k==i) ss[i][k]=1.0;
  else ss[i][k]=0.0;
do{
    for(i=0;i<n;i++)
    {x1[i]=x0[i];x2[i]=x0[i];}
    max=0.0;
    for(i=0;i<n;i++)
    {
    huangjin(x1,e,ss+i,n);
    if(f(x2)-f(x1)>max)
    {max=f(x2)-f(x1);m=i;}
    for(j=0;j<n,j++)  x2[j]=x1[j];
  }
  for(i=0;i<n;i++)  s[i]=x2[i]-x0[i];
  hj(x1,e,s,n);
  total=0.0;
  for(i=0;i<n;i++)
  total=(x1[i]-x0[i])*(x1[i]-x0[i])+total;
  if(sqrt(total)<e) break;
  for(i=0;i<n;i++)  x11[i]=2*x2[i]-x0[i];
  f1=f(x0);f2=f(x2);f3=f(x11);
  p=(f1-2*f2+f3)*pow(f1-f2-max,2.);
  q=0.5*pow(f1-f3,2.)*max;
  if(p<q||f3<f1)
  {if(f2<f3)
      for(i=0;i<n;i++)  x0[i]=x1[i];
    else
      for(i=0;i<n;i++)  x0[i]=x11[i];}
  else
  {
    for(i=m;i<n;i++)
    for(j=0;j<n;j++)
      ss[i-1][j]=ss[i][j];
    for(i=0;i<n;i++)
    {ss[n-1][i]=s[i];x0[i]=x1[i];}
  }
}while(1);
printf("目标函数最优解:\n");
```

```
    for(i=0;i<n;i++)
    printf("x(%d)=%f,",i+1,x1[i]);
    printf("\ny*=%f\n",f(x1));
}
```

```
/*                   梯度法                     */
/*   功能：解 n 维(n≥2)无约束优化问题           */
#include "math.h"
#include "stdio.h"
#include "a:\function.c"
#include "a:\tidu.c"
#include "a:\fuzi.c"
#include "a:\add.c"
#include "a:\jintui.c"
#include "a:\huangjin.c"
main( )
{
    float g[10],x0[10],e,e1,total;
    int i,n;
    printf("请输入:维数 n,一维精度 e1,迭代精度 e\n");
    scanf("%d,%f,%f",&n,&e1,&e);
    printf("请输入:初始点 x0\n");
    for(i=0;i<n;i++) scanf("%f,",&x0[i]);
    do{
        total=0.0;
        for(i=0;i<n;i++)   g[i]=tidu(x0,i);
        for(i=0;i<n;i++)   total=pow(g[i],2.)+total;
        for(i=0;i<n;i++)   g[i]=-g[i]/sqrt(total);
        if(sqrt(total)<e) break;
        huangjin(x0,e1,g,n);
    }while(1);
    printf("目标函数最优解:\n");
    for(i=0;i<n;i++) printf("x(%d)=%f,",i+1,x0[i]);
    printf("\ny*=%f\n",f(x0));
}
/*               DFP 变尺度法                   */
/*   功能：解 n 维(n≥2)无约束优化问题           */
#include "math.h"
#include "stdio.h"
#include "a:\function.c"
```

```
#include "a:\tidu.c"
#include "a:\fuzi.c"
#include "a:\add.c"
#include "a:\jintui.c"
#include "a:\huangjin.c"
main( )
{
    float x0[10],x1[10],xx,a[10][10],e1,n1[10][10];
    float g[10],s[10],e2,total,y[10],g1[10];
    float m[10][10],nn[10][10],gama[10];
    int k,i,j,n;
    printf("请输入:维数 n,一维精度 e1,迭代精度 e\n");
    scanf("%d,%f,%f",&n,&e1,&e2);
    printf("请输入:初始点 x0\n");
    for(i=0;i<n;i++)
      scanf("%f,",&x0[i]);
    while(1)
    {
        for(i=0;i<n;i++)
        for(j=0;j<n;j++)
        if(i==j) a[i][j]=1.0;
        else a[i][j]=0.0;
      k=0;
      while(k<n)
      {
          total=0.0;
          for(i=0;i<n;i++)  g[i]=tidu(x0,i);
          for(i=0;i<n;i++)  s[i]=0.0;
          for(i=0;i<n;i++)
          for(j=0;j<n;j++)
            s[i]=s[i]-a[i][j]*g[j];
          fuzi(x0,x1,n);
          huangjin(x1,e1,s,n);
          for(i=0;i<n;i++)
            g1[i]=tidu(x1,i);
          for(i=0;i<n;i++)
          total=pow(g1[i],2.0)+total;
          if(sqrt(total)<e2)
          {
            printf("目标函数最优解:\n");
```

```
    for(i=0;i<n;i++)
    printf("x(%d)=%10.7f,",i+1,x1[i]);
    printf("y*=%10.7f",f(x1));
    return;
  }
  for(i=0;i<n;i++)
  {gama[i]=x1[i]-x0[i];
   y[i]=g1[i]-g[i];}
  xx=0.0;
  for(i=0;i<n;i++)
  xx=xx+gama[i]*y[i];
  for(i=0;i<n;i++)
  for(j=0;j<n;j++)
  m[i][j]=gama[i]*gama[j]/xx;
  for(i=0;i<n;i++)
  for(j=0;j<n;j++)
  {
    n1[i][j]=y[i]*y[j];
    nn[i][j]=0.0;}
  for(i=0;i<n;i++)
  for(j=0;j<n;j++)
    nn[i][j]=nn[i][j]+a[i][j]*n1[j][i];
  for(i=0;i<n;i++)
  for(j=0;j<n;j++)
  {
    g[i]=g[i]+y[i]*a[j][i];
    n1[i][j]=0.0;}
  xx=0.0;
  for(i=0;i<n;i++)
  xx=g[i]*y[i]+xx;
  for(i=0;i<n;i++)
  for(j=0;j<n;j++)
    n1[i][j]=n1[i][j]+nn[i][j]*a[j][i];
  for(i=0;i<n;i++)
  for(j=0;j<n;j++)
    a[i][j]=a[i][j]+m[i][j]-nn[i][j]/xx;
  fuzi(x1,x0,n);
  k=k+1;
 }
}
```

```
}

/*      文件名:yueshu.c          */
/*   处理约束函数子程序    */
#include "math.h"
float g1(float x[ ])
{
    return(x[0]);
}
float g2(float x[ ])
{
    return(x[1]-1.0);
}
float g3(float x[ ])
{
    return(11.-x[0]-x[1]);
}
float ff(float x[ ])
{
    return(pow(x[0]-8.0,2.0)+pow(x[1]-8.0,2.0));
}
void head(void)
{
    g[0]=&g1;g[1]=&g2;g[2]=&g3;g[3]=&ff;
}

/*                        约束坐标轮换法                          */
/*   功能:求解 n 维(n≥2)具有不等式约束优化问题的最优解   */
#include "stdio.h"
#include "math.h"
#include "a:\yueshu.c"
void process(float x0[ ],float x[ ],float ee[ ],int *key,
          float *arfa0,float f0);
void result(float *f1,float gg[ ],float x0[ ],float x[ ],
         float arfa,float ee[ ],int key);
float(*g[10])(float x[ ]);
int n;
int number;
main( )
{
```

```
float x0[10],x[10],arfa,arfa0,e[10][10],e0,f1,gg[10],f0;
int j,i,key,k,xishuo;
printf("请输入:维数 n,约束数 q,迭代精度 e0,步长 arfa0\n");
scanf("%d,%d,%f,%f",&n,&number,&e0,&arfa0);
head( );
do
{
    key=1;
    printf("请输入:初始点 x0\n");
    for(i=0;i<n;i++) scanf("%f,",&x0[i]);
    for(i=0;i<number;i++)
      if((*g[i])(x0)<0.0) key=0;
    if(key==0)
      printf("continue.....\n");
}while(! key);
f0=ff(x0); arfa=2.0*arfa0; k=0;
for(i=0;i<n;i++)
for(j=0;j<n;j++)
  if(i==j) e[i][j]=1.0;
  else e[i][j]=0.0;
while(k! =0||fabs(arfa)>e0)
{
  if(k==0&&fabs(arfa)>e0) arfa0=arfa0*0.5;
  k=0;
  for(j=0;j<n;j++)
  {
    key=1;
    result(&f1,gg,x0,x,arfa0,e+j,1);
    xishuo=0;
    for(i=0;i<number;i++)
    if(gg[i]<0.) xishuo=1;
    if(xishuo||f1>=f0)  process(x0,x,e+j,&key,&arfa0,f0);
    else arfa=arfa0;
    if(key==1)
    {
        arfa=arfa0;
        do
        {
        result(&f1,gg,x0,x,arfa,e+j,1);
        xishuo=0;
```

```
            for(i=0;i<number;i++)
              if(gg[i]<0.) xishuo=1;
            if(xishuo||f1>=f0)
            {
              for(i=0;i<n;i++)
              x0[i]=x0[i]+arfa*e[j][i]/2.0;
              k=1;break;
            }
            f0=f1;arfa=2.0*arfa;
            }while(1);
        }
      }
    }
    printf("目标函数最优解:\n");
    for(i=0;j<n;i++)
    printf("x(%d)=%10.7f,",i+1,x[i]);
    printf("\n%10.7f",ff(x));
}
void process(float x0[ ],float x[ ],float ee[ ],int *key,float *arfa0,float f0)
{
    float f1,gg[10];
    int i,xishuo=0;
    result(&f1,gg,x0,x,*arfa0,ee,-1);
    for(i=0;i<number;i++)
      if(gg[i]<0.) xishuo=1;
    if(xishuo||f1>=f0)
      *key=0;
    else
      {*key=1;*arfa0=-*arfa0;}
}
void result(float *f1,float gg[ ],float x0[ ],float x[ ],
           float arfa0,float ee[ ],int key)
}
    int i;
    for(i=0;i<n;i++)
      x[i]=x0[i]+key*arfa0*ee[i];
    *f1=ff(x);
    for(i=0;i<number;i++)
      gg[i]=(*g[i])(x);
}
```

```
/*                    约束随机方向法                          */
/*  功能:求解 n 维(n≥2)具有不等式约束优化问题的最优解          */
#include "time.h"
#include "stdlib.h"
#include "math.h"
#include "stdio.h"
#include "a:\yueshu.c"
int n;
int number;
float (*g[10])(float x[ ]);
main( )
{
    float y[10],x[10],x0[10],f0,f1,e,arfa,total;
    int i,j,m,k,select;
    printf("请输入:维数 n,约束数 q,迭代精度 e,方向数 m,步长 arfa\n");
    scanf("%d,%d,%f,%d,%f",&n,&number,&e,&m,&arfa);
    printf("请输入:初始点 x0\n");
    for(i=0;i<n;i++) scanf("%f,",&x0[i]);
    head( );
    f0=ff(x0);
    randomize( );
    do{
      k=1;j=0
      do{
        total=0.0;
        for(i=0;i<n;i++)
        {y[i]=(float)random(100)/100.0;
          y[i]=2.0*y[i]-1.0;}
        for(i=0;i<n;i++)
        total=total+y[i]*y[i];
        for(i=0;i<n;i++)
          y[i]=y[i]/sqrt(total);
        for(i=0;i<n;i++)
          x[i]=x0[i]+arfa*y[i];
      loop:
        select=0;
        for(i=0;i<number;i++)
        if((*g[i])(x)<0.) select=1;
        if(select||ff(x)>=f0)
```

```
        {if(j==0) k=k+1;
         else break;}
        else
        {
         for(i=0;i<n;i++) x0[i]=x[i];
         f0=ff(x);j=1;
         for(i=0;i<n;i++) x[i]=x0[i]+arfa*y[i];
         goto loop;
        }
      }while(k<=m);
      if(fabs(arfa)<=e) break;
      arfa=0.5*arfa;
    }while(1);
    printf("目标函数最优解:\n");
    for(i=0;i<n;i++)
      printf("x(%d)=%10.7f,",i+1,x[i]);
    printf("\ny*=%10.7f",ff(x));
}

/*                       约束复合形法                          */
/*   功能:求解n维(n≥2)具有不等式约束优化问题的最优解          */
#include "math.h"
#include "time.h"
#include "stdlib.h"
#include "stdio.h"
#include "a:\yueshu.c"
int number;
int n;
float (*g[10])(float x[]);
main()
{    float x[10][10],a,b,e,deita,min,max,aa[10];
     float bb[10],x0[10],arfa,xr[10],total,temper[10];
     int i,j,k,key,m,maxsub,minsub,sh,l,select;
     printf("请输入:维数n,约束数q,迭代精度e,δ\n");
     scanf("%d,%d,%f,%f",&n,&number,&e,&deita);
     printf("请输入:界限左端点a,右端点b,顶点数k\n");
     scanf("%f,%f,%d",&a,&b,&k);
     head();
     randomize();
     for(i=0;i<k;i++)
```

```
{   aa[i]=a; bb[i]=b;}
do{
  key=-1;
  for(i=0;i<k;i++)
  {for(j=0;j<n;j++)
    {
      x[i][j]=(float)random(100)/100.0;
      x[i][j]=aa[i]+x[i][j]*(bb[i]-aa[i]);
    }
    select=0;
    for(j=0;j<number;j++)
    if((*g[j])(x+i)>=0.0) select=select+1;
    if(select==number) key=i;
  }
  if(key>=0) break;
}while(1);
for(i=0;i<n;i++)
{total=x[0][i];x[0][i]=x[key][i];x[key][i]=total;}
for(i=1;i<k;i++)
do{
  select=1;
  for(j=0;j<number;j++)
  if((*g[i])(x+i)<0.0) select=0;
  if(! select)
  {
    for(m=0;m<n;m++) x0[m]=0.0;
    for(m=0;m<n;m++)
    for(j=0;j<i;j++)
    x0[m]=x[j][m]+x0[m];
    for(j=0;j<n;j++)
    {
      x0[j]=x0[j]/(float)i;
      x[i][j]=x0[j]+0.5*(x[i][j]-x0[j]);
    }
  }
  else break;
}while(1);
do{
  min=ff(x[0]);max=ff(x[0]);arfa=1.3;total=0.0;
  for(i=1;j<k;i++)
```

```
    {   if(ff(x[i])>max) maxsub=i;
        if(ff(x[i])<min) minsub=i;}
    for(i=0;i<n;i++)x0[i]=0.0;
    for(j=0;j<n;j++)
    for(i=0;i<k;i++)
        if(i!=maxsub)
        x0[j]=x0[j]+x[i][j];
    for(j=0;j<n;j++)
    x0[j]=x0[j]/(float)(k-1);
    for(i=0;i<n;i++)
    xr[i]=x0[i]+arfa*(x0[i]-x[maxsub][i]);
    while(ff(xr)>=ff(x[maxsub]))
    {
      arfa=0.5*arfa;
      if(arfa>=deita)
        for(i=0;i<n;i++)
          xr[i]=x0[i]+arfa*(x0[i]-x[maxsub][i]);
      else
      {
        arfa=1.3;max=ff(x[minsub]);
        for(i=0;i<k;i++)
        if(i!=maxsub)
          if(ff(x[i])>max) sh=i;
        for(i=0;i<n;i++)
          xr[i]=x0[i]+arfa*(x0[i]-x[sh][i]);
      }
    }
    for(i=0;i<n;i++)
    x[maxsub][i]=xr[i];
    for(i=0;i<k;i++)
    total=total+pow(ff(x[i])-ff(x[minsub]),2.);
  }while(sqrt(total/(float)k)<=e);
  printf("目标函数最优解:\n");
  for(i=0;i<n;i++)
  printf("x(%d)=%10.7f,",i+1,x[minsub][i]);
  printf("\ny*=%10.7f",ff(x[minsub]));
}

/*   文件名:gouzao.c     */
/*   构造罚函数子程序     */
```

```
#include "math.h"
extern float r1;
extern int n;
extern int number;
extern int select;
extern float (*g[ ])( );
float f(float x[ ])
{
    float xx[10],total;
    int i;
    if(select==1)
    {
      total=0.0;
      for(i=0;j<number;i++)
      if((*g[i])(x)<0.0)
        xx[i]=(*g[i])(x);
      else
        xx[i]=0.0;
      for(i=0;i<number;i++)
      total=total+pow(xx[i],2.0);
      return((*g[number])(x)+total*r1);
    }
    if(select==2)
    {
      total=0.0;
      for(i=0;i<number;i++)
      total=1.0/(*g[i])(x)+total;
      return((*g[number])(x)+total*r1);
    }
}

/*   文件名:bwrfa.c   */
/*   鲍威尔法子程序   */
#include"math.h"
void bwr (float x0[ ],float e,int n)
{
    float x1[10],total,ym,ss[10][10],s[10];
    float x11[10],x2[10],f1,f2,f3,p,q,max;
    int k,i,m,j,l;
    for(i=0;i<n;i++)
```

```
    for(k=0;k<n;k++)
    {   if(k==i) ss[i][k]=1.0;
        else ss [i][k]=0.0;}
    k=1;
    do{
      for(i=0;i<n;i++)
      {x1[i]=x0[i];x2[i]=x0[i];}
      max=0.0;
      for(i=0;i<n;i++)
      {
        huangjin(x1,e,ss+i,n);
        if(f(x2)-f(x1)>max)
        {max=f(x2)-f(x1);m=i;}
        for(j=0;j<n;j++) x2[j]=x1[j];
      }
      for(i=0;i<n;i++) s[i]=x2[i]-x0[i];
      huangjin(x1,e,s,n);
      total=0.0;k=k+1;
      for(i=0;i<n;i++)
      total=(x1[i]-x0[i]) * (x1[i]-x0[i])+total;
      if (sqrt(total)<e) break;
      for(i=0;i<n;i++)
      x11[i]=2 * x2[i]-x0[i];
      f1=f(x0);f2=f(x2);f3=f(x11);
      p=(f1-2 * f2+f3) * pow(f1-f2-max,2.);
      q=0.5 * pow(f1-f3,2.) * max;
      if(p<q||f3<f1)
      {if(f2<f3) for(i=0;i<n;i++) x0[i]=x1[i];
          else for(i=0;i<n;i++) x0[i]=x11[i];}
      else
      {
          for (i=m;i<n;i++)
          for(j=0;j<n;j++)
            ss[i-1][j]=ss[i][j];
          for(i=0;i<n;i++)
            {ss[n-1][i]=s[i];x0[i]=x1[i];}
      }
    }while(1);
}
```

```
/*                    罚函数外点法                              */
/*  功能:求解 n 维(n≥2)具有不等式约束优化问题的最优解         */
#include "math.h"
#include "stdio.h"
#include "a:\gouzao.c"
#include "a:\yueshu.c"
#include "a:\fuzi.c"
#include "a:\add.c"
#include "a:\jintui.c"
#include "a:\huangjin.c"
#include "a:\bwrfa.c"
int number;
int select=1;
float r1;
float (*g[10])(float x[]);
int n;
main ()
{
    float x0[10],e1,e2,r0,c,fm,f0,x1[10];
    int i,k,m;
    printf("请输入:维数 n,约束数 q,迭代精度 e2\n");
    scanf("%d,%d,%f",&n,&number,&e2);
    printf("请输入:一维精度 e1,递增系数 c,初始罚因子 r0\n");
    scanf("%f,%f,%f",&e1,&c,&r0);
    printf("请输入:初始点 x0\n");
    for(i=0;i<n;i++)
      scanf("%f,",&x0[i]);
    head();
    k=0;f0=1.0;
    r1=r0;
    for(i=0;i<n;i++)   x1[i]=x0[i];
    do
    {
      bwr(x1,e1,n);
      fm=ff(x1);
      if(k!=0)
        if(fabs((fm-f0)/f0)<=e2)
          break;
      r1=c*r1;
      f0=fm;
```

```
    k=k+1;
  }while(1);
  printf("目标函数最优解:\n");
  for(i=0;i<n;i++)
    printf("x(%d)=%f,",i+1,x1[i]);
  printf ("\ny*=%f",ff(x1));
}
```

```
/*                          罚函数内点法                              */
/*   功能:求解 n 维(n≥2)具有不等式约束优化问题的最优解                 */
#include "math.h"
#include "stdio.h"
#include "a:\gouzao.c"
#include "a:\yueshu.c"
#include "a:\add.c"
#include "a:\fuzi.c"
#include "a:\jintui.c"
#include "a:\huangjin.c"
#include "a:\bwrfa.c"
int number;
float r1;
float (*g[10])(float x[ ]);
int n;
int select=2;
main( )
{
  float x0[10],e1,e2,r0,c,fm,f0,x1[10],total=0.0;
  int i,k,m;
  printf ("请输入:维数 n,约束数 q,迭代精度 e2\n");
  scanf("%d,%d,%f",&n,&number,&e2);
  printf("请输入:一维精度 e1,递增系数 c\n");
  scanf("%f,%f,%f",&e1,&c);
  printf("请输入:初始点 x0\n");
  for(i=0;i<n;i++)
    scanf("%f,",&x0[i]);
  head( );
  k=0;f0=0.0;
  for(i=0;i<number;i++)
    total=total+1.0/(*g[i])(x0);
  r0=fabs((*g[number])(x0)/total);
```

```
    r1=r0;
    for(i=0;i<n;i++)   x1[i]=x0[i];
    do
    {
      bwr(x1,e1,n);
      fm=ff(x1);
      if(k!=0)
        if(fabs((fm-f0)/f0)<=e2)
          break;
      r1=c*r1;
      f0=fm;
      k=k+1;
    }while(1);
    printf("目标函数最优解:\n");
    for(i=0;i<n;i++)
      printf("x(%d)=%f,",i+1,x1[i]);
    printf ("\ny*=%f",ff(x1));
}

/*                    单纯形法                    */
/*   功能:解具有不等式约束的线性规化问题          */
#include "math.h"
#include "stdio.h"
main ( )
{
    float a[10][10],b[10],max,min,temper[10],sigama[10];
    int n,m,k,key,jiben[10],l,i,j,con[10];
    printf("请输入:约束数 n,变量数 m\n");
    scanf("%d,%d",&n,&m);
    l=m-n;
    printf("请输入:单纯形表 A[n][n]和目标行系数(逗号隔开)\n");
    for(i=0;i<=n;i++)
    for(j=0;j<m;j++)
      scanf ("%f,",&a[i][j]);
    printf("请输入:单纯形表 B[n](逗号隔开)\n");
    for(i=0;i<n;i++)     scanf("%f,",&b[i]);
    b[n]=0.0;
    for(i=0;i<=m-n;i++)     jiben[i]=i+m-n;
    do{
      k=0;max=0.0;
```

```
    for(i=0;i<=m-1;i++)
    {
      if(a[n][i]<-1.0e-5)
      {
        temper [k]=a[n][i];con[k]=i;
        k=k+1;
      }
    }
    if(k==0) break;
    max=temper [0];
    for(i=0;i<k;i++)
    if(fabs(max)<=fabs(temper[i]))
    {
      max=temper[i];
      key=con[i];
    }
    for(i=0;i<n;i++)
    sigama[i]=b[i]/a[i][key];
    min=sigama[0];k=jiben[0]-1;
    for(i=1;i<n;i++)
    if(fabs(min)>fabs(sigama[i]))
    {min=sigama[i];k=jiben[i]-1;}
    jiben[k]=key;b[k]=b[k]/a[k][key];
    for(i=0;i<=n;i++)
      if(i!=k)   b[i]=b[i]-b[k]*a[i][key];
    for(i=0;i<m;i++)
      if(i!=key)   a[k][i]=a[k][i]/a[k][key];
    a[k][key]=1.0;
    for(i=0;i<=n;i++)
      if(i!=k)
        for (j=0;j<m;j++)
          if(j!=key)
            a[i][j]=a[i][j]-a[i][key]*a[k][j];
    for(i=0;i<=n;i++)
    if(i!=k)   a[i][key]=0.0;
  }while(1);
  k=0;j=0;
  printf("目标函数最优解:\n");
  do{
      for(i=0;i<n;i++)
```

```
        if (jiben [i]==k)
        {
          printf("x(%d)=%8.5f,",k+1,b[i]);
          k=k+1;break;}
      j=j+1;
    }while(j<l);
    if(k<l)
      for(i=k;i<l;i++)
        printf("x(%d)=0.0,",k+1);
    printf("\ny*=%8.5f",-b[n]);
}
```

参 考 文 献

[1]陈立周,张英会,吴清一.机械优化设计[M].上海:上海科学技术出版社,1982.

[2]R.L. 福克斯.工程设计的优化方法[M].北京:科学出版社,1981.

[3]南京大学数学系计算数学专业.最优化方法[M].北京:科学出版社,1978.

[4]王德人.非线性方程组解法与最优化方法[M].北京:人民教育出版社,1979.

[5]南京大学数学系计算数学专业.线性代数[M].北京:科学出版社,1978.

[6]席少霖,赵凤治.最优化计算方法[M].上海:上海科学技术出版社,1983.

[7]D.J. 华尔德,C.S. 皮特勒.优选法基础[M].北京:科学出版社,1978.

[8]D.M. 希梅尔布劳.实用非线性规划[M].北京:科学出版社,1983.

[9]D.G. 鲁恩伯杰.线性与非线性规划引论[M].北京:科学出版社,1982.

[10]范鸣玉,张莹.最优化技术基础[M].北京:清华大学出版社,1982.

[11]王永乐.机械工程师优化设计基础[M].哈尔滨:黑龙江科学技术出版社,1983.

[12]吴方.关于 Powell 方法的一个注[J].数学学报,1977,20(1):14-15.

[13]Powell, M.J.D.. An Efficient method for finding the minimum of a function of several variables without calculating derivatives[J]. Computer Journal, 1964(7):155-162.

[14]马仲蕃,魏权龄,赖炎连.数学规划讲义[J].北京:中国人民大学出版社,1981.

[15]蔡宣三.最优化与最优控制[M].北京:清华大学出版社,1983.

[16]薛嘉庆.最优化原理与方法[M].北京:冶金工业出版社,1983.

[17]汪萍,侯慕英.优选齿轮变位系数的数学模型[J].机械设计,1986(1).

[18]吴兆汉.内燃机配气机构高次方凸轮优化设计[J].兵工学报发动机分册,1980.

[19]陈瑞镰.高次多项动力凸轮型线的优化设计[J].河北工学院学报,1984(1).

[20]机械原理电算程序编写组.机械原理电算程序集[M].北京:高等教育出版社,1987.

[21]濮良贵.机械零件(第四版)[M].北京:高等教育出版社,1982.

[22]薛履中.工程最优化技术[M].天津:天津大学出版社,1989.

[23]汪萍,侯慕英.摆杆盘形凸轮机构基本尺寸对推程压力角影响的初探[J].内蒙古工学院学报,1990(2).

[24]吴兆汉,汪萍,万耀青,等.机械优化设计[M].北京:机械工业出版社,1986.

[25]刘维信.机械最优化设计(第二版)[M].北京:清华大学出版社,1994.

[26]陈立周.机械优化设计方法[M].北京:冶金工业出版社,1985.

[27]何建坤,江道琪,陈松华.实用线性规划及计算机程序[M].北京:清华大学出版社,1985.

[28](美)詹姆斯·恩·西多.最优工程设计原理及应用[M].北京:机械工业出版社,1987.

[29]余俊,周济.优化方法程序库 OPB-1 原理及使用说明[M].北京:机械工业出版社,1989.

[30]邓乃扬,等.无约束最优化计算方法[M].北京:科学出版社,1982.

[31](美)E.J. 豪格,J.S. 阿罗拉.实用最优设计[M].北京:科学出版社,1985.

[32](前西德)海宁·吐尔.最优化方法[M].北京:机械工业出版社,1982.

[33]刘夏石.工程结构优化设计[M].北京:科学出版社,1984.

[34]万耀青,梁庚荣,陈志强.最优化计算方法常用程序汇编[M].北京:工人出版社,1983.

[35]陈育仪.工程机械优化设计[M].北京:中国铁道出版社,1987.

[36]李秀英,滕弘飞.机床优化设计[M].北京:机械工业出版社,1989.

[37]朱燕生.常用机械零部件及机构优化设计程序库原理与使用说明[M].北京:机械工业出版社,1987.

[38]汪萍,侯慕英.非回归式齿轮四杆组合机构优化设计[J].机械设计,1989(6).

[39]汪萍.机械优化设计及CAD的应用与发展[J].山西机械,1994(4).

[40]侯慕英,刘卫,汪萍.平面四杆机构优化及CAD[J].内蒙古工学院学报,1989(1).
[41]濮良贵,纪名刚.机械设计(第六版)[M].北京:高等教育出版社,1996.
[42]杨荣柏.机械优化设计[J].机械工程师进修大学教材,1986(13).
[43]陈立周,等.关于约束非线性混合离散变量优化设计方法及软件包 MDOD 的研究[R].国家自然科学基金资助项目科学技术研究报告,1987.
[44]汪萍,侯慕英,汪振鹏.机构综合最优化方法及程序设计[C].第一届中国农机学会计算机应用学术会议论文,1979.
[45]吴清一. 2K-H 行星轮系优化设计[C].第三届全国机械传动学术年会论文,1980.